Medien der Geschichte

Herausgegeben von
Thorsten Logge, Andreas Körber und Thomas Weber

Band 5

Inszenierte Geschichte | Staging History

—

Medialität und Politik europäischer Hochschuljubiläen von 1850 bis heute | Anniversaries in European Institutions of Higher Learning from 1850 to the Present

Herausgegeben von / Edited by
Anton F. Guhl und Gisela Hürlimann

DE GRUYTER
OLDENBOURG

Die freie Verfügbarkeit der elektronischen Ausgabe dieser Publikation wurde im November 2021 nachträglich ermöglicht.

ISBN 978-3-11-127042-5
e-ISBN (PDF) 978-3-11-073137-8
e-ISBN (EPUB) 978-3-11-073149-1
DOI https://doi.org/10.1515/9783110731378
ISSN 2569-7625

Library of Congress Control Number: 2021943080

Bibliografische Information der Deutschen Nationalbibliothek
Die Deutsche Nationalbibliothek verzeichnet diese Publikation in der Deutschen Nationalbibliothek; detaillierte bibliografische Daten sind im Internet über http://dnb.dnb.de abrufbar.

Coverabbildung: Enthüllung des Gefallenendenkmals als Teil der Festveranstaltungen zum 100-Jahr-Jubiläum der TH Karlsruhe im Oktober 1925 (© KIT-Archiv)

Dieser Band ist text- und seitenidentisch mit der 2022 erschienenen gebundenen Ausgabe.
Printing and binding: CPI books GmbH, Leck

www.degruyter.com

Medien der Geschichte

—

Herausgegeben von
Thorsten Logge, Andreas Körber und Thomas Weber

Band 5

Inszenierte Geschichte | Staging History

Medialität und Politik europäischer Hochschuljubiläen von 1850 bis heute | Anniversaries in European Institutions of Higher Learning from 1850 to the Present

Herausgegeben von / Edited by
Anton F. Guhl und Gisela Hürlimann

ISBN 978-3-11-073664-9
e-ISBN (PDF) 978-3-11-073137-8
e-ISBN (EPUB) 978-3-11-073149-1
DOI https://doi.org/10.1515/9783110731378
ISSN 2569-7625

Library of Congress Control Number: 2021943080

Bibliografische Information der Deutschen Nationalbibliothek
Die Deutsche Nationalbibliothek verzeichnet diese Publikation in der Deutschen Nationalbibliothek; detaillierte bibliografische Daten sind im Internet über http://dnb.dnb.de abrufbar.

Coverabbildung: Enthüllung des Gefallenendenkmals als Teil der Festveranstaltungen zum 100-Jahr-Jubiläum der TH Karlsruhe im Oktober 1925 (© KIT-Archiv)

© 2022 Walter de Gruyter GmbH, Berlin/Boston
Printing and binding: CPI books GmbH, Leck

www.degruyter.com

Inhalt | Contents

Neue Hochschulen (er)finden ihre Jubiläumskulturen | New Institutions of Higher Education Find (and Invent) their Anniversary Cultures

Rezente Jubiläumspraktiken | Recent Anniversary Practices

Vorwort

Als wir im Herbst 2019 die Planungen für unseren internationalen Workshop begannen und mit einem Call for Papers zu Beitragsvorschlägen aufriefen, war die Welt noch eine andere. Unter dem Titel „Hochschuljubiläen zwischen Geschichte, Gegenwart und Zukunft" suchten wir das Gespräch mit internationalen Forschenden, die sich für die Kulturen des (Nicht-)Feierns von Gründungs- und anderen Jubeldaten an Institutionen der höheren Bildung interessierten. Dabei war es uns ein zentrales Anliegen, das Feld der Universitätsgeschichte institutionell und inhaltlich zu erweitern: Aufgefordert waren auch Forscher*innen zu Technischen und Pädagogischen Hochschulen, Fach- und Gesamthochschulen oder höheren Seminaren. Wir wünschten uns ein besonderes Augenmerk für bisher weniger beachtete Modalitäten und Medien des „Feierns" und die dabei beteiligten oder übergangenen Akteur*innen. Und wir fragten explizit auch nach kritischen Reflexionen zu laufenden oder geplanten Hochschuljubiläen.

Wie unzählige andere Veranstalter*innen standen wir im Frühling 2020 vor der schwierigen Wahl, den am Karlsruher Institut für Technologie (KIT) geplanten Workshop entweder zu verschieben oder als Videokonferenz durchzuführen. Wir entschieden uns für die virtuelle Option und freuten uns, dass praktisch alle künftigen Referent*innen bereit waren, sich am 18. und 19. Juni 2020 zuzuschalten. Um das für viele noch ungewohnte Format „Video-Konferenz" bestmöglich zu nutzen, krempelten wir das Programm erheblich um, kürzten die Vortragszeiten und erweiterten Pausen, vor allem aber traten wir lange vor dem Zusammentreffen in einen inhaltlichen Austausch, zirkulierten Abstracts und später Beiträge, sodass schon vor dem Workshop eine rege Diskussion in Gang gekommen war.

Das erwies sich als ein Glücksfall für den Workshop, der trotz der physischen Distanzen zwischen den Home-Office-Bildschirmen äußerst inspirierend verlief. Die Entscheidung zur Verschriftlichung der Beiträge fiel daher leicht. Dass der Workshop so gut funktionierte, verdanken wir jedoch nicht nur unseren Referentinnen und Referenten, sondern auch der Unterstützung durch das Institut für Technikzukünfte (ITZ) sowie den Kolleginnen und Kollegen von dessen Department für Geschichte, die die Panels moderierten oder die im Hintergrund für die reibungslose Durchführung sorgten. Mitchell Ash (Wien) und Daniela Zetti (Lübeck) gaben mit ihren weitsichtigen Kommentaren willkommene Hinweise für die schriftliche Ausarbeitung der Beiträge, die nun vorliegt.

Einen besonderen Dank schulden wir dem Team von studentischen Mitarbeiterinnen und Mitarbeitern, die sich aktiv an der Durchführung beteiligten, die Videokonferenz-Infrastruktur betreuten und eine Homepage für die Tagung konzipierten. Stellvertretend für diese tätige Mithilfe möchten wir Patricia Schillinger nennen, die wir überdies dafür gewinnen konnten, uns auch bei der Realisierung dieses Bandes zu unterstützen. Dafür gebührt ihr unser maximaler Dank. Aufgrund ihrer zuverlässigen und präzis-speditiven Arbeit an Fußnoten, Formatierung und Literaturverzeichnis konnten wir uns die Zeit nehmen, um uns intensiv mit dem Inhalt der Texte der Autorinnen und Autoren zu befassen.

Aufgrund der zentralen Rolle, die der Kommunikation von „Geschichte" im Jubiläum zukommt, war die Reihe „Medien der Geschichte" unsere erste Wahl für eine Veröffentlichung. Wir freuen uns sehr, dass das Buch tatsächlich hier erscheint und bedanken uns dafür bei den Reihenherausgebern Thorsten Logge, Andreas Körber und Thomas Weber, bei den anonymen Gutachtern sowie bei Rabea Rittgerodt, die dieses Manuskript seitens des Verlags De Gruyter betreut hat. Casey Sutcliffe verdanken wir die englische Übersetzung der Einleitung, Klaudija Ivok hat uns beim Korrekturlesen unterstützt. Sehr gefreut hat uns der großzügige Betrag, mit dem das Institut für Technikzukünfte die digitale Open-Access-Publikation dieses Bandes ermöglicht hat. Stellvertretend sei dafür der Geschäftsführerin, Alexandra Hausstein, und dem Leiter des Departments für Geschichte, Marcus Popplow, herzlichst gedankt.

Zuerst und vor allem geht unser Dank an die Autorinnen und Autoren dieses Bandes, dem wir ein breites Lesepublikum wünschen.

Karlsruhe und Dresden im Juni 2021
Anton F. Guhl und Gisela Hürlimann

Preface

When we started planning our international workshop in the autumn of 2019 and launched a call for papers, we lived in a different world. Under the title "University Anniversaries between History, Present, and Future," we sought to prompt dialogue among international researchers who were interested in the cultures of (not) celebrating founding and other anniversary dates at institutions of higher education. A central concern of ours was to expand the field of university history both in terms of the types of institutions and the content addressed: We also called upon researchers of polytechnical and pedagogical institutes, technical and comprehensive universities, seminaries or colleges. We wished to pay special attention to modalities and media of "celebrating" that had not yet been considered, as well as to the actors who were involved or overlooked. And we explicitly asked for critical reflections on current or planned university anniversaries.

Like countless other organizers in the spring of 2020, we faced the difficult choice of either postponing the workshop we had planned at the Karlsruhe Institute of Technology (KIT) or holding it as a videoconference. We decided on the virtual option and were pleased that practically all of the scheduled speakers were willing to join in on June 18 and 19, 2020. In order to make the best possible use of the "videoconference" format, which was then still unfamiliar to many, we revamped the program considerably, shortening the lecture slots and extending breaks, but, above all, exchanging information long before the meeting, circulating abstracts and later contributions, so that a lively discussion had already started well in advance of the event.

That turned out to be a stroke of luck for the workshop, which was extremely inspiring despite the physical distances between the participants' computer screens. The decision to publish the contributions was, therefore, an easy one. The fact that the workshop worked so well was due not only to our speakers but also to the support from the Institute of Technology Futures (Institut für Technikzukünfte ITZ) and the colleagues from its Department of History who moderated the panels or ensured that everything ran smoothly from behind the scenes. With their far-sighted comments, Mitchell Ash (Vienna) and Daniela Zetti (Lübeck) gave welcome tips for how the contributions could best be elaborated for the present publication.

We owe a special debt of gratitude to the team of student employees who actively participated in implementing the conference, supervised the videoconference infrastructure, and designed a homepage for it. We would like to draw particular attention to Patricia Schillinger as a representative of this group of active assistants. She also supported us in our efforts to bring about this publication, for which she deserves our most heartfelt thanks. On account of her reliable, precise, and swift work on footnotes, formatting, and the bibliography, we were able to devote ourselves to dealing intensively with the content of the authors' texts.

Due to the central role that the communication of "history" plays in anniversary celebrations, the book series "Medien der Geschichte" (*Media of History*) was our first choice of publication venue. We are very pleased that the book now actually has been published in this series and would like to thank the series editors Thorsten Logge, Andreas Körber, and Thomas Weber, the anonymous reviewers, as well as Rabea Rittgerodt, who handled this manuscript on behalf of the De Gruyter publishing house, Casey Sutcliffe for the English translation of the introduction and Klaudija Ivok for her assistance with proofreading. We are tremendously grateful to the Institute of Technology Futures for its generous monetary contribution, which made the digital open-access publication of this volume possible. Our heartfelt thanks go to its managing director, Alexandra Hausstein, and the head of the history department, Marcus Popplow, in particular, as representatives thereof.

Finally, and most of all, we wish to express our appreciation to the authors of this volume and hope that their contributions enjoy a broad readership.

Karlsruhe and Dresden, June 2021
Anton F. Guhl and Gisela Hürlimann

Anton F. Guhl und Gisela Hürlimann

Jubiläen von Hochschulen und Universitäten. Stand und Perspektiven der Forschung

Jubiläen, Jahres- und Gedenktage sind allgegenwärtig. Inzwischen vergeht kaum ein Jahr, in dem sich *kein* Ereignis jährt, das nicht größere oder kleinere Rückblicke hervorruft. „Große" Jubiläen und Gedenktage standen in den letzten Jahren etwa auf dem Programm, als seit Beginn und Ende der Weltkriege 75, 80 oder 100 Jahre und seit der Veröffentlichung von Luthers Thesen 500 Jahre vergangen waren. Und der „Jubiläumsreigen" reißt nicht ab.[1] Zum Zeitpunkt der Niederschrift dieser Zeilen feiert die Schweiz 50 Jahre Frauenwahlrecht auf Bundesebene (1971) und erinnert sich, wie mühsam der Weg dahin war. Es jährt sich die kleindeutsche Reichsgründung von 1871 zum 150. Mal, der 60. Jahrestag des Mauerbaus steht bevor und im Mai 2021 beginnen die ersten Akte in Vorbereitung auf das 70. Thronjubiläum von Elisabeth II, dem Oberhaupt des Vereinigten Königreichs und 15 weiterer Staaten.[2]

Auch in der Hochschullandschaft reiht sich Jubiläum an Jubiläum: Im Jahr 2021 stehen unter anderem in Bremen, Kassel und Mainz, 2020 standen in Aachen und 2019 in Rostock und Hamburg runde Jahrestage auf dem Programm, die Feiern, Gottesdienste, Aufführungen, Ausstellungen, Sonderpostwertzeichen, Professor*innenkataloge und nicht zuletzt tausende Seiten gedruckte Geschichtswissenschaft produzieren. Die Feierlichkeiten zu „150 Jahre RWTH Aachen" fanden infolge der Corona-Pandemie vornehmlich digital statt.[3] Dabei hatten digitale Medien die historische Gedenkkultur bereits seit den frühen 2000ern erfasst, wie Beispiele von inzwischen verschollenen oder auf Datenspeichern eingemotteten Webseiten zeigen.[4] Das Beispiel zeigt zweierlei: Einerseits korrespondieren die bei Hochschuljubiläen produzierten „Geschichtssorten" mit zeitgenössisch typischen und auch neuen Medien. Andererseits scheint ein Bausatz an jubiläumskulturellen Modulen zu existieren, aus dem sich die Akteur*innen auch im frühen 21. Jahrhundert bedienen. So zeugt das Bedauern über abgesagte Festakte, Ausstellungen oder Konzerte

---

1 Sabrow, Martin: Zeitgeschichte als Jubiläumsreigen. In: Münchner Merkur 789 (2015). S. 43 – 54.
2 The Queens Green Canopy: The Platinum Jubilee 2022. https://queensgreencanopy.org/ (4.3. 2021).
3 RWTH Aachen: 150 Jahre RWTH Aachen. https://www.rwth-aachen.de/go/id/ryee/ (5.3. 2021).
4 Immerhin noch zugänglich ist die Website für das 150-Jahre Jubiläum der ETH Zürich „ETHistory 1855 – 2005", siehe http://www.ethistory.ethz.ch/ (2.3. 2021).

von der haptisch-sensorischen Qualität, die Jubiläumsanlässen innewohnt. Denn akademische Feste leben seit der frühen Neuzeit vom „actus publicus",[5] von der öffentlichkeitswirksamen medialen Inszenierung der feiernden Institutionen.

Die Aufzählung aktueller Jubiläen von Ereignissen, staatspolitischen Meilensteinen oder Hochschulgründungen, die sich beliebig variieren und vor allem ergänzen ließe, zeigt eindrücklich: Geschichtskultur und gesellschaftliche Erinnerung sind eng mit Jahrestagen verwoben. Obwohl Historiker*innen häufig den Stoff liefern, aus dem die Jahrestage sind, haben Jubiläen zuweilen keinen guten Ruf: Kritisiert wird nicht nur ein „Jubiläumsfetisch" und der „Bann der Jahrestage", sondern im Vorwurf der „Jubiläumitis" zeigt sich gar die Vorstellung einer pathologischen Geschichtskultur.[6]

Aus Sicht der disziplinären Geschichtswissenschaft wird davor gewarnt, dass die „Magie der Null" den Wissenschaftler*innen das Heft des Handelns aus der Hand nehme, dass sie geradezu planwirtschaftlich Themen durch den Kalender bestimme und damit das „Königsrecht" der Wissenschaft, die Wahl der Untersuchungsgegenstände, gefährde. Argumentiert wird dabei mit der These, wissenschaftliche Innovationen seien im Jubiläumskontext die Ausnahme, nicht zuletzt aufgrund des kalendarischen Drucks, der Publikationstermine unabhängig vom Erkenntnisprozess definiere, da das Interesse an den Themen rasch veralte.[7] Zumindest bei Institutionen komme oft eine affirmative Grundtendenz zum Tragen, die wenig geneigt sei, kritische Forschung zu ermuntern und die Grautöne der Geschichte herauszuarbeiten.[8]

Die Gegenargumente lesen sich fast spiegelbildlich. Wenn sich professionelle Historiker*innen sperrten, deuteten andere die referenzierten Ereignisse, sodass Potenziale für kritisches Forschen ungenutzt blieben. So wird die Aufmerksamkeit für den Jahrestag (und die damit verbundenen finanziellen Mittel) als Chance

---

5 Boehm, Laetitia: Der „actus publicus" im akademischen Leben. Historische Streiflichter zum Selbstverständnis und zur gesellschaftlichen Kommunikation der Universitäten. In: Geschichtsdenken, Bildungsgeschichte, Wissenschaftsorganisation. Ausgewählte Aufsätze von Laetita Boehm anläßlich ihres 65. Geburtstages. Hrsg. von Gert Melville, Rainer A. Müller und Winfried Müller. Berlin 1995 (Historische Forschungen 56). S. 675–693.

6 Landwehr, Achim: Magie der Null. Zum Jubiläumsfetisch. In: Aus Politik und Zeitgeschichte (APuZ) 70:33,34 (2020) [Jahrestage, Gedenktage, Jubiläen]. S. 4–9; Bösch, Frank: Im Bann der Jahrestage. In: ebd. S. 29–39; Demantowsky, Marko: Vom Jubiläum zur Jubiläumitis. In: Public History Weekly 2 (2014) 11. DOI: dx.doi.org/10.1515/phw-2014-1682.

7 So Arnold, Jörg: Forum Anniversaries [mit Jörg Arnold (Nottingham), Thomas A. Brady (Berkeley), Fearghal McGarry (Queen's University, Belfast), Tim Grady (Chester) u. Dan Healy (St Anthony's College, Oxford)]. In: German History 32:1 (2014). S. 79–100, hier S. 90.

8 Müller, Winfried: Das Historische Jubiläum. Zur Karriere einer Zeitkonstruktion. In: APuZ 70:33,34 (2020) [Jahrestage, Gedenktage, Jubiläen]. S. 10–16, hier S. 15.

beschrieben, um innerhalb eines gegebenen Kontextes Schwerpunkte zu setzen, aber auch neue Debatten zu beginnen,[9] beziehungsweise einem breiteren Publikum zu erschließen.[10] Schließlich wird argumentiert, die Möglichkeit, dass „mit Geschichte Geschäfte gemacht werden", müsse „gleichwohl nicht zwangsläufig zur Preisgabe ihres Aufklärungspotenzials führen".[11] Es scheint, als fremdele die Geschichtswissenschaft insbesondere damit, dass ihre Erkenntnisse im Jubiläumskontext verwertbare ökonomische Gehalte aufweisen. Kritisiert wird denn auch die Gewinnorientierung von Medienhäusern, die den Jubiläumsboom befeuern. Diese antikapitalistische Kritik konzentriert sich nur auf einen Teil der Marktwirtschaft: das Angebot, das allein aber noch nicht die Nachfrage erklärt, den „Bedarf nach Geschichte".[12]

Jubiläen als Ausdruck der Geschichts- und Erinnerungskultur

Tatsächlich werden im Jahrestag, der immer auch gedachte Gemeinschaften verhandelt und neu justieren kann, zahlreiche Akteure aktiv, die „Geschichte" in verschiedener medialer Ausgestaltung und geleitet von unterschiedlichen Interessen performativ produzieren und konsumieren. Vertreter*innen der Geschichts*wissenschaft* bilden dabei nur eine Gruppe von vielen,[13] und nicht unbedingt die einflussreichste, wenn sich Kollektive und Individuen über „eine erzählbare und bewertbare Rekapitulation der eigenen Existenz in der vergangenen Zeit" verständigen.[14] Geschichtskultur und kulturelles Gedächtnis spre-

---

9 Arnold, Forum (wie Anm. 7), S. 92.

10 So etwa Eckart Conze, Hedwig Richter und Michael Epkenhans am Beispiel des „ungerufenen Anlass 150 Jahre Reichsgründung", vgl. SWR2: 150 Jahre deutsche Einheit – Was sollen wir feiern? https://www.swr.de/swr2/leben-und-gesellschaft/150-jahre-deutsche-einheit-was-sollen-wir-fei ern-swr2-forum-2021-01-14-100.html (4.3.2021).

11 Nießer, Jaqueline u. Juliane Tomann: Geschichte in der Öffentlichkeit analysieren. Jubiläen als Gegenstand von Public History und Angewandter Geschichte. In: APuZ 70:33,34 (2020) [Jahrestage, Gedenktage, Jubiläen] S. 17–22, hier S. 22.

12 Kollmann, Catrin B.: Historische Jubiläen als kollektive Identitätskonstruktion. Ein Planungs- und Analyseraster. Überprüft am Beispiel der historischen Jubiläen zur Schlacht bei Höchstädt vom 13. August 1704. Stuttgart 2014. S. 53.

13 Logge, Thorsten: Hochschulgeschichte als Gegenstand der Public History. Das Karlsruher Hochschuljubiläum 1950 als performative Historiographie? In: Jahrbuch für Universitätsgeschichte 23 (2020) [im Druck].

14 Kreis, Georg: Tradition, Variation und Innovation. Die Basler Universitätsjubiläen im Lauf der Zeit, 1660–1960. In: Schweizerische Zeitschrift für Geschichte 60 (2010). S. 437–474, hier S. 438.

chen über Vergangenheit, finden aber in einer Gegenwart statt.[15] So zeigen Jubiläen und Jahrestage mehr über die Feiernden und Gedenkenden als über das Gedachte. Analoges gilt für (Selbst-)Ausschlüsse aus dem Kreis der sich Erinnernden.[16]

Der Siegeszug des Jubiläums spiegelt nicht zuletzt ein Geschichtsbild, das den gestaltenden Menschen in seiner Historizität anstelle des zyklisch Leben und Segen spendenden Schöpfergottes ins Zentrum stellt.[17] Ein solches *geschichtliches* Jubiläum, das Entwicklung memoriert und in Zeiten des Wandels über Herkunft vergewissert, hat seine jüdisch-christliche Etymologie hinter sich gelassen. Im israelitischen Jubeljahr lautete das Gebot, es seien Knechte und Güter zurückzugeben, um Gottes Eignerschaft an der gesamten Schöpfung anzuerkennen. Und die Glaubensjubiläen der erstmals im Jahr 1300 von Papst Bonifatius VIII. gestifteten Heiligen Jahre feierten die Vergebung der Sünden.[18] Aufbauend auf dem Scharnier der personalen Amtsjubiläen waren es die Universitäten, die seit dem 16. Jahrhundert maßgeblich daran beteiligt waren, das Jubiläum von seiner heilsgeschichtlichen Bedeutung zu lösen und für die diesseitige Sinnstiftung zu nutzen.[19] Eindrücklich zeigt bereits eines der „Urjubiläen", das am Vorabend des Dreißigjährigen Krieges gefeierte 100-jährige Reformationsjubiläum 1617, die Konstruktionsleistung der sich ausbildenden Jubiläumskultur. Zuvor war das Datum von Luthers Thesen kein Bezugspunkt in der protestantischen Welt. Erst durch das Zentenarium wurde das historische *Ereignis* konstruiert, das fortan zum Referenzpunkt avancierte.[20] Und so wird schon in der Frühzeit der Jubiläen

---

15 Vgl. Assmann, Jan: Das kulturelle Gedächtnis. Schrift, Erinnerung und politische Identität in frühen Hochkulturen. München 1992; Rüsen, Jörn: Historik. Theorie der Geschichtswissenschaft. Köln/Weimar/Wien 2013.

16 Schmidt-Lauber, Brigitta: Die (sich) feiernde Universität. Bedeutungsstiftung durch Jubiläen. In: Jubiläum: literatur- und kulturwissenschaftliche Annäherungen. Hrsg. von Franz M. Eybl, Stephan Müller, Annegret Pelz. Unter Mitarbeit von Thomas Assinger u. Dennis Wegener. Göttingen 2018 (Schriften der Wiener Germanistik 6). S. 99–114, hier S. 99.

17 Landwehr, Magie (wie Anm. 6), S. 6.

18 Müller, Winfried: Vom „papistischen Jubeljahr" zum historischen Jubiläum. In: Jubiläum, Jubiläum ... Zur Geschichte öffentlicher und privater Erinnerung. Hrsg. von Paul Münch. Essen 2005. S. 29–44.

19 Benz, Stefan: Das Personale Jubiläum. Zur Vorgeschichte des institutionellen Jubiläums. In: Blätter für deutsche Landesgeschichte 152 (2016). S. 187–219; Müller, Winfried: Die inszenierte Universität. Historische und aktuelle Perspektiven von Universitätsjubiläen. In: Jubiläum. Literatur- und kulturwissenschaftliche Annäherungen. Hrsg. von Franz M. Eybl, Stephan Müller u. Annegret Pelz. Unter Mitarbeit von Thomas Assinger und Dennis Wegener. Göttingen 2018 (Schriften der Wiener Germanistik 6). S. 77–97.

20 Müller, Winfried: Das historische Jubiläum. Zur Geschichtlichkeit einer Zeitkonstruktion. In: Das historische Jubiläum. Genese, Ordnungsleistung und Inszenierungsgeschichte eines institu-

ihr Gegenwartsbezug deutlich; im Jahrestag spielt die Vergangenheit nicht die Hauptrolle.

Der scheinbar durch den Kalender vorgegebene Takt des Gedenkens verschleiert diesen Sachverhalt nur, er hebt ihn aber nicht auf: Aus einer jeweils spezifischen Gegenwart heraus wird im Jubiläum einem zurückliegenden Ereignis Relevanz zugesprochen. Zugleich werden diesem Ereignis im Sinne einer „Kontingenzbewältigung durch Komplexitätsreduktion" bestimmte Gehalte eingeschrieben.[21] Diese durch Jahreszahlen „fassliche Zäsur" ist eine Entschiedenheit, mit der sich Historiker*innen oft schwer tun.[22] Auch an der Universität verweist die Konstruktion von Jahrestagen nicht nur auf unterschiedliche Traditionen, sondern vor allem auf Akteure, die ihre Gegenwart in die eine oder andere dieser Traditionen zu stellen suchen. Eindrücklich zeigen dies abweichende universitäre Gründungsdaten nicht nur in vormodernen Zeiten, sondern noch bei Universitätsgründungen im 20. Jahrhundert, wo parlamentarische Gesetzgebungsprozesse und universitäre Festakte bewusst neben- und gegeneinander gedeutet wurden.[23] Gerade in prekären Zeiten kam die Bereitschaft zur flexiblen Umdeutung von Gründungsereignissen hinzu, wenn sie eine Besserung in der Gegenwart versprach.[24]

An das Problem konstruierter und konkurrierender Gründungsereignisse schließt auch die Frage nach erfundener Kontinuität an. Sie stellt sich besonders bei Hochschulen, die sich auf Vorgängereinrichtungen berufen, die zum Teil über mehrere Generationen hinweg geschlossen waren. Aber auch bei Institutionen ohne längere Schließungsperiode lässt sich nicht nur fruchtbar fragen, welche realgestaltlichen Kontinuitäten und Wandlungsprozesse die Institution tatsächlich prägen,[25] also erklären, wie sie „im Laufe der Zeit von A nach B gekommen

---

tionellen Mechanismus. Hrsg. von dems. Münster 2004 (Geschichte Forschung und Wissenschaft 3). S. 1–75, hier S. 24–31.

21 Müller, Jubiläum (wie Anm. 18), S. 15.

22 Sabrow, Zeitgeschichte (wie Anm. 1), S. 52.

23 Nicolaysen, Rainer, Eckart Krause u. Gunnar B. Zimmermann: Einleitung. In: 100 Jahre Universität Hamburg. Studien zur Hamburger Universitäts- und Wissenschaftsgeschichte in vier Bänden. Bd 1: Allgemeine Aspekte und Entwicklungen. Hrsg. von dens. Göttingen 2020. S. 9–30, hier S. 17.

24 Vgl. Schaal, Katharina: Das nicht gefeierte Jubiläum der Universität Marburg von 1853. In: Zeitschrift des Vereins für Hessische Geschichte und Landeskunde 108 (2003). S. 149–158.

25 Paletschek, Sylvia: Die permanente Erfindung einer Tradition. Die Universität Tübingen im Kaiserreich und in der Weimarer Republik. Stuttgart 2001 (Contubernium. Tübinger Beiträge zur Universitäts- und Wissenschaftsgeschichte 53).

ist".[26] Es ist ebenfalls diskutabel, wie viel „A" nach einigen Jahrhunderten noch in „B" steckt, also welche Aspekte der Institution, verstanden als „kommunikative Struktur, als Geflecht von Normen, Steuerungsinstrumenten, Koordination und Motivation"[27] beibehalten oder angepasst wurden und was vielmehr eine „institutionelle Illusion" darstellt und damit von der Gründung bis zur Gegenwart eine Einheit insinuiert, die kaum gegeben ist.[28]

Dessen ungeachtet, oder gerade weil Universitäten Gelegenheiten brauchen, um sich „als das darstellen und wahrnehmen [zu] können, was sie zu sein beanspruchen",[29] evozieren universitäre Gründungsjubiläen häufig eine Art *histoire totale* – so verkürzt sie auch immer sein mag.[30] Die Gründungsjubiläen von Hochschulen und Universitäten unterscheiden sich demnach von Jubiläen *an der* Universität (beispielsweise bestimmter Fächer, Personen oder des Frauenstudiums) oder von Jubiläen *mit der* Universität (wie Stadtjubiläen oder politische Gedenktage), die weniger umfassend angelegte Plausibilisierungen erfordern.[31]

---

26 Schwinges, Rainer Christoph: Universitätsgeschichte: Bemerkungen zu Stand und Tendenzen der Forschung (vornehmlich im deutschsprachigen Raum). In: Universitätsgeschichte schreiben. Inhalte – Methoden – Fallbeispiele. Hrsg. von Livia Prüll, Christian George u. Frank Hüther. Göttingen 2019 (Beiträge zur Geschichte der Universität Mainz Neue Folge 14). S. 25–45, hier S. 28.
27 Gerber, Stefan: Wie schreibt man „zeitgemäße" Universitätsgeschichte? In: NTM. Zeitschrift für Geschichte der Wissenschaften, Technik und Medizin 22:4 (2014). S. 277–286, hier S. 281.
28 Dazu passt die Analogie der Institutionengeschichte mit einer Biographie, die die Macher*innen der Ghenter Jubiläumsausstellung als Ausgangspunkt ihres Projekts wählten: „Universities are like people. Once they grow old enough, they can reconstruct their life story based on the objects they once used, designed, collected, preserved, purchased, cherished and ultimately left behind.", siehe De Rynk, Patrick [u. a.]: Ghent University. 200 Years in 200 Objects. Lichtervelde 2017. o.S.; vgl. Bourdieu, Pierre: Die biographische Illusion. In: BIOS. Zeitschrift für Biographieforschung und Oral History 3:1 (1990). S. 75–81.
29 Assmann, Aleida: Der lange Schatten der Vergangenheit. Erinnerungskultur und Geschichtspolitik. Bonn 2006. S. 232.
30 Das Konzept der „histoire totale" wird der französischen Annales-Schule bzw. der Nouvelle Histoire zugeschrieben. Wichtige Exponenten wie Marc Bloch oder Lucien Febvre benutzten allerdings andere Begrifflichkeiten wie „explication totale", so Bloch, oder „histoire à part entière", so Febvre; vgl. dazu Anheim, Étienne: Le rêve de l'histoire totale. In: Une autre histoire. Jacques Le Goff (1924–2014). Hrsg. von Jacques Revel u. Jean-Claude Schmitt. Paris 2016. S. 79–85; dieser Ansatz ist nicht zu verwechseln mit der Geschichte einer „totalen Institution", auf die der Typus Hochschule trotz möglicher partieller Überschneidungen mit Klöstern, dem Militär, dem Gefängnis und psychiatrischen Anstalten nicht anzuwenden ist; vgl. noch immer Goffmann, Erving: Asylums. Essays on the Condition of the Social Situation of Mental Patients and Other Inmates. New York 1961.
31 Becker, Thomas P.: Jubiläen als Orte universitärer Selbstdarstellung. Entwicklungslinien des Universitätsjubiläums von der Reformationszeit bis zur Weimarer Republik. In: Universität im

Somit leisten Jubiläen selbst einen wichtigen performativen Beitrag, eine überzeitliche *universitas* diskursiv erst herzustellen.

So wundert es nicht, dass die Entstehung der Universitätsgeschichtsschreibung eng mit ihrer Jubiläumskultur verbunden war.[32] In zahlreichen europäischen Ländern spielte das Universitätsjubiläum eine entscheidende Rolle in der Entwicklung der Historiographie rund um Hochschulen, Wissens- und Innovationskulturen.[33] Häufig ging die Gründung, Wiedergründung oder Neueröffnung von Hochschulen mit markanten staatspolitischen oder ereignisgeschichtlichen Umbrüchen einher. Die Gründung der preußischen Universitäten in den 1810er Jahren stehen in einem solchen Kontext ebenso wie der Aufbau von Polytechnika in den süddeutschen Staaten in den 1820er Jahren. Die Errichtung des eidgenössischen Polytechnikums (heute ETH Zürich), die 1855 aus einer wenige Jahre zuvor gestarteten Debatte über eine „nationale Hochschule" des 1848 gegründeten schweizerischen Bundesstaats hervorging, wurde von der politischen Elite des jungen Staates als „Trägerin der vaterländischen Zukunft" ersonnen.[34] Im Fall der Technischen Hochschule Charlottenburg bzw. Königlichen Technischen Hochschule Berlin (heute TU Berlin) zeugt die Massierung an Jubiläen, Gedenkanlässen und Feierlichkeiten zwischen 1871 und 1899 von der staats- und machtpolitischen Bedeutung, die dieser Institution in der nunmehrigen Hauptstadt eines auch hinsichtlich der „nationalen Innovationssysteme" ambitionierten Kaiserreichs zugesprochen wurde. Hier zeigen sich Zukunftserwartungen, die als Gegenwartsbefunde zu lesen sind, und die für die Zentenarfeier der Bauakademie im Oktober 1899 herausgegebene „Chronik" befand sich geistig bereits im 20. Jahrhundert.[35]

öffentlichen Raum. Hrsg. von Rainer Christoph Schwinges. Basel 2008 (Veröffentlichungen der Gesellschaft für Universitäts- und Wissenschaftsgeschichte 10). S. 77–107, hier S. 90.

32 Müller, Winfried: Inszenierte Erinnerung an welche Tradition? Universitätsjubiläen im 19. Jahrhundert. In: Die Berliner Universität im Kontext der deutschen Universitätslandschaft nach 1800, um 1860 und um 1910. Hrsg. von Rüdiger vom Bruch. Unter Mitarbeit von Elisabeth Muller-Luckner. München 2010 (Schriften des Historischen Kollegs, Kolloquien 76). S. 73 92, hier S. 73.

33 Vgl. zum Beispiel Dhondt, Pieter (Hrsg.): National, Nordic or European? Nineteenth-Century University Jubilees and Nordic Cooperation. Leiden/Boston 2011 (Scientific and Learned Cultures and Their Institutions 25,4).

34 Gugerli, David, Patrick Kupper u. Daniel Speich: Die Zukunftsmaschine. Konjunkturen der ETH Zürich 1855–2005. Zürich 2005. S. 11.

35 Meyer, Alfred G.: Die Technische Hochschule von 1884 bis 1899. In: Chronik der Königlichen Technischen Hochschule zu Berlin, 1799–1899. Hrsg. von Eduard Dobbert. Berlin 1899. S. 267.

Noch heute basieren Erkenntnisse der Universitätsgeschichte auf Forschungen aus dem Jubiläumskontext.[36] Deren nach wie vor hohen Stellenwert bezeugen allgemeine Literaturüberblicke – ungeachtet einer sich seit den 1990er Jahren vom Jahrestagzyklus emanzipierenden Universitätsgeschichtsschreibung.[37] Noch sprechender ist es, dass es noch immer Jubiläumspublikationen sind, von denen ausgehend die Frage diskutiert wird, wie Universitätsgeschichte eigentlich zu schreiben sei.[38] Das standortgebundene Jubiläum als Motor der Forschung sagt viel über regionale und nationale Wissenschaftskulturen aus. Während auch außerhalb Europas Gründungsereignisse die Hochschulgeschichtsschreibung stimulieren,[39] spielen beispielsweise in Frankreich die einzelnen Universitäten eine geringere Rolle als die Wissenschaftsdisziplinen, weshalb nicht nur Gründungs-

---

36 Vgl. zum Beispiel die für Bonn vorgelegten vier Bände: Geppert, Dominik (Hrsg.): Preußens Rhein-Universität. 1818–1918. Göttingen 2018 (Geschichte der Universität Bonn 1); ders. (Hrsg.): Forschung und Lehre im Westen Deutschlands. 1918–2018. Göttingen 2018 (Geschichte der Universität Bonn 2); Becker, Thomas u. Philip Rosin (Hrsg.): Die Buchwissenschaften. Göttingen 2018 (Geschichte der Universität Bonn 3); dies. (Hrsg.): Die Natur- und Lebenswissenschaften. Göttingen 2018 (Geschichte der Universität Bonn 4); ebenfalls auf vier Bände angelegt ist die Hamburger Jubiläumspublikation: Nicolaysen/Krause/Zimmermann, 100 Jahre (wie Anm. 23).
37 Asche, Matthias u. Stefan Gerber: Neuzeitliche Universitätsgeschichte in Deutschland. Entwicklungen und Forschungsfelder. In: Archiv für Kulturgeschichte 90 (2008). S. 159–201; Hammerstein, Notker: Jubiläumsschrift und Alltagsarbeit. Tendenzen bildungsgeschichtlicher Literatur. In: Historische Zeitschrift (HZ) 236:3 (1983). S. 601–633; ders.: Alltagsarbeit. Anmerkungen zu neueren Universitätsgeschichten. In: HZ 297:1 (2013). S. 102–125; Guhl, Anton F.: Sammelbesprechung. In: NTM. Zeitschrift für Geschichte der Wissenschaften, Technik und Medizin 27 (2019), 3, S. 395–400.
38 Vgl. Paletschek, Sylvia: Stand und Perspektiven der neueren Universitätsgeschichte. In: NTM. Zeitschrift für Geschichte der Wissenschaften, Technik und Medizin 19:2 (2011). S. 169–189; Füssel, Marian: Wie schreibt man Universitätsgeschichte? In: NTM. Zeitschrift für Geschichte der Wissenschaften, Technik und Medizin 22:4 (2014). S. 287–293; Gerber, Stefan: Wie schreibt man „zeitgemäße" Universitätsgeschichte? in: ebd. S. 277–286; Dhondt, Pieter: University History Writing: More than a History of Jubilees? In: University Jubilees and University History Writing. A Challenging Relationship. Hrsg. von dems. Leiden/Boston 2015 (Scientific and Learned Cultures and Their Institutions 13). S. 1–17; Paletschek, Sylvia: The Writing of University History and University Jubilees. In: studium. Tädschrift voor Wetenschapen Universiteitsgeschiedenis 5:3 (2012). S. 142–155; Prüll, Livia, Christian George u. Frank Hüther (Hrsg.): Universitätsgeschichte schreiben. Inhalte – Methoden – Fallbeispiele. Göttingen 2019 (Beiträge zur Geschichte der Universität Mainz Neue Folge 14).
39 Vgl. González González, Enrique: Two Phases in the Historiography of the Royal University of Mexico (1930–2007). In: History of Universities XXIV:1,2 (2009). S. 339–404; Rosenthal, Joel T.: All Hail the Alma Mater: Writing College Histories in the U.S. In: History of Universities XXVII:2 (2013). S. 190–222.

jubiläen weniger Beachtung finden, sondern auch die Geschichte der einzelnen Standorte weniger ausgeprägt beforscht wird.[40]

Ob sich aber ein Jubiläum für die Genese relevanter Forschungsresultate oder als neues historisches Referenzwerk eignet, erweist sich erst im Nachhinein. Das 1998 in der Schweiz begangene Jubiläum des Beginns der Helvetik (1798) sowie der Bundesstaatsgründung (1848) war ein solcher Glücksfall.[41] Ähnlich wie bei Staatsbildungsprozessen, in denen „die äusseren Feinde erschlagen und die inneren aufgehängt" werden,[42] wie der Germanist Peter von Matt das doppelte schweizerische Staatsbildungsjubiläum von 1998 lakonisch kommentierte, haben viele Hochschulen eine konfliktreiche Entwicklungsgeschichte. Oft war auch sie mit physischer Ausgrenzung, Gewalt oder struktureller Diskriminierung qua Geschlecht und sozialer Klasse verbunden. Solche Exklusionsprozesse definierten auch, wer aufgeboten wurde, um von den Ursprüngen zu erzählen und auf welche Weise dies geschah. Zugleich zeigen sich schon früh mitunter überraschende Subversionen gegen verordnetes Jubilieren von oben und „verbotene" Feiern von unten oder, mindestens subtil, eine Pluralität von Erinnerungsversuchen und Deutungsangeboten.[43] Komplexe Konstellationen der vergemeinschafteten Vergangenheitsaneignung sind bis heute Bestandteil von Jubiläen. Ein post-koloniales Beispiel geben indische Alumni der University of Westminster, die 2013 deren 175-Jahr-Jubiläum in Mumbai begangen.[44]

Manche Hochschulangehörige kommen im Rahmen von Jubiläen noch immer zumeist und wenn überhaupt nur am Rande vor. Die University of Warwick hat anlässlich ihres Gründungstags gezielt marginalisierte Gruppen zu Wort kommen lassen. Die Macher*innen des Projekts „Voices of the University" nutzten anlässlich des 50-Jahre-Jubiläums 2015 den von neomarxistischen Historiker*innen begründeten Ansatz einer „Geschichte-von-unten" für ihr Oral-History-Vor-

---

40 Picard, Emmanuelle: Recovering the History of the French University. In: Revue d'Histoire des Sciences et des Universités 5:3 (2012). S. 156–169.

41 Siehe die vier Bände in der Reihe: Die Schweiz 1798–1998: Staat – Gesellschaft – Politik. Hrsg. von der Allgemeinen Geschichtsforschenden Gesellschaft der Schweiz (AGGS). Zürich 1998.

42 Matt, Peter von: Die Kunst der gerechten Erinnerung. In: Itinera 23 (1999): Geschichte(n) für die Zukunft: Vom Umgang mit Geschichte(n) im Jubiläumsjahr 1998. Hrsg. von Albert Tanner. S. 12–17, hier S. 13.

43 Auge, Oliver: Die CAU feiert: Ein Gang durch 350 Jahre akademischer Festgeschichte. In: Christian-Albrechts-Universität zu Kiel. 350 Jahre Wirken in Stadt, Land und Welt. Hrsg. von Oliver Auge. Kiel 2015. S. 216–259, hier S. 217.

44 University of Westminster: 175th anniversary celebrations in Mumbai (24.6.2013). https://www.westminster.ac.uk/news/175th-anniversary-celebrations-in-mumbai (2.3.2021).

haben.[45] Unter den 262 interviewten Stimmen befanden sich Reinigungskräfte und Kantinenmitarbeiter*innen an der Universität, aber auch Anwohner*innen. Und die Stimmen der studentischen Aktivist*innen, die um 1970 Sit-ins gegen die „Warwick University Ltd." veranstaltet hatten, wurden nun neben jene der Hochschulleitung gestellt.[46]

Eingedenk der besonderen Bedeutung, die Universitäten bei der Herausbildung moderner Jubiläumskulturen hatten, wundert es nicht, dass die Universitätsgeschichtsschreibung das Thema Jubiläen bereits fruchtbar aufgegriffen hat.[47] Allein bezogen auf den deutschen Sprachraum gibt es Dutzende Arbeiten. Einige stellen dabei ein einzelnes Jubiläum ins Zentrum.[48] Solche Zugänge zeigen vor allem geschichtskulturelle Ausprägungen an einem Standort zu einer bestimmten Zeit. Zuweilen verdichten sich in solchen Momentaufnahmen pikante Umbrüche, so als Kaiser Wilhelm II. anlässlich der Hundertjahrfeier der TH Berlin 1899 den preußischen Technischen Hochschulen das Promotionsrecht verlieh oder als der Monarch elf Jahre später während des Jubiläums der Hauptstadtuniversität die Gründung der Kaiser-Wilhelm-Gesellschaft verkündete, die auch eine Antwort auf das Unvermögen der Forschungsuniversitäten war, Großforschung zu betreiben.[49] Die Momentgebundenheit der Jubiläumspraktiken legt methodisch einen diachronen Vergleich nahe. Zahlreiche Arbeiten ergründen verschiedene „Auflagen" eines Jubiläums an einem Hochschulstandort.[50] Diese Untersuchungen knüp-

---

45 Huxford, Grace u. Richard Wallace: Voices of the university: anniversary culture and oral histories of higher education. In: Oral History 45:1 (2017). S. 79 – 90; auch die Historiker*innen rund um das ETH-Jubiläum von 2005 setzten im bereits erwähnten Projekt „ETHistory 1855 – 2005" auf Zeitzeug*innen-Interviews, allerdings beschränkt auf den Personenkreis ehemaliger Professoren und Mitglieder des Hochschulrats.
46 Vgl. Thompson, E.P. (Hrsg.): Warwick University Ltd: Industry, Management and the Universities. Harmondsworth 1971.
47 Blecher, Jens u. Gerald Wiemers (Hrsg.): Universitäten und Jubiläen. Vom Nutzen historischer Archive. Leipzig 2004 (Veröffentlichungen des Universitätsarchivs Leipzig 4).
48 Vgl. zum Beispiel Kaiser, Jochen-Christoph: Das Universitätsjubiläum von 1927. In: Die Philipps-Universität Marburg zwischen Kaiserreich und Nationalsozialismus. Hrsg. von Günter Hollenberg u. Aloys Schwersmann. Kassel 2006. S. 293 – 311; Steinle, Meike: Das Universitätsjubiläum 1957. Die wiedergefundene Identität. In: Von der badischen Landesuniversität zur Hochschule des 21. Jahrhunderts. Hrsg. von Bernd Martin. Freiburg/München 2007. S. 609 – 622.
49 McClelland, Charles E.: Inszenierte Weltgeltung einer prima inter pares? Die Berliner Universität und ihr Jubiläum 1910. In: Bruch, Berliner Universität (wie Anm. 32), S. 245 – 253, hier S. 244 f.
50 Vgl. unter anderem Engehausen, Frank u. Werner Moritz (Hrsg.): Die Jubiläen der Universität Heidelberg 1587 – 1986. Begleitband zur Ausstellung im Universitätsmuseum Heidelberg 19. Oktober 2010 – 19. März 2011. Unter Mitarbeit von Gabriel Meyer. Heidelberg [u. a.] 2010 (Archiv und Museum der Universität Heidelberg 18); Goller, Peter: Innsbrucker Universitätsjubiläen. Insze-

fen an eine verbreitete Forschungstradition an, die als vertikale Perspektive der Universitätshistoriographie bezeichnet worden ist.[51] Gegenüber Einzeldarstellungen bieten solche Zugänge manche Vorteile. Die Vergleichbarkeit der untersuchten Feiern ist schnell eingängig, denn trotz des wechselnden Personals lassen sich örtliche Spezifika hinreichend berücksichtigen. Vielleicht noch wertvoller ist die Möglichkeit, Erfindung und Wandel von Jubiläumstraditionen in verschiedenen historisch-politischen Kontexten herauszuarbeiten, um beispielsweise akademische Geschichtskulturen in unterschiedlichen politischen Systemen,[52] vor dem Hintergrund hochschulpolitischer Auseinandersetzungen[53] oder mit dem Zugang einer *longue durée* zu untersuchen.[54] So geben diese Studien tiefe Einblicke in die jeweiligen Funktionen, die verschiedene Akteure der „Geschichte" einschrieben und welche Medien sie dabei nutzten. Ein weiterer Zugang ist der horizontale Zugriff auf verschiedene Standorte.[55] Heterogene standortspezifische Gegebenheiten machen Untersuchungen zu Vergleich und Transfer komplex, doch bieten sie das Potenzial, mediale Festpraktiken vom einzelnen

---

nierungen 1877 – 1927 – 1952 – 1969. In: Wissenschafts- und Universitätsforschung am Archiv. Beiträge anlässlich des Österreichischen Universitätskolloquiums, 14. und 15. April 2015 zu den Fragen: Historische Wissenschaftsforschung, Universitäten im gesellschaftlichen Kontext, Internalistische Wissenschaftsgeschichte, Disziplinen- und Institutionengeschichte. Hrsg. von Alois Kernbauer. Graz 2016 (Publikationen aus dem Archiv der Universität Graz 45). S. 69 – 90; Halle, Antje: Vom Forum für Ersatzpolitik zur Werbeveranstaltung. Die Jenaer Universitätsjubiläen 1858 und 1908. In: Jena. Ein nationaler Erinnerungsort? Hrsg. von Jürgen John u. Justus H. Ulbricht. Köln/Weimar/Wien 2007. S. 283 – 295; Schmidt-Lauber, Universität (wie Anm. 16); Vogel, Barbara: Die Universität und ihre Jubiläen. In: Universität im Herzen der Stadt. Eine Festschrift für Dr. Hannelore und Prof. Dr. Helmut Greve. Hrsg. von Jürgen Lüthje. Hamburg 2002. S. 136 – 145.
51 Schwinges, Universitätsgeschichte (wie Anm. 26), S. 28.
52 Gerber, Stefan: Universitäre Jubiläumsinszenierungen im Diktaturvergleich: Jena 1933 und 1958. In: Jena. Ein nationaler Erinnerungsort? Hrsg. von Jürgen John u. Justus H. Ulbricht. Köln [u. a.] 2007. S. 299 – 323; Schreiber, Maximilian: Die Ludwig-Maximilians-Universität und ihre Jubiläumsfeiern in der ersten Hälfte des 20. Jahrhunderts. In: Die Universität München im Dritten Reich. Aufsätze. Teil 1. Hrsg. von Elisabeth Kraus. München 2006. S. 479 – 504.
53 Becker, Rieke: „Kein Grund zum Feiern". Die Jubiläen der Universität Hamburg 1969 und 1994 im Zeichen politischer Konflikte. München/Hamburg 2021 (Hamburger Zeitspuren 14).
54 Auge, Die CAU feiert (wie Anm. 43); Bock, Sabine: Die künstlerische Gestaltung der Heidelberger Universitätsjubiläen. Heidelberg 1993 (Veröffentlichungen zur Heidelberger Altstadt 28); Kreis, Tradition (wie Anm. 14).
55 Vgl. zum Beispiel Drüding, Markus: Akademische Jubelfeiern. Eine geschichtskulturelle Analyse der Universitätsjubiläen in Göttingen, Leipzig, Münster und Rostock (1919 – 1969). Berlin 2014 (Geschichtskultur und historisches Lernen 13).

Hochschulort zu lösen, und bieten Angebote zur Synthetisierung akademischer Jubiläumskulturen.[56]

Akteure, Medien und Politik von Jubiläen an europäischen Hochschulen – die Beiträge dieses Bandes

Neuere Forschungen zum Jubiläumsgeschehen an Universitäten und Hochschulen haben somit einen reichen Hintergrund, in den sie ihre Fragestellungen einbetten können. Zugleich werden einige Forschungsdesiderate erkenntlich, die dieser Band adressieren möchte. Erstens geht es darum, den Untersuchungsgegenstand weiter zu fassen und nicht allein die alte, aus dem Mittelalter überkommene respektive später adaptierte Universität zu fokussieren.[57] Bisher ist die Jubiläumskultur von Polytechnika und Spezialschulen, Technischen Hochschulen und Gesamthochschulen, Fachhochschulen und Reformuniversitäten kaum ausgeleuchtet.[58] Die gemeinsame Betrachtung verschiedener Hochschultypen zeigt dabei Adaption und Alteration von Jubiläumspraktiken und eröffnet neue Perspektiven auch auf das Jubiläum der „alten" Universitäten.

Die hier versammelten Beiträge eint zweitens ein dezidiertes Interesse für die mediale Dimension der Hochschuljubiläen, um die Diskussion fortzuführen, ob das Jubiläum als ein zeitliches „Relativum ohne eigene Substanz" zu verstehen ist,[59] also weniger ein Ereignis darstellt, das mediale Dimensionen besitze, sondern „das Medium selbst" sei.[60] Demgegenüber steht die Bewertung von Jubiläen als Manifestation von Geschichtshandeln, durch die spezifische Akteure versu-

---

56 Becker, Jubiläen (wie Anm. 31); Drüding, Markus: Jubiläumsfieber und Jubiläumitis? Fragen zur Jubiläumsbegeisterung deutscher Universitäten. In: Die Hochschule. Journal für Wissenschaft und Bildung 27 (2018). S. 23 – 34; Drüding, Markus: Warum feiern Universitäten Geschichte? Funktionen und Formen deutscher Universitätsjubiläen im späten 19. und 20. Jahrhundert. In: Akademische Festkulturen vom Mittelalter bis zur Gegenwart. Zwischen Inaugurationsfeier und Fachschaftsparty. Hrsg. von Martin Kintzinger, Wolfgang Eric Wagner u. Marian Füssel. Basel 2019 (Veröffentlichungen der Gesellschaft für Universitäts- und Wissenschaftsgeschichte 15). S. 55 – 76; Müller, Erinnerung (wie Anm. 32); Müller, Universität (wie Anm. 19).
57 Vgl. Guhl, Anton F.: Perspektiven einer integrierten Hochschulgeschichte. In: Jahrbuch für Universitätsgeschichte 23 (2020) [im Druck].
58 Vgl. bisher Albrecht, Helmuth: Die Bergakademie Freiberg. Eine Hochschulgeschichte im Spiegel ihrer Jubiläen 1765 bis 2015. Freiberg 2016.
59 Landwehr, Magie (wie Anm. 6), S. 9.
60 Kreis, Tradition (wie Anm. 14), S. 472.

chen, ein „Ereignis zu schaffen, das [selbst] in die Geschichte eingeht".[61] Von solchen Versuchen zeugen besonders augenscheinlich publizierte Jubiläumsrückblicke.[62] Wird das Hochschuljubiläum primär als Ausdruck einer historischen Gegenwart verstanden, in der medial „Geschichte" verhandelt wird, so geht es bei der Betrachtung der Inszenierung der im Jubiläum gefeierten Vergangenheit weniger um deren akkurate Darstellung. Im Vordergrund stehen vielmehr die Beweggründe der Wahl der jeweiligen Erzählung und ihre Modi. Die im Folgenden untersuchten Medien umfassen unter anderem Festschriften und Gegenfestschriften, Pressearbeit und Presseberichterstattung, Reden und Lieder, Festumzüge und Gottesdienste, Schlägereien und Fackelzüge, Plakatwettbewerbe, Webauftritte und Ausstellungen.[63]

Aus der medialen Kommunikation über Geschichte speist sich ein dritter Schwerpunkt dieses Bandes: die historisch basierte Identitätsstiftung. Interessensgeleitete Akteure versuchen im Jubiläum eine spezifische Deutung der Gegenwart historisch zu plausibilisieren. Eine solche „politische" Deutung des Jubiläums offenbart auch Konflikte und Scheitern und macht deutlich, wie Akteure mit unterschiedlicher Machtfülle von innerhalb oder von außerhalb der Institution agieren. Aus den Hochschulen treten somit vor allem Hochschulleitungen und (später) ihre professionalisierten Öffentlichkeitsabteilungen und einzelne Hochschullehrer*innen – besonders Historiker*innen – in den Blick. Besonderes Augenmerk liegt auch auf Studierenden und weiteren Hochschulangehörigen.

Vor dem Hintergrund eines – so ist zu vermuten – weiterhin anhaltenden Jubiläumsbooms soll dieser Band schließlich auch eine Grundlage für Reflexion und Praxis zukünftiger (Hochschul-)Jubiläen bieten. Angesichts der Chancen, die die im Jubiläum bereitgestellten Mittel und die öffentliche Nachfrage nach „Geschichte" bieten, kann der Blick auf zurückliegende Jubiläen auch Brücken bauen zwischen dem zuweilen als prekär wahrgenommenen Einfluss methodisch abgesicherter Erkenntnisse der Geschichts*wissenschaft* und den Interessenlagen anderer Jubiläumsakteure innerhalb und außerhalb der Institutionen.

Nur auf den ersten Blick überrascht es, dass gerade junge Institutionen besonders die Versicherung durch „Geschichte" suchen. Diesem Phänomen widmet

---

61 Bösch, Bann (wie Anm. 6), S. 29 [Zitat]; vgl. auch Kollmann, Historische Jubiläen (wie Anm. 12).

62 Vgl. etwa die 7000-fach gedruckte Publikation: 100 Jahre Universität Hamburg. 1919–2019. 100 Jahre Wissenswert Universität Hamburg. Ein Rückblick auf das Jubiläumsjahr. Hrsg. vom Präsidenten der Universität Hamburg. Hamburg 2020.

63 Die Rolle von Medien in der Produktion historischer Bedeutung diskutiert zum Beispiel Logge, Thorsten: Geschichtssorten als Gegenstand einer forschungsorientierten Public History. In: Public History Weekly 6 (2018) 24.

sich der erste Teil des vorliegenden Bandes *Neue Hochschulen (er)finden ihre Jubiläumskulturen*. Sowohl für die Anfang des 19. Jahrhunderts begründeten Polytechnika als auch für die aus den Reformen der 1960er Jahre hervorgegangenen tertiären Bildungseinrichtungen lässt sich in den ersten Jahrzehnten ihres Bestehens die Stiftung von Jubiläen nachweisen. *Anton F. Guhl* untersucht die Gründungsjubiläen der Polytechnischen Schulen in Dresden, Hannover und Prag in den 1850er Jahren und beschreibt die Übernahme universitärer Jubiläumstraditionen einerseits und die Begründung spezifisch technischer Relevanzbehauptungen andererseits. Ein bisher weitgehend unbeachtetes Terrain beschreitet *Verena Kümmel* mit ihrem Beitrag zur Jubiläumskultur der kirchlichen Fachhochschule Darmstadt. Mit einer raschen Folge von Schriften, die sich auf Gründungen von Vorgängereinrichtungen bezogen, suchte die junge Anstalt sich mittels „Geschichte" nach innen und außen zu konsolidieren. Einen diachronen und hochschulvergleichenden Ansatz verfolgt der Beitrag von *Edith Glaser* und *Alexander Kather*. Die Publikationen von Gründungsjubiläen der Reformuniversitäten in Bremen und Kassel zeigen, wie der Wandel des Selbstverständnisses der Hochschulen sich in den Veröffentlichungen nicht nur inhaltlich, sondern auch haptisch und gestalterisch spiegelt.

Eine Betrachtung von *Jubiläen in Krisenzeiten und Krisen des Jubiläums* zeigt, dass sie nicht nur Symptom, sondern auch Anlass innerinstitutioneller Auseinandersetzungen sein können, die um ein weiteres Mal die Gegenwartsorientierung von Geschichtskultur zeigt. *Christof Aichner* beschreibt das Scheitern eines Jubiläums an der Universität Innsbruck im Jahr 1877. Nicht nur die Ausgestaltung des Festaktes, sondern auch die Uneinigkeit über das zu referenzierende Gründungsereignis spiegeln die Konflikte um die Rolle der Kirche für Österreichs Universitäten. Zugleich wird deutlich, wie Studenten über das Vehikel der Vergangenheitsdeutung Einfluss erlangten, den sie auch nach dem gescheiterten Jubiläumsjahr verteidigen konnten. *Martin Göllnitz* und *Paula Rilling* vergleichen die beiden im Jahr 1940 ausgerichteten Jubiläen der Universität Kiel und der Technischen Hochschule Wien und zeigen deren Bereitschaft, die eigene Geschichte von einem nationalsozialistischen Standpunkt aus umzudeuten. Dem Ansatz einer integrierten Hochschulgeschichtsschreibung verpflichtet schließen sie, dass der Institutionentypus für diese Anpassung von nachgeordneter Bedeutung war. Auch der Beitrag von *Sarah Kramer* folgt einer vergleichenden Perspektive in der Untersuchung der 1977 begangenen Gründungstage an den Universitäten Marburg und Tübingen. Während in Marburg zahlreiche konservative Professor*innen im „roten Jahrzehnt" keinen Grund zum Feiern sahen und die entsprechenden Planungen der Hochschulleitung boykottierten, führten die Feierlichkeiten in Tübingen zu studentischen Gegenveranstaltungen.

Der Bezug auf institutionelle Gründungsereignisse bringt häufig eine Gesamtbilanz hervor, in der Jubiläumsakteure sich *zwischen Gedenken, Verdrängen und Vergessen* auch zu „Schattenseiten" und Ambivalenzen in der Geschichte verhalten müssen. Während ein ausdrücklicher Schwerpunkt auf die NS-Vergangenheit im Jubiläumskontext die Ausnahme darstellt,[64] stehen Jubiläen von älteren Einrichtungen vor der Frage, wie der Zivilisationsbruch des Nationalsozialismus in die Gesamtgeschichte eingeordnet wird. Der Beitrag von *Vivian Yurdakul* diskutiert den Umgang der nach dem Zweiten Weltkrieg dezidiert als Technische *Universität* Berlin neugegründeten Einrichtung mit ihrer NS-Vergangenheit. In dem komplexen Erinnerungskalender der einstigen Technischen Hochschule Berlin, der aus unterschiedlichen Gründungsereignissen nicht nur ihres Nachfolgers, sondern auch ihrer Vorgängerinstitutionen resultiert, wird deutlich, dass auch die kritische Reflexion Konjunkturen unterliegt. Eine komplexe Vergangenheit zeichnet auch die Universität Straßburg aus. Als Folge der territorialen Verschiebungen nach dem Ersten Weltkrieg entstand 1919 am früheren Standort der Kaiser-Wilhelms-Universität wieder eine französische Universität, die zwischen 1941 und 1945 einer nationalsozialistischen „Reichsuniversität" sprichwörtlich – nämlich ins Exil nach Clermont-Ferrand – weichen musste. Daran erinnert der Beitrag von *Catherine Maurer*, der auch ersichtlich macht, warum 2019 – anders als in Hamburg oder Rostock – keine großen Feierlichkeiten auf dem Programm standen: Sich in einem europäischen Universitäts- und Forschungskollektiv zu positionieren, war der Hochschule wichtiger als eine Fortschreibung eines auch als nationalistisch interpretierbaren Gedenkens.

Die von der Forschung am meisten betrachtete Geschichtssorte akademischer Jubiläen ist die wissenschaftliche Festschrift. Die Beiträge im Teil *Neue Quellen und neue Blickwinkel auf akademische Jubiläumskulturen* diskutieren erweiternde Perspektiven. Mit den Festreden stellt der Beitrag von *Matthias Berg* den Nukleus der akademischen Festakte in das Zentrum seines Interesses und verknüpft dabei die Forschungsstränge zu Universitätsreden mit denjenigen der akademischen Festforschung. Am Beispiel von Jubiläen der Technischen Hochschule in München und der Ludwig-Maximilians-Universität München kontrastiert Berg die durch größere Intervalle geprägte Singularität der Jubiläumsrede mit der Serialität jährlicher Rektoratsreden. Anhand von Zeitungsartikeln zeichnet *Beate Ceranski* die mediale Konstruktion des Stuttgarter Hochschuljubiläums von 1977 nach und zeigt die Bedeutung, die der Presseberichterstattung jenseits einer Überlieferung von Jubiläums-Ereignissen als Geschichtssorte zukommt. Dass die Presse

---

64 Vgl. etwa Herrmann, Wolfgang A. u. Winfried Nerdinger (Hrsg.): Die Technische Hochschule München im Nationalsozialismus. München 2018.

diese Rolle überhaupt einnehmen konnte, hängt auch mit dem von den Jubiläumsverantwortlichen gewählten partizipativen Ansatz zusammen. Durch ein Jubiläum für alle mit allen sollte die fernab des Zentrums gelegene und von Finanzskandalen geschüttelte Universität näher an Stuttgart und seine Bürger*innen rücken. *Gunnar B. Zimmermann* wendet sich dem Pendant der (wissenschaftlichen) Festschrift zu: den zumeist von Studierenden und Vertreter*innen des „Nachwuchses" vorgelegten Gegenfestschriften. Durch eine umfassende Diskussion einer systematisch bisher kaum betrachteten Geschichtssorte folgt Zimmermann dem Wandel der Funktion der „Gegenfestschrift" über drei Jahrzehnte, von den 1960ern bis in die 1990er-Jahre, und zeigt nicht zuletzt ihr geschichtswissenschaftliches Innovationspotenzial. *Ning de Coninck-Smith* reflektiert anhand der Gründungserzählungen der Universität Aarhus als zweiter dänischer Universität, wie Geschichte nicht nur genutzt, sondern auch gemacht wird. Sie plädiert dafür, institutionelle Jubiläumsgeschichten mit Erzählungen des akademischen Alltags zu verbinden, und spannt damit den Bogen zu zukünftiger Geschichtsschreibung. Mittels „affective reading" lassen sich, so ihr Befund, in den Archiven und Korrespondenzen auch bisher unerzählte Gründungsgeschichten aufdecken – solche etwa, in denen Frauen vom Rand ins Zentrum rücken.

Ein Blick auf *rezente Jubiläumspraktiken* bietet nicht zuletzt Orientierungshilfen für anstehende Jubiläen. *Juliane Mikoletzky* beschreibt den Versuch der TU Wien, im Jahr 2015 ihren 200. Gründungstag als vor allem in die Zukunft gerichtetes Ereignis zu konstruieren. Trotz dieser dezidierten temporalen Ausrichtung zeigt ihr Beitrag die Prävalenz von „Geschichte" im Jubiläum und zugleich die Chancen, das gleichsam natürliche Bedürfnis nach historischer Einordnung zur kritischen Ausgestaltung zu nutzen. Ebenfalls 200-Jahr-Feiern untersucht *Pieter Dhondt* am Beispiel der belgischen Universitäten von Ghent, Liège und Leuven, deren Gründungsjubiläen alle im Jahr 2017 stattfanden. Dhondt deutet die Jubiläumspraktiken, deren unterschiedliche Medien er vergleichend analysiert und kommentiert, als Akt der Selbstbehauptung in einem vom Rennen um Exzellenz und knappe Mittel geprägten Umfeld des prägnanten sozialen Wandels.

Desiderate, Perspektiven und Handlungsfelder

Gerade weil das Jubiläum performativ Gemeinschaft herstellt, ergeben sich auch Möglichkeiten der Umdeutung und Verweigerung, in denen Hierarchien hinterfragt, aber auch gefestigt werden können. Minderheitenpositionen und kritische Stimmen finden Möglichkeiten zur Artikulation, zugleich werden die affirmativen Strukturen deutlich, die Institutionsjubiläen oft inhärent sind, da ihre Masternarrative Marginalisierungstendenzen aufweisen. Für Universitäten und Hochschulen, die auf Leistung und Exzellenz durch Auslese und Qualitätssicherung setzen, fallen manche Themen bei der historischen Selbstvergewisserung ins Hintertreffen. Anlässlich der Konzentration auf Forschungsexzellenz liegt es beispielsweise nicht auf der Hand, in Rückblicken über Defizite in der Lehre oder über gescheiterte Studierende nachzudenken.

Anhand der Untersuchungsfelder *Medien, Identitäten und Akteure* verweisen die Beiträge auch auf anschließende Fragestellungen für die Untersuchung von Hochschuljubiläen. Desiderate sind dabei nicht nur im Feld der bisher weniger untersuchten Hochschultypen zu nennen, sondern auch für die Transferprozesse der Jubiläumskultur und der im Jubiläum wirksam werdenden Medien. Die auf Öffentlichkeit zielende Anlage der Festakte legt es nahe, verstärkt Quellen zu konsultieren, die wie Zeitungsartikel, Behördenakten oder Medien von (städtischen) Tourismusgesellschaften die öffentliche Wirkung von Hochschuljubiläen freilegen. Zugleich sind die untersuchten Medien aus den Hochschulen selbst zu erweitern: Lohnend erscheinen hier vor allem Jubiläumsrückblicke, die das Feiern selbst historisieren und vom 200-seitigen Prachtband bis zum Youtube-Video reichen.[65] Auch populäre Universitätsdarstellungen, Pressemitteilungen und -berichterstattung, Gegenfestschriften und Äußerungen aus einzelnen Instituten sind zu nennen. Dabei kann auch die Geschichte der Medien selbst neue Aufschlüsse über akademische Jubiläumspraktiken liefern. Wenn, wie im Fall des Hamburger Universitätsjubiläums 2019, eine kunstgeschichtliche, also disziplinäre, Veröffentlichung allen rund 350 Gästen eines zentralen Empfangs überreicht wird, gewinnt sie nicht nur erheblich an Verbreitung, sondern wird zu einer Stimme *der Universität* im Jubiläum.[66]

Da im Jubiläum verhandelt wird, was Universitäten sind und welche Ziele sie verfolgen, bieten sie nachgerade für alle diskutierten Themen der Hochschulgeschichtsschreibung eine ergänzende Perspektive. Daher können im Jubiläum nicht nur akademische Fest-Geschichtskulturen untersucht, sondern in diesen Praktiken auch universitäre Selbst- und Fremdzuschreibungen und Zusammenhänge mit zahlreichen anderen Fragestellungen erfasst werden. Entsprechende Arbeiten würden also nicht eines oder mehrere Jubiläen analysieren, sondern beispielsweise – um ein besonders drängendes Desiderat zu benennen –

---

65 [Meyer, Alfred G.:] Die Hundertjahrfeier der Koeniglichen Technischen Hochschule zu Berlin. 18–21. October 1899. Berlin 1900; 50 Jahre Universität Bielefeld. Impressionen aus dem Jubiläumsjahr 2019 https://www.youtube.com/watch?v=L_gSJLaNW_s (5.3.2021).
66 Vgl. Wenderholm, Iris u. Christina Posselt-Kuhli (Hrsg.): Kunstschätze und Wissensdinge. Eine Geschichte der Universität Hamburg in 100 Objekten. Petersberg 2019; 100 Jahre (wie Anm. 62), S. 19.

die Rollen(-zuschreibungen) des technischen und verwaltenden Personals erforschen oder nach dem Verbleib der Absolvent*innen fragen. Letztere werden im Jubiläum häufig als Aushängeschild der Anstalten verwendet, obwohl aus geschichtswissenschaftlicher Perspektive vielfach noch unklar ist, wer wann was für welche spätere Tätigkeit gelernt hat.

Gelegenheiten zu solchen Forschungen könnten nicht zuletzt Jubiläen sein, da sie „Geschichte immer wieder auf die Tagesordnung" setzen und ihnen zugleich ein Disruptionspotenzial innewohnt: Denn erst in ihrer Inszenierung zeigt sich, „welche Möglichkeiten und Wirklichkeiten in den Vergangenheiten noch schlummern".[67] Diese Offenheit von Jubiläen und ihre nach wie vor hohe Bedeutung, „Geschichte" zu strukturieren, belegt insbesondere am Beispiel von Universitäten und Hochschulen: Das Jubiläum ist besser als sein Ruf, auch und gerade aus einer geschichts*wissenschaftlichen* Perspektive. Nicht zuletzt deshalb, weil es historischen Themen nicht nur innerhalb der Aufmerksamkeits-, sondern auch der Finanzökonomie eine Position verschafft. Ungezählte Festschriften belegen, dass Historiker*innen den Hochschulleitungen bemerkenswert erfolgreich Mittel zur Erforschung der Institutionsgeschichte abringen können, wenngleich sie sich in Konkurrenz zu einer „Eventisierung" zuweilen in der Defensive sehen.[68] Innerhalb des Interessensausgleichs der „Hochschulinnenpolitik" kann sich die Geschichtswissenschaft anlässlich des Jubiläums zu Wort melden.[69] Tatsächlich erkennen ja auch Rektorate die Notwendigkeit an, kritisch und „proaktiv nach Fällen von demokratisch nicht zu verantwortenden Verstrickungen" der Institution zu fragen.[70] Ein denkbarer Weg zur Versöhnung von Event und Erkenntnis könnte auch die Formulierung von Handreichungen oder Best Practice-Beispielen sein, wie sie etwa für die Zeitgeschichte ostdeutscher Hochschulen vorgeschlagen wurde.[71] Eine solche Kodifizierung geschichts*wissenschaftlicher* Elemente in akademischen Jubiläumspraktiken könnte nicht zuletzt auf den an vielen Uni-

---

67 Landwehr, Magie (wie Anm. 6), S. 9.

68 Vgl. Ash, Mitchell G.: Die Universitätsgeschichtsschreibung an der Universität Wien im Jubiläumsjahr 2015 – zwischen historischer Reflexion und Eventkultur. In: Prüll/George/Hüther, Universitätsgeschichte (wie Anm. 38), S. 221–239.

69 Zum Begriff der Hochschulinnenpolitik vgl. Ash, Mitchell G.: Die österreichischen Hochschulen in den politischen Umbrüchen der ersten Hälfte des 20. Jahrhunderts. In: „Säuberungen" an österreichischen Hochschulen 1934–1945. Hrsg. von Johannes Koll. Wien/Köln/Weimar 2017. S. 29–72, hier S. 30f.

70 Dicke, Klaus: Akademische Erinnerungskultur. In: Ambivalente Orte der Erinnerung an deutschen Hochschulen. Hrsg. von Joachim Bauer [u. a.]. Stuttgart 2016. S. 21–32, hier S. 27.

71 Hechler, Daniel u. Peer Pasternack: Traditionsbildung, Forschung und Arbeit am Image. Die ostdeutschen Hochschulen im Umgang mit ihrer Zeitgeschichte. Leipzig 2013. S. 406–453.

versitäten etablierten Selbstverpflichtungen zu guter wissenschaftlicher Praxis aufbauen.

Denn schließlich steht zu erwarten, dass der „Jubiläumsreigen" zumindest vorerst nicht abreißt. Diverse Hochschulgründungen Anfang der 1970er Jahre jähren sich nun zum 50. Mal, die Universität Marburg rüstet sich bereits seit einigen Jahren für ihren 500. Gründungstag (2027),[72] und in den aus Polytechnika des 19. Jahrhunderts hervorgegangenen deutschen Technischen Universitäten stehen 200-Jahr-Feiern an: Planungen laufen bereits für Karlsruhe (2025); es folgen Dresden (2028) und Stuttgart (2029). Ob sich Kalenderjahre gleichsam unaufhaltsam Bahn brechen werden, indem ein Gründungsjahr X mit einem Vielfachen der Zahl 25 addiert wird, ist allerdings ungewiss. An Geschichtskultur Interessierte können ihre Bezugspunkte auch anders wählen, ein Beispiel dafür hat die TU Darmstadt 2017 geliefert, als „140 Jahre" zum Anlass für einen umfänglichen und opulent ausgestatten Band wurden.[73]

Auch die Frage der gewählten Zugänge und beteiligten Akteure bleibt offen. Neben klassische Elemente wie die Präsentation besonders erfolgreicher Absolvent*innen durch Universitäten[74] wird vermutlich auch Unerwartetes treten. Dass nicht nur akademische Akteure planen, mit Hochschulgründungen „Geschichte" zu machen, zeigt das Beispiel der Stadt Ingolstadt. Im dortigen Stadtrat hat die SPD-Fraktion beantragt, anlässlich von 550 Jahren Ludwig-Maximilians-Universität München (2022) an deren Ingolstädter Tradition zu erinnern – dort war die Vorgängerinstitution von 1472 bis 1800 beheimatet – und „dieses Jubiläum gebührend und nachhaltig zu begehen" fordere „*natürlich* angemessenes Engagement der Stadt Ingolstadt".[75]

So liegt die eigentliche Bedeutung im Jubiläum gerade in dieser Ver-Öffentlichung von „Geschichte". Der „Anniversary Calendar" der gemeinnützigen britischen Historical Association betont, Jahrestage seien ein wirkungsvoller Ansatz, um Menschen für „Geschichte" zu interessieren.[76] Auch wenn der Kalenderrhythmus

---

72 Phillips Universität Marburg: Arbeitskreis Universitätsgeschichte. https://www.uni-marburg.de/de/uniarchiv/arbeitskreis (4.3.2021).

73 Dipper, Christof [u.a.]: Epochenschwelle in der Wissenschaft. Beiträge zu 140 Jahren TH/TU Darmstadt (1877–2017). Darmstadt 2017.

74 Alumni interview series „KyotoU's Shin-kiten" launches (19.7.2019) Kyoto University: News and Events. https://125th.kyoto-u.ac.jp/en/info/ (2.3.2021).

75 Christian De Lapuente (u.a.) an Oberbürgermeister Dr. Christian Scharpf, 1.10.2020. https://www.ingolstadt.de/sessionnet/getfile.php?id=163494&type=do (4.3.2021) [unsere Hervorhebung].

76 Im Original: „anniversaries can be a powerful hook to get people interested in the subject", Worsley, Lucy: How to build an Anniversary (2.10.2015). https://www.history.org.uk/primary/module/8581/lucy-worsley-how-to-build-an-anniversary (1.3.2021).

die Vergangenheit an die Oberfläche spülen mag, so wird sie doch von verschiedenen Akteuren verhandelt, was nicht nur simplifizierende und ökonomisierende Fallstricke, sondern auch demokratisierende und emanzipatorische Potenziale birgt. Die Rolle der Geschichtswissenschaft sollte es dabei nicht sein, in der Position ironischer Kommentierung zu verharren,[77] sondern auf Leerstellen hinzuweisen und ihre Methodik anzubieten, um „Jubiläumskompetenz" zu stärken.[78] Dies kann nur gelingen, wenn sie die Niederungen der öffentlich verhandelten Geschichte nicht scheut.

77 Arnold, Forum (wie Anm. 7), S. 85.
78 Vgl. Demantowsky, Jubiläum (wie Anm. 6).

Anton F. Guhl and Gisela Hürlimann

Anniversaries of Institutions of Higher Education: The Status and Perspectives of Current Research

Anniversaries and days of commemoration are omnipresent. By now, hardly a year goes by in which there is *no* major event to be commemorated by a significant anniversary prompting larger and smaller retrospectives. For example, in the last several years, we have seen "major" anniversaries on the calendar to commemorate 75, 80, or 100 years passing since the beginning or end of the world wars, and 500 years since the publication of Luther's theses. And this "merry-go-round of anniversaries" is not letting up.[1] As we write these lines, Switzerland is celebrating 50 years of women's suffrage on the federal level (1971), remembering how laborious this goal was to achieve, and 150 years have passed since the Lesser German Empire was founded in 1871; meanwhile, the 60th anniversary of the erection of the Berlin Wall is quickly approaching, and in May 2021, the first acts begin in preparation for the 70th anniversary of the coronation of Queen Elizabeth II, the head of state in the United Kingdom and 15 other countries.[2]

In the higher education landscape, too, there is one anniversary after another: In 2021, the universities in Bremen, Kassel and Mainz are celebrating round-numbered anniversaries of their founding, whereas Aachen celebrated one in 2020, and Rostock and Hamburg had theirs in 2019. These commemorations have generated celebrations, worship services, performances, exhibitions, special commemorative postal stamps, catalogues of professors, and, last but not least, thousands of printed pages of historical materials. The celebrations for "150 Years of RWTH Aachen" largely took place online due to the Corona pandemic.[3] Yet digital media had already begun to play a role in historical commemorative culture in the early 2000s, as examples from long-lost websites (or websites mothballed on old data-storage drives) show.[4] The regret about canceled

---

1 All quotes from German literature are free translations, cf. the German version of this introduction for the original wording (all notes are consistent); Sabrow, Martin: Zeitgeschichte als Jubiläumsreigen. In: merkur 789 (2015). pp. 43–54

2 https://queensgreencanopy.org/ (4.3.2021)

3 https://www.rwth-aachen.de/go/id/ryee/ (5.3.2021).

4 Nevertheless, the website to commemorate the 150th anniversary of ETH Zürich "ETHistory 1855–2005" is still available online. See http://www.ethistory.ethz.ch/ (2.3.2021).

festive celebrations, exhibitions and concerts testifies to the haptic-sensory quality intrinsic to these anniversary occasions because academic celebrations have
lived since early modern times from an *"actus publicus"*,[5] from the media's staging of the celebrating institutions for public consumption.

The listing of current anniversaries of events, political milestones and the
founding of institutions of higher education, which could be made up of entirely
different occasions and, above all, added to in any number of ways, makes it
abundantly clear that historical culture (*Geschichtskultur*) and societal commemoration are closely intertwined with anniversaries. Although historians often provide the material that comprises these anniversaries, such events sometimes
have a poor reputation: They are criticized not only for their "jubilee fetish"
and for falling under the "spell of the anniversaries" but are also accused of "anniversaryitis," even calling forth the notion of a pathological historical culture.[6]

Professional historians within the scholarly discipline are warned that the
"magic of the zero" deprives them of the reins to act as they wish, that it deter-
mines their topics based on the calendar in a way downright reminiscent of planned economies, and, thus, that it endangers their "royal privilege" of choosing
their objects of research themselves. In this discussion, one encounters the argument that scholarly innovations are more the exception than the rule in anniversary contexts, not least on account of the time pressure from the calendar, which
defines publication deadlines independently of the process of scholarly discovery because interest in the topics quickly wanes.[7] At least in the case of institutional anniversaries, it is said, one can discern a fundamental tendency for the
scholarship to affirm those institutions, which is not conducive to encouraging
critical research and working out the gray areas of history.[8]

---

5 Boehm, Laetitia: Der "actus publicus" im akademischen Leben. Historische Streiflichter zum
Selbstverständnis und zur gesellschaftlichen Kommunikation der Universitäten. In: Geschichts-
denken, Bildungsgeschichte, Wissenschaftsorganisation. Ausgewählte Aufsätze von Laetita
Boehm anläßlich ihres 65. Geburtstages. Ed. by Gert Melville, Rainer A. Müller and Winfried Mül-
ler. Berlin 1995 (Historische Forschungen 56). pp. 675 – 693.
6 Landwehr, Achim: Magie der Null. Zum Jubiläumsfetisch. In: Aus Politik und Zeitgeschichte
(APuZ) 70:33,34 (2020) [Jahrestage, Gedenktage, Jubiläen] pp. 4 – 9; Bösch, Frank: Im Bann der
Jahrestage. In: ibid. pp. 29 – 39; Demantowsky, Marko: From Anniversary to Anniversaryitis.
In: Public History Weekly 2 (2014) 11.
7 For example, Jörg Arnold in: Forum Anniversaries [with Jörg Arnold (Nottingham), Thomas A.
Brady (Berkeley), Fearghal McGarry (Queen's University, Belfast), Tim Grady (Chester) and Dan
Healy (St Anthony's College, Oxford)]. In: German History 32:1 (2014). pp. 79 – 100, p. 90.
8 Müller, Winfried: Das Historische Jubiläum. Zur Karriere einer Zeitkonstruktion. In: APuZ
70:33,34 (2020) [Jahrestage, Gedenktage, Jubiläen]. pp. 10 – 16.

The counterarguments are almost a mirror image of these. If professional historians refused to do this work, it is argued, then others would interpret the relevant events so that the professionals would lose out on opportunities to conduct critical research. Consequently, the attention directed at the anniversary (and the financial means associated with it) are described as a chance to set one's own emphasis within a given context but also to start new debates[9] or to reach a wider audience.[10] Finally, it is argued that simply because one may be able to "make money with history" does not mean that this must "necessarily lead to the abandonment of its enlightenment potential."[11] It seems as though professional historians as a group especially shy away from the idea that their findings could feature marketable economic contents. Accordingly, historians criticize the profit-orientation of media companies that fuel the jubilee boom. This anticapitalistic criticism focuses on only one segment of the market economy: the supply, which by itself, however, cannot explain the demand: the "need for history."[12]

Anniversaries as an Expression of Historical and Commemorative Culture

Indeed, anniversaries, which always also deal with commemorative communities and can realign them, call forth a variety of actors, driven by various interests, who performatively produce and consume "history" in different media formats. In this, representatives from history as a scholarly discipline constitute only one group among many[13] – one that is not necessarily the most influential when collectives and individuals agree upon "a relatable and assessable recapitulation of

---

9 Arnold, Forum (cf. note 7), p. 92.

10 For example, Eckart Conze, Hedwig Richter and Michael Epkenhans concerning the case of the "uncalled for occasion of 150 years since the empire's founding"; cf. https://www.swr.de/ swr2/leben-und-gesellschaft/150-jahre-deutsche-einheit-was-sollen-wir-feiern-swr2-forum-2021- 01-14-100.html (4.3.021).

11 Nießer, Jaqueline and Juliane Tomann: Geschichte in der Öffentlichkeit analysieren. Jubiläen als Gegenstand von Public History und Angewandter Geschichte. In: APuZ 70:33,34 (2020) [Jahrestage, Gedenktage, Jubiläen]. pp. 17–22, p. 22.

12 Kollmann, Catrin B.: Historische Jubiläen als kollektive Identitätskonstruktion. Ein Planungs- und Analyseraster. Überprüft am Beispiel der historischen Jubiläen zur Schlacht bei Höchstädt vom 13. August 1704. Stuttgart 2014. p. 53.

13 Logge, Thorsten: Hochschulgeschichte als Gegenstand der Public History. Das Karlsruher Hochschuljubiläum 1950 als performative Historiographie? In: Jahrbuch für Universitätsgeschichte 23 (2020) [in print].

one's own existence in time gone by."[14] Historical culture and cultural memory talk about the past, but they take place in a present time.[15] Consequently, anniversaries and jubilees reveal more about those who are celebrating and commemorating them than about the institution that is being commemorated. The same is true of those who are excluded or who choose to exclude themselves from the circle of those involved in the remembrance.[16]

The triumphant rise of anniversaries is mirrored not least in a view of history that focuses on human beings in their creativity and historicity instead of the God of creation cyclically doling out lives and blessings.[17] A *historical* anniversary of this kind, which recounts progress and assures institutions of their heritage in times of change, has left behind its Judeo-Christian etymology. In the jubilee year of the Israelites, the commandment was for servants and goods to be returned in order to recognize God's ownership of all of creation. And the faith anniversaries of the Holy Years first founded in 1300 A.D. by Pope Boniface VIII celebrated the forgiveness of sins.[18] Building upon the hook of anniversaries of priestly ordination, it was primarily the universities that participated in separating anniversaries from their meaning in biblical history since the 16th century and utilizing them for generating meaning in *this* world rather than in salvation.[19] One of the original anniversaries – the 100th anniversary of the Reformation celebrated in 1617 on the eve of the Thirty Years' War – already impressively demonstrates what the developing anniversary culture managed to achieve. Previously, the date Luther's theses appeared had not been a point of reference in the Protes-

---

14 Kreis, Georg: Tradition, Variation und Innovation. Die Basler Universitätsjubiläen im Lauf der Zeit, 1660–1960. In: Schweizerische Zeitschrift für Geschichte 60 (2010). pp. 437–474, p. 438.
15 Cf. Assmann, Jan: Das kulturelle Gedächtnis. Schrift, Erinnerung und politische Identität in frühen Hochkulturen. München 1992; Rüsen, Jörn: Historik. Theorie der Geschichtswissenschaft. Köln/Weimar/Wien 2013.
16 Schmidt-Lauber, Brigitta: Die (sich) feiernde Universität. Bedeutungsstiftung durch Jubiläen. In: Jubiläum. Literatur- und kulturwissenschaftliche Annäherungen. Ed. by Franz M. Eybl, Stephan Müller and Annegret Pelz. With the assistance of Thomas Assinger and Dennis Wegener. Göttingen 2018 (Schriften der Wiener Germanistik 6). pp. 99–114, p. 99.
17 Landwehr, Magie (cf. note 6), p. 6.
18 Müller, Winfried: Vom "papistischen Jubeljahr" zum historischen Jubiläum. In: Jubiläum, Jubiläum ... Zur Geschichte öffentlicher und privater Erinnerung. Ed. by Paul Münch. Essen 2005. pp. 29–44.
19 Benz, Stefan: Das Personale Jubiläum. Zur Vorgeschichte des institutionellen Jubiläums. In: Blätter für deutsche Landesgeschichte 152 (2016). pp. 187–219; Müller, Winfried: Die inszenierte Universität. Historische und aktuelle Perspektiven von Universitätsjubiläen. In: Jubiläum. Literatur- und kulturwissenschaftliche Annäherungen. Ed. by Franz M. Eybl, Stephan Müller und Annegret Pelz. With the assistance of Thomas Assinger and Dennis Wegener. Göttingen 2018 (Schriften der Wiener Germanistik 6). pp. 77–97.

tant world. Only the centenary constructed it as a historical event that subsequently came to be a landmark.[20] And, thus, already in the early times of jubilees, their connection to the present became clear; in anniversaries, the past does not play the principal role.

The seemingly calendar-driven rhythm of commemoration merely disguises the situation but does not nullify it: From within a specific present, an anniversary celebration attributes relevance to an event that lies in the past. At the same time, the celebration inscribes particular contents into the event in the sense of "managing contingency by reducing complexity".[21] This "comprehensible caesura" brought about by the numbers of years is a determination that historians often have trouble with.[22] In university contexts, as well, the construction of anniversaries refers not only to various traditions but, above all, to actors who seek to place their present in one or the other of these traditions. The divergent university founding dates not only in premodern times but also for university foundings in the 20th century impressively demonstrate where parliamentary legislative processes and official university ceremonies are purposely interpreted alongside and against each other.[23] Precisely in precarious times, a willingness to reinterpret founding events flexibly was added if it promised an improvement in the present.[24]

Associated with the problem of constructed and competing founding events is the question of invented continuity, which becomes especially vivid in the case of institutions of higher education that invoke predecessor establishments that were sometimes closed for several generations. Even in the case of institutions that were not shut down for long periods, it is not only fruitful to ask what continuities and transformation processes actually shaped the institution,[25] that is,

---

20 Müller, Winfried: Das historische Jubiläum. Zur Geschichtlichkeit einer Zeitkonstruktion. In: Das historische Jubiläum. Genese, Ordnungsleistung und Inszenierungsgeschichte eines institutionellen Mechanismus. Ed. by idem. Münster 2004 (Geschichte Forschung und Wissenschaft 3). pp. 1–75, p. 24–31.

21 Müller, Jubiläum (cf. note 18), p. 15.

22 Sabrow, Zeitgeschichte (cf. note 1), p. 52.

23 Nicolaysen, Rainer, Eckart Krause and Gunnar B. Zimmermann: Einleitung. In: 100 Jahre Universität Hamburg. Studien zur Hamburger Universitäts- und Wissenschaftsgeschichte in vier Bänden. Vol. 1: Allgemeine Aspekte und Entwicklungen. Ed. by idem. Göttingen 2020. pp. 9–30, p. 17.

24 Cf. Schaal, Katharina: Das nicht gefeierte Jubiläum der Universität Marburg von 1853. In: Zeitschrift des Vereins für Hessische Geschichte und Landeskunde 108 (2003). pp. 149–158.

25 Paletschek, Sylvia: Die permanente Erfindung einer Tradition. Die Universität Tübingen im Kaiserreich und in der Weimarer Republik. Stuttgart 2001 (Contubernium. Tübinger Beiträge zur Universitäts- und Wissenschaftsgeschichte 53).

to explain how it "got from Point A to Point B over the course of time."[26] It is likewise debatable how much "A" after a few centuries still remains in "B"; that is to say, which aspects of the institution, understood as a "communicative structure, as a network of norms, guiding instruments, coordination and motivation"[27] were maintained or adapted, and what constitutes rather an "institutional illusion" – something that insinuates a unity from the founding to the present that hardly exists.[28]

Regardless of all of this, or precisely because universities need opportunities to "be able to represent and perceive what they claim to be,"[29] jubilees marking the founding of universities frequently evoke a sort of *histoire totale* – however abbreviated it may be.[30] Accordingly, the anniversaries of foundings of institutions of higher education differ from jubilees *within the* university (for example, of certain fields, individuals, or female study) or from jubilees celebrated *jointly with the* university (such as city jubilees or political days of remembrance), which do not require such all-encompassing approaches.[31] In this way, jubilees them-

---

26 Schwinges, Rainer Christoph: Universitätsgeschichte: Bemerkungen zu Stand und Tendenzen der Forschung (vornehmlich im deutschsprachigen Raum). In: Universitätsgeschichte schreiben. Inhalte – Methoden – Fallbeispiele. Ed. by Livia Prüll, Christian George and Frank Hüther. Göttingen 2019 (Beiträge zur Geschichte der Universität Mainz Neue Folge 14). pp. 25–45, p. 28.
27 Gerber, Stefan: Wie schreibt man "zeitgemäße" Universitätsgeschichte? In: NTM. Zeitschrift für Geschichte der Wissenschaften, Technik und Medizin 22:4 (2014). pp. 277–286, p. 281.
28 The analogy of the institutional history with a biography that the developers of the Ghent anniversary exhibition chose as the starting point of the project fits with this: "Universities are like people. Once they grow old enough, they can reconstruct their life story based on the objects they once used, designed, collected, preserved, purchased, cherished and ultimately left behind." De Rynk, Patrick [et al.]: Ghent University. 200 Years in 200 Objects. Lichtervelde 2017. n.p.; cf. Bourdieu, Pierre: L'illusion biographique. In: Actes de la recherche en sciences sociales 62/63 (1986). pp. 69–72.
29 Assmann, Aleida: Der lange Schatten der Vergangenheit. Erinnerungskultur und Geschichtspolitik. Bonn 2006, p. 232.
30 The concept of "histoire totale" is attributed to the French Annales School or the Nouvelle Histoire, respectively. Important representatives like Marc Bloch and Lucien Febvre, however, utilized different terms like "explication totale" (as Bloch did), or "histoire à part entière" (as Febvre did); on this, cf. Anheim, Étienne: Le rêve de l'histoire totale. In: Une autre histoire. Jacques Le Goff (1924–2014). Ed. by Jacques Revel and Jean-Claude Schmitt. Paris 2016. pp. 79–85; this approach should not be confused with the history of a "total institution" upon which the institution of higher education as a type, despite some possible, partial overlapping with cloisters, the military, the prison and the psychiatric asylum, should not be applied. Cf. even now Erving Goffmann, Asylums: Essays on the Condition of the Social Situation of Mental Patients and Other Inmates. New York 1961.
31 Becker, Thomas P.: Jubiläen als Orte universitärer Selbstdarstellung. Entwicklungslinien des Universitätsjubiläums von der Reformationszeit bis zur Weimarer Republik. In: Universität im öf-

selves make a key performative contribution to the initial discursive establishment of a timeless *universitas.*

Thus, it is not surprising that the emergence of university historiography has
been closely connected with jubilee culture.[32] In numerous European countries,
the university jubilee has played a central role in the development of all the historiography having to do with institutions of higher education, as well as knowledge and innovation cultures.[33] Often, the founding, refounding, or reopening of
universities went along with obvious shifts in the politics of the state or dramatic
historical events. The founding of the Prussian universities in the 1810s occurred
in this sort of context, as did the development of the polytechnical universities in
the southern German states in the 1820s. The erection of the federal *Polytechnikum* (ETH Zürich today) in 1855 resulted from the debate, begun a few years
prior, about a "national institution of higher education" for the Swiss federal
state founded in 1848 and was conceived by the new state's political elite as
the "bearer of the fatherland's future."[34] In the case of the Technical University
in Charlottenburg or the Royal Technical University of Berlin (TU Berlin today),
the concentration of jubilees, commemorative occasions, and celebrations that
occurred between 1871 and 1899 testified to the significance the state and political powerholders attributed to this institution then in the capital of the German
Empire – an empire also ambitious with regard to its "national innovation systems." In this case, expectations of the future were on display that could be interpreted as findings in the present, and the "Chronik" published in October
1899 for the centenary of the Building Academy was already intellectually located in the 20th century.[35]

---

fentlichen Raum. Ed. by Rainer Christoph Schwinges. Basel 2008 (Veröffentlichungen der Gesellschaft für Universitäts- und Wissenschaftsgeschichte 10). pp. 77–107, p. 90.
32 Müller, Winfried: Inszenierte Erinnerung an welche Tradition? Universitätsjubiläen im
19. Jahrhundert. In: Die Berliner Universität im Kontext der deutschen Universitätslandschaft
nach 1800, um 1860 und um 1910. Edited by Rüdiger vom Bruch. With the assistance of Elisabeth
Müller-Luckner. München 2010 (Schriften des Historischen Kollegs, Kolloquien 76). pp. 73–92,
p. 73.
33 Cf., for example, Dhondt, Pieter (ed.): National, Nordic or European? Nineteenth-Century
University Jubilees and Nordic Cooperation. Leiden/Boston 2011.
34 Gugerli, David, Patrick Kupper and Daniel Speich: Die Zukunftsmaschine. Konjunkturen der
ETH Zürich 1855–2005. Zürich 2005. p. 11.
35 Meyer, Alfred G.: Die Technische Hochschule von 1884 bis 1899. In: Chronik der Königlichen
Technischen Hochschule zu Berlin, 1799–1899. Ed. by Eduard Dobbert. Berlin 1899. p. 267.

Even today, central findings of university history are based on research from jubilee contexts.[36] One finds evidence of the high value these contexts still hold in general literature reviews – notwithstanding the fact that the historiography of universities has been freeing itself from the anniversary cycle since the 1990s.[37] It is even more significant that the anniversary publications are the ones that broach the subject of how university history should even be written.[38] The anniversary tied to a location as a driver of research says a great deal about regional and national cultures of scholarship. Whereas founding events prompt historiographical writing about institutions of higher education outside of Europe, as well,[39] the individual universities play a lesser role in, for example, France than the scholarly disciplines do, which is why anniversaries of university found-

---

36 Cf., for example, the four volumes presented for Bonn: Geppert, Dominik (ed.): Preußens Rhein-Universität. 1818–1918. Göttingen 2018 (Geschichte der Universität Bonn 1); idem (ed.): Forschung und Lehre im Westen Deutschlands. 1918–2018. Göttingen 2018 (Geschichte der Universität Bonn 2); Becker, Thomas and Philip Rosin (eds.): Die Buchwissenschaften. Göttingen 2018 (Geschichte der Universität Bonn 3), idem (eds.): Die Natur- und Lebenswissenschaften. Göttingen 2018 (Geschichte der Universität Bonn 4); the publication for Hamburg's anniversary likewise comprises four volumes: Nicolaysen/ Krause/Zimmermann, 100 Jahre (cf. note 23).
37 Asche, Matthias and Stefan Gerber: Neuzeitliche Universitätsgeschichte in Deutschland. Entwicklungen und Forschungsfelder. In: Archiv für Kulturgeschichte 90 (2008). pp. 159–201; Hammerstein, Notker: Jubiläumsschrift und Alltagsarbeit. Tendenzen bildungsgeschichtlicher Literatur. In: Historische Zeitschrift (HZ) 236:3 (1983). pp. 601–633; Hammerstein, Notker: Alltagsarbeit. Anmerkungen zu neueren Universitätsgeschichten. In: HZ 297:1 (2013). pp. 102–125; Guhl, Anton F.: Sammelbesprechung. In: NTM. Zeitschrift für Geschichte der Wissenschaften, Technik und Medizin 27 (2019), 3. pp. 395–400.
38 Cf. Paletschek, Sylvia: Stand und Perspektiven der neueren Universitätsgeschichte. In: NTM. Zeitschrift für Geschichte der Wissenschaften, Technik und Medizin 19:2 (2011). S. 169–189; Füssel, Marian: Wie schreibt man Universitätsgeschichte? In: NTM. Zeitschrift für Geschichte der Wissenschaften, Technik und Medizin 22:4 (2014). pp. 287–293; Gerber, Stefan: Wie schreibt man "zeitgemäße" Universitätsgeschichte? in: ibid. pp. 277–286; Dhondt, Pieter: University History Writing: More than a History of Jubilees? In: University Jubilees and University History Writing. A Challenging Relationship. Ed. by idem. Leiden/Boston 2015 (Scientific and Learned Cultures and Their Institutions 13). pp. 1–17; Paletschek, Sylvia: The Writing of University History and University Jubilees. In: studium. Tädschrift voor Wetenschapsen Universiteitsgeschiedenis 5:3 (2012). pp. 142–155; Prüll, Livia, Christian George and Frank Hüther (eds.): Universitätsgeschichte schreiben. Inhalte – Methoden – Fallbeispiele. Göttingen 2019 (Beiträge zur Geschichte der Universität Mainz Neue Folge 14).
39 Cf. González González, Enrique: Two Phases in the Historiography of the Royal University of Mexico (1930–2007). In: History of Universities XXIV:1,2 (2009). pp. 339–404; Rosenthal, Joel T.: All Hail the Alma Mater: Writing College Histories in the U.S. In: History of Universities XXVII:2 (2013). pp. 190–222.

ings receive less attention and the history of the respective locations is not as thoroughly studied.[40]

However, one can only determine afterward whether a jubilee proves to be suitable for generating relevant research results or a new historical reference work. For example, the year 1998 coincidentally marked both the 200th anniversary of the beginning of the Helvetic Republic in Switzerland as well as the 150th anniversary of the founding of the Swiss Confederation – a coincidence that elicited excellent new historical works.[41] Similar to what one finds in processes of state formation, in which "the external enemies are slain and the internal ones are hanged," as the Germanist Peter von Matt laconically remarked concerning the dual anniversary of Swiss state formation[42], the history of many universities is full of conflict. Often, this history involved physical marginalization, violence, or structural discrimination on the basis of gender or social class. Such processes of exclusion also defined who would be called upon to tell origin stories and how this would occur. At the same time, one can sometimes find early evidence of surprising subversions of the prescribed manner of celebration from above and "forbidden" celebrations from below or at least subtle attempts to commemorate and interpret historical events in alternative ways thereby allowing suggestions for various interpretive frameworks.[43] Complex constellations of communitized appropriation of the past have always been one component of anniversaries. The Indian alumni of the University of Westminster who celebrated the university's 175th anniversary in Mumbai in 2013 provide a postcolonial example.[44]

Some members of university communities typically receive only peripheral mention within the framework of anniversaries when they get mentioned at all. The University of Warwick, on the occasion of celebrating its founding, purposely called upon marginalized groups to speak. The designers of the project "Voices of the University" utilized the "history from below" approach supported

---

40 Picard, Emmanuelle: Recovering the History of the French University. In: Revue d'Histoire des Sciences et des Universités 5:3 (2012). pp. 156 – 169.

41 See the four volumes in the series: Die Schweiz 1798 – 1998: Staat – Gesellschaft – Politik. Ed. by Allgemeine Geschichtsforschende Gesellschaft der Schweiz (AGGS). Zürich 1998.

42 Matt, Peter von: Die Kunst der gerechten Erinnerung. In: Itinera 23 (1999): Geschichte(n) für die Zukunft: Vom Umgang mit Geschichte(n) im Jubiläumsjahr 1998. Ed. by Albert Tanner. pp. 12 – 17, p. 13.

43 Auge, Oliver: Die CAU feiert: Ein Gang durch 350 Jahre akademischer Festgeschichte. In: Christian-Albrechts-Universität zu Kiel. 350 Jahre Wirken in Stadt, Land und Welt. Ed. by Oliver Auge. Kiel 2015. pp. 216 – 259, p. 217.

44 175th anniversary celebrations in Mumbai (24.6.2013). https://www.westminster.ac.uk/news/175th-anniversary-celebrations-in-mumbai (2.3.2021).

by neo-Marxist historians for their oral history project.[45] Among the 262 individuals interviewed, there were personnel from the university's cleaning services and the cafeteria but also people who had lived nearby. And the voices of the student activists who organized the sit-ins against "Warwick University Ltd." around 1970 were now juxtaposed with those of the university administration.[46]

Given the special meaning that universities had in the development of modern anniversary cultures, it is not surprising that historians who write the history of universities have already taken up the topic in fruitful ways.[47] In relation to German-speaking areas alone, there are dozens of studies. Some of them focus on a single jubilee.[48] Approaches like this primarily demonstrate manifestations of historical culture in one location at a particular time. In such momentary snapshots, stimulating upheavals come together, such as when Kaiser Wilhelm II granted Prussian technical universities the power to award doctorate degrees on the occasion of the TH Berlin's 100th anniversary in 1899, or when, eleven years later, the monarch announced the founding of the Kaiser-Wilhelm-Gesellschaft – which was also an answer to research universities' inability to engage in major research – during the jubilee of the capital city's university.[49] The fact that anniversary practices are tied to the moment suggests that, methodologically, one should make a diachronic comparison. Numerous works explore different "requirements" for an anniversary at one university location.[50] These investiga-

---

45 Huxford, Grace and Richard Wallace: Voices of the university: anniversary culture and oral histories of higher education. In: Oral History 45:1 (2017). pp. 79 – 90; the historians associated with the ETH anniversary of 2005 likewise focused in the abovementioned project "ETHistory 1855 – 2005" on interviews with contemporary witnesses, although they limited the circle of interviewees to former professors and members of the university council.
46 Cf. Thompson, E.P. (ed.): Warwick University Ltd: Industry, Management and the Universities. Harmondsworth 1971.
47 Blecher, Jens and Gerald Wiemers (eds.): Universitäten und Jubiläen. Vom Nutzen historischer Archive. Leipzig 2004 (Veröffentlichungen des Universitätsarchivs Leipzig 4).
48 Cf., for example, Kaiser, Jochen-Christoph: Das Universitätsjubiläum von 1927. In: Die Philipps-Universität Marburg zwischen Kaiserreich und Nationalsozialismus. Ed. by Günter Hollenberg and Aloys Schwersmann. Kassel 2006. pp. 293 – 311; Steinle, Meike: Das Universitätsjubiläum 1957. Die wiedergefundene Identität. In: Von der badischen Landesuniversität zur Hochschule des 21. Jahrhunderts. Ed. by Bernd Martin. Freiburg/München 2007. pp. 609 – 622.
49 McClelland, Charles E.: Inszenierte Weltgeltung einer prima inter pares? Die Berliner Universität und ihr Jubiläum 1910. In: Bruch, Berliner Universität (cf. note 32), pp. 245 – 253, p. 244f.
50 Cf., among others, Engehausen, Frank and Werner Moritz (eds.): Die Jubiläen der Universität Heidelberg 1587 – 1986. Begleitband zur Ausstellung im Universitätsmuseum Heidelberg 19. Oktober 2010 – 19. März 2011. With the assistance of Gabriel Meyer. Heidelberg [et al.] 2010 (Archiv und Museum der Universität Heidelberg 18); Goller, Peter: Innsbrucker Universitätsjubiläen. Inszenierungen 1877 – 1927 – 1952 – 1969. In: Wissenschafts- und Universitätsforschung am Archiv.

tions build on a widespread research tradition termed the vertical perspective of university historiography.[51] Such approaches offer some advantages over individual accounts. One can easily understand the comparisons of the studied celebrations because, despite the changing staff, local specifics can be adequately taken into account. Perhaps even more valuable is the opportunity to work out the invention and transformation of anniversary traditions in different historical-political contexts in order to examine academic historical cultures in various political systems[52] – for example, against the background of disputes within university politics,[53] or with a *longue durée* approach.[54] Studies like this provide deep insights into the respective functions that different actors inscribed into "history" and which media they used in doing so. Another approach is to engage in horizontal comparisons – looking at various locations in the same time period.[55] The heterogeneity of location-specific conditions makes studies on comparison and transfer of anniversary celebrations complex, but these studies offer the potential to free the celebratory practices in the media from individual university locations and provide opportunities to develop a synthesis of academic anniversary cultures.[56]

Beiträge anlässlich des Österreichischen Universitätskolloquiums, 14. und 15. April 2015 zu den Fragen: Historische Wissenschaftsforschung, Universitäten im gesellschaftlichen Kontext, Internalistische Wissenschaftsgeschichte, Disziplinen- und Institutionengeschichte. Ed. by Alois Kernbauer. Graz 2016 (Publikationen aus dem Archiv der Universität Graz 45). pp. 69 – 90; Halle, Antje: Vom Forum für Ersatzpolitik zur Werbeveranstaltung. Die Jenaer Universitätsjubiläen 1858 und 1908. In: Jena. Ein nationaler Erinnerungsort? Ed. by Jürgen John and Justus H. Ulbricht. Köln/Weimar/Wien 2007. pp. 283 – 295; Schmidt-Lauber, Universität (cf. note 16); Vogel, Barbara: Die Universität und ihre Jubiläen. In: Universität im Herzen der Stadt. Eine Festschrift für Dr. Hannelore und Prof. Dr. Helmut Greve. Ed. by Jürgen Lüthje. Hamburg 2002. pp. 136 – 145.

51 Schwinges, Universitätsgeschichte (cf. note 26), p. 28.

52 Gerber, Stefan: Universitäre Jubiläumsinszenierungen in Diktaturvergleich: Jena 1933 und 1958. In: John/Ulbricht, Jena (cf. note 50), pp. 299 – 323; Schreiber, Maximilian: Die Ludwig-Maximilians-Universität und ihre Jubiläumsfeiern in der ersten Hälfte des 20. Jahrhunderts: In: Die Universität München im Dritten Reich. Aufsätze. Teil 1. Ed. by Elisabeth Kraus. München 2006. pp. 479 – 504.

53 Becker, Rieke: "Kein Grund zum Feiern". Die Jubiläen der Universität Hamburg 1969 und 1994 im Zeichen politischer Konflikte. München/Hamburg 2021 (Hamburger Zeitspuren 14).

54 Auge, Die CAU feiert (cf. note 43); Bock, Sabine: Die künstlerische Gestaltung der Heidelberger Universitätsjubiläen. Heidelberg 1993 (Veröffentlichungen zur Heidelberger Altstadt 28); Kreis, Tradition (cf. note 14).

55 Cf., for example, Drüding, Markus: Akademische Jubelfeiern. Eine geschichtskulturelle Analyse der Universitätsjubiläen in Göttingen, Leipzig, Münster und Rostock (1919 – 1969). Berlin 2014 (Geschichtskultur und historisches Lernen 13).

56 Becker, Jubiläen (cf. note 31); Drüding, Markus: Jubiläumsfieber und Jubiläumitis? Fragen zur Jubiläumsbegeisterung deutscher Universitäten. In: Die Hochschule. Journal für Wissenschaft

The Actors, Media, and Politics of Anniversaries at European Institutions of Higher Education – the Contributions to this Volume

More recent research studies on anniversary events at institutions of higher education thus have a rich background in which to embed their questions. At the same time, some research desiderata that this volume would like to address become apparent. First, the object of study needs to be examined from a wider perspective; university histories should not just focus on old, traditional universities or their later adaptations, handed down from the Middle Ages.[57] Up to now, the anniversary culture of polytechnical institutes and special schools, technical universities and comprehensive universities, as well as universities of applied sciences and reform universities, has not been adequately illuminated.[58] If one compares different types of universities, the adaptation and alteration of anniversary practices among them becomes apparent, opening up new perspectives on these practices for the "old" universities, as well.

Second, the contributions gathered here are united by a dedicated interest in the media dimension of university anniversaries to further the discussion of whether the anniversary should be understood as a temporal "relative [object] without substance of its own,"[59] i.e., less an event with media dimensions than "the medium itself."[60] This contrasts with the view of jubilees as a manifestation of historical acts that specific actors utilize in efforts to create an "event that [itself] goes down in history".[61] Such attempts become particularly clear

---

und Bildung 27 (2018). pp. 23–34; Drüding, Markus: Warum feiern Universitäten Geschichte? Funktionen und Formen deutscher Universitätsjubiläen im späten 19. und 20. Jahrhundert. In: Akademische Festkulturen vom Mittelalter bis zur Gegenwart. Zwischen Inaugurationsfeier und Fachschaftsparty. Hrsg. von Martin Kintzinger, Wolfgang Eric Wagner and Marian Füssel. Basel 2019 (Veröffentlichungen der Gesellschaft für Universitäts- und Wissenschaftsgeschichte 15). pp. 55–76; Müller, Erinnerung (cf. note 32); Müller, Universität (cf. note 19).

57 Cf. Guhl, Anton F.: Perspektiven einer integrierten Hochschulgeschichte. In: Jahrbuch für Universitätsgeschichte 23 (2020) [in print].

58 Cf. up to now Albrecht, Helmuth: Die Bergakademie Freiberg. Eine Hochschulgeschichte im Spiegel ihrer Jubiläen 1765 bis 2015. Freiberg 2016.

59 Landwehr, Magie (cf. note 6), p. 9.

60 Kreis, Tradition (cf. note 14), p. 472.

61 Bösch, Bann (cf. note 6), p. 29 [quotation]; cf. also Kollmann, Historische Jubiläen (cf. note 12).

in anniversary retrospectives.[62] If the university jubilee is understood primarily as an expression of a historical present in which "history" is negotiated in the media, it becomes less of a concern to accurately stage the past being celebrated in the jubilee. Rather, the focus is on the motives for choosing the respective narrative and its modes. The media examined in the following contributions include, among other things, commemorative publications and counter-commemorative publications, press work and press coverage, speeches and songs, pageants and church services, fights and torchlight processions, poster competitions, websites, and exhibitions.[63]

Media communication about history feeds a third focus of this volume: historically based identity creation whereby parties representing various interests appropriate the anniversary event to make a specific interpretation of the present historically plausible. Such a "political" interpretation of the anniversary also reveals conflicts and failures and makes it clear how actors with different levels of power act both within and outside the institution. In consequence, university administrations, above all, and (later) their professional public relations departments, as well as individual university professors – especially historians, are highlighted. Special attention is also paid to students and other university members.

Against the background of what we can assume will remain an ongoing anniversary boom, this volume should ultimately also provide a basis for reflection and practice on future (university) anniversaries. In view of the opportunities that funds made available during the anniversary and the public demand for "history" provide, a look at past anniversaries can also build bridges between the influence of methodologically secured findings from historical scholarship – an influence sometimes perceived as endangered – and the interests of other anniversary actors within and outside the institutions.

Only at first glance is it surprising that newer institutions, in particular, seek assurance through "history". *New institutions of higher education find (and invent) their anniversary cultures.* One can find evidence that both the polytechnical schools established at the beginning of the 19th century and the tertiary educational institutions resulting from the reforms of the 1960s established anniversaries in the first decades of their existence. *Anton F. Guhl* examines the founding anniversaries of the polytechnical schools in Dresden, Hanover, and

---

62 Cf., for example, the publication printed 7,000 times: 100 Jahre Universität Hamburg. 1919–2019. 100 Jahre Wissenswerft Universität Hamburg. Ein Rückblick auf das Jubiläumsjahr. Ed. by the presidents of the University of Hamburg. Hamburg 2020.

63 The role of media in the production of historical meaning is discussed, for example, in Logge, Thorsten: "History Types" and Public History. In: Public History Weekly 6 (2018) 24.

Prague in the 1850s and describes these institutions' adoption of university anniversary traditions, on the one hand, and their justification of claims of specific technical relevance, on the other. *Verena Kümmel* covers previously largely uncovered territory with her contribution to the anniversary culture of the church college in Darmstadt. With a rapid succession of writings referring to the founding of predecessor institutions, the young establishment tried to consolidate itself internally and externally by means of "history." The contribution by *Edith Glaser* and *Alexander Kather* pursues a diachronic approach comparing various institutions of higher education. They review the publications from the anniversaries commemorating the founding of the reform universities in Bremen and Kassel to show how the changes in the universities' self-image were reflected in the content, as well as in the design and feel, of these publications.

If one considers *jubilees in times of crisis and crises of the jubilees themselves*, it becomes apparent that they can not only be a symptom of internal disputes within an institution but also the cause thereof; this once again shows the present-day orientation of historical culture. *Christof Aichner*'s contribution describes the failure of an anniversary at the University of Innsbruck in 1877. Not only the design of the celebratory event but also disagreement about the founding event it commemorated reflected conflicts over the church's role in Austria's universities. At the same time, the case makes it clear that students gained influence through the vehicle of interpreting the past, and they were able to defend this influence even after the failed anniversary year. *Martin Göllnitz* and *Paula Rilling* compare two anniversaries that occurred in 1940 – of the University of Kiel and the Technical University of Vienna – and show how those involved were willing to reinterpret the universities' histories from a National Socialist point of view. As the authors are committed to an integrated approach to university historiography, they conclude that the type of institution was of secondary importance to this adaptation. *Sarah Kramer* also utilizes a comparative perspective in her study of the founding days celebrated at the Universities of Marburg and Tübingen in 1977. She finds that in Marburg, numerous conservative professors saw no reason to celebrate in this "red decade" and boycotted the administration's plans for the event, while in Tübingen the festivities prompted alternative events organized by students.

References to institutional founding events often prompt anniversary actors to take stock of the respective institutions on the whole; that is, between *commemoration, repression, and forgetting*, they also have to address the "dark sides" and ambivalences in that history. While an explicit focus on the Nazi past is the exception in jubilee contexts,[64] older institutions are faced with the question of how to represent the National Socialist break in civilization within their overall history in their anniversary celebrations. *Vivian Yurdakul's* contribution discusses how the Technical *University* of Berlin, which was decidedly so named when it was refounded after the Second World War, dealt with its Nazi past. In the intricate commemorative calendar of the former Technische Hochschule (Technical College) of Berlin, whose complexity derives from the various founding events of both its successor and predecessor institutions, it becomes clear that critical reflection is also subject to cycles and trends. The University of Strasbourg also has a complex past. It was rebuilt in 1919 as a French university where Kaiser Wilhelm University had stood after the territorial shifts resulting from the First World War and had to literally give way – namely, into exile in Clermont-Ferrand – to a National Socialist "Reichsuniversität" between 1941 and 1945. *Catherine Maurer's* contribution reminds us of this history and also explains why the University of Strasbourg had no major anniversary celebrations planned in 2019 unlike the universities in Hamburg and Rostock. The university authorities of Strasbourg found it more important to position their institution within the larger European academic collective than to carry on a commemoration that could also be interpreted as nationalistic.

The type of history of academic anniversaries that researchers typically consider is the scholarly festschrift, or commemorative publication. The contributions in the section *New Sources and New Perspectives on Academic Jubilee Cultures* provide approaches that go beyond this. *Matthias Berg*, in his contribution on celebratory speeches, focuses his interest on the core of academic celebratory acts, thereby linking research strands on university speeches with those of academic commemoration. Using the example of anniversaries at two Munich universities, the Technical University and the Ludwig Maximilian University, Berg contrasts the singularity of the anniversary speech, characterized by larger intervals, with the seriality of annual speeches by the rector. *Beate Ceranski*, in turn, examines newspaper articles to trace the media construction of Stuttgart's university jubilee in 1977, revealing the importance of press coverage as a specific "history type" (*Geschichtssorte*) beyond the reporting of mere events. The fact that the press was able to assume this role at all is also related to the participatory approach that those responsible for organizing the anniversary events chose: an anniversary for everyone and with everyone. This approach was supposed to bring the university, located far from the city center and shaken by fi-

---

64 Cf., for example, Herrmann, Wolfgang A. and Winfried Nerdinger (eds.): Die Technische Hochschule München im Nationalsozialismus. München 2018.

nancial scandals, closer to Stuttgart and its citizens. *Gunnar B. Zimmermann* turns to the counterpart to the (scholarly) festschrift: the counter-festschrift, usually compiled by students and junior faculty. With a comprehensive discussion of a kind of history that has not been systematically researched up to now, Zimmermann recounts the change in the function of the "counter-festschrift" over three decades, from the 1960s to the 1990s, and, last but not least, reveals this genre's potential for innovation within historiography. *Ning de Coninck-Smith* uses the founding narratives of the University of Aarhus as the second Danish university to reflect on how history is not only used but also made. She advocates combining institutional anniversary stories with stories from everyday academic life, thus providing a bridge for future historiography. She found that by means of "affective reading," one can unearth previously untold founding stories in the archives and personal papers – such as those in which women move from the margins to the center.

Finally, a look at *recent anniversary practices* provides helpful orientation for upcoming jubilees. *Juliane Mikoletzky* describes the Technical University of Vienna's attempt to construct the 200th anniversary of its foundation in 2015 primarily as a future-oriented event. Despite this decidedly temporal orientation, her contribution shows the prevalence of "history" in the anniversary celebration and, at the same time, the opportunities to make use of the seemingly natural need for historical classification in order to review that history in a critical way. *Pieter Dhondt* likewise examines 200th anniversary celebrations using the examples of the Belgian universities of Ghent, Liège, and Leuven, which all took place in 2017. Dhondt, who provides a comparative analysis and commentary of the different media, interprets the anniversary practices as acts of self-assertion in an environment of considerable social change shaped by the race for excellence and scarce resources.

Desiderata, Perspectives, and Fields of Action

Precisely because anniversaries create a performative community, they also present opportunities for individuals to reinterpret their meaning or to refuse to participate – opportunities in which hierarchies can be questioned but also consolidated. Minority positions and critical voices may be articulated, and, at the same time, affirmative structures that are often inherent in institutional anniversaries come into view because the master narratives underscore marginalization tendencies. For universities and colleges, which rely on achievement and excellence secured by means of selection and quality assurance, some topics get pushed into the background as they seek to utilize their own history to reassure themselves. Given that such events concentrate on research excellence, for example, they do not foster retrospectives about deficits in teaching or students who failed.

On the basis of the research fields of media, identities, and actors, the essays in this volume also point out further questions for the study of university anniversaries. Some desiderata include examining anniversary celebrations for institutions of higher education that have not yet received much attention, as well as the transfer processes of the anniversary culture and the media that are effective in the course of the jubilee. The fact that the commemorative acts are aimed at the public makes it advisable to consult sources that reveal the public impact of university anniversaries more thoroughly, such as newspaper articles, official files, or the media of (city) tourism companies. At the same time, researchers should also expand the range of media from the universities themselves that they take into consideration: Anniversary reviews that historicize the celebration itself and range from splendid 200-page volumes to YouTube videos seem particularly worthwhile in this context.[65] Popular university presentations, press releases and reports, counter-festschrifts, and statements from individual departments should also be mentioned. In this, the field of the history of the media can itself also provide new insights into academic jubilee practices. If, as in the case of the University of Hamburg's anniversary in 2019, an art history – i.e., disciplinary – publication is presented to all of the nearly 350 guests at a central reception, this dramatically increases the circulation of such a publication and, more importantly, transforms it into a voice of *the university* in the jubilee.[66]

Since jubilees negotiate what universities are and what goals they pursue, these events offer a complementary perspective for all the university historiography topics discussed. Consequently, the anniversaries provide opportunities not only for studying academic commemorative and historical cultures but also for looking at these practices to understand what universities attribute to themselves and what others attribute to them, as well as various relations that provide material for numerous other research questions. Research along these lines would, thus, not analyze one or more anniversaries but would, for example – to name a particularly pressing research gap – investigate the roles (and the attributions

---

65 Meyer, Alfred G.: Die Hundertjahrfeier der Koeniglichen Technischen Hochschule zu Berlin. 18 – 21. October 1899. Berlin 1900; 50 Jahre Universität Bielefeld. Impressionen aus dem Jubiläumsjahr 2019 https://www.youtube.com/watch?v=L_gSJLaNW_s (5.3.2021).

66 Cf. Wenderholm, Iris and Christina Posselt-Kuhli (eds.): Kunstschätze und Wissensdinge. Eine Geschichte der Universität Hamburg in 100 Objekten. Petersberg 2019; 100 Jahre (cf. note 62), p. 19.

thereof) of the technical and administrative staff or ask what became of the graduates. The latter are often used as outstanding advertisements for the institutions during anniversary celebrations, although, from the perspective of historical scholarship, it often remains unclear who learned what and when for which later activity.

Last but not least, anniversaries could be regarded as opportunities for such research studies because they "keep history on the agenda" and, at the same time, inherently have the potential to cause disruption – because only when the past is staged does it become apparent "which possibilities and realities lie dormant" in it.[67] Anniversaries' openness and their ongoing importance in structuring "history" come to the fore especially in the example of universities and other institutions of higher education: The anniversary is better than its reputation, also and especially from the perspective of historical scholarship, not least because it positions historical topics within both the attention economy and the financial one. Countless commemorative publications substantiate the fact that historians are remarkably successful at wresting funds for researching institutional history from university administrations, even though they sometimes see themselves on the defensive in competition with the "eventization" of this history.[68] Within this reconciliation of interests in the "domestic politics of universities,"[69] professional historians can make themselves heard on anniversary occasions in order to remind university administrations to "proactively" ask critical questions about cases in which the institutions may have become entangled in ways that could not be "democratically" justified – a necessity that university administrations also acknowledge.[70] A conceivable way to reconcile the events and the historical findings about institutions could also be to generate guidelines or best practice examples, such as those proposed for the contemporary history of East German universities.[71] Such a codification of elements of historical scholarship in academic anniversary practices, among other things, could

---

67 Landwehr, Magie (cf. note 6), p. 9.

68 Cf. Ash, Mitchell G.: Die Universitätsgeschichtsschreibung an der Universität Wien im Jubiläumsjahr 2015 – zwischen historischer Reflexion und Eventkultur. In: Prüll/George/Hüther, Universitätsgeschichte (cf. note. 38). pp. 221–239.

69 On the term "Hochschulinnenpolitik" (domestic politics of universities), cf. Ash, Mitchell G.: Die österreichischen Hochschulen in den politischen Umbrüchen der ersten Hälfte des 20. Jahrhunderts. In: "Säuberungen" an österreichischen Hochschulen 1934–1945. Ed. by Johannes Koll. Wien/Köln/Weimar 2017. pp. 29–72, p. 30f.

70 Dicke, Klaus: Akademische Erinnerungskultur. In: Ambivalente Orte der Erinnerung an deutschen Hochschulen. Ed. by Joachim Bauer [et al.]. Stuttgart 2016. pp. 21–32, p. 27.

71 Hechler, Daniel and Peer Pasternack: Traditionsbildung, Forschung und Arbeit am Image. Die ostdeutschen Hochschulen im Umgang mit ihrer Zeitgeschichte. Leipzig 2013. pp. 406–453.

build on many universities' established and voluntary commitments to good scholarly practices.

After all, it is to be expected that the ongoing "merry-go-round of anniversaries" will not let up, at least for the time being. Various institutions of higher education are now celebrating the 50th anniversary of their founding at the beginning of the 1970s, the University of Marburg has been gearing up for its 500th anniversary for some years now (2027),[72] and many German Technical Universities that emerged from the polytechnical institutes of the 19th century are about to celebrate their 200th jubilee. Plans are already underway for Karlsruhe (2025); Dresden (2028) and Stuttgart (2029) are not far behind. However, it is uncertain whether calendar years will inexorably prevail whenever a multiple of 25 is added to a founding year X. Those interested in historical culture can also choose their reference points differently, as the TU Darmstadt did in 2017 when "140 years" served as the occasion for bringing in an extensive and opulently equipped band.[73]

The questions of which approach to choose and which actors to include also remain open. In addition to classic elements such as universities presenting their particularly successful graduates,[74] unexpected elements will probably also come into play. An example from the city of Ingolstadt shows that it is not only academic actors who aim to make "history" on the basis of university foundings. The SPD parliamentary group in Ingolstadt's city council proposed a commemoration of the Ingolstadt roots of Ludwig Maximilian University in Munich – the predecessor institution was located there from 1472 to 1800 – on the occasion of the 550th anniversary of LMU's founding (2022). In the group's view, "celebrat[ing] this anniversary appropriately and sustainably" calls *"naturally* for appropriate commitment on the part of the city of Ingolstadt."[75]

Consequently, the real meaning in an anniversary lies in this publicization of "history." The "Anniversary Calendar" of the non-profit British Historical Association emphasizes that "anniversaries can be a powerful hook to get people interested in the subject."[76] Even if the calendar rhythm may wash the past up to

---

72 https://www.uni-marburg.de/de/uniarchiv/arbeitskreis (4.3.2021).

73 Dippel, Christof [et al.]: Epochenschwelle in der Wissenschaft. Beiträge zu 140 Jahren TH/TU Darmstadt (1877–2017). Darmstadt 2017.

74 Alumni interview series "KyotoU's Shin-kiten" launches (19.7.2019). https://125th.kyoto-u.ac.jp/en/info/ (2.3.2021).

75 Christian De Lapuente (et al.) an Oberbürgermeister Dr. Christian Scharpf, 1.10.2020. https://www.ingolstadt.de/sessionnet/getfile.php?id=163494&type=do (4.3.2021) [emphasis ours].

76 See: Worsley, Lucy: How to Build an Anniversary (2.10.2015). https://www.history.org.uk/primary/module/8581/lucy-worsley-how-to-build-an-anniversary (1.3.2021).

the surface, this past is nonetheless negotiated by various actors. These conditions harbor not only the possible pitfalls of simplification and economization but also the potential for democratization and emancipation. In this context, the role of professional historians should not be to provide ironic commentary[77] but rather to point out gaps and apply their field's methods to strengthen "anniversary skills."[78] This can only succeed if historians do not shy away from the challenges of engaging in publicly negotiated history.

---

77 Arnold, Forum (cf. note 7), p. 85.
78 Cf. Demantowsky, Anniversary (cf. note 6).

Neue Hochschulen (er)finden ihre Jubiläumskulturen | New Institutions of Higher Education Find (and Invent) their Anniversary Cultures

Anton F. Guhl

Die Erfindung polytechnischer Jubiläen in der Mitte des 19. Jahrhunderts als „Verherrlichung einer großen und mächtigen Sache, einer urkräftigen Äußerung des Weltgeistes"

Abstract: „Doing History" is a powerful means in generating meaning and identity, particularly in uncertain settings and in times of struggle. This chapter analyzes how German-speaking polytechnics invented jubilee-tradition in the 1850s. The closer look at the anniversaries of the technical colleges in Dresden (1853), Prague (1856), and Hannover (1856) reveals a variety of media and history types that were used to assert relevance. As new institutions of higher learning the polytechnics competed with universities whose gate-keeping functions included, until 1899, the exclusive right to award doctorates. Thus, universities had a higher political and scientific standing, and their graduates enjoyed a higher societal status. Polytechnical jubilees were (also) invented to challenge this perception. By comparing the jubilee activities at the three polytechnics Dresden, Prague and Hannover, this article fosters an integrated history of higher education and adds to our knowledge of jubilee culture of non-university colleges in the 19th century. Ultimately, it shows not only adaption and alteration of university jubilee practices but also the beginning of a specific technical jubilee culture placing alumni active in the workforce at the center of their celebrations.

Einleitung

Die inzwischen recht umfangreiche Forschung zu Hochschuljubiläen fokussiert zumeist klassische Universitäten, andere Hochschultypen spielen eine eher untergeordnete Rolle, und zur Jubiläumspraxis von Polytechnika liegen bisher keine Forschungsbeiträge vor.[1] Ausgehend von dieser Forschungslücke werden in diesem Beitrag die Anfänge polytechnischer Jubiläumskultur in den 1850er Jahren anhand der drei Beispiele Prag, Dresden und Hannover betrachtet. Denn ab den

---

1 Siehe zum Forschungsstand zu Hochschuljubiläen den Beitrag von Anton F. Guhl und Gisela Hürlimann in diesem Band.

1850ern ließen sich die Gründungsereignisse verschiedener Polytechnika in einen dichter werdenden Jubiläumstakt einpassen. So konnten die 1806 in Prag, 1828 in Dresden und 1831 in Hannover errichteten Institutionen in der Mitte des Jahrhunderts alle einen runden Jahrestag für sich reklamieren.

Im jubiläumsfreudigen 19. Jahrhundert war der Bezug auf die Gründung ein willkommener Anlass zur Selbsthistorisierung und -darstellung.[2] Im Bildungssektor nutzen nicht nur die aus dem Mittelalter überkommenen Universitäten den „Jubiläumsboom", auch Institutionen mit weniger Gravitas feierten zum Teil umfänglich ihre Geschichte: Die Bergakademie Freiberg beispielsweise nutzte 1816 das 50. Gründungsjubiläum, um sich einen internationalen Vorbildcharakter zuzuschreiben.[3] Zugleich war auch im 19. Jahrhundert ein Jubiläum kein Automatismus. Es brauchte Akteure, die sich für eine Feier einsetzten und die das Potenzial für die Deutung der Gegenwart erkannten. So verstrich etwa der 25. Gründungstag der Polytechnischen Schule in Karlsruhe im Herbst 1850 unbeachtet, und ein zufällig in jenem Jahr erschienener Bibliothekskatalog konstruierte nicht einmal aus Opportunität einen Bezug zum Jahrestag.[4]

Eine Betrachtung von „polytechnischen Jubiläen" profitiert von einem Fokus auf die verschiedenen Geschichtspraktiken, die erzeugt und medial (re-)produziert wurden. Dieser Beitrag interessiert sich insbesondere für die Bezugnahmen auf universitäre Jubiläumstraditionen bei der „Erfindung" der Jubiläen technischer Anstalten,[5] für die handelnden Akteure und für deren Strategien, im Jubiläum Aufmerksamkeit herzustellen. Mit Hilfe der Selbsthistorisierung wurde nicht nur institutionelle Ambiguität und politische Unsicherheit eingehegt, sondern auch eine genuin „polytechnische" Jubiläumskultur begründet, die deutlicher als die Universitäten die Bedeutung der (ehemaligen) Schüler für gesellschaftlichen,

---

2 Müller, Winfried: Inszenierte Erinnerung an welche Traditionen? Universitätsjubiläen im 19. Jahrhundert. In: Die Berliner Universität im Kontext der deutschen Universitätslandschaft nach 1800, um 1860 und um 1910. Hrsg. von Rüdiger vom Bruch unter Mitarbeit von Elisabeth Müller-Luckner. München 2010 (Schriften des Historischen Kollegs Kolloquien 76). S. 73 – 92, hier S. 23.

3 Albrecht, Helmuth: Die Bergakademie Freiberg. Eine Hochschulgeschichte im Spiegel ihrer Jubiläen 1765 bis 2015. Freiberg 2016.

4 Großherzogliche Badische Polytechnische Schule Karlsruhe: Catalog der Bibliothek. Aufgestellt im August 1850. Karlsruhe 1850.

5 Vgl. Wagner, Wolf Eric: Die Erfindung des Universitätsjubiläums im späten Mittelalter. In: Akademische Festkulturen vom Mittelalter bis zur Gegenwart. Zwischen Inaugurationsfeier und Fachschaftsparty. Hrsg. von Martin Kintzinger, Wolfgang Eric Wagner u. Marian Füssel. Basel 2019 (Veröffentlichungen der Gesellschaft für Universitäts- und Wissenschaftsgeschichte 15). S. 25 – 54.

wirtschaftlichen und technischen Fortschritt in den Mittelpunkt rückte.[6] Trotzdem verorteten sich die Polytechnika innerhalb einer gemeinsamen Hochschullandschaft mit den Universitäten. Daher folgt dieser Beitrag dem Ansatz einer integrierten Hochschulgeschichtsschreibung. Auf diese Weise können die Eigenlogiken dieser neuen, noch amorphen Anstalten adressiert werden, ohne die Gemeinsamkeiten unterschiedlicher Hochschultypen und den Transfer zwischen ihnen aus dem Blick zu verlieren.[7]

Die Quellengrundlage für eine Untersuchung der ersten Gründungsjubiläen der späteren Technischen Hochschulen ist heterogen, aber ergiebig. An allen drei hier fokussierten Standorten wurden Festpublikationen veröffentlicht, die – verstanden als *Medien der Geschichte* – einen Doppelcharakter als Primär- und Sekundärquellen aufweisen. Als in situ erzeugte Geschichtssorte sind sie Primärquellen, die Aufschlüsse über die (Jubiläums-)Akteure und die gewählten Modi zur Relevanzbehauptung aufzeigen. Zugleich dokumentieren die Dresdner und die Hannoversche Schrift die zurückliegenden Feierlichkeiten und legen trotz hagiografischer Tendenz diverse Geschichtssorten der Jubiläumsfeierlichkeiten frei.[8] Weil für Dresden und Hannover keine einschlägigen Akten überliefert sind, sind die Festschriften zur Rekonstruktion der Jubiläumspraxis von zentralem Quellenwert. Im Fall von Prag gibt dagegen das dortige Hochschularchiv Einblicke in die Planung des Jubiläums, während ein erhaltener Festpokal aus Hannover auch zu Gedanken über die Materialität von Jubiläumspraktiken anregt.

Der Beitrag gliedert sich in vier Schritte. Nach einführenden Bemerkungen zur Gründungsgeschichte der feiernden Institutionen selbst geht es anschließend um die Planung der Jubiläen, die sich für Prag und Hannover nachzeichnen lassen. Denn der Akt des Planens fächert verschiedene temporale Dimensionen auf, indem die zukünftige Vergangenheit der Institution ab nun handlungsleitend wurde und auch eigene Geschichtssorten erzeugte. Die anschließend thematisierten Veranstaltungen rund um die Jubiläumsereignisse zeigen verschiedene Geschichtspraktiken, bei denen der Kreis der Jubiläumsakteure ebenso heterogen ist wie die mediale Inszenierung von Geschichte. Am nachhaltigsten greifbar bleiben die Festschriften, die daher besonders adressiert und hinsichtlich der verschiedenen Modi der Relevanzzuschreibung untersucht werden.

---

6 Vgl. zur akademischen „invention of tradition" Paletschek, Sylvia: Die permanente Erfindung einer Tradition. Die Universität Tübingen im Kaiserreich und in der Weimarer Republik. Stuttgart 2001 (Contubernium. Tübinger Beiträge zur Universitäts- und Wissenschaftsgeschichte 53).

7 Guhl, Anton F.: Perspektiven einer integrierten Hochschulgeschichte. In: Jahrbuch für Universitätsgeschichte 23 (2020) [im Druck].

8 Logge, Thorsten: Geschichtssorten als Gegenstand einer forschungsorientierten Public History. In: Public History Weekly 6:24 (2018).

Zur Gründung von Polytechnika

Im Zuge der Umwälzungsprozesse zwischen 1789 und 1815 wurde im Alten Reich zunächst etwa jede zweite Universität geschlossen.[9] Neben der allgemeinen wurde in diesen Jahren zugleich die höhere technische Bildung reorganisiert. Nach der 1794 in Paris gegründeten *École Polytechnique* wurden zunächst in Prag (1806), Wien (1815) und Karlsruhe (1825) Polytechnika ins Leben gerufen.[10]

Die neugegründeten Polytechnischen Schulen und Institute – von denen viele später zu Technischen Hochschulen und Technischen Universitäten wurden – entsprachen in vielerlei Hinsicht weder den damaligen Universitäten noch den späteren Technischen Hochschulen.[11] Trotz der Unterschiede zwischen Polytechnika und Universitäten ist es auffällig, dass es auf der Ebene der Lernenden früh zu einem Transfer sozialer Praktiken kam: Erste „Studentenverbindungen" bildeten sich Ende der 1830er Jahre.[12] Die Lehrer und Professoren der Polytechnika entstammten entweder dem höheren Schulwesen, den Fachschulen vor Ort oder waren an Universitäten tätig, sodass sich auch bei ihnen zahlreiche Verbindungslinien innerhalb der Hochschullandschaft zeigen lassen.

---

9 Kraus, Hans-Christoph: Kultur, Bildung und Wissenschaft im 19. Jahrhundert. München 2008 (Enzyklopädie deutscher Geschichte 82). S. 22.

10 Guhl, Anton F.: Technik als blinder Fleck der Universitätsgeschichte? Die Debatte um die Gründung von Polytechnika Anfang des 19. Jahrhunderts und ihre Ausblendung durch die Universitätsgeschichte. In: Hochschulen im öffentlichen Raum. Historiographische und systematische Perspektiven auf ein Beziehungsgeflecht. Hrsg. von Martin Göllnitz u. Kim Krämer. Göttingen 2020 (Beiträge zur Geschichte der Universität Mainz Neue Folge 17). S. 81–99; vgl. noch immer Manegold, Karl-Heinz: Universität, Technische Hochschule und Industrie. Ein Beitrag zur Emanzipation der Technik im 19. Jahrhundert unter besonderer Berücksichtigung der Bestrebungen Felix Kleins. Berlin 1970 (Schriften zur Wirtschafts- und Sozialgeschichte 16); ders.: Geschichte der Technischen Hochschulen. In: Technik und Bildung. Hrsg. von Laetitia Boehm u. Charlotte Schönbeck. Düsseldorf 1989 (Technik und Kultur 5). S. 204–234; König, Wolfgang: Stand und Aufgaben der Forschung zur Geschichte der deutschen Polytechnischen Schulen und Technischen Hochschulen im 19. Jahrhundert. In: Technikgeschichte 48:1 (1981). S. 47–67; ders.: Spezialisierung und Bildungsanspruch. Zur Geschichte der Technischen Hochschulen im 19. und 20. Jahrhundert. In: Berichte zur Wissenschaftsgeschichte 11 (1988). S. 219–225.

11 König, Wolfgang: Zwischen Verwaltungsstaat und Industriegesellschaft. Die Gründung höherer technischer Bildungsstätten in Deutschland in den ersten Jahrzehnten des 19. Jahrhunderts. In: Berichte zur Wissenschaftsgeschichte 21 (1998). S. 115–122.

12 Grobe, Frank: Die technischen Burschenschaften. In: „Deutschland immer gedient zu haben ist unser höchstes Lob" – Zweihundert Jahre Deutsche Burschenschaften. Hrsg. von Harald Lönnecker. Heidelberg 2015 (Darstellungen und Quellen zur Geschichte der deutschen Einheitsbewegung im neunzehnten und zwanzigsten Jahrhundert 21). S. 701–780.

Bereits die Gründung der Polytechnika wurde von ausführlichen öffentlichen Debatten begleitet, in denen vor allem die Pariser Anstalt „in vielen deutschen gelehrten Schriften, Journalen und Zeitungen [...] als Muster vielversprechender Einrichtungen" galt.[13] Die „Lebensäußerung der Institution" in den Jubiläums-Festen und -Schriften baute somit auf einem seit Jahrzehnten virulenten Diskurs auf,[14] der von heterogenen Beiträgen geprägt war.[15]

Die neuen technischen Lehranstalten unterschieden sich zu Beginn erheblich, und auch die drei Jubilarinnen wiesen Unterschiede auf. Das 1806 gegründete Prager Polytechnikum, das erste im deutschsprachigen Raum, konnte 1856 bereits seine 50-Jahr-Feier abhalten. Maßgeblich auf Betreiben der Böhmischen Stände ins Leben gerufen, war das „ständisch polytechnische Institut zu Prag" somit auch älter als die Wiener Schwesteranstalt, die aber mit dem Moment ihrer Gründung im Jahr 1815 das Prager Institut dauerhaft in den Schatten stellen sollte, was nicht ohne Rivalität und Animositäten einherging.[16] Auch im Jubiläum und der bei dieser Gelegenheit vorgelegten Festschrift wird diese Nachrangigkeit zum Thema. Die Dresdner Einrichtung wurde 1828 als technische Bildungsanstalt mit praktischem Schwerpunkt begründet und erst 1851 in den Rang eines Polytechnikums erhoben.[17] Auch wenn das Wiener Polytechnische Institut als Vorbild diente, blieb es unerreicht. Die Anstalt in Hannover war 1831 als höhere Gewerbeschule gegründet worden und wurde 1847 durch die Erweiterung bauinge-

---

13 Gerstner, Franz Joseph: Über die polytechnische Lehranstalt. In: Nachrichten von der beabsichtigten Verbesserung des öffentlichen Unterrichtswesens in den österreichischen Staaten mit authentischen Belegen. Hrsg. von Christian Ulrich Detlev Eggers. Tübingen 1808. S. 328 – 365, hier S. 335.

14 Eckardt, Hans Wilhelm: Akademische Feiern als Selbstdarstellung der Hamburger Universität im „Dritten Reich". In: Hochschulalltag im „Dritten Reich". Die Hamburger Universität 1933 – 1945. 3 Teile. Hrsg. von Eckart Krause, Holger Fischer u. Ludwig Huber. Berlin/Hamburg 1991 (Hamburger Beiträge zur Wissenschaftsgeschichte 3). S. 179 – 200, hier S. 179.

15 Vgl. als pars pro toto Gerstner, Lehranstalt (wie Anm. 13); Prechtl, Johann Joseph (Hrsg.): Jahrbücher des Kaiserlichen Königlichen Polytechnischen Institutes in Wien. Wien 1819 – 1839; Köhler, Heinrich Gottlieb: Über die zweckmäßige Einrichtung der Gewerbsschulen und der polytechnischen Institute. Göttingen 1830; Romberg, Johann Andreas: Entwurf zur polytechnischen Schule in Hamburg. Hamburg 1835; Schoedler, Friedrich: Die höheren technischen Schulen nach ihrer Idee und Bedeutung dargestellt und erläutert durch die Beschreibung der höheren technischen Lehranstalten zu Augsburg, Braunschweig, Carlsruhe, Cassel, Darmstadt, Dresden, München, Prag, Stuttgart und Wien. Braunschweig 1847; o.V.: Ueber die Erweiterung der staatswirthschaftlichen Facultät. In: Deutsche Universitäts-Zeitung. Centralorgan für die Gesammtinteressen deutscher Universitäten Nr. 23 (6.6.1849).

16 Vgl. noch immer Neuwirth, Joseph (Hrsg.): Die K.K. Technische Hochschule in Wien 1815 – 1915. Gedenkschrift. Wien 1915; siehe auch den Beitrag von Juliane Mikoletzky in diesem Band.

17 Pommerin, Reiner: Geschichte der TU Dresden 1828 – 2009. Köln/Weimar/Wien 2003. S. 5 – 19.

nieurtechnischer Inhalte zum Polytechnikum.[18] Der Wiener Einfluss war in Hannover ebenfalls zentral, zumal der Gründungsdirektor Karl Karmarsch (1803–1879) am Wiener Polytechnikum studiert hatte. Karmarschs rege Publikationstätigkeit zu Werdung und Entwicklung des Hannoverschen Polytechnikums zeigt sein Streben, die Anstalt in die öffentliche Diskussion zu bringen.[19] Eine publizistische Nutzbarmachung des Jahrestags war nur folgerichtig.

Die zukünftige Vergangenheit – Jubiläumsplanungen

In der Vorbereitung der Jubiläen verbinden sich eindrücklich die ohnehin bestehenden temporalen Verschränkungen zwischen Erinnern, Gegenwart und erhoffter Zukunft. Mit einer „Futur-II-Brille" wurde das Jubiläum gedanklich vorausgenommen, und die zukünftige Vergangenheit strukturierte das Handeln.[20] Tatsächlich gelang es dem Prager Polytechnikum pünktlich zum Jahrestag, eine 400-seitige Festschrift vorzulegen, doch täuscht der Eindruck, dieser Erfolg sei auch mit einer langfristigen und sorgfältigen Planung einhergegangen. Denn erst ein halbes Jahr vor dem Festakt hatte sich der Direktor des Prager Polytechnikums Josef Thaddäus Lumbe (1801–1879) an den ständischen Landesausschuss gewandt und um Genehmigung und Finanzierung gebeten.[21] Dabei stellte Lumbe das Jubiläum seiner Institution in einen Kontext mit dem 1848 gefeierten 500-jährigen Jubiläum der Prager Universität. Den Bedeutungsvorsprung der Universität erkannte Lumbe an, und es könne „nicht in der Absicht des Lehrkörpers liegen[,] eine auch nur einigermaßen ähnliche Feier [...] zu veranstalten", um gleichzeitig festzuhalten, dass Beispiele vorlägen, wonach „selbst ein 25jähri-

---

18 Kokkelink, Günther: Polytechnische Lehranstalt im Königreich Hannover – von den Anfängen bis in die zwanziger Jahre. In: Die Universität Hannover. Ihre Bauten, ihre Gärten, ihre Planungsgeschichte. Hrsg. von Sid Auffarth u. Wolfgang Pietsch. Petersberg 2003. S. 65–93.
19 Karmarsch, Karl: Die höhere Gewerbeschule in Hannover. Erläuterungen über Zweck, Einrichtung und Nutzen derselben. Hannover 1831; ders.: Die höhere Gewerbeschule in Hannover. 2. sehr erweiterte Aufl. Hannover 1844; ders.: Die Polytechnische Schule zu Hannover. Hannover 1848.
20 Mischner, Sabine: Zeitregime des Krieges: Zeitpraktiken im Ersten Weltkrieg. In: Die Zukunft des 20. Jahrhunderts. Dimensionen einer historischen Zukunftsforschung. Hrsg. von Lucian Hölscher. Frankfurt am Main 2017. S. 75–100, hier S. 85.
21 Hier und im Folgenden: Archiv der Tschechischen technischen Universität (CVUT), Polytechnický ústav: Lumbe an Ständischen Landesausschuss, 17.6.1856.

ges Gründungsfest technischer Schulen in Deutschland [...] feierlich begangen wurde".

Beide Verweise sind zentral für die Selbstverortung des Prager Polytechnikums. Als höhere (Aus-)Bildungsanstalt in Prag liegt erstens der Vergleich mit der altehrwürdigen Universität auf der Hand, wenngleich (noch) jede Konkurrenz vermieden wird. Der Blick nach Deutschland auf Jubiläen dortiger technischer Schulen zeigt zweitens, dass die Tradierung der eigenen Geschichte auch und gerade im Vergleich mit anderen Polytechnika angestrebt wurde. Schließlich sei man es, „der hohen Bedeutung des technischen Instituts schuldig [...], die Gönner[,] Freunde und Schüler der Anstalt und die Schwesteranstalten des In- und Auslandes auf den langen Bestand derselben aufmerksam" zu machen. Die Antwort des Landesausschusses war zögerlich. Unmissverständlich wurde beschieden, vor einer Entscheidung habe „das Direktorat zuvor noch den beiläufigen Kostenbetrag unter näherer Auseinandersetzung des Festprogrammes zu praeliminieren".[22]

Aufgrund der fortgeschrittenen Zeit konnte Lumbe nicht auf die Genehmigung warten und schritt in den Vorbereitungen der Feier voran. Das Polytechnikum bemühte sich schon bald darum, den Verbleib seiner Schüler zu erkunden. In der Presse erschienen kurze Notizen mit der Aufforderung an ehemalige Schüler, sich zu melden.[23] In anderen Zeitungen erschienen Texte mit demselben Appell, die über eine bloße Recherche hinausgingen und als eigenständige jubiläumsbasierte Geschichtssorte gelten können:

> „Das polytechnische Institut zu Prag [...] das älteste, in Österreich und ganz Deutschland, feiert noch in diesem Jahre die fünfzigste Jahreswiederkehr seiner Eröffnung in seiner gegenwärtigen Gestalt. In diesen 50 Jahren ist eine große Anzahl von Männern aus demselben hervorgegangen, welche demselben ihre geistige Ausbildung verdanken und sich dadurch meist zu gesicherten und ehrenvollen Stellungen in der bürgerlichen Gesellschaft emporgeschwungen haben. Das geistige Band aber, welches eine Bildungsanstalt mit ihren Zöglingen verknüpft, ist mit dem Austritte der letzteren aus der Anstalt nicht gelöst."[24]

---

22 CVUT, Polytechnický ústav: Ständischer Landesausschuss an das Direktorat des ständisch-technischen Instituts, 18.7.1856.

23 Vgl. Fremden-Blatt [Wien] (8.8.1856.). o.S.; desgleichen: Troppauer Zeitung Nr. 185 (10.8.1856). o.S.

24 Österreichisch-kaiserliche Wiener Zeitung Nr. 187 (13.8.1856). S. 2388; ebenfalls in: Laibacher Zeitung Nr. 189 (18.8.1856). S. 822.

Am 15. September 1856 schließlich übermittelte Lumbe das vorläufige Programm und den Kostenüberschlag an den Landesausschuss.[25] Für das 50. Jubiläum des Gründungstags, den 10. November 1856, war ein feierlicher Gottesdienst in der Pfarrkirche St. Egyd geplant und eine Versammlung nach dem Gottesdienst in einem festlich geschmückten Saal des Instituts, „wobei auf die Feier bezügliche *Reden* gehalten würden". Als bleibendes Denkmal dienten die Herausgabe der Festschrift und die Begründung eines Stipendiums. Hier orientierte sich Lumbe explizit an dem „Vorgange des Lehrercollegiums der Dresdener polytechnischen Schule". Die nötigen Mittel für das Stipendium sollten durch Subskriptionen für die Festschrift gewonnen werden, denn die eigentlichen Druckkosten sollte der Landesausschuss tragen. Überdies war ein (allerdings privat finanziertes) Festessen vorgesehen, um in der „Verbindung von Institut und praktischen Berufskreisen eine neuere Berührung zu erzielen".

Die abhängige Stellung des Direktors nicht nur, aber auch in der Begründung von Jubiläumspraktiken wird aus dessen Erklärung ersichtlich, „sich auf das bereitwilligste allen höheren Andeutungen [zu] fügen", falls der Landesausschuss „eine Änderung oder Bereicherung des Programmes" wünsche. Die Kosten der Feier taxierte Lumbe auf 771 Gulden und verschätzte sich damit erheblich. Vor allem die Festschrift sollte teurer werden als erwartet, denn der Umfang wuchs von geplanten 15 Bogen auf 23, und statt 1.000 Exemplaren wurden in Folge der zahlreichen Subskriptionen 2.040 Stück aufgelegt. Am Ende beliefen sich die Jubiläumskosten „durch das Zusammentreffen mannigfaltiger Umstände trotz der angestrebten höchsten Sparsamkeit" auf knapp 2000 Gulden, von denen allein die Festschrift mit 1367 Gulden zu Buche schlug.[26]

Erheblich stiegen auch die Kosten für die Dekoration des Saals, für die eigens ein Portrait des Gründungsdirektors Franz Joseph von Gerstner (1756–1832) aus dessen Geburtsstadt Komotau ausgeliehen und mit einem zweitägigen Fuhrwerk-Transport nach Prag verbracht wurde. Die bereitwillige Leihgabe zeigt die Interkonnektivität der verschiedenen Geschichtssorten Festakt und Portraitmalerei oder anders ausgedrückt: Der Vorgang verdeutlicht, wie ein externer Akteur (die Stadtbehörden von Komotau) das Jubiläum für seine eigene Geschichtserzählung nutzt, um einen Teil der Aufmerksamkeit für das Polytechnikum auch auf Komotau zu lenken, wo Gerstner „in solcher Achtung steht [...], daß seinem Portrait in dem früheren Magistratssitzungssaale zur Bewahrung seines immerwährenden Andenkens ein Ehrenplatz angewiesen war".[27]

---

25 Hier und im Folgenden CVUT, Polytechnický ústav: Lumbe an ständischen Landesausschuss, 15.9.1856 [Hervorhebung im Original].

26 CVUT, Polytechnický ústav: Lumbe: Bericht über die Ausgaben für die Feier, 16.1.1857.

27 CVUT, Polytechnický ústav: Stadt Komotau an Direktorat, 28.10.1856.

Abb. 1: Der Gründungsdirektor weist dem Prager Polytechnikum den Weg. Franz Joseph von Gerstner portraitiert von Josef Bergler (1815).

Während die Planungen für das Dresdner Jubiläum im Dunkel bleiben, sind die Vorbereitungen zur Feier des Polytechnikums in Hannover dezidierter Bestandteil der dortigen Festschrift. Der ehemalige Schüler der Anstalt und nunmehrige Eisenbahnbau-Inspektor Ernst Friedrich Buresch (1817–1892) leitete den Bericht des Hannoveraner Jubiläums mit dessen Planung ein. So diente die Festschrift nicht nur der Dokumentation der zurückliegenden Feier, sondern auch ihrer sorgfältigen Vorbereitung, also ihrer Vorvergangenheit. Ein Festkomitee wurde gebildet, das vor allem aus ehemaligen Schülern getragen wurde, drei von ihnen lehrten zu jenem Zeitpunkt am Polytechnikum. Die Ernsthaftigkeit, mit der die Sache angegangen wurde, zeigt die Wahl eines Vorsitzenden (Konrad Wilhelm Hase, 1818–1902), eines Schriftführers (Ludwig Debo, 1818–1905) sowie eines Kassenführers (Franz Beckmann, 1811–1876). Von Beginn an wurde das Fest als standespolitische Chance erkannt und in „regelmäßig und zahlreich gehaltenen Sitzungen" setzte sich die einstimmige Ansicht durch, „daß die projektierte Feier eine durchaus ernste, würdige und dabei großartige sein müsse".[28] Das Festkomitee wollte mit den Festivitäten, „die Wichtigkeit und den gegenwärtigen hohen Standpunkt der polytechnischen Wissenschaften und Künste überhaupt" ausdrücken und auch „Denjenigen (!) einleuchtend" machen, die darüber „noch in Unkenntnis oder Vorurtheil befangen sein möchten".

Von den über 2000 Alumni der Schule brachte das emsige Komitee immerhin von etwa der Hälfte den Aufenthaltsort in Erfahrung und schickte ihnen Einladungen. Die Jubiläumseinladung umfasste auch einen vom Bibliothekar des Polytechnikums, Ernst Rommel (1819–1892), verfassten „Festgruß" mit einem Loblied auf die Natur- und Technikwissenschaften.[29] In der sehr genauen Darstellung der „vielfachen Arbeiten" des Komitees (bis hin zur Zahl der unzustellbaren Einladungen) setzte Buresch den Jubiläumsakteuren selbst ein Denkmal und dokumentierte auch, wer sich in den Subkomitees für den Ball und den Festzug aus ehemaligen und aktuellen Schülern der Anstalt engagierte.[30]

Bureschs Darstellung vermittelt den Eindruck, als habe die Jubiläumsplanung das gesamte Polytechnikum erfasst, wo gleich mehrere Räume in Fest-Ateliers umgewandelt wurden, in denen „wochenlang die rührigste Thätigkeit herrschte". An den Vorbereitungen waren auch Frauen zentral eingebunden, obgleich ihnen der Besuch der Anstalt noch für Generationen verwehrt bleiben sollte; ein „Damen-Verein unter den Auspizien der Frau Professorin Kühlmann" fertigte „die für den Festzug erforderlichen zahlreichen Banner, Fähnlein, Schärpen und sonstigen Dekorations- und Kostümgegenstände". Auch Konflikte in der Planungsphase werden zumindest angesprochen. So fand sich zehn Tage vor dem Anlass das bisherige Festzugskomitee „bewogen", seinen „Auftrag zurückzugeben und sich aufzulösen", sodass rasch ein Ersatzkomitee gebildet werden musste.

---

28 Hier und im Folgenden Buresch, Ernst Friedrich: Die Feier des 25jährigen Bestehens der polytechnischen Schule, am 2. Mai 1856. In: Karmarsch, Karl: Die polytechnische Schule zu Hannover. 2., sehr erweiterte Aufl. Hannover 1856. S. 189–208, hier S. 190.
29 Rommel, Ernst: Festgruß zum fünfundzwanzigjährigen Jubiläum der polytechnischen Schule zu Hannover, am 2. Mai 1856. In: Karmarsch, Schule (wie Anm. 28), S. 209–212; vgl. auch die heutige studentische Interpretation auf https://www.geschichte.kit.edu/2008.php (15.1.2021).
30 Hier und im Folgenden Buresch, Feier (wie Anm. 28), S. 192f.

Sowohl in Prag als auch in Hannover zeigt die Aktivität in der Festvorbereitung, wie das Ereignis „Jubiläum" vorausgenommen wurde. Als Vergangenheit, Gegenwart und Zukunft verbindendes Geschichtshandeln wurde es als eine Chance wahrgenommen, die genutzt aber eben auch verpasst werden konnte.

Multimediale Geschichtsvermittlung

Wenn bereits in der Jubiläumsplanung etwa Briefe oder Zeitungsannoncen als mediale Strategien eingesetzt wurden, um nach außen Relevanz zu behaupten, so wurden die Feiern selbst erst recht zur Plattform für die multimediale Kreation und Vermittlung von institutioneller Gravitas und Geschichtsbildung. Die in den drei jubilierenden Polytechnika eingesetzten Medien ähnelten sich zum Teil, unterschieden sich aber auch. Alle der betrachteten Jubiläumsfeiern waren durch eine Feststunde gekennzeichnet, in der Redebeiträge des Anlasses zur Feier gedachten. An allen Standorten wurden Publikationen herausgegeben, und in allen Jubiläen wurde versucht, aktive und ehemalige Schüler einzubinden und möglichst viele Alumni namhaft zu machen. Weitere Komponenten waren Gottesdienst, Umzug, Bankett, Ball, Kommers, Ehrung, Besichtigungen, Exkursionen und auch das Zusammenkommen in zwangloser Runde.

Die erste der drei Feiern veranstaltete das Dresdner Polytechnikum, das am 23. Mai 1853 sein 25-Jahr-Jubiläum beging. Das Datum der Feier war wie ein Spiegelbild des bescheidenen Anspruchs: Nicht der Jahrestag der Eröffnung (der 1. Mai) wurde zum Festtag gewählt, sondern die Geburtstags(nach)feier des sächsischen Königs Friedrich August II (1797–1854), wobei Hochschulfeiern zu Ehren der herrschenden Fürsten nicht unüblich waren.[31] Auch das Festprogramm war genügsam: Es beschränkte sich auf eine Feierstunde mit ernsten und populären Gesängen des Schülerchors und den Reden des Polytechnikum-Direktors Julius Ambrosius Hülsse (1812–1876) und des königlichen Kommissars der Anstalt Christian Weinlig (1812–1873).[32] Im Anschluss öffnete das Polytechnikum seine Sammlungen für das Publikum.[33]

---

31 Pommerin, Geschichte (wie Anm. 17), S. 47–49; vgl. Einladungsschrift der Königl. polytechnischen Schule in Stuttgart zu der Feier des Geburts-Festes Seiner Majestät des Königs Wilhelm von Württemberg, den 27. September 1849. Mit einer Abhandlung von J. M. Mauch. Stuttgart [1849].

32 Hülsse, Julius Ambrosius: Die Königliche Polytechnische Schule (Technische Bildungsanstalt) zu Dresden während der ersten 25 Jahre ihres Wirkens. Dresden 1853.

33 Hülsse, Schule (wie Anm. 32), S. 3.

Die Ansprachen bilden dabei eine Geschichtssorte, die Vergangenheit und Gegenwart verknüpfte und aus gegebenem Anlass auch dem eigentlichen Geburtstagskind – nämlich dem Sachsenkönig – huldigte. Denn der seit 1850 mit der Direktion beauftragte Hülsse beschrieb eine Aufstiegsgeschichte der Anstalt, die Friedrich August II „aus einem schwachen Anfang zu der gegenwärtigen Entwicklung" geführt habe.[34] Auch Aufseher Weinlig erzählte im Stile eine Entwicklungsromans von der Reifung eines Jünglings, „so feiern wir auch mit vollem Rechte den heutigen Tag als *Fest der Mündigkeit* unserer polytechnischen Schule".[35] Weinlig war sich dabei des „vielleicht triviale[n] Vergleich[s]" bewusst, strapazierte die Metapher aber trotzdem konsequent und zeichnete das Bild einer klein und schwach geborenen Institution, die nun aber „bereit und gerüstet [ist,] mit ihrem neuen Namen in der Reihe der gleichartigen Anstalten des deutschen Vaterlandes ebenbürtig zu kämpfen."[36]

Beide Ansprachen verwiesen direkt auf gegenseitige und gegenwärtige Ansprüche. Mit der Betonung der Bedeutung des Herrschers für die Polytechnische Schule nahm Hülsse ihn in die Pflicht und ließ durch die langen Zahlenreihen zur pekuniären Ausstattung der Schule keine Interpretationsspielräume offen, was er sich auch in der Zukunft vom Fürsten erhoffte: „Die Fürsorge, welche von Sr. Majestät erleuchteten Regierung für die Beförderung wahrer Bildung ausgeübt wird, lässt sich nicht deutlicher als durch die eben ausgesprochenen Zahlen darlegen."[37] Umgekehrt forderte das von Weinlig bemühte Narrativ des Heranwachsenden die politische Loyalität der Polytechniker ein und verbat jedes Flegelverhalten. Nur wenige Jahre nach der Revolution von 1848/49, in der etwa in Wien drei Viertel der immatrikulierten Techniker sich der Akademischen Legion angeschlossen hatten,[38] lobte der Festredner die gute Erziehung in Dresden als Grund, dass es unter den hiesigen Polytechnikern keine „moralische und politische Verirrung" gegeben habe.[39] Zugleich war damit auch die Wissensvermittlung direkt berührt, da Weinlig strenge Schulzucht einforderte und akademische Lernfreiheit als Gefahr für das Gemeinwesen verstand.

---

34 Hülsse, Schule (wie Anm. 32), S. 4.

35 Weinlig, Christian: Die Rede des Herrn Königl. Commissars lautete. In: Hülsse, Schule (wie Anm. 32), S. 17–19, hier S. 17.

36 Weinlig, Rede (wie Anm. 35), S. 17.

37 Hülsse, Schule (wie Anm. 32), S. 15.

38 Vgl. Treue, Wilhelm: Zur Frühgeschichte der technischen Lehr- und Forschungsanstalten bis zu ihrer Beteiligung an der Revolution von 1848/49. In: Geschichte als Aufgabe. Festschrift für Otto Büsch zu seinem 60. Geburtstag. Hrsg. von dems. Berlin 1988. S. 267–297, hier S. 279.

39 Weinlig, Rede (wie Anm. 35), S. 18.

Die Presseberichterstattung zum Prager Festakt legt nahe, dass dieser am 10. November 1856 entsprechend der oben dargelegten Planungen verlief. Im Beisein des Statthalters Karl Mecséry de Tsóor (1804–1885) und des österreichischen Kultusministers Leopold von Thun (1811–1888) wurden drei Reden gehalten. Neben Direktor Lumbe sprach der Fabrikbesitzer Anton Richter (1810–1880), und ein Schüler der Anstalt hielt eine „Dankrede".[40] Offizielle Vertreter des Wiener Polytechnikums fehlten indes unter den Gästen: Erst nach dem Festakt schrieb der dortige Direktor Karl von Smola (1802–1862), nicht ein einziger Professor hätte „ohne Beeinträchtigung der dienstlichen Obliegenheiten beizuwohnen vermocht".[41] Damit entzogen sich die Kollegen dem performativen Akt einer Relevanzproduktion durch Geschichtspraktiken. Vielmehr mahnte die in der Restaurationsphase nach 1848/49 noch immer unter militärischer Aufsicht stehende Schwesteranstalt post festum, den Prager Kollegen möge es gelingen, „den bereits erworbenen Ruf der Lehranstalt fort und fort zu steigern", was zumindest auch als Spitze aus der ungleich bedeutenderen Wiener Anstalt gelesen werden konnte.

Am aufwendigsten und ausgiebigsten wurde in Hannover gefeiert, und zwar vom Freitag, dem 2. Mai 1856, bis zum Montagmorgen, „als die Sonne schon hoch stand".[42] Bereits am Donnerstag wurden alle ankommenden Züge von Polytechnikern begrüßt und die Gäste in der geschmückten Bahnhofshalle in Empfang genommen. Von den zahlreichen Geschichtspraktiken verdient der Festzug, mit dem am Freitag die dreitägigen Feierlichkeiten begannen, besondere Aufmerksamkeit. Hier wurde Geschichte auch räumlich in die Öffentlichkeit getragen: Nicht nur Banner und Embleme, sondern die Mitlaufenden selbst wurden zu Medien, die auf die Geschichte des Polytechnikums verwiesen. Zugleich wies der Festzug mit seinen 800 Teilnehmern in die Zukunft, denn durch die Verbindung von Wissenschaft, raffinierter Umzugstechnik und reichlich Personal wurde zugleich der potenzielle zukünftige Beitrag des Polytechnikums in die Stadt und nicht zuletzt vor den Monarchen getragen.

Ein Herold führte den Festzug an, sodann wurde das Banner der Polytechnischen Schule gezeigt, „fünffeldig, mit den Landesfarben eingefaßt, im Mittelfelde als Sinnbild des Kampfes des Lichts mit der Finsterniß St. Georg, den Drachen besiegend, in den 4 umgebenden Feldern der pythagoräische Lehrsatz, Weltkugel, Zahnrad und Künstler Wappen".[43] Eingefügt in eine 17 Glieder um-

---

40 O.V.: Nichtamtlicher Teil. In: Österreichisch-kaiserliche Wiener Zeitung (11.11.1856). S. 1044.

41 Hier und im Folgenden CVUT, Polytechnický ústav: Karl von Smola an Direktion Polytechnikum, 12.11.1856.

42 Karmarsch, Schule (wie Anm. 28), S. 205 f.

43 Hier und im Folgenden Buresch, Feier (wie Anm. 28), S. 195–199.

fassende Ordnung folgten diverse weitere Einheiten, darunter zwei Musikkorps und fünf verkleidete vierspännige Festwagen. Sie repräsentierten Schwerpunkte der Lehre der Polytechnischen Schule, und das lange bevor sich das Abteilungswesen institutionell auch in Hannover durchsetzte.[44] Die Wagen waren ausgeschmückt mit Insignien der jeweiligen Disziplinen sowie Medaillons ihrer lebenden und toten Heroen. Den betriebenen Aufwand zeigt etwa der Baldachin des Architektur-Wagens, der „einen durchbrochenen gothischen Thurmhelm nachahmend" 24 Fuß in die Höhe ragte.[45] Nur wenige Jahre nachdem sich die ersten Technikerverbindungen gebildet hatten, wurden sie in Hannover als Jubiläumsakteure in den Kreis der Geschichtsmächtigen einbezogen und konnten im Festzug ihre „schönen Fahnen" präsentieren, Einheit mit ihren Lehrern inszenieren und akademischen Anspruch demonstrieren. Unter „Hoch"-Rufen verlief die Wegstrecke am königlichen Palais vorbei, wo sich König Georg V. (1819–1878) und die Königin Marie von Sachsen-Altenburg (1818–1907) „huldvoll dankend am Fenster" zeigten.

An den Festzug schloss sich die Versammlung in der Aula des 1854 eingeweihten Lyzeums am Georgsplatz an – das Polytechnikum selbst verfügte lediglich über einen Hörsaal in dem auch im „Nothfall" nur 120 Personen Platz fanden.[46] Eingerahmt von Darbietungen des Polytechniker-Gesangvereins, der weitere Gedichte von Bibliothekar Rommel zu Melodien von Wolfgang Amadeus Mozart (1756–1791) und Ludwig Maurer (1789–1878) darbot, hatte die Festhandlung nur einen Tagesordnungspunkt: Ausführungen von Gründungsdirektor Karl Karmarsch, die „Thränen der Wehmut und Freude manchem Auge entlockten".[47]

Karmarsch nutzte in seiner Rede die Vergangenheit der Anstalt für in die Zukunft gerichtete politische Forderungen und postulierte die Ebenbürtigkeit von Polytechnika und Universitäten. Nicht nur verfügten auch erstere über akademische Lehrfreiheit. Mit den letzteren verband sie auch eine gemeinsame wissenschaftliche Grundlage „in der Mathematik, dieser sichergehenden praktischen Zwillingsschwester der Philosophie." Und wie die Universitäten unterhielten auch die Polytechnika „ihre *Fakultäten*: des Bauwesens, des Maschinenwesens, des physikalisch-chemischen Faches." Forsch fuhr Karmarsch fort: „Sie haben, ohne

---

44 Vgl. dazu Nippert, Klaus: Wie entstand die Technische Hochschule? Zum Einfluss der Polytechnischen Schule Karlsruhe auf die Entwicklung eines Hochschultyps. In: Fridericiana 68 (2013). S. 9–16.

45 Hier und im Folgenden Buresch, Feier (wie Anm. 28), S. 199–201.

46 Karmarsch, Schule (wie Anm. 28), S. 101.

47 Buresch, Feier (wie Anm. 28), S. 201.

Doktordiplome, ihre *Doktoren*".[48] Das fehlende Promotionsrecht über ein Paradoxon aufzulösen, war kühn und die darauf folgende Behauptung unhaltbar: „Die ganze Welt gibt zu, daß sich die technische oder realistische Bildung der so genannten gelehrten Bildung ebenbürtig an die Seite gestellt hat; neben dem Gymnasium geht die höhere Bürgerschule her; neben der Universität *die polytechnische Schule*, die ‚*technische Universität*'." Tatsächlich ließ die Gleichstellung von Technischen Hochschulen und Universitäten noch Jahrzehnte auf sich warten. Die Mitte der 1850er Jahre erfundenen Jubiläen und die sie flankierenden Festschriften wurden früh zu einem Vehikel, diesen Anspruch zu untermauern, aber erst ab 1899 wurde den Technischen Hochschulen zunächst in Preußen durch den technikaffinen Wilhelm II. (1859 – 1941) zum Missfallen vieler Universitätsvertreter das Promotionsrecht verliehen.[49]

Das weitere Festprogramm sah ein Abendessen mit über 600 Personen im Lokal des Thalia-Vereins vor, das mit den Bannern des Festzugs geschmückt worden war. Die Performativität der Feier über die Region hinaus verdeutlicht ein Depeschenwechsel mit Christiania (dem heutigen Oslo), in dem innerhalb weniger Stunden Glückwünsche „von sieben norwegischen Freunden, ehemaligen Schülern der Anstalt", das Antwortschreiben aus Hannover sowie der Empfang desselben ausgetauscht wurde.[50] So wurde nicht nur die Telegrafie als Sinnbild technischer Errungenschaften gefeiert, sondern die durch Techniker entwickelten medialen Möglichkeiten genutzt, um Zusammengehörigkeit der Feiernden vor Ort und den Gratulanten im Ausland zu stiften.[51]

Die zentrale Figur des Jubiläums blieb Karl Karmarsch, da er als allzeitiger Direktor die Gründung und Entwicklung der Anstalt verkörperte. Die Verkündung, „daß die Philosophische Fakultät der Universität Göttingen dem verehrten Lehrer das Ehren-Doktor-Diplom verliehen" hatte,[52] führte zu großem Jubel, war sie doch über den Umweg der Person Karmarsch auch eine akademische Anerkennung seiner Schüler (und ihrer Institution) und zugleich eine Inversion der Praxis, als feiernde Anstalt Ehrungen zu vergeben.[53]

---

48 Hier und im Folgenden Karmarsch, Schule (wie Anm. 28), S. 218 f. [Hervorhebung im Original].
49 Vgl. Dietz, Burkhard, Michael Fessner u. Helmut Maier: Der „Kulturwert der Technik" als Argument der Technischen Intelligenz für sozialen Aufstieg und Anerkennung. In: Technische Intelligenz und „Kulturfaktor Technik". Kulturvorstellungen von Technikern und Ingenieuren zwischen Kaiserreich und früher Bundesrepublik Deutschland. Hrsg. von dens. Münster/New York 1996 (Cottbuser Studien zur Geschichte von Technik, Arbeit und Umwelt 2). S. 1–32.
50 Buresch, Feier (wie Anm. 28), S. 203.
51 Logge, Thorsten: Zur medialen Konstruktion des Nationalen. Die Schillerfeiern 1859 in Europa und Nordamerika. Göttingen 2014. S. 169.
52 Buresch, Feier (wie Anm. 28), S. 202.
53 Müller, Inszenierte Erinnerung (wie Anm. 2), S. 82.

Nachdem am Samstagvormittag die Sammlungen des Polytechnikums zu besichtigen waren und Exkursionen zu „technisch interessanten Baulichkeiten, Fabriken etc." durchgeführt wurden,[54] fand am Samstagabend ein Kommers statt. Die Überlassung des zweiten Festabends an die Lernenden entsprach einer weiteren Übernahme universitärer Jubiläumstradition und war beredter Ausdruck der innerinstitutionellen Anerkennung der Schüler durch die Lehrenden. Auffallend ist, dass der Sonntag nicht wie in Prag für einen Festgottesdienst genutzt wurde – die inszenierte Dankbarkeit anlässlich des Jubiläums der Hannoverschen Polytechniker war weltlich konnotiert. Ein Ball am Abend des 4. Mai 1856 beschloss das Fest.

Eine weitere Ehrung, die Karmarsch allerdings erst ein Jahr später in Empfang nehmen konnte, erhielt er von den Schülern: einen knapp 70 cm großen Prunk-Pokal. Er verdeutlicht auf besondere Weise die cross- und multmediale Dimension des Hannoverschen Jubiläumshandelns auch jenseits der nachhaltig dominierenden textuellen Erzählung. Der Pokal zeigt sechs Bildnisse, die zugleich als Allegorien auf die am Polytechnikum vermittelten Künste zu lesen waren, und am oberen Rand der Schale verläuft eine Darstellung des Jubiläumsfestzugs. Eingerahmt von dem Festzug steht die Inschrift: „Dem ruhmgekrönten Förderer technischer Bestrebungen, dem treuen Lehrer die dankbaren Polytechniker". Das metallene Prunkgefäß war nach der Zeichnung des Architekten Konrad Wilhelm Hase gefertigt, und Karmarsch mit seinem Gespür für (geschichtsbasierte) Öffentlichkeitsarbeit überführte dieses Bildnis wiederum zurück in eine zweidimensionale Medialität:

> „Ich ließ den Pokal photographieren, nach der Photographie eine lithographierte Zeichnung machen, setzte unter diese einige autographierte Widmungsworte mit meiner Unterschrift, und ließ Abdrücke allen Polytechnikern zukommen."[55]

Die Festschriften und die Modi der Relevanzzuschreibung

Aufgrund ihrer Anlage einer nacheinander geschalteten Kommunikation zählen dickleibige Festschriften zu den nachhaltigsten Ereignissen eines Hoch-

---

54 Buresch, Feier (wie Anm. 28), S. 204.

55 Karmarsch, Karl: Ein Lebensbild, gezeichnet nach dessen hinterlassenen „Erinnerungen aus meinem Leben". Mit Ergänzungen von Egb. Hoyer. Hannover 1880. S. 141.

Abb. 2: Der Ehrenpokal für Karl Karmarsch zeigt den Jubiläumsfestzug (Konrad Wilhelm Hase, 1857).

schuljubiläums.[56] Doch trotz der klassischen, Wissen aufbewahrenden Anlage von Büchern, können auch sie genutzt werden, um nicht nur die Vergangenheit, sondern auch die Gegenwart von Institutionen performativ zu (re-)konstruieren. Das Dresdner Polytechnikum legte die knappste Publikation vor: einen 54-seitigen großformatigen Band, dessen Hauptzweck die Dokumentation der Feier durch den Abdruck der Reden war. Durch elf Beilagen, in denen die Entwicklung der Anstalt durch Aufstellungen zu den bisherigen Schülern und Lehrern, Kursen und Stipendien dokumentiert wird, erhielt die Publikation zugleich Historiographie-, bzw. Chronik-Charakter.

Das Polytechnikum in Prag publizierte dagegen eine umfassende monographische Chronik.[57] Wenngleich der Umfang das ursprünglich Geplante übertraf, war sie von Anfang mit einem hehren Ziel angelegt. Sie sollte, um „der vaterländischen Kulturgeschichte Rechnung zu tragen", die Geschichte der Anstalt und ihrer Mitwirkenden „der Vergessenheit [...] entreißen".[58] Anders als bei den anderen hier betrachteten Festpublikationen zeichnete nicht der Direktor, sondern ein weiteres Mitglied des Lehrkörpers, nämlich der Mathematiker, Astronom und Meteorologe Carl Jelinek (1822–1876) dafür verantwortlich. Den größten Abschnitt bildete ein Abriss der Geschichte und Vorgeschichte der Anstalt, der vom Umfang her zweite Posten war ein namentliches Verzeichnis einiger ehemaliger Prager Polytechniker und ihres nunmehrigen Berufsfeldes. Hinzu kommen biographische Notizen zu ehemaligen und aktiven Lehrern, Berichte über die Sammlungen und Auswertungen zur Schüler-Frequenz.

Das in Hannover herausgebrachte Werk war besonders penibel orchestriert worden. Die Festschrift verband den umfänglichen Charakter der Prager Darstellung mit der Dokumentation der Feier, wie es auch die Dresdner Anstalt für ihren Festakt vorgemacht hatte. Die Festschrift konnte auf der regen Publikationstätigkeit von Direktor Karmarsch aufbauen. So erschien das Jubelbuch unter dem schlichten, aber gleichzeitig den Anspruch auf Gegenwartsrelevanz durch Nachführung demonstrierenden Titel „Die polytechnische Schule zu Hannover, zweite sehr erweiterte Auflage".[59] Dazu passte, dass die Festschrift zunächst das aktuell geltende Regelwerk bis hin zum Schulgeld darstellte und damit dezidiert

---

56 Nicolaysen, Rainer, Eckart Krause u. Gunnar B. Zimmermann: Einleitung. In: 100 Jahre Universität Hamburg. Studien zur Hamburger Universitäts- und Wissenschaftsgeschichte in vier Bänden. Bd. 1: Allgemeine Aspekte und Entwicklungen. Hrsg. von dens. Göttingen 2020. S. 9–30, hier S. 10.

57 Jelinek, Carl: Das ständisch-polytechnische Institut zu Prag. Programm zur fünfzigjährigen Erinnerungs-Feier an die Eröffnung des Institutes. 10. November 1856. Prag 1856.

58 CVUT, Polytechnický ústav: Lumbe an Ständischen Landesausschuss, 17.6.1856.

59 Karmarsch, Schule (wie Anm. 28).

eingeschriebene und prospektive Schüler adressierte. Erst auf diesen praktischen Teil folgten historische und hagiographische Kapitel wie die 20-seitige Chronik, ein 30-seitiger „Rechenschaftsbericht über Wirksamkeit und Erfolge der polytechnischen Schule während der ersten 25 Jahre ihres Bestehens" und die 40-seitige Dokumentation der Feier. Dabei sorgte nicht zuletzt der Sprecherwechsel dafür, dass auch die „Hoch!"-Rufe auf Direktor Karmarsch ohne größere Peinlichkeit mitgeteilt werden konnten.[60]

Zudem wurden auf etwa 80 Seiten die ehemaligen Schüler sowie ihre letzte bekannte berufliche Position wiedergeben. Die wesentlichen Berufszweige der 1272 ermittelten Alumni waren Fabrikanten und Handwerker (182), das Bauwesen (173), die Landwirtschaft (158), die Landvermessung (95), das Eisenbahnwesen (91), das Militär (80), der Maschinenbau (78), das Lehrfach – inklusive Studierende (70), Gewerbliche Künstler (69), das Forstfach (64) und der Handelsstand (52).[61] Diese Zahlen deuten auf eine gewisse Bedeutung der Anstalt für die Industrialisierung des Königreichs Hannover hin; eine allgemeine Einordnung der Wirkungsgeschichte der Polytechniker und ihres sozialen Hintergrunds bedarf weiterer Forschung.[62]

Nicht nur in Hannover, sondern auch anlässlich der anderen hier untersuchten Jubiläen wurde über Zahl und Wirken der Alumni gesellschaftliche Relevanz proklamiert. Die Polytechnika lieferten – so die Dresdner Interpretation – das „Samenkorn wissenschaftlicher Auffassung, das durch die befruchtende Berührung mit dem mannichfaltigen Erscheinungen des Berufslebens keimt", sich aber „der statistischen Erörterung durch Zahl und Mass" entziehe.[63] Die Messbarkeit der Relevanz der Schule wurde somit ins Ungefähre verschoben und zugleich ein Anteil am allgemeinen Fortschritt für sich reklamiert: Denn „dass ein Theil dieser Erfolge Wirkung unserer Bildungsanstalten und speciell der polytechnischen Schule" sei, konnte damit „wohl unbedingt behauptet werden." Diese Behauptung untermauerte Hülsse durch detaillierte Angaben etwa zum Schulbesuch und zu den belegten Fächern. Insgesamt hatten über 2.100 Schüler die Dresdner Anstalt zumindest für einige Zeit besucht, die knapp 270 Absolventen der unteren Abteilung und Besucher der oberen Kurse wurden namentlich benannt.

---

60 Buresch, Feier (wie Anm. 28), S. 202.

61 Karmarsch, Schule (wie Anm. 28), S. 180 – 187.

62 Einen eher nachrangigen Anteil der Polytechnika an der Industrialisierung vermutete Wolfgang König, vgl. König, Verwaltungsstaat (wie Anm. 11); vgl. zu Hannover Mundhenke, Herbert: Die Matrikel der Höheren Gewerbeschule, der Polytechnischen Schule und der Technischen Hochschule zu Hannover. Hildesheim 1988.

63 Hier und im Folgenden Hülsse, Schule (wie Anm. 32), S. 16.

Auch in der Prager Darstellungen nimmt der Verweis auf die eigenen Schüler eine zentrale Funktion ein. Von den etwa 12.000 ehemaligen Schülern meldeten sich auf die Zeitungsannoncen binnen weniger Wochen immerhin 1668 Alumni, die vorrangig im Bauwesen (527), im Eisenbahnwesen (321) und im Vermessungswesen (274) Anstellung gefunden hatten.[64]

Die Hannover und die Prager Darstellung zeigen zudem, dass zeitgenössische Jubiläumsgeschichtsschreibung Relevanz auf subtilere Art generiert als es der Abdruck von Schülerverzeichnissen und Jubiläumsreden vermag. Die Polytechnika wurden gegründet, um die regionale Industrie über Bildung zu befördern und – das findet sich explizit in Prag als weiterhin relevantes Motiv – die Abhängigkeit vom Ausland zu reduzieren. Dass dies in Prag noch immer pressierte, war eigentlich ein Eingeständnis, auch in 50 Jahren den Gründungszweck nicht erreicht zu haben. Da die drängende Neuorganisation im Zuge der Revolution von 1848 abgebrochen wurde und das Institut seit fast einem Jahrzehnt nur eine provisorische Leitung hatte, präsentierte Chronist Jelinek anstelle einer Hagiographie eher ein Klagelied, das zum Ende die drückende Gegenwart ansprach und die zurückliegende Unterstützung als Verpflichtung für die Zukunft wendete.

> „Der hochl. Landesausschuß und das h. Unterrichtsministerium, welchen die Prager Anstalt ihre Gründung und so vielfache Bereicherungen und Erweiterungen verdankt, werden ihr Werk krönen durch die Neugestaltung der ältesten technischen Schule in Österreich, welche jedes auf sie verwendete Opfer durch ihre Zöglinge zehnfach wieder ersetzen wird, denn wohl ist ein Capital zu guten Zinsen angelegt, welches die technische Bildung zu fördern bestimmt wird [...]!"[65]

Dagegen schreckten die Autoren der Hannoverschen Festschrift auch vor deutlichem Eigenlob nicht zurück, als sie das Wirken der Lehrer in umfänglichen Personalnotizen akzentuierten und deren Bedeutung als öffentliche Gutachter unterstrichen.[66]

Wie in der Vorbereitung und Durchführung der Jubiläumsfeierlichkeiten so wurden auch in den Festschriften die Bedeutung der gefeierten Anstalten durch die Verschränkung von Vergangenheit und Zukunft in der Gegenwart hervorgehoben. Dies gelang sogar dann, wenn die Gegenwart als problematisch galt. Jelinek hoffte für das Prager Polytechnikum, „daß der gegenwärtige bedeutungsvolle Moment, die Veranlassung geben möge, die Frage der Neugestaltung [...] zum baldigen Abschluß zu bringen."[67] Die Reform ließ indes weiter auf sich

---

64 Jelinek, Institut (wie Anm. 57), S. 259
65 Jelinek, Institut (wie Anm. 57), S. 116.
66 Karmarsch, Schule (wie Anm. 28), S. 188.
67 Jelinek, Institut (wie Anm. 57), S. 115.

warten, und sein seit 1849 am Polytechnikum tätiger Kollege Carl Kořistka (1825 – 1906) musste Anfang der 1860er Jahre (erneut!) auf einer Rundreise die europäischen Polytechnika als Vorbilder inspizieren.[68]

In den Festschriften aus Dresden und Hannover wurde die Temporalität der Feier selbst durch den wortgetreuen Abdruck von Einschüben in den Reden – zum Beispiel in der direkten Ansprache an die Gäste, die die Anstalt „heute mit ihrer Gegenwart beehrten" – festgehalten.[69] Dabei wurde die inzwischen vergangene Gegenwart des Feierns selbst mit der gefeierten Vergangenheit verbunden und zugleich mit der Zukunft verknüpft, da das „Bestehen noch den Generationen später Jahrhunderte zu Statten kommen soll."[70] Deutlich zeigt sich die Konvergenz von Vergangenheit, Gegenwart und Zukunft in Karmarschs Formulierung von den „ersten 25 Jahre[n]" der Hannover Anstalt,[71] während Weinlig die gegenwärtige Bedeutung des Dresdner Polytechnikums durch das zukünftige Wirken der Schüler begründete: „Wir vertrauen Ihnen, geliebte Zöglinge der Anstalt, das Theuerste auch fernerhin an, was wir haben, den Ruhm unserer polytechnischen Schule; bringen Sie denselben zu immer erhöhter Geltung!"[72]

Trotz des selbstverständlichen Ausgriffs auf Vergangenheit und Zukunft schien gerade die Gegenwart der 1850er Jahre von besonderer Qualität. Sie wurde als eine nur selten in Jahrtausenden vorkommende Phase des technischen Fortschritts beschrieben. Daher sei auch die Feier einer höheren technischen Bildungsanstalt kein „gewöhnliches Vergnügungsfest", sondern „die Verherrlichung einer großen und mächtigen Sache, einer urkräftigen Äußerung des Weltgeistes [...], deren Entstehung, Wachsthum und Blüthe zu sehen unserer Zeit vorbehalten war".[73]

Ausblick: Alumni als Träger polytechnischer Jubiläumskultur

Die Jubiläen der drei Polytechnika Dresden, Hannover und Prag waren Anlass, zahlreiche Geschichtssorten zu produzieren, um mit unterschiedlichen medialen Strategien Aufmerksamkeit für die Anstalten zu generieren, Relevanzbe-

---

68 Kořistka, Carl: Der höhere polytechnische Unterricht in Deutschland, in der Schweiz, in Frankreich, Belgien und England. Gotha 1863.

69 Hülsse, Schule (wie Anm. 32), S. 13.

70 Karmarsch, Schule (wie Anm. 28), S. 216.

71 Karmarsch, Schule (wie Anm. 28), S. 158.

72 Weinlig, Rede (wie Anm. 35), S. 17.

73 Buresch, Feier (wie Anm. 28), S. 206.

hauptungen aufzustellen und Zukunft zu gestalten. Die Polytechnika nutzten dabei Publikationen heterogener Ausrichtung und verschiedene performative Akte, um sowohl die Angehörigen der Institutionen als auch Externe der Bedeutung der Einrichtungen zu versichern und um die weitere Förderung durch die übergeordneten Behörden und der Fürsten sicherzustellen. Dabei übernahmen die Polytechnika in vielen Fällen Jubiläumspraktiken von Universitäten. Der explizite Anwendungsbezug der Polytechnika führte allerdings auch zu neuen und spezifisch „polytechnischen" Formen des Jubiläumshandelns. Insbesondere der Versuch, über das Jubiläum mit Gewerben und Handel in Kontakt zu treten, fällt hierbei ins Auge. Zentral war dabei der Konnex über die ehemaligen Schüler, und die Kontaktaufnahme im Vorfeld der Jubiläen zeigt sich als wichtiger Baustein im Jubiläum und als eine eigene Form individualisierter und zugleich institutionalisierter geschichtsbasierter Öffentlichkeitsarbeit.

Nicht nur die Direktoren und weitere aktive Lehrer wurden zu Jubiläumsakteuren. Die Schüler wirkten an allen drei Einrichtungen an den Feierlichkeiten mit. Der Auftritt der Verbindungen in Hannover zeigt dabei nicht nur die interne Teilhabe unterschiedlicher Gruppen, sondern ist zugleich Inszenierung einer „universitas magistrorum et scholarium" und damit Ausweis des Anspruchs auf Gleichrangigkeit der Polytechnika mit den Universitäten. In Dresden dagegen zeigten sich im Jubiläum diametral davon abweichende Vorstellungen über die innere Ausgestaltung der Institution, die Rolle von Lehrenden und Lernenden und über die Modi der Wissensmehrung und -vermittlung.

Die betrachteten Jubiläen korrespondierten miteinander, etwa als Vorbilder oder durch gegenseitige Gratulationen. Die Verschränkung der Jubiläen (über die Ehrenpromotion von Karmarsch auch mit dem Universitätssektor) führt zu weiterführenden Fragestellungen. Insbesondere der Brückenschlag zu Wirtschaft und Alumni gehört mittlerweile zum festen Bestandteil vieler Hochschuljubiläen, sodass nicht nur die weitere Entwicklung der Feiern an den Technischen Hochschulen, sondern auch die Übernahme ihrer spezifischen Jubiläumsmodi durch die „alten" Universitäten lohnende Forschungsfelder darstellen. Hierbei bieten sich auch Festschriften als Quelle an, gerade im Falle fehlender Aktenüberlieferung. Den Quellenwert dieser Publikationen zeigen nicht zuletzt die Erhebungen zum Verbleib der Polytechniker, deren Anteil an der im internationalen Vergleich nachholenden Industrialisierung Deutschlands ein drängendes Desiderat darstellt, das künftig auch über KI-gestützte prosopografische Forschung aufgehellt werden könnte.[74]

---

74 Vgl. Hawicks, Heike u. Ingo Runde (Hrsg.): Universitätsmatrikeln im deutschen Südwesten.

Auch die temporale Offenheit von Jubiläumshandeln lässt sich gut mithilfe der Festschriften untersuchen, die in Dresden und Hannover bewusst dazu genutzt wurden, die flüchtigeren Geschichtsinszenierungen „aufzubewahren". Hier zeigt sich ein Bewusstsein für die Gegenwart als künftige Vergangenheit, deren Deutung geprägt werden sollte. Diese „Futur II-Brille" erwies sich als wirksam, und das Geschichtshandeln der technischen Lehranstalten in der Mitte des 19. Jahrhunderts ist als Erfinden von Traditionen zu verstehen.[75] Nicht umsonst galt die Prager Festschrift aus dem Jahr 1856 noch 50 Jahre später als der Maßstab für das Folgeprojekt, mit dem die nunmehrige deutsche Technische Hochschule in Prag auf ihr erstes Säkulum zurückblicken wollte.[76]

Bestände, Erschließung und digitale Präsentation. Heidelberg 2020 (Heidelberger Schriften zur Universitätsgeschichte 9).

75 Vgl. auch Albrecht, Bergakademie (wie Anm. 3), S. 78.

76 Stark, Franz (Red.): Die k.k. deutsche technische Hochschule in Prag 1806–1906. Festschrift zur Hundertjahrfeier [Vorwort]. Prag 1906.

Verena Kümmel

Sechs Festschriften in elf Jahren. Zur Selbstvergewisserung einer kirchlichen Fachhochschule nach dem Boom

Abstract: The implementation of Universities of Applied Sciences (Fachhochschulen) was one aspect of the reforms in West German higher education in the 1970s. But outside of anniversary publications, there is little research about this new type of university. The article focuses on how anniversary publications were used as a policy instrument at the still young Protestant University of Applied Sciences in Darmstadt. Using the example of the church-based university, which was freed from its familiar structures and hierarchies by the university reform, it can be shown how the commemorative publications served as self-assurance as well as legitimization towards the responsible regional church. In the process, the celebrated anniversaries demonstrated the long tradition of the young university in the field of social work but were also used to overplay unwelcome aspects; especially the conflicts arising from the new form of governance between the students, the professors as well as the regional church. Against this background, the anniversary publications served to consolidate the sovereignty of individual disciplines within the university, but nevertheless offered a positive historical identity for university members.

Einleitung

Als die Evangelische Fachhochschule Darmstadt (EFHD) im Jahr 1988 eine Festschrift mit dem Titel *Zurück in die Zukunft? 60 Jahre kirchliche Ausbildung für soziale Berufe in Darmstadt* veröffentlichte, war die Hochschule selbst erst 17 Jahre alt.[1] Sie war 1971 in Folge der Hochschulreform von 1970/71 als eine von neun evangelischen Fachhochschulen in Deutschland und als einzige kirchliche Fachhochschule in Hessen gegründet worden. Als kirchliche Fachhochschule

---

1 Barth, Ferdinand (Hrsg.): Zurück in die Zukunft? 60 Jahre kirchliche Ausbildung für soziale Berufe in Darmstadt. Dokumentation des Studientages am 8. Dezember 1987. Darmstadt 1988 (Schritte 1988:2); die Evangelische Fachhochschule Darmstadt trug diesen Namen von 1973 bis 2011, gegründet wurde sie 1971 als kirchliche Fachhochschule in Darmstadt, und seit dem Sommersemester 2011 heißt sie Evangelische Hochschule Darmstadt.

lässt sie sich mit Peter Moraw als nachklassische Hochschule fassen.[2] Mit den staatlichen Fachhochschulen teilt sie den Entstehungskontext aus älteren Fachschulen, weshalb sie durchaus als typisch für die Fachhochschulen der ersten Gründungsphase gelten kann.

Weit weniger charakteristisch erscheint die Vielzahl von Fest- und Gedenkschriften, die die Hochschule bereits kurz nach ihrer Gründung veröffentlichte. Allein in den Jahren von 1977 bis 1988 publizierte die kirchliche Fachhochschule sechs Schriften, die entweder eine Person oder eine Vorgängereinrichtung würdigten.[3] Diese Dichte von Publikationen mit Jubiläumsbezug an einer so jungen Einrichtung wirkte offenbar derart ungewöhnlich, dass ein Dekan sich beim 60. Jubiläum genötigt sah, rhetorisch zu fragen: „Erst 1979 feierte die EFH ihr 50jähriges Jubiläum! Nun 1987 – nach nur 8 Jahren – bereits die 60-Jahr-Feier?".[4] Dies deutet darauf hin, dass die mit den Publikationen und Feiern vorgenommenen Datierungen und verknüpften Traditionslinien keineswegs allgemein anerkannt waren. Vielmehr scheint die Vielzahl der kurz aufeinander folgenden Erinnerungsakte auf Konflikte bei den Traditionsbezügen hinzudeuten.

Im Folgenden wird daher untersucht, welche Rolle Jubiläumsfeiern und Festschriften als hochschulpolitische Instrumente im Spannungsfeld zwischen Kontinuitäten mit den Vorgängereinrichtungen und einem institutionellem Neuanfang als neuem Hochschultyp spielten. Es wird überprüft, welche Traditionslinien besonders betont und welche Interessen mit den Publikationen und Feierlichkeiten verknüpft wurden. Dazu gehört auch die Frage, ob und wie Traditionen aus den Vorgängereinrichtungen mit der Gründung des neuen Hochschultyps in Verbindung gesetzt wurden. Allerdings fehlen geschichtswissenschaftliche Untersu-

---

2 Moraw, Peter: Gesammelte Beiträge zur deutschen und europäischen Universitätsgeschichte. Strukturen, Personen, Entwicklungen. Leiden 2008.

3 Barth, Ferdinand (Hrsg.): Impulse zur Gestaltung des sozialen Lebens. Festschrift zum 75. Geburtstag von Waldtraut Krützfeldt-Eckhard. Darmstadt 1988 (Schritte 1988:3); Barth, Zukunft (wie Anm. 1); Buttler, Gottfried: Vorwort. In: Studium und Praxis. Beiträge aus der Arbeit der Evangelischen Fachhochschule Darmstadt (1977). S. 7–11; siehe von Buttler in dieser Ausgabe der Zeitschrift auch die folgende Widmung auf dem Schmutztitel: „Aus Anlaß des Rückblicks auf 50 Jahre kirchlich verantworteter Ausbildung für Soziale Arbeit in Darmstadt (1927–1977)"; Buttler, Gottfried u. Christa-Esther Serr (Hrsg.): Lernen helfen – helfen leben. 1929–1949–1979. Jubiläum an der Evangelischen Fachhochschule Darmstadt. Darmstadt 1979; Evangelische Fachhochschule Darmstadt (Hrsg.): Die Evangelische Fachhochschule Darmstadt. Äußerungen zu ihrer Begründung, ihrer Zielsetzung und ihren Problemen in den Jahren 1970 bis 1979. Zum 60. Geburtstag des Kirchenpräsidenten. Darmstadt 1981; Suin de Boutemard, Bernhard (Hrsg.): Zehn Jahre nach der Gründung der Evangelischen Fachhochschule Darmstadt. Jahresbericht des Rektors 1981/82. Darmstadt 1982.

4 Zimmermann, Dieter: [Begrüßung. Teil 2]. Dekan des Fachbereichs Sozialarbeit. In: Barth, Zukunft (wie Anm. 1). S. 11–13, hier S. 11.

chungen für die Fachhochschulen weitestgehend. Für die evangelischen Fachhochschulen gibt es einen Aufsatz von Katharina Kunter, der jedoch vor allem beschreibt, wie die evangelischen Landeskirchen in Deutschland zu Trägern von wissenschaftlichen Ausbildungsstätten wurden.[5] Dabei fallen die Gründungen sowohl in die Boomphase der Hochschulreform wie auch in die Zeit des Ausbaus des Sozialstaats. Im Folgenden wird betrachtet, wie die Evangelische Fachhochschule Darmstadt sich nach dem Ende der Ausbaueuphorie ihrer Identität und Funktion vergewisserte.

Zunächst wird der politische Entstehungskontext der kirchlichen Fachhochschule Darmstadt näher erläutert. Anschließend werden die Gedenkanlässe und ihre Umsetzung an der EFHD analysiert und die unterschiedlichen Traditionslinien der Vorgängereinrichtungen vorgestellt. Darauf folgt der Vergleich der Gedenkpraxis des Darmstädter Fallbeispiels mit den anderen hessischen, weiteren kirchlichen und mit sozialwissenschaftlichen Fachhochschulen, um typische und atypische Aspekte voneinander unterscheiden zu können. Dies erlaubt es, abschließend die Funktion der Festschriften an der Evangelischen Fachhochschule Darmstadt genauer zu bestimmen.

Der politische Entstehungskontext der kirchlichen Fachhochschule

Als am 15. Juli 1970 im Hessischen Landtag ein Fachhochschulgesetz verabschiedet wurde, stand fest, dass sogenannte private Ersatzschulen wie die Höhere Fachschule für Sozialarbeit des Hessischen Diakonievereins ab August 1971 ihre Zulassung verlieren würden.[6] In Darmstadt existierten damals drei Höhere Fachschulen in Trägerschaft von diakonischen Einrichtungen. Alle drei Schulen waren durch das neue Gesetz in ihrer Existenz bedroht. Die zuständige Landeskirche und die Diakonie befürworteten eine Akademisierung der Ausbildung für

---

5 Kunter, Katharina: Neuaufbruch im Zeichen der Bildungsexpansion. Die Gründung der evangelischen Fachhochschulen. In: Abschied von der konfessionellen Identität? Diakonie und Caritas in der Modernisierung des deutschen Sozialstaats seit den sechziger Jahren. Hrsg. von Andreas Henkelmann [u. a.]. Stuttgart 2012. S. 106 – 127; Kehlbreier, Dietmar: Öffentliche Diakonie. Wandlungen im kirchlich-diakonischen Selbstverständnis in der Bundesrepublik der 1960er- und 1970er-Jahre. Leipzig 2009.
6 Hessisches Kultusministerium: Gesetz über die Fachhochschulen im Lande Hessen (Fachhochschulgesetz). FHG. 1970 (23).

den sozialen Bereich.[7] Diese Zielsetzung war eng mit Reformen im Sozialbereich verbunden, da diese neue Anforderungen an die Fachkräfte und deren Ausbildung stellten.[8] Die Verabschiedung des Bundessozialhilfegesetzes im Jahr 1961 hatte nicht nur eine Umstrukturierung der öffentlichen Diakonie zu Folge. Der Wandel von einem Fürsorge- zu einem Sozialhilfesystem erforderte auch andere Qualifikationen von den Fachkräften. Die Evangelische Kirche in Deutschland (EKD) attestierte dazu 1972: „Ein neues Selbstverständnis von Sozialarbeit im Sozialstaat hat sich gebildet."[9] Doch für eine Akademisierung der Fachschulen setzten sich zunächst vor allem die Ingenieursschulen beziehungsweise deren Studierende ein, während sich die Sozialschulen noch an die Ausbildungsreform Anfang der 1960er Jahre anpassten.[10] Die Sozialschulen schlossen sich den Forderungen nach einer Aufwertung nur langsam an. Eine Studentin der Höheren Fachschule für Sozialarbeit des Hessischen Diakonievereins beschrieb das im Jahr 1968 als „Dornröschenschlaf".[11]

---

7 Kirchensynode der EKHN (Hrsg.): Verhandlungen der Kirchensynode der Evangelischen Kirche in Hessen und Nassau. Vierte Kirchensynode. 8. Tagung 1970. Darmstadt 1970.

8 Hierzu besonders Föcking, Friederike: Fürsorge im Wirtschaftsboom. Die Entstehung des Bundessozialhilfegesetzes von 1961. Berlin 2009 (Studien zur Zeitgeschichte 73); Haunschild, Meike: „Elend im Wunderland". Armutsvorstellungen und soziale Arbeit in der Bundesrepublik 1955–1975. Baden-Baden 2018; Kehlbreier, Öffentliche Diakonie (wie Anm. 5).

9 Grimme, Gertrude u. Albrecht Müller-Schöll: Zur Entwicklung der Evangelischen Fachhochschulen. Ergebnisse der Beratung einer vom Rat der EKiD eingesetzten Kommission für Fachhochschulplanung. In: Sozialpädagogik. Zeitschrift für Mitarbeiter 14 (1972). S. 97–149, hier S. 97.

10 Zu den Triebkräften siehe Rudloff, Wilfried: Die Gründerjahre des bundesdeutschen Hochschulwesens. Leitbilder neuer Hochschulen zwischen Wissenschaftspolitik, Studienreform und Gesellschaftspolitik. In: Zwischen Idee und Zweckorientierung. Vorbilder und Motive von Hochschulreformen seit 1945. Hrsg. von Andreas Franzmann. Berlin 2007. S. 77–101, hier S. 78; CHE Centrum für Hochschulentwicklung (Hrsg.): 50 Jahre Hochschulen für angewandte Wissenschaften. Festschrift. Gütersloh 2019. S. 8–9; Mayer, Werner: Bildungspotential für den wirtschaftlichen und sozialen Wandel. Die Entstehung des Hochschultyps „Fachhochschule" in Nordrhein-Westfalen 1965–1971. Essen 1997 (Düsseldorfer Schriften zur neueren Landesgeschichte und zur Geschichte Nordrhein-Westfalens 48); in Darmstadt erhielt die Schule des Hessischen Diakonievereins erst fünf Jahre nach der Ausbildungsreform die Anerkennung als Privatschule und konnte sich ab Juni 1967 als Höhere Fachschule für Sozialarbeit bezeichnen, bevor man im folgenden Jahr in ein neues Gebäude umzog, das genügend Raum für das seit 1960 geltende dreistufige Kurssystem bot. Die Bibelschule des Elisabethenstifts wurde im Jahr 1968 zur Höheren Fachschule und mit dem Aufbau einer Höheren Fachschule für Sozialpädagogik begann das Elisabethenstift im Herbst 1969, als die Einführung der Fachhochschulen bereits beschlossen war.

11 Hechler, Ursula: „Unruhe". In: Darmstädter Rundbrief 6 (1968). S. 24–26, hier S. 25.

Als dann der „Gründungsboom"[12] im Rahmen der westdeutschen Hochschulreform einsetzte, berief der Rat der Evangelischen Kirche in Deutschland im Januar 1970 eine Kommission zur Konzeption kirchlicher Fachhochschulen.[13] In Darmstadt hatten Landeskirche und Höhere Fachschulen im Jahr 1969 begonnen, die Möglichkeiten einer Fachhochschulgründung auszuloten.[14] Doch obwohl mit Pfarrer Gottfried Buttler (1930 – 2007) und mit Bernd Haedrich (1930 – 2018) gleich zwei Lehrende der neuen kirchlichen Fachhochschule in Darmstadt an der Kommission beteiligt waren, wurde dort, anders als in der Strukturplanung der EKD empfohlen, die Sozialarbeit und die Sozialpädagogik nicht in einem Fachbereich Sozialwesen zusammengefasst.[15] Die Gliederung der Höheren Fachschulen blieb unberührt, und so wurde aus der Höheren Fachschule für Sozialarbeit des Hessischen Diakonievereins der Fachbereich I: Sozialarbeit. Die beiden Schulen des Elisabethenstifts, die Höhere Fachschule für kirchliche und religionspädagogische Dienste und die Höhere Fachschule für Sozialpädagogik bildeten die Fachbereiche II: Sozialpädagogik und III: Kirchliche Gemeindepraxis.[16]

Die in Darmstadt ansässige Evangelische Kirche in Hessen und Nassau (EKHN) hatte offenbar weder eine Zusammenlegung der ihr unterstellten Höheren Fachschulen mit der örtlichen staatlichen Höheren Fachschule für Sozialpädagogische Berufe in der neuen staatlichen Fachhochschule Darmstadt noch die Restrukturierung der Fächer erwogen. Die EKHN übernahm die Trägerschaft und überführte die kirchlichen Höheren Fachschulen in den tertiären Bildungsbereich, behielt aber die Struktur der Schulen im Wesentlichen bei. Dies begünstigte es, dass die Fachbereiche sich stark auf ihre eigenen Traditionen und Werte konzentrieren konnten.

Die Darmstädter Schulen bemühten sich nicht um die Aufwertung der Ausbildung. So ließ sich die Direktorin der Höheren Fachschule für Sozialarbeit, Waldtraut Krützfeldt-Eckhard (1913 – 2014), anstatt sich an der Konzeption der kirchlichen Fachhochschulen zu beteiligen, in der Kommission der EKD meist von

---

12 Rudloff, Gründerjahre (wie Anm. 10).

13 Evangelisches Zentralarchiv (EZA), Kirchliche Fachhochschulen 1970 – 1973, EZA 87/1224: Stellungnahme des Rates der EKD zur Notwendigkeit kirchlicher Fachhochschulen vom 23.4.1970; dazu auch Grimme/Müller-Schöll, Entwicklung (wie Anm. 9), S. 97.

14 Zentralarchiv der Evangelischen Kirche in Hessen und Nassau (ZA EKHN), Best. 155, Nr. 3033: Brief an die Mitglieder des Kuratoriums der Höheren Fachschule für Sozialarbeit vom 17.3.1969; vgl. den Beitrag von Edith Glaser und Alexander Kather in diesem Band.

15 Grimme/Müller-Schöll, Entwicklung (wie Anm. 9), S. 126 – 127.

16 Zusätzlich wurde ein Fachbereich IV: Sozial- und Kulturwissenschaft eingerichtet, da dieser im hessischen Fachhochschulgesetz vorgesehen war. Studierende nahm der Fachbereich IV aber nicht auf.

ihrem Stellvertreter Bernd Haedrich vertreten.[17] Krützfeldt-Eckhard kann nicht als Fürsprecherin der Fachhochschulgründung gelten, dennoch wurde sie 1971 die erste Rektorin der kirchlichen Fachhochschule und hatte dieses Amt während zweier Amtszeiten inne.[18] Die Kontinuitäten waren sehr unterschiedlich über die Fachbereiche verteilt, da die neue Fachhochschule am Standort der Höheren Fachschule für Sozialarbeit angesiedelt war und auch deren Personal mehrheitlich übernahm, während für die anderen beiden Fachbereiche überwiegend neues Personal eingestellt werden musste.

Gedenkanlässe und sie begleitende Festakte und Publikationen in den 1970ern

Die sechs Festschriften weisen unterschiedliche Entstehungskontexte und Traditionsbezüge auf und auch die sie begleitenden Feierlichkeiten und Presseberichte unterlagen dem Wandel. Während die Schulen vorher ihre Jubiläen mit Veranstaltungen gefeiert hatten und diese Jubiläumsaktivitäten in den Mitarbeiterzeitschriften oder Jahresberichten ihrer Trägerinstitutionen gewürdigt worden waren, entwickelte die neue Hochschule nun eine eigene Kultur der Gedenkschriften.

Nach zwei Amtszeiten der ersten Rektorin Waldtraut Krützfeldt-Eckhard hätte eigentlich, im Sommer 1976, die Amtsübergabe erfolgen sollen. Doch die Wahl einer Nachfolge hatte aufgrund von Konflikten zwischen den Gremien der Fachhochschule und dem Kuratorium nicht rechtzeitig stattfinden können, sodass die Rektoratsübergabe nicht zum Wintersemester erfolgen konnte. Stattdessen fand dieser Festakt erst zum 63. Geburtstag der scheidenden Rektorin eine Woche vor Weihnachten 1976 statt.[19] Diese Amtsübergabe wurde zum Anlass einer ersten Schrift, die einen feierlich-historischen Rückblick anstimmte. Denn der neue Rektor Gottfried Buttler widmete seiner Vorgängerin die erste Nummer der neuen an der Hochschule verlegten Zeitschrift *Studium und Praxis. Beiträge aus der Arbeit der Evangelischen Fachhochschule.* Den Schmutztitel der Zeitschrift zierte die Widmung „Aus Anlaß des Rückblicks auf 50 Jahre kirchlich verantworteter

---

17 Evangelisches Zentralarchiv (EZA), Kirchliche Fachhochschulen 1970 – 1973, EZA 87/1224: Stellungnahme des Rates der EKD zur Notwendigkeit kirchlicher Fachhochschulen vom 23.4.1970.
18 O.V.: Kirchliche Fachhochschule. Am Montag beginnen die Vorlesungen. In: Darmstädter Echo (9.10.1971). S. 9; o.V.: Die Fachhochschule und das Recht der Kirche. Grundsatzerklärung bei der Rektoratsübergabe der EFHD an Gottfried Buttler. In: Darmstädter Echo (18.12.1976). S. 6.
19 O.V., Fachhochschule und das Recht (wie Anm. 18).

Ausbildung für Soziale Arbeit in Darmstadt (1927–1977) Frau Dr. phil. Waldtraut Krützfeldt-Eckhard Gründungsrektorin der Evangelischen Fachhochschule Darmstadt, die mehr als die Hälfte dieser Zeit diese Ausbildung in leitender Position bestimmte, mit Dank zugeeignet."[20]

Neben der erstmaligen Bezeichnung der Pensionärin als Gründungsrektorin nimmt diese Datierung Bezug auf die Eröffnung der Wohlfahrts- und Pfarrgehilfinnenschule im Jahr 1927 durch den Hessischen Diakonieverein.[21] Diese Vorgängereinrichtung des Fachbereichs Sozialarbeit war sehr eng mit der Biografie von Krützfeldt-Eckhard verknüpft, da sie die Schule von 1935 bis 1937 selbst besucht und nach der Wiedereröffnung ab 1950 die Leitung übernommen hatte.[22] Inhaltlich wurde dieser historische Bezug im Heft jedoch nicht vertieft, sondern Rektor Buttler erklärte im Vorwort nur knapp, die Fachhochschule bemühe sich, „unter veränderten gesellschaftlichen wie bildungspolitischen Bedingungen in der Tradition der bisherigen Ausbildung für den sozialen Bereich und den kirchlichen Dienst, wie sie in Darmstadt vor 50 Jahren" begonnen habe, [23] Studium und Praxis zu verbinden.

Obwohl die Zeitschrift als wissenschaftliche Publikation konzipiert war und damit ein Novum an der jungen Fachhochschule darstellte, schufen Widmung und Vorwort des Rektors einen doppelten Rückbezug – zum einen auf die Vorgängereinrichtung des Fachbereichs Sozialarbeit, zum anderen auf die Person der ehemaligen Direktorin und späteren Gründungsrektorin. Der Rektor betonte hier also nicht den Reformcharakter der Hochschulgründung, sondern verwies auf die Tradition einer der Vorgängereinrichtungen.

Darüber hinaus ermöglichte es die Widmung, auf die Tradition der kirchlichen Förderung hinzuweisen, was wohl in Anbetracht der anhaltenden Konflikte innerhalb der Hochschule und mit der Landeskirche der Rückversicherung diente. Die erste Schließungsforderung wurde bereits auf der Kirchensynode im Jahr 1972 erhoben und in den folgenden Jahren war die EFHD kontinuierlich wegen Protesten in den Schlagzeilen gewesen.[24] Die Kritik von Studierenden und

---

20 Siehe dazu die Ausführungen zu Buttlers Widmung in Anm. 3.

21 Guyot, Paul Daniel: Jubiläumsbericht des Hess. Diakonie-Vereins aus Anlaß seines 25jährigen Bestehens. 13. Juni 1906 bis 13. Juni 1931. 25 Jahre Hessischer Diakonieverein. In: 25 Jahre Hessischer Diakonieverein. 1906/1931. Hrsg. von Paul Daniel Guyot. Darmstadt 1931. S. 1–12, hier S. 7.

22 Krützfeldt-Eckhard, Waldtraut: Vierzig Jahre in der sozialen Ausbildung. In: Buttler/Serr, Lernen (wie Anm. 3). S. 14–16.

23 Buttler, Vorwort (wie Anm. 3), hier S. 7.

24 O.V.: Der Konflikt schwelt weiter. Gottfried Buttler ist neuer Fachhochschul-Rektor. In: Darmstädter Echo (16.11.1976); o.V.: Protest an die Tür 'genagelt'. Breite Unterstützung für demonstrierende EFHD-Studenten. In: Darmstädter Tagblatt (18.11.1976); o.V.: 'Vertrauensverhältnis weiterhin gestört'. Kirchenpräsident und EFHD-Rektor antworten Studenten. In: Darmstädter

auch von Dozierenden am kirchlichen Einfluss auf die Hochschule riss in den 1970er Jahren nicht ab. Im Sommer des Jahres 1976 führten die Auseinandersetzungen gar zur Entlassung zweier Lehrkräfte, denen Illoyalität gegenüber der Trägerschaft vorgeworfen wurde. Die Studierenden reagierten mit weiteren Streikmaßnahmen und hielten die Forderung nach einer Halbparität in den Entscheidungsgremien der EFHD aufrecht.[25] Die Rektorin selbst hatte am Tag ihres Abschieds einen Spießrutenlauf durch protestierende Studierende absolvieren müssen.[26] So scheint es, als hätte Rektor Buttler gehofft, mit der Widmung die aufgebrachten Gemüter der letzten Jahre zu beschwichtigen.

Nur zwei Jahre später, im Jahr 1979, nahm die Fachhochschule mit einer Festschrift des Rektors und mehrtägigen Feierlichkeiten gleich auf zwei Jahrestage Bezug, zum einen auf 50 Jahre staatliche Anerkennung der Wohlfahrtsschule, zum anderen auf 30 Jahre Bibelschule. Dies schlug sich im Festschrifttitel *Lernen helfen – helfen leben. 1929–1949–1979* nieder.[27] Nach dem Gedenken an die Eröffnung der Wohlfahrtsschule griff Gottfried Buttler nun die im Jahr 1929 erfolgte staatliche Anerkennung auf.[28] Buttler koppelte das Jubiläum aus der Traditionslinie des Fachbereichs Sozialarbeit mit dem Gedenken an die Gründung der Bibelschule des Elisabethenstifts im Jahr 1949.[29] Doch während aus der 50-jährigen Geschichte der Sozialschule gleich 18 Beiträge von Ehemaligen aus den unterschiedlichen Schulen abgedruckt wurden, wurde nur ein Beitrag einer Absolventin der Bibelschule wiedergegeben.

Den Auftakt der Festschrift bildete dabei ein Artikel der Gründungsrektorin zur Geschichte der Sozialschule.[30] Krützfeldt-Eckhard schilderte weniger persönliche Erinnerungen, sondern rückte vielmehr die Geschichte der Sozialschule

---

Echo (20.4.1977); o.V.: Kirchliche Fachhochschule gefährdet? Erklärung und Gegenerklärung zur Tagung der Synode. In: Darmstädter Echo (1.7.1972); o.V.: Die Studienplätze bleiben knapp. Evangelische Fachhochschule Darmstadt sucht einen Weg aus den Schwierigkeiten. In: Frankfurter Allgemeine Zeitung (18.8.1976); frühere Beispiele: o.V.: Die Kirche diktiert nach undemokratischen Satzungen. In: Darmstädter Echo (12.5.1972). S. 10.
25 O.V.: „Auf Sachfragen nicht eingegangen". Sozialarbeit-Studenten: Die Kirche manipuliert. In: Darmstädter Echo (10.12.1976); o.V.: Leserbrief: Eine umstrittene „Tendenzschule". In: Darmstädter Echo (2.9.1976); o.V.: Kündigung zurücknehmen. Evangelisches Forum zum Streit an der Fachhochschule. In: Darmstädter Echo (20.10.1976).
26 O.V., Fachhochschule und das Recht (wie Anm. 18).
27 Buttler/Serr, Lernen (wie Anm. 3).
28 Reinicke, Peter: Die Ausbildungsstätten der sozialen Arbeit in Deutschland 1899–1945. Freiburg im Breisgau 2012 (Deutscher Verein für Öffentliche und Private Fürsorge 51). S. 196–198.
29 Barth, Ferdinand: „…. der wird auch Wege finden …". 50 Jahre gemeindepädagogische Ausbildung in Darmstadt. In: Bildung und Diakonie. Festschrift für Ernst-Ludwig Spitzner zum 60. Geburtstag. Hrsg. von Ferdinand Barth u. Gottfried Buttler. Darmstadt 2000. S. 165–177.
30 Krützfeldt-Eckhard, Vierzig Jahre (wie Anm. 22).

und ihr eigenes Wirken darin in den Mittelpunkt. So wurde in dieser auf die Institution ausgerichteten Jubiläumsschrift erneut der Sozialschule besonders viel Raum gegeben, während der zweite Jubilar, die Bibelschule, kaum in Erscheinung trat. Die Veränderungen durch die Hochschulreform wurden durch die nicht chronologische Anordnung der Alumni-Berichte ebenfalls kaum greifbar, und der Rektor referierte in seiner Einleitung lediglich das Ringen um die Rechtsform der kirchlichen Fachhochschule und die damals aktuelle Struktur. Dass man im Jahr 1979 auch auf 70 Jahre Eröffnung des Gemeindepflegeseminars unter Leitung der Oberin Helene von Dungern (1865 – 1935) hätte zurückblicken können, wurde in der Festschrift nicht erwähnt.[31] Während dies der Fachhochschule offenbar keine Erinnerung wert war, verwies die *Frankfurter Allgemeine Zeitung* (FAZ) auf diesen weiteren Gedenkanlass. Daneben gab der FAZ-Artikel einen Ausblick auf die geplanten Veranstaltungen mit historischer Ausstellung, zweitägiger Jubiläumsfeier und Fachvorträgen.[32] So wurde zwar die Traditionslinie der Sozialschule besonders hervorgehoben und in den Rang der für die Fachhochschule zentralen Kontinuitätslinie erhoben. Weshalb allerdings die Möglichkeit, die Traditionslinie in die erste Gründungsphase der Sozialschulen vor dem Ersten Weltkrieg zu verlängern, nicht genutzt wurde, muss offenbleiben. Möglicherweise lässt sich die Konzentration auf die Wohlfahrtsschule mit dem Gedenken an die Gründung und staatliche Anerkennung in der engen persönlichen Verbindung zur ersten Rektorin begründen.

Während die Festschrift die Rückschau vor allem über die individuellen Erinnerungen von Ehemaligen abdeckte, kamen die gegenwärtigen Studierenden in der Festschrift nicht vor. Für die mehrtägige Jubiläumsfeier, bei der die Festschrift vorgestellt werden sollte, planten die Studierenden denn auch eine alternative Ausstellung. Der „studentische Jubelausschuß" schrieb dazu: „Das Jubiläum ist für uns nicht Anlaß, die positiven Seiten an dieser Fachhochschule aufzuzeigen, sondern die Probleme und Konflikte der Studentenschaft mit der Hochschulleitung, Kirchenleitung sowie dem Kultusministerium beim Namen zu nennen."[33]

---

31 Bestand der Evangelischen Hochschule Darmstadt, 0005.01 HDV: Vorschläge zur Einrichtung des künftigen Gemeindepflege-Seminars des Hessischen Diakonievereins, o. J. [1908]; Guyot, Paul Daniel (Hrsg.): 25 Jahre Hessischer Diakonieverein. 1906/1931. Darmstadt 1931; Guyot, Paul Daniel: Neue Wege in der Diakonie. Fünfzig Jahre Hessischer Diakonieverein e.V. 1906 – 1956. Ein Bericht. Darmstadt 1956.

32 O.V.: Nach dem Krieg die ersten männlichen Studierenden. Evangelische Fachhochschule begeht Jubiläum / 'Bibelschule' und 'Wohlfahrtsschule' als Vorgänger. In: Frankfurter Allgemeine Zeitung (28. 8. 1979).

33 Bestand der Evangelischen Hochschule Darmstadt, 0010.01 Jubiläen: Flugblatt: Jubiläumsfest 22. – 24.10.1979.

Nach Zeitungsberichten äußerten die Studierenden während der Feierlichkeiten auch Kritik an den Studienbedingungen und an der Praxiserfahrung der Dozentenschaft.[34] Einen Monat später kam es sogar zu einem Unterrichtsboykott.[35] Das Jubiläum war nicht der Auslöser für die studentischen Proteste, es bot ihnen jedoch eine Bühne, um ihre Kritik an der Leitung öffentlichkeitswirksam auszudrücken. Die Studierenden wandten sich gegen ein „Friede-Freude-Eierkuchen-Fest".[36] Trotz solcher Dissonanzen feierte die EFHD mit ihrer Festschrift, einem Besuch des Kultusministers Hans Krollmann (1929–2016) sowie des Kirchenpräsidenten. Die Hochschulleitung maß den Feierlichkeiten offenbar derart viel Bedeutung zu, dass sie in der angespannten Situation nicht auf eine Feier verzichtete. Äußerungen des Kirchenpräsidenten lassen annehmen, dass Rektorat und Kirchenleitung inzwischen schon so sehr an die Proteste der Studierenden gewöhnt waren, dass sie diese einfach einkalkulierten.[37] Eine beschwichtigende oder gar einende Wirkung hatte so weder die Feier noch die Festschrift. Doch anders als die ephemeren Praktiken der Studierenden verfestigte die Festschrift den Eindruck einer langen und positiven Verflechtung von Einrichtung und kirchlicher Trägerschaft.

Nach diesem institutionellen Jubiläum veröffentlichte die Fachhochschule, erneut im Eigenverlag, eine Festschrift zum 60. Geburtstag des Darmstädter Kirchenpräsidenten Helmut Hild (1921–1999).[38] Der Band versammelte Hilds Reden zur Evangelischen Fachhochschule. Diese reichten von der Begründung dafür, weshalb die Evangelische Kirche in Hessen und Nassau eine eigene Fachhochschule benötige, über die Verteidigung der Hochschule gegen erste Schließungsforderungen durch die Synode bis zur Festrede zum Jubiläum 1979. So stand in dieser vermeintlich für den Kirchenpräsidenten erstellten Festschrift erneut die Fachhochschule im Zentrum.

---

34 O.V.: EFHD konnte zwei Jubiläen begehen. Kirchenpräsident Hild: Sozialer Beruf ist Entscheidung für Arbeit am Menschen. In: Weg und Wahrheit (26.10.1979).

35 O.V.: Eine Woche keine Vorlesungen. Fachhochschule: Befristeter Unterrichtsboykott. In: Darmstädter Echo (29.11.1979); vgl. den Beitrag von Gunnar B. Zimmermann in diesem Band.

36 O.V.: Christliche Motive für soziale Arbeit. Studenten-Demonstration zum Jubiläum der Evangelischen Fachhochschule Darmstadt. In: Darmstädter Echo (23.10.1979); o.V.: „Zum Festakt weiß geschminkte Demonstranten. Beschwerde über Hochschulgesetzgebung und die eigene Fachhochschule/Keine lästige Konkurrenz". In: Frankfurter Allgemeine Zeitung (23.10.1979).

37 O.V.: Hild warnt vor Vereinfachern. Studentenprotest zum Jubiläum der Fachhochschule. In: Frankfurter Rundschau (24.10.1979).

38 Evangelische Fachhochschule Darmstadt, Die Evangelische Fachhochschule (wie Anm. 3).

Eine Standortbestimmung und die Festpraxis in den 1980ern

Einen ersten Rückblick auf die neue Institution warf Rektor Bernhard Suin de Boutemard (1930 – 2005) in seinem mit *Zehn Jahre danach. Eine Standortbestimmung* überschriebenem Jahresbericht zum Studienjahr 1981/82.[39] Zwar verwies er auf Themen wie die Einführung der akademischen Selbstverwaltung nach der Gründung und die damit verbundenen Anpassungsschwierigkeiten und „Eruptionen". Auf deren Ursprung in Zielkonflikten mit der Kirchenleitung und zwischen Hochschulgremien und Kuratorium ging er jedoch nicht ein.[40] Stattdessen plädierte der Rektor dafür, verlorene Traditionslinien zu den „sozialen und kirchlichen Frauenberufen" wieder aufzugreifen, um so auch Antworten auf „bestimmte Legitimationsdefizite zu haben", mit denen die Fachhochschule konfrontiert werde.[41] So wurde auch mit diesem Erinnerungsakt vor allem auf Konflikte seit der Gründung der Fachhochschule hingewiesen, ohne gleichzeitig Lösungen und Perspektiven für die Zukunft aufzuzeigen. Insgesamt erscheint es auch hier, als würde keine Auseinandersetzung mit dem neuen Hochschultyp stattfinden. Die Aufwertung hatte viele Veränderungen mit sich gebracht, die zu den kontinuierlich beklagten Auseinandersetzungen geführt hatten.

Im Jahr 1987 beging die Fachhochschule dann einen Festakt zu 60 Jahren kirchlicher Ausbildung für soziale Berufe, die Dokumentation dazu erschien als Festschrift im folgenden Jahr.[42] Bei diesem Jubiläum wurde, wie bereits 1977, auf das Jahr 1927 als Gründungsdatum der Wohlfahrtsschule als Ursprung des Fachbereichs Sozialarbeit Bezug genommen. Zwar ging der Dekan des Fachbereichs Sozialarbeit Dieter Zimmermann in seiner Begrüßung auf die Inkonsistenz der Datierungen ein. Seine eingangs dieses Artikels bereits geschilderten Ausführungen machen deutlich, dass für ihn die staatliche Anerkennung nicht dieselbe Bedeutung wie die Eröffnung der Wohlfahrtsschule hatte. Anscheinend wollte man sich das Jubiläum auch nicht mit dem kleinen Fachbereich für kirchliche Gemeindepraxis teilen. Daneben ging Zimmermann kurz darauf ein, dass die Feierlichkeiten „mitten im Semester [...] keineswegs die ungeteilte Zustimmung aller Mitglieder"[43] der Fachhochschule gefunden hätten. Dass dies aber nicht nur terminliche, sondern auch inhaltliche Gründe haben mochte, erwähnte

---

39 Suin de Boutemard, Zehn Jahre (wie Anm. 3).

40 Suin de Boutemard, Zehn Jahre (wie Anm. 3), S. 11.

41 Suin de Boutemard, Zehn Jahre (wie Anm. 3), S. 12.

42 Barth, Zukunft (wie Anm. 1).

43 Zimmermann, Dieter: [Begrüßung. Teil 1]. In: Barth, Zukunft (wie Anm. 1), S. 7–8, hier S. 7.

der Dekan nicht. Dabei wurde für das Jubiläum des Fachbereichs der Vorlesungsbetrieb der gesamten Fachhochschule unterbrochen. Für Außenstehende musste es so wirken, als würde hier das Jubiläum einer *Hochschule* gefeiert, wenn selbst der für Hochschulen zuständige hessische Staatssekretär in seiner Ansprache (rhetorisch) fragte, was er „bei der Jubiläumsfeier einer kirchlichen Fachhochschule zu suchen" habe.[44] Feierlichkeiten und Festschrift drückten das Selbstverständnis des Fachbereichs Sozialarbeit aus, für die gesamte Hochschule von zentraler Bedeutung zu sein.

Die Festschrift erschien in der neuen, selbst verlegten Reihe der Fachhochschule und dokumentierte die Feierlichkeiten sehr genau. Neben den Ansprachen gab sie die Aufführungen der Praxisstellen, die Fachvorträge und selbst die Podiumsdiskussion wieder. Ein weiteres Kapitel enthält einen Rückblick auf die Ausbildung in der Sozialen Arbeit. Dieser beschäftigte sich recht allgemein mit der Vergangenheit der Sozialen Arbeit nach 1927 und weniger mit der Situation in Darmstadt.[45] Das Jubiläum diente, so legen es die vorliegenden Texte nahe, vor allem der Reflexion über die Gegenwart und die Zukunft der Sozialen Arbeit. Wobei auch hier (wie in der Festschrift im Jahr 1979) die Mehrheit der Beiträge nicht von Lehrenden der Fachhochschule, sondern von Ehemaligen beziehungsweise Praxisvertreter*innen stammte. Beide Festschriften erscheinen so eher als Form allgemeiner Reminiszenz und dienten nicht dazu, die Leistungsfähigkeit der Fachhochschule als wissenschaftlicher Einrichtung darzustellen oder zu verdeutlichen, welchen konkreten Beitrag die Fachhochschule für soziale Veränderungen leisten könne.

Im Jahre 1988 verstärkte die Hochschulleitung den Eindruck, für sie sei die Geschichte des Fachbereichs Sozialarbeit synonym mit der der Fachhochschule insgesamt, indem sie eine Festschrift zum 75. Geburtstag der Gründungsrektorin veröffentlichte.[46] Doch anders als bei der Festschrift für den amtierenden Kirchenpräsidenten wurden hier keine ausgewählten Schriften oder Reden der Jubilarin abgedruckt. Auch war es keine Festgabe von Weggefährt*innen und Kolleg*innen zu einem der Jubilarin wichtigen Thema. Viel mehr verfassten Professorinnen und Professoren der Evangelischen Fachhochschule Aufsätze aus ihren eigenen Interessengebieten. Dabei nahmen einzelne Beiträge Bezug zur Hochschule und der Jubilarin, doch diese Bezugnahme geschah nicht systema-

---

44 Barth, Zukunft (wie Anm. 1). S. 63–68, S. 63.
45 Wieler, Joachim: „Zwischen Berg und tiefem, tiefem Tal …". Stationen in Ausbildung und Praxis der sozialen Arbeit seit 1927. In: Barth, Zukunft (wie Anm. 1). S. 39–58.
46 Barth, Impulse (wie Anm. 3).

tisch.[47] Die akademische Gepflogenheit der Festschrift wurde zwar auch hier der Form nach aufgegriffen, aber wieder eigenwillig umgesetzt. Eine Ursache für die ausgebliebene Darstellung der akademischen Verdienste der promovierten und habilitierten Erziehungswissenschaftlerin Waldtraut Krützfeldt-Eckhard mag in ihrer nationalsozialistischen Vergangenheit begründet liegen, mit der man sich nicht auseinandersetzen wollte.[48] Bis heute werden an der Hochschule ihr Engagement für den Nationalsozialismus und ihre völkischen Schriften zugunsten einer Professionalisierungs- und Emanzipationserzählung bagatellisiert.[49]

Für die Feierlichkeiten im Jahr 1988, und damit zum Geburtstag der ehemaligen Rektorin und nicht zum Gedenken an die Schulgründung, erstellte man an der EFHD eine Liste der Absolventinnen und Absolventen.[50] Auch hier lag der Schwerpunkt auf dem Fachbereich Sozialarbeit, da für diesen die Examen von 1929 – 1988 erfasst wurden, während für die anderen beiden Fachbereiche nur die Alumni ab 1970 recherchiert und angeschrieben wurden. Durch die Einbeziehung

---

47 Neben dem Vorwort des amtierenden Rektors Ferdinand Barth vor allem Nolterieke, Gertrud: Lernort sozialpädagogische Fachhochschule. Chancen für berufliche Identitätsentwicklung von Studentinnen? In: Barth, Impulse (wie Anm. 3), S. 7 – 36 und Wieler, Joachim: Brücken zwischen gestern und morgen. In: Barth, Impulse (wie Anm. 3), S. 196 – 205.

48 Krützfeldt-Eckhards nationalsozialistische Vergangenheit war spätestens seit Brumlik erziehungswissenschaftlich dokumentiert; siehe Brumlik, Micha: Erziehungswissenschaftliche Dissertationen an der Universität Heidelberg. In: Auch eine Geschichte der Universität Heidelberg. Hrsg. von Karin Buselmeier, Dietrich Harth u. Christian Jansen. Mannheim 1985. S. 347 – 362. Darauf folgten: Manns, Haide: Frauen für den Nationalsozialismus. Nationalsozialistische Studentinnen und Akademikerinnen in der Weimarer Republik und im Dritten Reich. Opladen 1997; Klausnitzer, Ralf: Blaue Blume unterm Hakenkreuz. Die Rezeption der deutschen literarischen Romantik im Dritten Reich. Paderborn 1999; Horn, Klaus-Peter: Erziehungswissenschaft in Deutschland im 20. Jahrhundert. Zur Entwicklung der sozialen und fachlichen Struktur der Disziplin von der Erstinstitutionalisierung bis zur Expansion. Bad Heilbrunn 2003. S. 219; Tilitzki, Christian: Die deutsche Universitätsphilosophie in der Weimarer Republik und im Dritten Reich. Berlin 2002. S. 911.

49 Schimpf, Elke u. Birgit Bender-Junker: Von der Volkspflegerin zur Weltanschauungswissenschaftlerin und „idealen Dozentin" für Sozialschulen. Bildungsbiografische und fachliche Verortungen der Gründungsrektorin der Evangelischen Hochschule Darmstadt vor und nach 1945. In: Von der paternalistischen Fürsorge zu Partizipation und Agency. Der gesellschaftliche Wandel im Spiegel der Sozialen Arbeit und der Sozialpädagogik. Hrsg. von Susanne Businger u. Martin Biebricher. Zürich 2020. S. 17 – 31; Rahn, Volker: „Pionierin und Impulsgeberin der Pädagogik". https://unsere.ekhn.de/detail-unsere-home/news/pionierin-und-impulsgeber-in-der-paedagogik. html (5.7.2018); die Ergebnisse des 2018 bis 2020 durchgeführten Projekts zu Waldtraut Krützfeldt-Eckhard als erster Rektorin der EFHD konnten zum Zeitpunkt der Niederschrift dieses Beitrags noch nicht publiziert werden.

50 Bestand der Evangelischen Hochschule Darmstadt, 7300.00 Personalakten der ausgeschiedenen Studierenden: Examenslisten der ehemaligen Studierenden [1988].

der Ehemaligen knüpfte man an die Ehemaligenfeiern der Vorgängereinrichtungen und besonders der von Krützfeldt-Eckhard geleiteten Schule für soziale Berufsarbeit an. Nach wie vor stützte sich die EFHD zur Legitimation in erster Linie auf persönliche Kontakte und ihre Alumni und damit auf die Funktion als Ausbildungsstätte.

Die Anzahl der unterschiedlichen Jubiläen und die überwiegend auf einen Fachbereich bezogenen Fest- und Gedenkschriften deuten darauf hin, dass es an der Evangelischen Hochschule Darmstadt einen Wunsch nach Traditionsbildung gegeben hat. Doch nicht einmal über das Bezugsdatum für das Jubiläum im Fachbereich Sozialarbeit waren sich die Hochschulangehörigen einig. Insbesondere den Rektoren der jungen Fachhochschule war der Vergangenheitsbezug wichtig. Die Betonung der langen Ausbildungstradition mag als Gegengewicht zu den Protesten der Studierenden und den Konflikten mit dem Träger der Fachhochschule betrachtet worden sein. Doch stattdessen wurden die Konflikte zu einem Dauerthema in den Festschriften und traten an die Stelle eines Gründungsnarrativs. Die Konflikte bildeten eine Konstante bei den Feierlichkeiten, während die Gründungsdaten stets variierten.

Einordnung in die Gedenkpraxis anderer Fachhochschulen

Vergleicht man die vorliegenden Festschriften mit Festschriften anderer hessischer oder fachlich ähnlich ausgerichteter Fachhochschulen, lassen sich zwei sehr unterschiedliche Herangehensweisen beobachten. Zum einen kontrastiert das Vorgehen an der kirchlichen Fachhochschule Darmstadt mit der sehr zurückhaltenden Praxis der staatlichen Fachhochschulen in Hessen, die kaum Festschriften veröffentlichten und wenn, dann wurden darin die Vorgängereinrichtungen gleichberechtigt dargestellt.[51] Zum anderen entsprechen die hier untersuchten Schriften auch nicht dem Usus in den anderen kirchlichen und sozialwissenschaftlichen Fachhochschulen, deren Jubiläumsschriften selten mit dem Jahrestag der Fachhochschulgründung zusammenhingen, sondern die weiter

---

51 Knauss, Erwin: 10 Jahre Fachhochschule Gießen-Friedberg. Geschichte und Gegenwart. Festschrift zum 10jährigen Jubiläum. Gießen 1981; Hagedorn, Jürgen (Hrsg.): Historie und Heute. Festschrift zum 25jährigen Bestehen der Fachhochschule Gießen-Friedberg. Gießen 1996; Klockner, Clemens: Die Gründerzeit ist schon Geschichte. Eine exemplarische Betrachtung der Vorgeschichte und der Anfangsjahre der Fachhochschule Wiesbaden. Wiesbaden 2012 (Veröffentlichungen aus Lehre, angewandter Forschung und Weiterbildung 53).

zurückreichende Traditionslinien aufgriffen.[52] Hochschulen wie die Alice Salomon-Hochschule und die Evangelische Hochschule in Berlin führen ihre Entstehungsgeschichte jeweils auf die Gründungen Sozialer Frauenschulen vor dem Ersten Weltkrieg zurück.[53] Wobei gerade am Beispiel der Alice Salomon-Hochschule deutlich wird, wie schwierig es ist, in dieser Phase der sozialen Innovation klare Datierungen vorzunehmen. Die Schule selbst wurde 1908 gegründet, doch in der Literatur wird sie häufig als die älteste deutsche Soziale Frauenschule bezeichnet, weil durch dieselbe Trägerschaft bereits seit 1899 geschlossene, einjährige Kurse angeboten wurden, die Frauen zu einer beruflichen und nicht nur ehrenamtlichen Tätigkeit befähigen sollten.[54]

Vor diesem Hintergrund verwundert es nicht, dass es in Darmstadt unterschiedliche Auffassungen über den Ursprung der Evangelischen Fachhochschule gibt. Suin de Boutemard, Rektor der EFHD von 1981 bis 1986, sah diesen Ursprung im Gemeindepflegeseminar des Hessischen Diakonievereins 1909 und stellte diese Gründung in eine Linie mit der Gründung der Christlich-sozialen Frauenschule des Deutschen Evangelischen Frauenbundes in Hannover, der 1908 in Berlin von Alice Salomon eröffneten Sozialen Frauenschule und der im Oktober 1909 in Berlin von der Inneren Mission eingerichteten Frauenschule.[55] All diese Schulen beziehungsweise Ausbildungsmöglichkeiten waren Vorläufer für spätere Fachhochschulgründungen. Dass solche Gründungsnarrative immer konstruiert sind, ist aus der historischen Forschung zu Universitäten bereits bekannt.[56] Dass der ehemalige Rektor Suin de Boutemard seine Sichtweise allerdings nicht in einer Veröffentlichung der Fachhochschule, sondern in einer des früheren diakonischen Trägers der Sozialschule darstellte, verdeutlicht, wie

---

52 Für die Evangelischen Fachhochschulen siehe die Zusammenstellung bei Kunter, Neuaufbruch (wie Anm. 5), S. 107 Anm. 2.

53 Feustel, Adriane u. Gerd Koch (Hrsg.): 100 Jahre soziales Lehren und Lernen. Von der Sozialen Frauenschule zur Alice Salomon Hochschule Berlin. Berlin 2008; Blauert, Ingeborg, Peter Reinicke u. Dieter Peter Weber (Hrsg.): 80 Jahre kirchliche Sozialarbeiterausbildung. Ein Beitrag zur Geschichte der Wohlfahrtspflege. Festschrift Evangelische Fachhochschule Berlin. Berlin/Bonn 1984; Reinicke, Peter (Hrsg.): Von der Ausbildung der Töchter besitzender Stände zum Studium an der Hochschule. 100 Jahre Evangelische Fachhochschule Berlin. Freiburg im Breisgau 2004.

54 Beispielhaft: Zeller, Susanne: Volksmütter – mit staatlicher Anerkennung. Frauen im Wohlfahrtswesen der zwanziger Jahre. Düsseldorf 1987. (Geschichtsdidaktik. Studien, Materialien 47 [= Reihe: Frauengeschichte]). S. 66.

55 Suin de Boutemard, Bernhard: Anfänge. Gesellschaftliche Modernisierung und praktisches Christentum. 85 Jahre Hessischer Diakonieverein. Lindenfels 1991. S. 9.

56 Paletschek, Sylvia, Festkultur und Selbstinszenierung deutscher Universitäten. In: Mittendrin. Eine Universität macht Geschichte. Ausstellung anlässlich des 200-jährigen Jubiläums der Humboldt-Universität zu Berlin. Hrsg. von Ilka Thom u. Kirsten Weining. Berlin 2010. S. 88 – 95.

sehr diese Konstruktionen auch situativ an die Interessen von Trägern angepasst werden konnten. Die starke Betonung der Tradition ist ein Spezifikum der sozialwissenschaftlichen Fachhochschulen und setzte in den 1980er Jahren ein, als die Fachhochschulen auf ihr erstes Jahrzehnt zurückblicken konnten. In den letzten zehn Jahren haben nun auch Fachbereiche für Soziale Arbeit ähnliche Jubiläumsschriften publiziert, um ihre lange Tradition darzustellen.[57]

Der Rückgriff auf ältere Traditionslinien zur Betonung von Erfahrung ist sowohl zur Behauptung gegenüber anderen Fächern wie auch gegenüber anderen Fachhochschulen andernorts zu beobachten. Doch gab es an keiner anderen Hochschule eine derartige Festschriftdichte so kurz nach der Gründung wie an der Evangelischen Fachhochschule Darmstadt.

Funktion der Festschriften

Doch welche Funktion hatten die unterschiedlichen Fest- und Gedenkschriften dann an der kleinen kirchlichen Fachhochschule? In den zwischen 1977 und 1988 veröffentlichten sechs Schriften wurde entweder eine Person oder eine Vorgängereinrichtung gewürdigt. Dabei ging es in erster Linie um die Standortbestimmung der Sozialarbeit. Eine historische Darstellung, gar eine wissenschaftsgeschichtliche Beschäftigung mit der Vergangenheit war nicht intendiert. Die Jubiläen dienten lediglich als Anlässe für Bestandsaufnahmen und für Reflexionen über die Zukunft, wie dies in dem Titel der Festschrift *Zurück in die Zukunft?* zum Ausdruck kommt.

Besonders auffällig ist, dass der Fachbereich Sozialpädagogik bei den Erinnerungsakten nicht vorkommt. Durch den relativ späten Entschluss, 1969 mit dem Aufbau einer Höheren Fachschule für Sozialpädagogik zu beginnen, fehlte hier eine Traditionslinie. Außerdem waren alle Lehrenden neu eingestellt worden. Doch andererseits bestand die Ausbildung zum Jugendleiter beziehungsweise zur

---

57 Götzelmann, Arnd (Hrsg.): Zweieinhalb Jubiläen. Der Fachbereich Sozial- und Gesundheitswesen der Hochschule Ludwigshafen am Rhein und seine Vorgeschichte seit 1948. Norderstedt 2018; Deutsches Zentralinstitut für soziale Fragen (Hrsg.): 100 Jahre Ausbildung zur Sozialen Arbeit in Hamburg. Soziale Arbeit 56:5/6 (2017); Kunz, Anette u. Ulrich Mergner: Auf dem Weg zur Disziplin. Hundert Jahre öffentlich getragene Ausbildung für die Soziale Arbeit in Köln 1914–2014. Köln 2016; Schruba, Baldur (Hrsg.): Vom Jugendwohlfahrtspfleger zum Sozialmanager. 50 Jahre Sozialarbeitsausbildung in Dortmund. Essen 2000; Fachhochschule Frankfurt am Main. Fachbereich Soziale Arbeit und Gesundheit (Hrsg.): „Warum nur Frauen?". 100 Jahre Ausbildung für soziale Berufe. Frankfurt am Main 2014.

Jugendleiterin am Elisabethenstift schon länger.[58] Ein Seminar für Kleinkindlehrerinnen war dort schon im Jahr 1894 gegründet worden. Diese auf die kirchlichen Kindergärten zurückreichende Tradition wird an der Evangelischen Hochschule Darmstadt heute mit einem Bachelor-Studiengang für Kindheitspädagogik fortgeführt.[59] Die disziplinären Traditions- und Verbindungslinien scheinen in der damaligen Festschriftpraxis jedoch keine Rolle gespielt zu haben. Es ging vielmehr um die institutionelle und personelle Kontinuität, und diese war vor allem im Fachbereich Sozialarbeit gegeben.

Dass es aber nicht nur um die Profilierung eines Fachbereichs ging, verdeutlicht eine Aussage des Dekans zum Jubiläum 1987, als er erklärte, weshalb man nun nach der Festschrift zum 50. Jubiläum 1979 nach nur acht Jahren schon wieder ein rundes Jubiläum feiere:

> Hierzu muß man wissen – und auch diese weniger erfreulichen Fakten gehören zu einer 60jährigen Geschichte –, daß vor rund 10 Jahren heftige Auseinandersetzungen zwischen einem Teil der Kollegenschaft, der damaligen Rektorin und Herren aus dem Kuratorium ‚tobten', wobei auch die Studierenden engagiert Partei ergriffen. [...] Erst nachdem sich dann Ende der 70er Jahre die Wogen wieder geglättet hatten und auf beiden Seiten Personalwechsel vollzogen waren, knüpfte die offizielle 50-Jahr-Feier im Jahr 1979 an das Faktum der *Staatlichen Anerkennung* der Wohlfahrtsschule an.[60]

Die Zusammenlegung der Schulen zur Evangelischen Fachhochschule war keinesfalls reibungslos verlaufen. Dass man 1977 jedoch „keine Muse [sic]" für eine Jubiläumsfeier gehabt hätte, ist eine rückblickende Rechtfertigung.[61] Denn Festakte unter massivem studentischem Protest hatte man sowohl bei der Rektoratsübergabe 1976 wie auch eben 1979 durchgeführt.[62] Das Vermeiden von Auseinandersetzungen scheint nicht der Grund für oder gegen Festlichkeiten gewesen zu sein. Vielmehr erscheinen die zahlreichen Versuche, akademische Praktiken an der jungen Fachhochschule durchzuführen, als Versuch, Einigkeit herzustellen, denn selbst wenn die Studierenden „alternative" Beiträge zum Jubiläum erarbeiteten, hatten sie Anteil an den Feierlichkeiten.

---

58 Zentralarchiv der Evangelischen Kirche in Hessen und Nassau (ZA EKHN), Best. 408, Nr. 763: Erich Psczolla: Von der Bibelschule des Elisabethenstifts zum Fachbereich III der Evangelischen Fachhochschule Darmstadt. S. 9 – 10.
59 Evangelische Hochschule Darmstadt: Kindheitspädagogik (B.A.). https://www.eh-darmstadt. de/studiengaenge/kindheitspaedagogik/ (8.11.2020).
60 Zimmermann, [Begrüßung. Teil 2] (wie Anm. 4), S. 11 [Hervorhebung im Original].
61 Zimmermann, [Begrüßung. Teil 2] (wie Anm. 4), S. 11.
62 O.V., Die Fachhochschule und das Recht (wie Anm. 18); o.V., EFHD (wie Anm. 34).

Zunächst wirkt es, als hätten die Widmung und die Festschrift 1979 nach Innen Einigkeit herstellen und gegenüber dem Träger die Überwindung der Konflikte betonen sollen. Denn während die Festakte selbst durchaus nicht frei von studentischem Protest blieben, dokumentierten die Festschriften nur die offiziellen Bestandteile der Jubiläen. So wurden die Konflikte schnell zu einem die Gedenkschriften prägenden Thema und mit jeder Veröffentlichung selbst erinnert. Anstatt auf die Aufwertung und den neuen Hochschultyp einzugehen, wurden vor allem die Probleme beklagt. Die Betonung der Tradition der Sozialschule wirkt so wie die Beschwörung einer besseren Zeit, insbesondere auch deshalb, weil nicht die Fachschulen, sondern die Landeskirche und das Diakonische Werk die treibenden Kräfte hinter der Fachhochschulgründung in Darmstadt gewesen waren. Dass die Landeskirche ein wichtiger Adressat der Jubiläumspublikationen war, verdeutlicht besonders die Festschrift für Helmut Hild.[63] Mit dieser wurde der Einsatz des Kirchenpräsidenten für die Evangelische Fachhochschule noch einmal zusammengefasst und das Schicksal der Fachhochschule mit seiner Person verbunden. So wurde der Geehrte auch in die Pflicht genommen, sich weiter für die Hochschule einzusetzen.

Zusammenfassend kann man festhalten, dass sich die junge Fachhochschule sehr früh, quasi direkt nach dem Ende des ‚Gründungsbooms‘ und ‚nach dem Boom‘ mit dem Ausbau des Sozialsystems, die Festschrift als hochschulpolitisches Instrument zu eigen machte.[64] Während es in der Gründungsphase der Fachhochschulen und dem kontinuierlichen Ausbau des Sozialsystems offenbar keiner expliziten Legitimation einer Evangelischen Fachhochschule in Darmstadt bedurft hatte, veränderte sich diese Situation Mitte der 1970er Jahre schlagartig. Die Studierenden stellten Forderungen an Qualität und Ausrichtung des Studiums, während Teile der Landeskirche ihrerseits das Experiment Fachhochschule in Frage stellten. Die Fachhochschule, die fast ohne Engagement der Vorgängereinrichtungen diesen Status erlangt hatte, beschwor in Gedenk- und Jubiläumsschriften nun ihre Tradition. Dabei stellt die Fachhochschule jedoch weder eigene Leistungen dar, noch bezog sie in den Schriften eine Position zum sozialpolitischen Umbau und ihrer Funktion dabei. Stattdessen legitimierte man die eigene Existenz über Persönlichkeiten wie den Kirchenpräsidenten und die Gründungsrektorin, Alumni und Praxisstellen. Jubiläen und Geburtstage dienten in den so zu verstehenden Texten als Anlässe der Selbstvergewisserung, doch ohne

---

63 Evangelische Fachhochschule Darmstadt, Die Evangelische Fachhochschule (wie Anm. 3).
64 Hier lehne ich mich begrifflich zum einen an Wilfried Rudloff und zum anderen an Lutz Raphael und Anselm Doering Manteuffel an: Rudloff, Gründerjahre (wie Anm. 10); Doering-Manteuffel, Anselm u. Lutz Rafael: Nach dem Boom. Perspektiven auf die Zeitgeschichte seit 1970. 3. Aufl. Göttingen 2012.

die Konflikte der Vergangenheit zu reflektieren oder jene der Gegenwart zu bearbeiten. Vielmehr scheinen sie ein Ringen um die Interpretationshoheit innerhalb der Fachhochschule zu dokumentieren. Mit den Jubiläen beschworen die Rektoren eine abstrakte Tradition ohne konkrete historische Auseinandersetzung.

Edith Glaser und Alexander Kather

Wie und warum feiern sich Reformuniversitäten? Die Universitäten Bremen und Kassel im Vergleich

Abstract: Anniversary festschrifts are part of the traditional practice of celebrating a university jubilee. Also, they play an important role in the historiography of universities. Focusing the young universities of Bremen and Kassel (both founded in 1971), this article examines how and why institutions founded as models of reform and renewal use this canonized practice to create meaning. The explanations are guided by the thesis that the change of the institutions and their self-perception is reflected in the anniversary publications. They represent a specific self-image in regards to higher education policies and history in each case. Despite the many differences in the structural conditions of the institutions, the analysis of the commemorative publications from 1981, 1991, 1996 and 2011 shows a common path from self-assurance and a focus on reflecting the founding ideas to the programmatic reorientation as a research university and its confident role for the surrounding region.

Einleitung

Die Universitäten Bremen und Kassel haben einiges gemeinsam: die Eröffnung im Oktober 1971 als Hochschule mit explizitem Reformanspruch, den Modellcharakter im Gründungsjahrzehnt, die Verankerung in der Region, das Fächerspektrum sowie Interdisziplinarität, Praxisbezug und gesellschaftliche Verantwortung als Kernbegriffe in damaligen wie heutigen Leitbildern. Beide Institutionen haben seit ihrer Gründung einen tiefgreifenden Wandel vollzogen, von Bremens „roter Kaderschmiede" zur Exzellenzuniversität und von der Gesamthochschule Kassel zur „Gründeruniversität".[1] Jener Wandel der Institutionen und ihrer Eigenwahrnehmung spiegelt sich, so die These dieses Beitrages, in den zu Jubiläumsanlässen entstandenen Schriften, welche ein jeweils spezifisches hochschulpoliti-

---

[1] Dass sich beide Institutionen bei diesem Wandel voneinander inspirieren lassen, zeigt die Berufung des ehemaligen Rektors der Universität Bremen Wilfried Müller in den Kasseler Hochschulrat. Er gehört dem Gremium seit 2012 an, von 2016 bis 2020 stand er ihm vor.

sches und -geschichtliches Selbstverständnis nach innen wie nach außen repräsentieren.[2]

Festschriften sind etablierter Bestandteil von Jubiläumsfeiern und eng mit der Universitätshistoriographie verbunden. Sie sind das zentrale Publikationsmedium und eine wichtige Quelle für hochschulgeschichtliche Abhandlungen.[3] Als Gattung wurden sie dagegen über lange Zeit selten reflektiert oder untersucht, obwohl Einzelbeispiele schon vor Längerem (disziplingeschichtliche) Erkenntnisgewinne durch die systematisch-vergleichende, diachrone Analyse von Festschriften aufgezeigt haben.[4] In der Universitätsgeschichtsforschung sorgt ein verstärktes Interesse an der „diskursiven Ebene" und den „symbolischen Repräsentationen" der Universität dafür[5], dass universitäre Erinnerungskulturen und Geschichtspolitiken nicht nur in Festschriften erforscht werden, sondern dass das anlassgebundene Schrifttum selbst, seine Produktionsumstände, Funktionen und Kontextualisierungen thematisiert werden.[6] Die lange Zeit kritisierte affirmativ-hagiographische und identitätsstiftende Tendenz[7] als Merkmal von Fest-

---

2 Universitäre Jubiläen umfassen mehr als Festschriften. Die mehrgliedrige Festkultur und deren Wandel kann an Beispielen älterer Universitäten nachvollzogen werden (vgl. Paletschek, Sylvia: Festkultur und Selbstinszenierung deutscher Universitäten. In: Mittendrin – Eine Universität macht Geschichte. Eine Ausstellung anlässlich des 200-jährigen Jubiläums der Humboldt-Universität zu Berlin. Hrsg. von Ilka Thom, Kirsten Weining u. Heinz-Elmar Tenorth. Berlin 2010. S. 88 – 95.).
3 Zum Zusammenhang von Universitätsjubiläum und -geschichte siehe Müller, Winfried: Erinnern an die Gründung. Universitätsjubiläen, Universitätsgeschichte und die Entstehung der Jubiläumskultur in der frühen Neuzeit. In: Berichte zur Wissenschaftsgeschichte 21 (1998). S. 79 – 102, hier S. 90 – 92.
4 Z.B. Wardenga, Ute u. Eugen Wirth: Geographische Festschriften. Institution, Ritual oder Theaterspielen. In: Geographische Zeitschrift 83 (1995). S. 1 – 20.
5 Paletschek, Sylvia: Stand und Perspektiven der neueren Universitätsgeschichte. In: NTM Zeitschrift für Geschichte der Wissenschaften, Technik und Medizin 19 (2011). S. 169 – 189, hier S. 176; Gerber, Stefan: Wie schreibt man „zeitgemäße" Universitätsgeschichte. In: NTM Zeitschrift für Geschichte der Wissenschaften, Technik und Medizin 22 (2014). S. 277 – 286, hier S. 285.
6 Gerber, Universitätsgeschichte (wie Anm. 5), S. 278; zum Beispiel: Ash, Mitchell G.: Die Universitätsgeschichtsschreibung an der Universität Wien im Jubiläumsjahr 2015 – zwischen historischer Reflexion und Eventkultur. In: Universitätsgeschichte schreiben. Inhalte – Methoden – Fallbeispiele. Hrsg. von Livia Prüll, Christian George u. Frank Hüther. Göttingen 2019 (Beiträge zur Geschichte der Universität Mainz Neue Folge 14). S. 221 – 239; auch Sylvia Paletschek (s. Anm. 5) untersucht den Stand der Universitätsgeschichtsschreibung anhand des Aufbaus von Festschriften.
7 Vgl. Müller, Gründung (wie Anm. 3), S. 93f.; Müller, Winfried: Die inszenierte Universität. Historische und aktuelle Perspektiven von Universitätsjubiläen. In: Jubiläum. Literatur- und kulturwissenschaftliche Annäherungen. Hrsg. von Franz M. Eybl, Stephan Müller u. Annegret

schriften kann kreativ nutzbar gemacht werden für zusätzliche Erkenntnisse über die sich zum jeweiligen Zeitpunkt feiernde Institution.[8] Somit wird ein weiterer Zugang zu einer kritischen Universitätsgeschichtsschreibung ermöglicht.[9]

Übergreifende Merkmale, was jubiläumsbezogene Publikationen zu Festschriften macht, lassen sich kaum definieren. Seit ihrer Entstehung um 1600 gibt es jedoch Kontinuitäten jener Schriften: Wie alle historischen Quellen sind sie in der Konstruktion und im Format ein Produkt ihrer Zeit sowie deren technischen Realisierungsmöglichkeiten.[10] Im diachronen Vergleich zeigen sich einerseits ähnliche Funktionen und Narrationen von universitären Jubiläumsschriften[11], andererseits eine jeweils synchrone Varietät ihrer Formen und wissenschaftlichen Qualität.[12]

So reicht gegenwärtig das Spektrum von kenntnisreichen Bänden auf dem neuesten Stand der Universitäts- und Wissen(schaft)sgeschichte bis hin zu bildreichen, populären Schriften im Dienste des Hochschulmarketings. Letztere setzen die tradierte Rolle der Universitätsgeschichtsschreibung als Medium der Selbstvergewisserung fort und erfüllen kaum Kriterien der Wissenschaftlichkeit, prägen aber intern wie extern das Bild der Universität und Wissenschaft entscheidend mit.[13] Die Herausgabe mindestens einer Festschrift ist daher bis in die Gegenwart ebenso selbstverständlich wie die Ausrichtung eines Jubiläums.[14]

Pelz. Unter Mitarbeit von Thomas Assinger und Dennis Wegener. Göttingen 2018 (Schriften der Wiener Germanistik 6). S. 77–97, hier S. 91f.

8 Jubiläen insgesamt sagen mehr über die jeweilige Gegenwart der sich feiernden Institution und ihre Mitglieder aus, als über deren Vergangenheit. Sie sind Ausdruck eines Zeitgeistes und eine an „an die jeweilige Gegenwart adressierte […] Selbstgenerierung der Institution Universität". (Vgl. Müller, Universität (wie Anm. 7), S. 93; Schmidt-Lauber, Brigitta: Die (sich) feiernde Universität. Bedeutungsstiftung durch Jubiläen. In: Eybl/Müller/Pelz, Jubiläum (wie Anm. 7), S. 99).

9 Vgl. Paletschek, Stand (wie Anm. 5), S. 180f.

10 Plumpe, Werner: Unternehmensgeschichte im 19. und 20. Jahrhundert. Berlin/Boston 2018. S. 90.

11 Vgl. Drüding, Markus: Warum feiern Universitäten Geschichte? Funktionen und Formen deutscher Universitätsjubiläen im späten 19. und 20. Jahrhundert. In: Akademische Festkulturen vom Mittelalter bis zur Gegenwart. Zwischen Inaugurationsfeier und Fachschaftsparty. Hrsg. von Martin Kintzinger, Wolfgang Eric Wagner u. Marian Füssel. Basel 2019 (Veröffentlichungen der Gesellschaft für Universitäts- und Wissenschaftsgeschichte 15). S. 55–76, hier S. 75; Kirwan, Richard: Ephemeral No More: University Festival, Print and the pull of Prosperity. In: Ebd. S. 179–194, hier S. 180.

12 Vgl. Kirwan, University Festival (wie Anm. 11), S. 183–189f; Kirwan unterscheidet für die Zeit um 1600 zwischen *occasional works*, wie Festbeschreibungen oder nachträgliche Verschriftlichungen von Reden, und *reflective publications*, Schreibprodukte, die Universitätsgeschichte verfassten und Anlass zur Selbstbeobachtung gaben.

13 Gerber, Universitätsgeschichte (wie Anm. 5), S. 278; Paletschek, Stand (wie Anm. 5), S. 181.

Zu fragen ist nun, inwiefern sich Hochschulen, die in Abgrenzung zum traditionellen Modell der Universität gegründet wurden, diese kanonisierte und sinnstiftende Praktik des Gestaltens einer Festschrift als Teil einer „akademischen Praxisformation" angeeignet[15], welche Bedeutung sie ihr zugeschrieben und wie sie zum historischen Wandel dieser Praktik beigetragen haben.

Im Folgenden betrachten wir für die Jubiläumsjahre 1981 und 1991 beziehungsweise 1996 sowie 2011 die Veröffentlichungen, die von der Hochschulleitung in Bremen und in Kassel herausgegeben bzw. von ihr in Auftrag gegeben wurden, hinsichtlich Design, Aufbau, Autor*innen und Intentionen. Einige Gedanken zu den Beiträgen seitens der Hochschulleitung als moderne Rektoratsreden leiten über in ein Resümee des Vergleichs der Festschriften zweier „nachklassischer" Hochschulen.

Bremer und Kasseler Festschriften – Aufbau und Design

Die Universität Bremen präsentiert auf ihrer Homepage acht Veröffentlichungen zu ihrer Geschichte. Vier davon wurden im Umfeld des 40-jährigen Jubiläums herausgegeben. Zum 20-jährigen und zum zehnjährigen Jubiläum erschien jeweils eine Publikation. Drei wurden von der Hochschulleitung herausgegeben, die anderen erzählen die Universitätsgeschichte über Fotografien[16], behandeln ein Forschungszentrum zur Beruflichen Bildung[17], und eine umfangreiche quellengesättigte Monografie[18] analysiert 30 Jahre Hochschulentwicklung im Stadtstaat Bremen.

Die erste Veröffentlichung „10 Jahre Universität Bremen"[19] verwahrt sich schon im Untertitel gegen akademische Tradition: „Keine Festschrift". Der kar-

---

14 Vgl.: Drüding, Markus: Jubiläumsfieber und Jubiläumitis? Fragen zur Jubiläumsbegeisterung deutscher Universitäten. In: Die Hochschule. Journal für Wissenschaft und Bildung 27 (2018). S. 23 – 34, hier S. 24.

15 Vgl.: Füssel, Marian: Universität und Festkultur. Praktiken, Räume, Medien. In: Kintzinger/ Wagner/Füssel, Festkulturen (wie Anm. 11), S. 1 – 24, hier S. 4 f.

16 Leibfried, Stephan (Hrsg.): Lichtspuren: ein Photoalbum zu 40 Jahren Universität Bremen; 3., erw. korrigierte Aufl. Bremen 2011.

17 Salewski, Christian, Georg Spöttl u. Rainer Bremer: Das Institut Technik und Bildung der Universität Bremen. Entstehung und Entwicklung 1979 – 2005. Bremen 2011.

18 Gräfing, Birte: Tradition Reform. Die Universität Bremen 1971 – 2001. Bremen 2012.

19 Beck, Johannes (Hrsg.): Zehn Jahre Universität Bremen – keine Festschrift. Bremen 1982 (diskurs – Bremer Beiträge zu Wissenschaft und Gesellschaft 7).

tonierte Einband und das einheitliche Druckbild unterstreichen grafisch diese Aussage. Unterstützt wird dieses Erscheinen weiter durch die Platzierung als Band 7 in einer vom Rektor herausgegebenen Zeitschrift, die „über wissenschaftliche Arbeitsergebnisse der Universität Bremen informieren" will[20]. Eingeleitet mit einem Grußwort des damaligen Bundesministers für Bildung und Wissenschaft Björn Engholm (SPD) werden darauf folgend die Akzente auf die Hochschulautonomie, wissenschaftstheoretische Positionierungen sowie auf Lehr- und Forschungsinnovationen gelegt, verbunden mit Hinweisen auf internationale Verflechtungen.

Auch wenn der Untertitel „Zwischenbilanz: Rückblick und Perspektive" der Veröffentlichung zum 20-jährigen Jubiläum auf Reflexion und Standortbestimmung verweist, so bleibt die von der Hochschulleitung als „Dokumentation" eingeführte Broschüre[21] wie ihr Einband: grau. Offizielle und zugleich traditionelle Veranstaltungsformate – Festakt, Festvortrag, Sondersitzung des Akademischen Senats, Empfänge – mit Grußworten, Eröffnungsansprachen und Diskussionsbeiträgen sind aneinandergereiht, begleitet von ausgewählten Fotografien aus dem universitären Alltag zwischen 1971 und 1991.

Im Rot des Corporate Design gehalten ist das „modern[e] Buch für eine moderne Uni"[22]: die 2011 erschienene Festschrift. Sie wird von der Universität herausgegeben, aber das Auftragswerk hat der freie Journalist Peter Meier-Hüsing, vormals Student der Universität Bremen, geschrieben. Die vorangestellten Grußworte verfassten der ehemalige Bürgermeister der Hansestadt Bremen Hans Koschnik und der amtierende Rektor Wilfried Müller. In repräsentativer Aufmachung liegt als Hardcover eine großzügig bebilderte, populäre Beschreibung von Geschichte und Gegenwart, eine bewegte Fortschrittsgeschichte hin zur Exzellenzuniversität vor.[23]

An der damaligen Gesamthochschule Kassel (GhK) entstanden 1981 gleich fünf jubiläumsbezogene Schriften. Zunächst zwei wissenschaftliche Studien über die Implementation der Hochschulreformen der vorigen zehn Jahre: eine Standortbestimmung und Bilanzierung von Entwicklung wie Perspektiven der GhK im Speziellen[24] sowie eine Studie[25] über die Gesamthochschulentwicklung in

---

20 Beck, Zehn Jahre (wie Anm. 19), Klappentext.
21 Marzahn, Christian (Hrsg.): 20 Jahre Universität Bremen: 1971–1991. Zwischenbilanz: Rückblick und Perspektiven. Bremen 1992.
22 Meier-Hüsing, Peter: Universität Bremen. 40 Jahre in Bewegung. Bremen 2011. Klappentext.
23 In dieser Monografie werden die Abbildungen nachgewiesen und die Gesprächspartner*innen genannt, aber Hinweise auf die genutzte wissenschaftliche Literatur fehlen.
24 Faulstich, Peter u. Hartmut Wegener: Gesamthochschule: Zukunftsmodell oder Reformruine. Beispiel Gesamthochschule Kassel. Bad Honnef 1981.

der Bundesrepublik Deutschland im Allgemeinen, die Vergleichsperspektiven über den Verlauf von Hochschulreformvorhaben in Europa integriert. Neben einem Sonderheft des Hochschulmagazins der GhK wurden unter der Leitung des Wissenschaftlichen Zentrums für Berufs- und Hochschulforschung der GhK zwei Sammelbände herausgegeben. Pünktlich zum Jubiläum im Oktober 1981 erschien ein „Rückblick auf das erste Jahrzehnt"[26] mit Beiträgen zur Programmatik und Entwicklung der Hochschule, ihrer Studiengänge und Fachbereiche, einem Artikel zur Forschung sowie einer Chronologie. Der zweite Sammelband[27] veröffentlichte nachträglich die Beiträge einer Festveranstaltung sowie eines wissenschaftlichen Symposiums zum Zusammenhang von Gesamthochschulen und Hochschulreform. Abgesehen von einem Titelbild des zweiten Sammelbandes wirken beide Sammelbände nüchtern und schmucklos.

Die im Auftrag des Präsidenten erarbeitete Schrift zum 25. Gründungsjubiläum grenzt sich schon äußerlich von den Vorgängerwerken ab.[28] Mit seinem festen Einband in edlem Rot, einem ansprechenden, durch Bilder, Zeichnungen und Zitate verzierten Textlayout, durch eine klare Gliederung und durchgängige Farbakzente in der Hausfarbe der „Universität Gesamthochschule Kassel", wie sie seit 1993 hieß, strahlt der umfangreiche Band „ProfilBildung" eine dezente, aber angemessene Festlichkeit aus. In 33 Beiträgen auf 500 Seiten gibt die Publikation Einblicke in die Gründungsphase, in Fachkulturen und übergreifende Profilmerkmale der Hochschule, bindet Absolvent*innenerfahrungen sowie Außenansichten mit ein und endet mit einer Chronologie.

2011 präsentierte sich die Universität Kassel – der Namensbestandteil Gesamthochschule wurde 2002 abgelegt – mit einer großformatigen Schrift in weißem, glattem Einband.[29] Auf etwas über 200 Seiten mit durchgängigem Farbkonzept sind kurze und reich bebilderte Texte von rund 150 Autor*innen versammelt. Neben drei Kapiteln mit Texten zu zentralen Einrichtungen sowie allgemeinen Entwicklungen, zu fächerübergreifenden Forschungskooperationen und über Außenansichten fällt die Gliederung der übrigen Beiträge ins Auge: Der

---

25 Cerych, Ladislav [u. a.] (Hrsg.): Gesamthochschule. Erfahrungen, Hemmnisse, Zielwandel. Frankfurt/New York 1981.

26 Kluge, Norbert [u. a.] (Hrsg.): Gesamthochschule Kassel 1971–81. Rückblick auf das erste Jahrzehnt. Kassel 1981.

27 Kasseler Hochschulbund e.V. u. Wissenschaftliches Zentrum für Berufs- und Hochschulforschung Gesamthochschule Kassel (Hrsg.): Der Beitrag der Gesamthochschule zur Hochschulreform 22. und 23. Oktober 1981. Kassel 1982.

28 Ulbricht-Hopf, Annette, Christoph Oehler u. Jürgen Nautz (Hrsg.): Profilbildung – Texte zu 25 Jahren Universität Gesamthochschule Kassel. Zürich 1996.

29 Präsidium der Universität Kassel (Hrsg.): 40 Jahre Universität Kassel. Kassel 2011.

Großteil der Texte ist entlang der vier Kompetenzbereiche (Natur, Technik, Kultur, Gesellschaft) strukturiert, mit denen sich die Universität seit 2004 nach außen präsentiert.[30] Ein in Hochglanz gesetztes Selbstbekenntnis der universitas magistrorum et scholarium et litterarum.

Autor*innen und Intentionen der Jubiläumsschriften

Die Botschaften der Festschriften brauchen Generierung, Exegese und Vermittlung. Dafür stehen die Autor*innen. In der grünen Paperback-Ausgabe zum Bremer Universitätsjubiläum 1981 sind 54 Beiträge abgedruckt. Ihre Autor*innen waren dem Aufruf des Redaktionsbeirats gefolgt, aufgrund der fehlenden Begleitforschung zum Institutionalisierungsprozess der neuen Universität an dieser Stelle den „Versuch einer kritischen Selbstanalyse"[31] des Bremer Modells[32] zu unternehmen. Damit wollte man „das kritische, realistische, vor allem aber problemorientierte Verständnis derjenigen [...] fördern, die an dieser Universität tätig sind oder die an der Hochschulreform engagierten Anteil nehmen."[33] An dieser nach innen und außen gerichteten und dabei zurück und vorwärts schauenden Reflexion und Weiterführung der Hochschulentwicklung beteiligten sich 38 Professoren und fünf Professorinnen, zwei Drittel von ihnen waren unter dem Gründungsrektor Thomas von der Vring bis 1974 berufen worden. Die übrigen elf Beiträge verteilen sich auf die anderen Statusgruppen. Auch wenn das mit dem Rektor Alexander Wittkowsky geführte Interview und die beiden Aufsätze des Kanzlers Hans-Heinrich Maaß-Radziwill nicht herausgehoben am Anfang stehen, sondern thematisch in die Kapitel einsortiert sind, so zeigt die Zusammensetzung der Autorenschaft (75 % der Autor*innen gehörten zur professoralen Statusgruppe), dass das universitäre Mitbestimmungsmodell der Drittelparität auch hier bereits aufgegeben wurde. In der inhaltlichen Auseinandersetzung stehen die

---

30 Waren klassische Universitäten über lange Zeit in vier Fakultäten gegliedert, verweist bereits die Gliederung auf die zentrale Botschaft: Man ist nun eine vollständige, in vier Kompetenzbereichen ausgewiesene Universität, wenngleich eine mit besonderem Profil (s. u.).

31 Beck, Zehn Jahre (wie Anm. 19), S. 9.

32 Das Bremer Modell bezeichnete eine universitäre Struktur, die gekennzeichnet war durch „die paritätische Teilnahme aller Mitglieder der Universität an den die Universität betreffenden Entscheidungen, die angestrebte Beziehung zwischen Wissenschaft und Gesellschaft sowie neue Lehr- und Lernformen, insbesondere Projektstudium" (Gräfing, Birte: Bildungspolitik in Bremen von 1945 bis zur Gründung der Universität 1971. Münster 2006. S. 243).

33 Beck, Zehn Jahre (wie Anm. 19), S. 9.

Ausbildungsgänge in den Naturwissenschaften, den Sozialwissenschaften und vor allem die Lehrerbildung im Zentrum kritischer Selbstreflexion. Bei letzterer werden Einphasigkeit, Praxisphasen und das Projektstudium in ihren Möglichkeiten und Grenzen ausgeleuchtet. Aber trotz aller Selbstbezogenheit im Gros der Artikel verweisen zwei Gastbeiträge über ausländische Reformuniversitäten in Dänemark und Frankreich schon Anfang der 1980er Jahre auf den internationalen Orientierungsrahmen.

Dieser setzte sich dann mit einem der Festredner anlässlich der 20-Jahr-Feier im Oktober 1991 fort. Der US-amerikanische Theologe und Philosoph Ivan Illich, der Befreiungstheologie nahestehend, Gründer des Centro Intercultural de Documentación in Cuernavaca und v. a. in Deutschland als Schul- und Medizinkritiker bekannt geworden, sprach über die Geschichte der Universität und wandte sich gegen eine in den Strukturen vermeintlicher Wissenschaftlichkeit gefangene Bildungsinstitution. Die Intention der Festschrift ist ähnlich ausgerichtet wie zehn Jahre zuvor. Nur, dass dieser „Selbstverständigungsversuch"[34], begleitet von Selbstkritik und Selbstbewusstsein, jetzt von anderen Autor*innen in einem anderen festlichen Rahmen verortet war. Der Festakt mit dem zweiten Festredner, dem Frankfurter Rechtswissenschaftler Rudolf Wiethölter, in den Räumen der Bürgerschaft und die Veranstaltung der „Gesellschaft der Freunde der Universität Bremen e.V." waren gerahmt von regionaler und nationaler (wissenschafts-)politischer Prominenz sowie von führenden Vertretern der Wissenschaftsorganisationen. Denn Bremen war – nach der erfolgreichen Aufnahme als Mitglied in die Deutsche Forschungsgemeinschaft (DFG) im dritten Anlauf 1986 – angekommen im Kreis der Universitäten. Die Professoren blieben fast unter sich. Neben der Frauenbeauftragten waren es nur zwei Professorinnen, die im Rahmen einer Sondersitzung des Akademischen Senats über die Anfänge und die Entwicklung der Universität aus der Sicht der Fachbereiche referierten. Die Perspektiven der Hochschulentwicklung – Schwerpunktbildung, Interdisziplinarität, zentrale Forschungsförderung – verblieben in Männerhand.

Die Neuausrichtung der Universität Bremen stand auch im Zentrum der universitätsgeschichtlichen Abhandlung von 2011. Meier-Hüsing beschrieb – so der Untertitel – „40 Jahre in Bewegung" und konstruierte damit eine Geschichte einer Lebenstreppe gleich aufsteigend: Von den „Wilden Jahren" über „die große Wende" wuchs der Campus hin zu „(Fast) exzellent". Neben der Verankerung in der Region thematisierte der Band die Internationalität und die Forschungsorientierung in ausgewählten Schwerpunkten ausführlich. Sowohl Hans Koschnik, der als Bremer Bürgermeister die Gründung der Universität mitgetragen hatte, als

---

34 Timm, Jürgen u. Christian Marzahn: Vorwort. In: Marzahn, 20 Jahre (wie Anm. 21), S. 11.

auch der amtierende Rektor Wilfried Müller, der schon 1976 als Universitätsprofessor nach Bremen berufen worden war, nahmen die im Bremer Wahlkampf 1971 genutzte Fremdzuschreibung der „Roten Kaderschmiede"[35] in ihren Grußworten auf. Im Rückblick auf die Stärken und Schwächen des Reformmodells und auf polarisierende Vorurteile zwischen den verhärteten Fronten in den öffentlichen Diskussionen zeigte sich der Sozialdemokrat Koschnik zufrieden über das gewonnene „internationale Renommee"[36]. Auch Rektor Müller lobte, dass die „sachliche Analyse Oberhand gegenüber der Abarbeitung am Mythos"[37] bekommen habe. Dass in diese Erfolgsgeschichte auch jetzt ein – wie in alten Universitäten üblich – (schmaler) Catalogus Professorum Bremensis angehängt war, kann als weiterer Beleg für die Zugehörigkeit zum Kreis der Universitäten gelesen werden.

Der Kasseler Sammelband des Jahres 1981 setzte sich das Ziel, eine Informationslücke über Reformansprüche in Bezug auf Hochschulentwicklung und die diesbezüglich an der GhK beschrittenen Lösungswege zu schließen. Die Beiträge sollten weder die ursprünglichen Modellentwürfe noch die gegenwärtige Situation einseitig beschreiben. Vielmehr verfolgte der Band das Ziel einer kritischen Retrospektive, die den Lernprozess einer Institution, die Umsetzung und Neuformulierung der Ausgangskonzeptionen unter veränderten Kontexten verdeutliche.[38] Bei der Beschreibung und Reflexion der Entwicklungen, beispielsweise für die Integrierten Studiengänge anhand der Technikwissenschaften oder der einheitlichen Stufenlehrerausbildung, fällt auf, dass die Autor*innen weitgehend, wie von den Herausgeber*innen gewünscht, neben Stärken auch Schwächen und Widerstände der Reformkonzepte beleuchten, um eine selbstkritische und zugleich selbstbewusste Bilanz anzuregen.[39] An einigen Stellen dominiert die Beschreibung der externen Widerstände, beispielsweise auf die Anerkennung der

---

35 Vgl. Gräfing, Tradition Reform (wie Anm. 18), S. 55; die FAZ hatte schon am 15.1.1971 einen die Berufungspolitik der Universität Bremen kommentierenden Artikel mit „Rote Katerschmiede" übertitelt.

36 Koschnick, Hans: Grußwort. In: Universität Bremen. 40 Jahre in Bewegung. Hrsg. von Peter Meier-Hüsing. Bremen 2011. S. 8.

37 Müller, Wilfried: Grußwort. In: Meier-Hüsing, Universität Bremen (wie Anm. 36), S. 9.

38 Kluge, Norbert [u. a.] : Zehn Jahre Gesamthochschule Kassel in der Retrospektive. In: Gesamthochschule Kassel 1971–81. Rückblick auf das erste Jahrzehnt. Hrsg. von Norbert Kluge [u. a.] Kassel 1981. S. 7–13, hier S. 7; entsprechend dieser Vorgabe lag der Schwerpunkt der Beiträge auf der Entwicklung von Studium und Lehre, da hierfür klare Reformvorstellungen vorhanden waren und deren Einrichtung in der Aufbauphase Priorität hatte. Der Band enthält zwar Ansätze für eine gesamthochschulspezifische Forschung, hebt aber stärker auf die Schwierigkeiten ab, Forschung in Abgrenzung zur traditionellen Universität zu entwickeln.

39 Kluge, Zehn Jahre (wie Anm. 38), S. 8–13.

Lehramtsabschlüsse bezogen. Ein resignierender Grundton klingt in den Texten mit. Sie geben einen kurzen, pessimistischen Ausblick in die Zukunft, sei es hinsichtlich der stockenden, von Kontroversen geprägten Forschungsentwicklung oder der schwierigen Perspektive für die Implementierung Integrierter Studiengänge in weiteren Fächern. Das Erreichte erscheint vielfach als Kompromiss, was nicht nur am reformfeindlichen bildungspolitischen Klima der frühen 1980er liegt, sondern auch an der Auswahl der Autor*innen. Zu Wort kommen sollten „Kronzeugen"[40], die aktiv und engagiert an der Entwicklung der Hochschule und ihrer Reformkonzepte beteiligt waren. Während die anderen Publikationen dieses Jubiläums, mit Ausnahme der Dokumentation des Festaktes, auf die wissenschaftliche Auseinandersetzung mit dem Modell Gesamthochschule fokussiert sind, mischen sich in den Sammelband stärker reflektierende Elemente des Rückblicks.

Die Kasseler Festschrift 15 Jahre später bezog sich in ihrer Konstruktion ausdrücklich auf diesen ersten Rückblick. Nun sollten die Beiträge nicht mehr die Gründungsidee und das daraus Entstandene kontrastieren, Lehre und Studium nicht mehr in den Vordergrund der Beschreibung stellen, sondern die Forschung gleichrangig erwähnen.[41] Um die Dominanz von „Gründungsheroen" und Fachkulturen der ersten Stunde zu vermeiden, sollten in einem „Akt ausgleichender historischer Gerechtigkeit" andere Fachkulturen und abweichende Stimmen zu Wort kommen.[42] Die Autor*innen[43] wurden gebeten, aus ihrer persönlichen Einschätzung zu schreiben, denn intendiert war „keine Festschrift mit abgestimmten Konsensbeiträgen und institutioneller Selbstdarstellung".[44] Vielmehr ging es darum, durch die Fülle an subjektiven Sichtweisen Wahrheiten und Wahrnehmungen, die eine Universität ausmachen, ein Gesamtbild aus Vergangenheit und

---

40 Die ausgewählten „Kronzeugen" sind zehn Professor*innen der ersten Stunde, ein Mitglied des Hochschulbundes, drei Mitglieder der ehemaligen Projektgruppe, ein Ministerialrat, zwei Studierende sowie der abgewählte Gründungspräsident. Unter ihnen sind nur zwei Frauen. Personen, die man nicht zu diesen „Kronzeugen" zählte, und Fächer, die eine moderate, traditionsgebundene Modernisierung ihrer Studiengänge vollzogen, wie Anglistik und Romanistik, kamen im Hochschulmagazin zu Wort.

41 Brinckmann, Hans: Profil und Perspektive. 25 Jahre Universität Gesamthochschule Kassel. In: Profilbildung – Texte zu 25 Jahren Universität Gesamthochschule Kassel. Hrsg. von Annette Ulbricht-Hopf, Christoph Oehler u. Jürgen Nautz. Zürich 1996. S. 9 – 33, hier S. 32.

42 Brinckmann, Profil (wie Anm. 41).

43 Unter den 46 Autor*innen sind in jeweils gleichem Verhältnis Professor*innen und Mitarbeiter*innen, von denen einige aus der eigenen Studienzeit an der GhK berichten. Darüber hinaus kommen ehemalige und aktuelle Minister*innen, Studierende und Vertreter*innen aus der regionalen Politik, Wirtschaft und den Medien zu Wort.

44 Brinckmann, Profil (wie Anm. 41), S. 32.

Zukunft entstehen zu lassen.[45] Das entstandene Gesamtbild ist vielfältig: Neben der historischen Aufarbeitung der Vorgeschichte der GhK steht die kultusministerielle Sicht auf das Reformprojekt[46], neben Beiträgen, die die bisherige Entwicklung und den Ist-Stand der Hochschule analysieren und dekonstruieren, stehen solche, die als nostalgischer Rückblick auf das Projektstudium und interne Aufarbeitung alter Streitigkeiten zu lesen sind. In den Beiträgen mehrerer Fachbereiche und in den Texten zu den Außenbeziehungen der Hochschule wird eine von Anfangsschwierigkeiten geprägte Vergangenheit kritisch reflektiert und eine herausfordernde Zukunftsperspektive entworfen. *„Vision und Re-Vision"* als Motto des Jubiläums 1996 spiegeln sich daher vor allem in der Festschrift und machen sie zum zentralen Raum dieses Jubiläums. Die bewusste Differenz zur Vorgängerschrift in Autor*innenauswahl, Inhalten und Intention stellt einen Versuch dar, sich von bisherigen Versäumnissen abzugrenzen, das Bild der Hochschule zu korrigieren und sie in einem neuen Licht zu präsentieren.[47]

Wiederum 15 Jahre später hätte das Vorwort des Kasseler Festbandes 2011 ein ähnlich breites, wenn auch stärker zukunftsbezogenes „buntes Panoptikum einer lebendigen, vielseitigen, in die Zukunft schauenden Universität"[48] erwarten lassen können. Stattdessen zeigt sich in den Grundaussagen ein nahezu homogenes Bild der Universität Kassel, was unter anderem durch die gezielte Auswahl der Autor*innen in administrativen oder forschungsorientierten Führungspositionen gesteuert wurde.[49]

Präsidentenbeiträge – Moderne Rektoratsreden?

Wenn die Festschriften den institutionellen Wandel und die Veränderung des Selbstverständnisses beider Reformuniversitäten spiegeln, so ist besonders da-

---

45 Brinckmann, Profil (wie Anm. 41), S. 31.

46 Die promovierte Politologin Vera Rüdiger wurde 1972 als erste Gründungspräsidentin der GhK vom Kultusminister Ludwig von Friedeburg eingesetzt, ihr folgte 1975 Ernst-Ulrich von Weizsäcker. Beide wurden in dieser Festschrift nicht berücksichtigt.

47 Brigitta Schmidt-Lauber hat jene Mechanismen im Vergleich der Jubiläen der Universität Wien 1965 und 2015 analysiert. (Vgl. Schmidt-Lauber, Universität (wie Anm. 8), S. 109 f.).

48 Präsidium der Universität Kassel, 40 Jahre (wie Anm. 29), S. 5.

49 Die überwiegende Mehrheit stellen hierbei die aktiven, neuberufenen Professor*innen. Hinzu kommen einige Mitarbeiter*innen aus Fachbereichen und zentralen Einrichtungen, Studierendenvertreter sowie einzelne Vertreter aus der regionalen Politik, Wirtschaft, den Medien, des Hochschulrates und der Universitätsgesellschaft. Nur zwei Autoren waren schon in den 1970ern als Professoren an der GhK.

nach zu fragen, welche Funktion den Beiträgen von Seiten der Hochschulleitung zukommt.

In Kassel nutzten die Präsidenten gezielt die Festanlässe, um sich im Stil alter Rektoratsreden an die akademische Öffentlichkeit und an die Politik zu wenden. Der zentrale Sammelband 1981 enthält keinen Beitrag eines amtierenden Präsidenten; eine Festrede von Franz Neumann, seit Juni 1981 Präsident der GhK, ist in der nachträglich erschienenen Dokumentation abgedruckt. Dabei machte der neugewählte Präsident deutlich, dass kein Anlass zum Jubilieren bestünde: Die GhK, als Vorreiterin eines künftigen Regelmodells gegründet, sei ein nun geduldeter Sonderfall mit kontrovers diskutierter Bilanz und unklarer Perspektive in einer radikal veränderten bildungs- und finanzpolitischen Situation.[50] Neumann verteidigte das Reformprojekt als notwendige Reaktion auf die Schwachstellen der „normalen" Wissenschaftsorganisation und plädierte für den Ausbau der Hochschule als deren einzige Entwicklungsperspektive. Im Gegensatz zur „Universität des Elfenbeinturms" brauche es eine Hochschule, die zentrale Fragen der Menschen beantworte und sich der gesellschaftlichen Verantwortung von Wissenschaft annehme, eine Wissenschaft, die als „Kraft realer Emanzipation" in die Gesellschaft eingehe.[51]

Trotz der expliziten Abgrenzung zur (alten) Universität stellte sich Neumann mit der Proklamierung einer Hochschule als gesellschaftlich wirkende Institution zugleich in deren Tradition, denn auch die Rektoren des deutschen Kaiserreichs reklamierten diese Rolle für ihre Einrichtungen.[52] Der nicht mehr tragbaren Vorstellung, Teilhabe an Forschung erzeuge die wissenschaftlich gebildete Persönlichkeit,[53] setzte Neumann ein umfassendes Konzept der Praxisorientierung im Sinne eines reflektierenden Verständnisses der gesellschaftlichen Funktion und Verantwortung von Wissenschaft entgegen. Der Bezugspunkt war nicht mehr eine unpolitisch gedachte Nation[54], sondern ein „fundamentalpolitischer Bildungs-

---

50 Neumann, Franz: Wissenschaft in demokratischer Verantwortung. Zehn Jahre Gesamthochschule Kassel. In: Der Beitrag der Gesamthochschule zur Hochschulreform 22. und 23. Oktober 1981. Hrsg. vom Kasseler Hochschulbund e.V. u. Wissenschaftlichen Zentrum für Berufs- und Hochschulforschung Gesamthochschule Kassel. Kassel 1982. S. 181–192.

51 Neumann, Wissenschaft (wie Anm. 50), S. 183 f.

52 Langewiesche, Dieter: Die „Humboldtsche Universität" als nationaler Mythos. Zum Selbstbild der deutschen Universitäten im Kaiserreich und in der Weimarer Republik. In: Historische Zeitschrift 290 (2010). S. 53–91, hier S. 90 f.

53 Vgl. Langewiesche, Dieter: Die Rektoratsrede an den Universitäten im deutschen Sprachraum. In: Redekultur an der Ludwigs-Maximilians-Universität München. Rektorats- und Universitätsreden 1826–1968. Hrsg. von Claudius Stein. München 2016. S. 21–36, hier S. 34.

54 Vgl. Langewiesche, Mythos (wie Anm. 52), S. 91.

begriff"[55], der auf die Befähigung zum Handeln in und für eine freiheitliche, rechtsstaatliche und soziale Demokratie ziele. Der verteidigende, Ungewissheit über den Fortbestand ausdrückende Schlussappell – „Die Gesamthochschule Kassel sollte eine Zukunft haben, sie soll leben" – zeigt die Abhängigkeit junger Bildungsinstitutionen von bildungs-, gesellschafts- sowie finanzpolitischen Konjunkturen.[56] Er richtete sich nach innen, an Widerstände und streitende Gruppen, vor allem aber nach außen, an eine kritische Öffentlichkeit und den anwesenden Kultusminister.[57]

Demgegenüber begann Hans Brinckmann die Kasseler Festschrift von 1996 mit einer Selbstbestätigung: anders als 1981 stand die Hochschule nun auf sicherem Fundament.[58] Wenngleich der Präsident betonte, dass die Schaffung einer leistungsfähigen Hochschule in Nordhessen kontinuierliches Ziel aller Präsidien der GhK gewesen sei, zeigt sich in seinem Beitrag ein deutlicher Wandel des Selbstverständnisses und eine Distanzierung von der Gründungszeit. Ein neues Selbstverständnis hatte die Hochschule noch nicht gefunden, was in allen Beiträgen anhand der unklaren Verwendung der Selbstbezeichnung mal als Gesamthochschule, mal als Universität zum Ausdruck kommt. Der Beitrag des Präsidenten antwortete auf jene Unsicherheit und lieferte Orientierungsangebote. Die Hochschule verstehe sich nicht mehr als abgeschwächte Umsetzung weitreichender Gründungskonzepte und Prototyp einer „vergessenen Hochschulreform".[59] Vielmehr werde die Reformidee der Gesamthochschule jetzt innovativ gewendet zu einem besonderen Profil einer deutschen Universität im europäischen, im internationalen Rahmen. Zentrale Orientierungspunkte seien dabei einerseits die Idee der deutschen Universität mit ihrer Verbindung von Forschung, Lehre und Nachwuchsförderung, andererseits eine vielfältige und offene europäische Hochschullandschaft, die das Besondere anerkenne und die deutsche Dichotomie zwischen Universität und Fachhochschule verblassen lasse.

Internationalisierung[60], im Jubiläumsjahr 1981 nur am Rande als Legitimationsargument in der wissenschaftlichen Analyse des Modells Gesamthochschule

---

55 Neumann, Wissenschaft (wie Anm. 50), S. 186.
56 Neumann, Wissenschaft (wie Anm. 50), S. 192.
57 Die GhK, zunächst als Modellprojekt für die Reform des hessischen Hochschulwesens gegründet, verlor unter anderem nach personellen Machtverschiebungen in der Landesregierung an politischer Unterstützung und musste sich trotz der Überleitung in die Selbstverwaltung ungewollt mehreren weitreichenden Entscheidungen aus dem Kultusministerium beugen.
58 Brinckmann, Profil (wie Anm. 41), S. 9 f.
59 Brinckmann, Profil (wie Anm. 41), S. 10.
60 *Innovativ, interdisziplinär, international"* wurden auch als Slogans des Jubiläums verwendet.

präsent[61], wurde in der Festschrift 1996 nun zugleich als Profilierungschance und Aufgabe der GhK strategisch gefestigt. Die sich verstärkende europäische Integration und Ansätze der Denationalisierung von Hochschulpolitik boten dem Kasseler Hochschulforscher Ulrich Teichler zufolge die Möglichkeit, die für junge Hochschulen wichtigen internationalen Kooperationen mit der Stärkung des eigenen Profils zu verbinden, zumal die GhK mit ihren gestuften Studiengängen gute Startbedingungen für internationale Studienprogramme habe.[62] Daher gelte es für die Kasseler Hochschule stärker an der Entwicklung eines besonderen, überzeugenden Profils zu arbeiten.[63] Brinckmann entwarf für diesen Weg der „ProfilBildung" klare Linien, die einerseits Erreichtes der letzten 25 Jahre aufgriffen, andererseits für die nächsten 25 Jahre herausfordernde Aufgaben definierten[64] und Lösungsansätze präsentierten. Trotz ungewisser Zukunftserwartungen vermittelte Brinckmann – auf Basis von Vergangenheitsdeutung und Gegenwartserfahrung – Zuversicht, dass diese Zukunft gestaltet werden könne und müsse, insbesondere im Bereich der Forschung, die bisher „Erfolgsstory" gewesen sei und schwerpunktmäßig konzentriert werden müsse, um sich dem internationalen Wettbewerb stellen zu können.[65]

Der die Festschrift 2011 einleitende Beitrag von Präsident Rolf-Dieter Postlep liest sich, wie die gesamte Publikation, als Rechenschaftsbericht der 1996 definierten Entwicklungsaufgaben. Vermittelt wird der Eindruck, dass die Hochschule ihr Selbstverständnis gefunden habe: „[Sie ist] ohne Wenn und Aber im Kreis der deutschen Universitäten angekommen – mit klarem eigenen Profil, aber auch mit den Attributen der üblichen Standards".[66] Auch wenn es im Zuge des Bologna-Prozesses zu einer Annäherung zwischen Universität und Gesamthochschule kam, die das Ablegen des Namens Gesamthochschule rechtfertigt, präsentierte

---

61 In Form der Einbindung einer internationalen Vergleichsstudie über europäische Hochschulreformmodelle unter anderem unter Beteiligung des Direktors des Institut d'Education Fondation Européenne de la Culture in Paris, Ladislav Cerych.

62 Vgl. Teichler, Ulrich: Zwischen Exotik und Notwendigkeit. Internationalität und internationale Beziehungen der GhK. In: Profilbildung – Texte zu 25 Jahren Universität Gesamthochschule Kassel. Hrsg. von Annette Ulbricht-Hopf, Christoph Oehler u. Jürgen Nautz. Zürich 1996. S. 299 – 311.

63 Brinckmann, Profil (wie Anm. 41), S. 13.

64 Dazu zählt unter anderem die Schwerpunktbildung in Fächern und Forschung, die Weiterentwicklung von Studium und Lehre, die stärkere Betonung von Innovation, Interdisziplinarität und Internationalität sowie eine stärkere Verbindung mit Stadt und Region, die den Wissenstransfer, auch im kulturellen Bereich, fördert.

65 Brinckmann, Profil (wie Anm. 41), S. 22f.

66 Postlep, Rolf-Dieter: Optimistisch ins fünfte Jahrzehnt. In: Präsidium der Universität Kassel, 40 Jahre (wie Anm. 29), S. 8 – 12, hier S. 8.

Postlep die Hochschule nun als Teil einer nationalen Gemeinschaft, der sie weder 1981 noch 1996 hatte angehören wollen.

Worüber diese Zugehörigkeit in der Präsentationsschrift demonstriert werden sollte, wird schnell deutlich. Mit der diskursiven Hervorhebung der Forschungsaufgabe und der Präsentation der Universität als Forschungsstätte schloss der Band sowohl an gegenwärtige Tendenzen[67] als auch an ältere Traditionen[68] an. Postlep erzählt eine erfolgreiche Fortschittsgeschichte der Forschung an der Universität Kassel, an der nun Schwerpunkte prosperierten und ambitionierte Initiativen auf dem Weg seien.[69] Studium und Lehre, beide deutlich nachrangig dargestellt, erscheinen bei Postlep, wie auch im gesamten Band, als positive Kontinuitätsgeschichte. In beiden Fällen bleibt die Vergangenheit auf einzelne Stichworte beschränkt, im Fokus stehen Gegenwart und nahe Zukunft. Langfristige, kritisch-reflexive Entwicklungsaufgaben werden nicht definiert, den Zeithorizont bilden lediglich die nächsten zehn Jahre, wie der Titel „Optimistisch ins fünfte Jahrzehnt" zeigt.[70] Für diese Phase sollte das Jubiläum der Universität dazu dienen, das Bewusstsein der Zugehörigkeit zu dieser Institution zu stärken und „Motivation und Spirit" zu fördern.

In der Tradition der Rektoratsreden des deutschen Kaiserreichs betont der Band ausführlich die Rolle der Universität als gesellschaftlich wirkende Institution. Die Hochschule übernehme gesellschaftliche Verantwortung und sei nicht nur der Logik der Wissenschaften verpflichtet, ihre Forschung behandele die großen Zukunftsfragen und verbinde Grundlagen wie Anwendung, zugleich sei sie ein zentraler wirtschaftlicher sowie kultureller Faktor in Stadt und Region.[71] Für Postlep steht die Hochschule selbstbewusst im universitären Wettbewerb, mit guten Konzepten und beachtlichen Erfolgen. Die Beiträge des Bandes untermauern diese Aussage und nennen die Schlüsselbegriffe der gegenwärtigen Universitätsentwicklung: Kompetenzzentren, junge Universität, Wissenstransfer, Innovation und Technologie, interdisziplinäre Lösungsansätze, Forschungsverbünde, internationale Verflechtung, externe Forschungsförderung, Wettbewerb, Effizienz, Qualitätssicherung und Evaluation.[72] Es ist eine Außenbeobachterin,

---

67 Vgl. Paletschek, Stand (wie Anm. 5), S. 172.

68 Vgl. Langewiesche, Rektoratsrede (wie Anm. 53), S. 33.

69 Postlep, Jahrzehnt (wie Anm. 66), S. 10.

70 Postlep, Jahrzehnt (wie Anm. 66), S. 8.

71 Präsentiert werden insbesondere die zahlreichen lokalen Gründungen von Absolvent*innen unterschiedlicher Fächer ebenso wie die etablierten Transferstrukturen.

72 Wiederum ist es der Hochschulforscher Teichler, der in seinem Beitrag zum Band die Begründung der strategischen Präsentation liefert: Mit dem Wegfall des alten Namens könne sich die Kasseler Hochschule nicht mehr „a priori auf die Besonderheit ihres Profils berufen". Mit der

die in ihrem Beitrag Kritik an der neoliberalen Betrachtung universitärer Forschung und Lehre übt und darauf verweist, dass Kassel im Wettlauf um Elite und Exzellenz nicht mithalten könne.[73] Es sind die beitragenden Studierendenvertreter*innen, die sich eine Hochschule wünschen, die zu ihren Grundsätzen zurückkehrt und als Reformuniversität neue Ansätze für eine Universität als Raum von Bildung und Emanzipation entwickelt.[74]

Im Gegensatz zu den Kasseler Präsidenten nutzten die Bremer Rektoren die universitätsgeschichtlichen Veröffentlichungen weder als „Fach- noch als Gesellschaftsrede"[75]. Dem Beitrag mit Rektor Wittkowsky zum zehnjährigen Jubiläum ist der Satz vorangestellt: „Das Interview fand 2 Monate vor seinem Rücktritt am 23. 3. 1982 statt."[76] Neben hochschulpolitischen Regelungen seien es vor allem die Streitigkeiten mit dem Kanzler gewesen, die eine öffentliche Feststimmung nicht aufkommen ließen. Bei der 20-Jahr-Feier war Rektor Jürgen Timm zwar bei allen Veranstaltungen mit kleinen Redebeiträgen präsent, aber für die programmatischen Positionierungen waren Stimmen diesseits und jenseits des Rektorats zuständig. Noch knapper gehalten und mit der Textgattung Grußwort weit von den Intentionen der klassischen Rektoratsrede entfernt waren die Äußerungen von Rektor Müller.

Dass sich die Beiträge der Hochschulleitung gerade bei den für die programmatischen Positionierung geeigneten Festschriften so unterschieden, lässt sich durch die strukturellen Differenzen der Reformmodelle in Bremen und Kassel begründen. Die Hochschulen trennt einiges: Die Bremer Einrichtung ist Landesuniversität, die Kasseler Hochschule muss als fünfte hessische Universität, abseits des landespolitischen Machtzentrums und in Konkurrenz zu Einrichtungen mit

---

Betonung besonderer Profile, der Schwerpunktbildung in der Forschung und des Stellenwerts der Hochschule für die Gesellschaft müsse sich die Universität Kassel in der Konkurrenz gegenüber Institutionen mit traditionell gewachsener Reputation und Ausstattung behaupten. (Teichler, Ulrich: Gesamthochschule. Mehr als ein früherer Name. In: Präsidium der Universität Kassel, 40 Jahre (wie Anm. 29), S. 13 – 14, hier S. 14).

73 Vgl. Irle, Katja: Eine Hochschule bleibt sich treu. In: Präsidium der Universität Kassel, 40 Jahre (wie Anm. 29), S. 213.

74 Vgl.: Lotto, Miriam u. Oliver Schmolinski: Ein Ausblick der Studierendenschaft. In: Präsidium der Universität Kassel, 40 Jahre (wie Anm. 29), S. 39; in Abgrenzung zum offiziellen Präsentationsband ist daher auch ein unter dem Eindruck des Jubiläums entstandener Sammelband der Studierendenschaft zu sehen, der in essayistischer Form eine kritische Bestandsaufnahme der Studierendenschaft und der studentischen Selbstverwaltung in Vergangenheit und Gegenwart präsentiert (Lotto, Miriam [u. a.] (Hrsg): Studentische Hochschulpolitik für die Universität Kassel. 40 Jahre Bildungsprotest und Verteidigung der politischen Studierendenvertretung. Kassel 2012).

75 Langewiesche, Mythos (wie Anm. 52), S. 26.

76 Beck, Zehn Jahre (wie Anm. 19), S. 69.

größerem Ansehen, stärker auf sich aufmerksam machen. In Bremen wurden ältere Einrichtungen vorwiegend in eigene Hochschulen neben der Universität überführt, in Kassel gingen bestehende tertiäre Ausbildungseinrichtungen in der Gesamthochschule auf und wurden um die universitäre Lehrer*innenbildung erweitert. Die Bremer Universität hat eine Rektoratsverfassung, die Kasseler Institution ist präsidial verfasst.

Resümee

Die Ausgangsfrage des Beitrags kann anhand der Festschriften freilich nur ausschnittweise beantwortet werden, da für umfassende Ergebnisse Kontexte, Akteur*innen, Rezeption und weitere Elemente der Jubiläen analysiert werden müssen. Das „Wie feiern?" findet eine erste Antwort im Wandel der äußeren Aufmachung. Die Festschriften des ersten Jubiläums 1981 waren nüchterne, teils wissenschaftlich oder (selbst-)kritisch bilanzierende Taschenbuchausgaben. 1991 feierte sich die Bremer Universität mit einer äußerlich grauen, im Inneren traditionellen Sonntagsschrift, während die Kasseler Hochschule 1996 eine äußerlich festliche Schrift herausgab, die sich jedoch nicht als solche verstand und inhaltlich ambioniert wie auch vielseitig war. 2011 stellten sich beide Institutionen mit repräsentativen, reichbebilderten Hochglanzausgaben – in Bremen aus fremder, in Kassel aus eigener Hand – selbst dar.

Das „Warum?" erfordert differenzierte Antworten. Hier spiegeln sich Unterschiede zwischen den beiden Reformuniversitäten in der Funktion und Nutzung von Jubiläumsschriften in Bezug auf Struktur und wissenschaftspolitische Orientierung.

Für Kassel waren die Schriften des ersten Jubiläums eine Verarbeitung und Verteidigung einer (geläuterten) Gründungsidentität als Gesamthochschule. Sie erfüllen im wesentlichen eine soziale Funktion[77], indem sie nach innen zum Festhalten am eigenen Weg ermutigten. Nach außen wie nach innen präsentierten sie die Funktionsfähigkeit sowie die Notwendigkeit des Modells und warben um dessen Anerkennung. Ist bei den Jubiläen der „alten" Universitäten eine Festgemeinde mit Vertreter*innen von Institutionen gleichen Rangs ein Ausweis von Stabilität und Bedeutung[78], so wurden die sozialen Botschaften der Jubiläumspublikationen einer Reformeinrichtung unterstützt durch das Aufzeigen der

---

77 Nach Markus Drüding gibt es drei zentrale Funktionen von Universitätsjubiläen: eine soziale, eine politische und eine ökonomische. Vgl. Drüding, Jubiläumsfieber (wie Anm. 14), S. 25–30; Drüding, Universitäten (wie Anm. 11), S. 63–68.
78 Vgl. Drüding, Jubiläumsfieber (wie Anm. 14), S. 27.

Eingebundenheit in ein nationales wie länderübergreifendes Netzwerk integrierter Hochschulformen. Für Bremen erfüllte die „Keine Festschrift" von 1982 ebenfalls eine soziale Funktion, indem sie über die Pluralität der Positionen eine kritische Selbstanalyse einläutete und mit dem damaligen Bundesbildungsminister Engholm einen im linksliberalen Spektrum herausragenden Fürsprecher für einen moderaten Reformkurs hin zu einer forschungsstarken Universität gewinnen konnte.

Gemeinsam war beiden Hochschulen in ihrer zweiten Jubiläumsschrift, auch wenn fünf Jahre dazwischen lagen, die reflexive Neuausrichtung. Selbstbewusstsein und Selbstkritik öffneten den Weg in die Hansestadt und in die Region, begleitet von den politisch Verantwortlichen des Stadtstaates Bremen. Anders als ihre rückblickend-bilanzierende Vorgängerschrift offenbarte die Kasseler Festschrift von 1996 in der Verbindung von Vergangenheitsdeutungen, Gegenwartserfahrungen und Zukunftserwartungen[79] ein mehrdimensionales Selbstverständnis einer identitätssuchenden Hochschule. Mit dieser Publikation wurde ein öffentlicher Kommunikationsraum geschaffen[80], in dem Identität verhandelt, Positionen diskutiert sowie Perspektiven und Orientierungen aufgezeigt wurden. Nach innen gerichtet war die Schrift ein Aufruf an die Mitglieder der Hochschule, gerade vor dem Hintergrund (hochschul-)politischer Veränderungen in Europa, die Möglichkeiten zur Profilbildung zu nutzen, um selbst eine (neue) Position im tertiären Bildungswesen zu finden. Bezogen auf die äußere soziale Funktion zeigte sich die Hochschule in keiner Gemeinschaft tertiärer Bildungseinrichtungen, stattdessen betonte sie durch die Einbindung von Alumni und Autor*innen aus Stadt, Kultur und Wirtschaft ihre lokale wie regionale Vernetzung und Bedeutung.

40 Jahre nach der Gründung zeigte die Bremer Hochschule ihre Identität und Souveränität, indem sie sich von fremder Hand ihrer Geschichte vergewissern ließ und sich auch nicht scheute, das Etikett „Rote Kaderschmiede" als überholten Mythos zu apostrophieren. Die Festschrift aus Kassel präsentierte im gleichen Jahr eine gefundene Identität, jene einer Universität (anstelle einer Gesamthochschule), zwar mit besonderem Profil und schlagwortartig genannten Reformtraditionen, aber vor allem eine Institution, die im Wettbewerb um Effizienz und Exzellenz mithalten könne, ohne die Frage nach der gesellschaftlichen Verantwortung von Wissenschaft zu vernachlässigen. Das Werben mit den eigenen Erfolgen und Profilen rückte eine nun ökonomische Funktion der Veröffentlichung

---

79 Vgl. Drüding, Universitäten (wie Anm. 11), S. 60.
80 Zur Produktion von (in diesem Falle medialen) Festräumen siehe Füssel, Festkultur (wie Anm. 15), S. 23.

in den Vordergrund.[81] Die Botschaft der Eingebundenheit ins deutsche Universitätssystem einerseits, in die Region andererseits, die eine soziale Funktion innehatte, war vor allem nach außen gerichtet.

Für Jan Assmann sind 40 Jahre eine kritische Grenze für den Übertritt von Vergangenheitsbeständen in das kulturelle Gedächtnis[82], in den historisch arbeitenden Disziplinen ist dies traditionell eine Zeitspanne, nach der Forschungsarbeiten einsetzen. In Bremen produzierte das Jubiläum eine von „Personalisierung, Dramatisierung, Narrativierung, Emotionalisierung und Visualisierung" durchzogene populäre Geschichtsrepräsentation[83], die die Vergangenheit auf die „Eigengeschichte"[84] zurichtet und der Öffentlichkeit wie den eigenen Mitgliedern ein selbstbewusstes Geschichtsbild transportiert. Das Jubiläum war in diesem Fall ein „Motor der Public History".[85] In Kassel enthielt die letzte untersuchte Veröffentlichung, anders als die Vorgängerschrift, keine fundierten universitätsgeschichtlichen Expertisen, der eingangs zitierte Zusammenhang von Universitätsgeschichtsschreibung und Jubiläum verblasst. Will man diese Festschrift als geschichtskulturelles Objekt betrachten, so handelt es sich um eines, das mehr vom Vergessen, als vom Erinnern geprägt ist.[86] Die wenigen aktualisierten und verdichteten Vergangenheitsbestände, die in das kulturelle Gedächtnis Eintritt finden sollten, dienten der Generierung von Gegenwartsbotschaften, jenen einer leistungsfähigen, innovativen, diversen und zukunftsorientierten Universität. So trifft die von Winfried Müller herausgearbeitete spezifische Jubiläumsrhetorik hier ganz besonders zu: „Die im Jubiläum inszenierte Tradition ist stets eine lebendige, die in der Gegenwart bewahrenswert und in der Zukunft entwicklungsfähig ist."[87] Nur im Detail wird in jenem offiziellen Band deutlich, dass auch in diesem Jubiläum ein „Kampf des Gedächtnisses"[88], verbunden mit unterschiedlichen Vorstellungen über die Zukunft der einstigen Reformhochschule, ausgetragen wurde.

---

81 Die Festschrift spiegelt damit die allgemein konstatierten Trend der Ökonomisierung von Wissenschaft und Universität (Vgl.: Weingart, Peter: Ökonomisierung der Wissenschaft. In: NTM Zeitschrift für Geschichte der Wissenschaften, Technik und Medizin 16 (2008). S. 477–484).

82 Assmann, Jan: Das kulturelle Gedächtnis. Schrift. Erinnerung und politische Identität in frühen Hochkulturen. München 2002. S. 11.

83 Paletschek, Stand (wie Anm. 5), S. 181.

84 Müller, Universität (wie Anm. 7), S. 85.

85 Müller, Winfried: Das historische Jubiläum als Motor der Public History. In: Westfälische Forschungen 69 (2019). S. 53–67.

86 Vgl.: Schmidt-Lauber, Universität (wie Anm. 8), S. 110.

87 Müller, Universität (wie Anm. 7), S. 85.

88 Müller, Universität (wie Anm. 7), S. 88.

______

Jubiläen in Krisenzeiten und Krisen des Jubiläums | Jubilees in Times of Crisis and Crises of the Jubilees

Christof Aichner

„Bei uns hat die 200jährige Jubelfeier viel Staub aufgewirbelt…" Das gescheiterte Gedenkjahr 1877 der Universität Innsbruck

Abstract: The paper examines the failed jubilee of the University of Innsbruck in 1877. Due to a conflict in the senate of the university, the professors were not willing to organize the 200th anniversary celebration of the university's foundation. In this situation, students took over and tried to plan the university's jubilee. However, the students failed in doing so, since they could not reach an agreement whether a catholic Mass should be part of the festivities. For this reason, only some smaller celebrations took place held by student fraternities, which ended in street fights and a scandal. The paper analyses the reasons for the failed jubilee in the context of the public debate on clerical control of the educational system in the Habsburg Monarchy and the discussion on the role of the church in the university at the time of the university's foundation and in the contemporary era. Furthermore, it deals with concepts of cultural memory and performative practices associated with the jubilee.

Einleitung

Das Jahr 2019 stand an der Leopold-Franzens-Universität Innsbruck ganz im Zeichen des 350-Jahr-Jubiläums der Gründung der Universität. Ein ganzes Jahr über standen Festveranstaltungen, Konferenzen, Theateraufführungen, Vorträge sowie Führungen durch die Universitätsgebäude und -einrichtungen auf dem Programm, mit dem unterschiedliche Gesellschaftsgruppen über die Arbeit und die Geschichte der Universität informiert werden sollten.[1] Eine Historisierung und Aufarbeitung dieses Jubiläumsjahres ist zukünftigen Historiker*innen vorbehalten, in diesem Beitrag soll es stattdessen um das Universitätsjubiläum der Universität Innsbruck im Jahr 1877 gehen, das wenig erfolgreich war und im Streit geendet hatte.

---

1 Einen Überblick über die Aktivitäten im Jubiläumsjahr bietet die Website der Universität: Universität Innsbruck: 350 Jahre Universität Innsbruck. https://www.uibk.ac.at/350-jahre/ (5.11.2020).

Noch am 10. April 1877 hatte die *Allgemeine Zeitung* (Augsburg) angekündigt, dass in Innsbruck ein großes Jubiläumsfest stattfinden werde:

> Innsbruck, 7. April (Universitätsjubiläum). Am 25. und 26. des Monats feiert die Innsbrucker Hochschule den Gedächtnißtag ihrer 200jährigen Stiftung durch den Kaiser. Umfassende Vorbereitungen sind dazu bereits getroffen. Namentlich der Fackelzug dürfte sich zu einem Schauspiel gestalten wie Innsbruck es nicht oft gesehen. Die Theilnahme ist allgemein. Am 26. ist Commers. Man hofft, daß die gesammte Universitätsjugend Oesterreichs und auch Deutschlands an diesem Fest ihrer Collegen regen Antheil nehmen werde.[2]

Anders aber als die hoffnungsfrohe Ankündigung in der *Allgemeinen Zeitung* es erwarten ließ, fiel ein großer Teil des Programms ins Wasser: Die meisten Professoren hatten eine Teilnahme an der geplanten Feier der Studenten wenige Tage zuvor öffentlich abgelehnt,[3] und der Statthalter hatte den angekündigten Fackelzug der Studenten verboten.[4] Schließlich lieferten sich einzelne Gruppen der Studentenschaft im Anschluss an getrennte Feiern einen Streit im zentralen Straßenzug der Stadt, der schlussendlich in einer „ordentlichen Holzerei"[5] endete, sodass mehrere Studenten „arg zugerichtet"[6] waren, wie danach in den *Innsbrucker Nachrichten* zu lesen war. Der Rektor der Universität, der Historiker Alfons Huber, schrieb später an einen Kollegen, dass dieses Schauspiel ein peinlicher Skandal für die Universität gewesen sei, der „viel Staub aufgewirbelt"[7] habe. Der erste Versuch, ein Jubiläum der Universität zu feiern, war damit gründlich danebengegangen.

Im Folgenden werden die Ursachen und Folgen dieses Scheiterns näher betrachtet und die Faktoren umrissen, die die Planungen und die Feier des Jubiläums beeinflusst haben. Dazu werden der Zeitpunkt und die Umstände des Jubiläums beziehungsweise die historischen Rahmenbedingungen, in die das Jubeljahr fiel, skizziert. In einem zweiten Schritt geht dieser Beitrag auf die Festkultur an der Universität Innsbruck sowie auf die sich entwickelnde Jubiläumspraxis an den Universitäten der Habsburgermonarchie und deren Nachbar-

---

2 O.V.: Universitätsjubiläum. In: Allgemeine Zeitung Nr. 100 (10.4.1877). S. 1504.

3 Neues Wiener Tagblatt Nr. 110 Abendausgabe (23.4.1877). S. 4; vgl. auch Universitätsarchiv Innsbruck (UAI), Senatssitzungsprotokolle 1862–1885, Karton 4, ad V 1876/77: Rektor Alfons Huber an Ministerium für Cultus und Unterricht, 9.5.1877.

4 Tiroler Landesarchiv (TLA), Statthalterei Präsidium 881/1877: Statthalterei an Theodor Christomannos (Vorsitzender des Studentenausschusses). Entwurf, 24.4.1877.

5 O.V.: Zum Studentenkrawall. In: Innsbrucker Nachrichten Nr. 98 (30.4.1877). S. 1207.

6 O.V., Studentenkrawall (wie Anm. 5).

7 Alfons Huber an Adam Wolf, 22.4.1877. Abgedruckt in: Oberkofler, Gerhard u. Peter Goller (Hrsg.): Alfons Huber. Briefe 1859–1898. Innsbruck/Wien 1995. S. 448.

ländern ein. Zuletzt wird die Haltung unterschiedlicher universitärer und außeruniversitärer Akteure im Hinblick auf das Jubiläum behandelt und schließlich eine Zusammenschau der Ergebnisse präsentiert.

Mein wesentlicher Ausgangspunkt für den Beitrag ist dabei das Assmann'sche Konzept,[8] die Feier als Medium der kulturellen Erinnerung zu begreifen. In der historischen Forschung zu Universitäten wurde dieser Ansatz vor allem zur Erinnerungskultur an der Universität Jena genutzt und vertieft.[9] Daran anknüpfend erscheint mir zentral zu sein, dass über universitäre Jubiläumsfeiern die Vergangenheit der Institution durch die besondere Form der Erinnerung an bestimmte Ereignisse für die Gegenwart nutzbar gemacht werden sollte. Für die Mitglieder der Institution erfüllt das Fest damit eine gemeinschaftsstiftende Funktion zur inneren Festigung und gleichzeitig zur demonstrativen Abgrenzung nach außen. Darüber hinaus gehe ich davon aus, dass sowohl Form als auch Inhalt der Feiern stets Aushandlungsprozessen unterworfen waren, in denen konkurrierende Erinnerungen und damit Gegenwartsentwürfe gegeneinander aufgewogen wurden. Dieser Ansatz wird dabei mit Fragen nach performativen Praktiken, dem *doing history*, verbunden und untersucht, welche Praxen des Erinnerns für das Jubiläum verwendet wurden, welche Öffentlichkeit(en) damit angesprochen werden sollten und wie die Aushandlungsprozesse dazu verlaufen sind.[10]

---

8 Assmann, Jan: Der zweidimensionale Mensch. Das Fest als Medium des kollektiven Gedächtnisses. In: Das Fest und das Heilige. Kontrapunkte des Alltags. Hrsg. von dems. u. Theo Sundermeier. Gütersloh 1991 (Studien zum Verstehen fremder Religionen 1). S. 13–30; Assmann, Jan: Das kulturelle Gedächtnis. Schrift, Erinnerung und politische Identität in frühen Hochkulturen. München 1992.
9 Deile, Lars: Feste – eine Definition. In: Das Fest. Beiträge zu einer Theorie und Systematik. Hrsg. von Michael Maurer. Wien/Köln/Weimar 2004. S. 1–17; Halle, Antje: Universitäre Festkultur. In: Traditionen – Brüche – Wandlungen. Die Universität Jena 1850–1995. Hrsg. von der Senatskommission zur Aufarbeitung der Jenaer Universitätsgeschichte im 20. Jahrhundert. Wien/Köln/Weimar 2009. S. 254–269; vgl. zur Funktion von Universitätsjubiläen auch: Drüding, Markus: Warum feiern Universitäten Geschichte? Funktionen und Formen deutscher Universitätsjubiläen im späten 19. und 20. Jahrhundert. In: Akademische Festkulturen vom Mittelalter bis zur Gegenwart. Zwischen Inaugurationsfeier und Fachschaftsparty. Hrsg. von Martin Kintzinger, Wolfgang Eric Wagner u. Marian Füssel. Basel 2019 (Veröffentlichungen der Gesellschaft für Universitäts- und Wissenschaftsgeschichte 15). S. 55–76.
10 Vgl. dazu Samida, Stefanie, Sarah Willner u. Georg Koch: Doing History – Geschichte als Praxis. Programmatische Annäherung. In: Doing History. Performative Praktiken in der Geschichtskultur. Hrsg. von Sarah Willner, Georg Koch u. Stefanie Samida. Münster/New York 2016. S. 1–25; Schmidt-Lauber, Brigitta: Die (sich) feiernde Universität. Bedeutungsstiftung durch Jubiläen. In: Doing University. Reflexionen universitärer Alltagspraxis. Hrsg. von Brigitta Schmidt-Lauber. Wien 2016. S. 55–77.

Die Rahmenbedingungen

Die österreichischen Universitäten wurden in Folge der Revolution von 1848 tiefgreifend reformiert. Der Minister für Cultus und Unterricht Leo Thun-Hohenstein verantwortete die Neugestaltung der Habsburger Bildungslandschaft und stärkte die Rolle der Universitäten als Lehr- und Forschungseinrichtungen. Mit der Abschaffung der bisher vorgeschriebenen Lehrbücher, der jährlichen Prüfungen, der Einführung der Lehr- und Lernfreiheit und der Schaffung der Privatdozentur wurden zahlreiche liberale Reformschritte gesetzt.[11] Vorbild für die Reformen waren die deutschen Universitäten, allen voran die Universitäten Preußens, die seit den Napoleonischen Kriegen selbst einen Reformprozess durchgemacht hatten und als „blühende Hochschulen Deutschlands"[12] nun eine Orientierung für die Reform in Österreich darstellten. Wenngleich es dabei durchaus zu einer differenzierten Anpassung gekommen war, hatten die prononcierte Betonung des deutschen Vorbilds sowie die zahlreichen Berufungen von Professoren und Dozenten aus den benachbarten Staaten des Deutschen Bundes im Zuge der Umsetzung der Reformen in den 1850er Jahren zu einer intensiven Debatte um den Verlust der eigenen, österreichischen Universitätstradition geführt. Hinzu kam, dass besonders konservative und klerikale Kreise in der „preußischen Fortschritterei"[13] und den liberalen Reformen eine Abkehr von den katholischen Wurzeln der österreichischen Universitäten erblickten.[14] Dies galt für die Habsburgermonarchie im Allgemeinen, aber auch für die Innsbrucker Universität im Speziellen.

In Innsbruck war die Situation überdies noch etwas verworrener, denn in Tirol, dem „Kirchenstaat Habsburgs"[15], wurde parallel und in Reaktion auf die liberalen Reformen die Errichtung einer katholischen Universität diskutiert und

---

11 Vgl. zum Reformprozess zuletzt und dort mit ausführlichen Literaturverweisen: Aichner, Christof u. Brigitte Mazohl (Hrsg.): Die Thun-Hohenstein'schen Universitätsreformen 1849 – 1860. Konzeption – Umsetzung – Nachwirkungen. Wien/Köln/Weimar 2017.
12 Aus einer Rede des ersten Unterrichtsministers Karl von Sommaruga im März 1848, abgedruckt bei: Heintl, Carl: Mittheilungen aus den Universitäts-Acten (vom 12. März 1848 bis 22. Juli 1848). Wien 1848. S. 10 – 11.
13 Diözesanarchiv Wien, Bischofsakten Rauscher, 1860: Karl Kopetzky an Kardinal Joseph Othmar Rauscher. 30.12.1860.
14 Vgl. dazu bei Aichner, Christof: Die Universität Innsbruck in der Ära der Thun-Hohenstein'schen Reformen 1848 – 1860. Aufbruch in eine neue Zeit. Wien/Köln/Weimar 2018 (Veröffentlichungen der Kommission für Neuere Geschichte Österreichs, Bd. 117). S. 79 – 87, S. 392 – 400.
15 Klieber, Rupert: Jüdische, christliche, muslimische Lebenswelten der Donaumonarchie 1848 – 1918. Wien 2010. S. 131.

schließlich mit der Wiedereröffnung der Theologischen Fakultät und deren Übertragung an die Jesuiten im Jahr 1857 ein entschiedener Gegenpunkt zu den liberalen Reformen des Jahres 1848 gesetzt. Die Frage der Rolle und der Vorrechte der Kirche innerhalb der Universität wurde damit neu aufgeworfen und es kam zu einer intensiven Debatte zwischen jenen, die die absolute Freiheit der Wissenschaft forderten und jenen, die die Rolle der Religion und der Kirche für die Wissenschaft und die Universität betonten. Diese Diskussion fand dabei sowohl innerhalb der Universität statt und führte dort zu zahlreichen Konflikten, fand ihren Niederschlag aber auch im Tiroler Landtag und in regionalen und Monarchie-weiten Zeitungen.[16]

Daneben zeigte sich in diesen Debatten auch ein Spannungsfeld zwischen den Vorstellungen von der Universität als einer regionalen Bildungs- und Forschungsstätte mit traditionellen Rechten einerseits und einer zentral von Wien gelenkten Staatsanstalt mit gesamtstaatlichem Auftrag andererseits. Diese unterschiedlichen Vorstellungen von der Funktion der Universität sind in den 1860er Jahren immer wieder in einzelnen Episoden greifbar und flammten im Jubiläumsjahr öffentlichkeitswirksam auf.

Neben diesen Konflikten bildet die Festkultur an der Universität Innsbruck und die sich etablierende Jubiläumskultur im späten 19. Jahrhundert, der „era of jubilees"[17], an den deutschen und österreichischen Universitäten eine wichtige Rolle für das Verständnis der Dynamiken im Jubiläumsjahr. Für eine Jubiläumsfeier gab es in Innsbruck selbst kein Vorbild – allerdings für das Scheitern eines Jubiläums, wie die *Innsbrucker Nachrichten* am 12. März 1877 mit Blick auf die sich abzeichnenden Schwierigkeiten bei der Planung für das anstehende Jubiläum süffisant berichteten: Denn im Jahr 1773 war der „Antrag einer Säkularfeier" wegen des gerade erfolgten Verbots des Jesuitenordens, der bis dahin die Universität maßgeblich geprägt hatte, fallen gelassen worden.[18]

---

16 Vgl. dazu Aichner, Christof: Die Verbindung von Lehre und Forschung – auf dem Weg zur modernen Universität im 19. Jahrhundert. In: Geschichte der Universität Innsbruck 1669 – 2019. Bd. I: Phasen der Universitätsgeschichte. Teilbd. 1: Von der Gründung bis zum Ende des Ersten Weltkriegs. Hrsg. von Margret Friedrich u. Dirk Rupnow. Innsbruck 2019. S. 295 – 470, hier S. 372 – 378; Oberkofler, Gerhard: Die Petition der drei weltlichen Fakultäten um Aufhebung der Jesuitenfakultät von Jahr 1873. Ein Beitrag zur Geschichte des Kampfes zwischen kirchlichem und freiem Denken an der Universität Innsbruck. In: Tiroler Heimat 36 (1973). S. 77 – 91.

17 Drüding, Universitäten (wie Anm. 9), S. 60; allgemein dazu auch: Müller, Winfried: Inszenierte Erinnerung an welche Traditionen? Universitätsjubiläen im 19. Jahrhundert. In: Die Berliner Universität im Kontext der deutschen Universitätslandschaft nach 1800, um 1860 und um 1910. Hrsg. von Rüdiger vom Bruch. Unter Mitarbeit von Elisabeth Müller-Luckner. München 2010 (Schriften des Historischen Kollegs, Kolloquien 76). S. 73 – 92.

18 O.V.: Von der Universität vor 100 Jahren. In: Innsbrucker Nachrichten Nr. 58 (12.3.1877). S. 695.

Indes gab es wie an anderen Universitäten jährlich wiederkehrende Feierlichkeiten, wobei besonders die Feiern zur Erinnerung an die „Restauration"[19] der
Universität im Jahr 1826 genannt werden können. In den Jahren nach 1826 wurde
dieses Ereignis alljährlich in einem Festakt in zeitlicher Nähe zum 30. April, dem
Tag der Restauration, erinnert. Der Festakt bestand aus einem Gottesdienst mit
anschließender Rede des Rektors in der Aula.[20] In der Reformära nach 1848 verlor
diese Praxis allerdings an Bedeutung, sodass der Senat das Fest zu Beginn der
1870er Jahre auch formal abschaffte. Die Senatsmehrheit hatte dies mit dem Be-
deutungsverlust des Festes begründet, zumal die Erinnerung an die Restauration
durch die jüngsten Reformen überholt schien, sowie mit der Tatsache, dass durch
das Fest ein Vorlesungstag verlorengehe. Die Minderheit im Senat argumentierte
hingegen damit, dass man mit der Feier die Möglichkeit habe „nach außen
Zeugnis zu geben".[21] Jenen, die zur Optimierung des Studienbetriebs einen Feri-
altag abschaffen wollten, stand somit eine kleinere Gruppe entgegen, die diese
Chance zur öffentlichen Repräsentation der Universität nicht aufgeben wollte.
Ähnlich wie letztere Gruppe hatte bereits in den 1850er Jahren der konservative
Rechtswissenschaftler Ernst von Moy de Sons gefordert, die noch immer wirk-
samen josephinischen Rationalisierungsmaßnahmen (beispielsweise die Abschaffung der Talare) rückgängig zu machen und akademische Feiern wieder mit
größerem Aufwand zu feiern, um in diesen öffentlichen Akten die universitäre
Gemeinschaft zu stärken und die Sichtbarkeit der Universität in der Gesellschaft
zu erhöhen.[22]

Daneben hatte es 1857 sowie 1869 bei der Erweiterung der Universität durch
die Theologische respektive die Medizinische Fakultät große Feiern gegeben, die
jeweils auch Positionsbestimmungen gewesen waren, die gegensätzlicher nicht
hätten sein können: Während 1857 die Übergabe der Theologischen Fakultät an
die Jesuiten als ein Anknüpfen an den historischen Ursprung der Universität ge-

---

19 Im Jahr 1826 wurde die Universität, nachdem sie zuvor für einen längeren Zeitraum zu einem
Lyzeum herabgestuft worden war, wieder in den Rang einer Universität gehoben und erhielt das
Promotionsrecht zurück. Im zeitgenössischen Sprachgebrauch wurde stets von der ‚Restauration'
gesprochen.
20 Vgl. dazu Aichner, Verbindung (wie Anm. 16), S. 298–299.
21 UAI, Senatssitzungsprotokolle 1862–1885, Karton 4, II 1873/74: Senatssitzung vom 27.1.1874.
22 UAI, Juridische Sitzungsprotokolle 1848–1871: Sitzungsprotokolle der juridischen Fakultät,
Nr. 311, 20.1.1860 u. Nr. 440, 19.6.1860; vgl. allgemein zur Funktion universitärer Feierlichkeiten,
in denen sich die Aussagen von Moy de Sons widerspiegeln bzw. den Wunsch nach einer Rückkehr zu traditionellen Formen akademischer Feiern unterstreichen: Füssel, Marian: Akademische
Solennitäten. Universitäre Festkulturen im Vergleich. In: Festkulturen im Vergleich. Inszenierungen des Religiösen und Politischen. Hrsg. von Michael Maurer. Köln/Weimar/Wien 2010.
S. 43–60, hier vor allem S. 44.

feiert und die Universität als Bollwerk des katholischen Glaubens apostrophiert wurde, stand die Feier zur Eröffnung der Medizinischen Fakultät 1869 ganz im Zeichen des Glaubens an einen ungebremsten Fortschritt durch Wissenschaft, mit der Universität als Garant für Freiheit und Aufklärung.[23]

Schließlich fallen in die 1860er Jahre auch mehrere Jubiläen von Universitäten im In- und Ausland, zu denen Vertreter der Innsbrucker Universität eingeladen waren (Berlin, Basel, Wien, München, Leiden).[24] Der Senat diskutierte dabei jeweils darüber, wie man auf diese Einladungen reagieren und ob sich die Universität an den Festakten beteiligen solle. Besonders intensiv erörterte der Senat im Frühjahr 1872 die Einladung zum anstehenden Münchner Universitätsjubiläum. Während ein Großteil der Mitglieder des Senats sich enthusiastisch für eine aktive Beteiligung und das Überreichen von Festschriften an die „Nachbaruniversität"[25] einsetzte, sprach sich die Theologische Fakultät geschlossen gegen eine Teilnahme aus. Sie begründete dies damit, dass die Feier in München, wie in der Einladung angekündigt worden war, ein Fest der noch jungen deutschen Nation werden sollte („Das Fest wird Zeugnis geben wie die Nation zu den Universitäten und die Universitäten zu der Nation stehen"[26]). Die Theologische Fakultät befürchtete, dass „der Geist in welchem die Feier begangen werden soll, ein der katholischen Kirche feindseliger [sei] oder wenigstens in einer oder der anderen Rücksicht antikatholische Tendenzen dabei das leitende Princip bilden" würden.[27] Während die weltlichen Fakultäten unter der Führung des Rektors Kamill Heller (Medizinische Fakultät) die Gelegenheit nutzen wollten, um zu demonstrieren, dass „die scheidenden staatlichen Grenzen [...] ohne Einfluß auf die Beziehungen der beiden Hochschulen" seien und dass „die deutsche Wissenschaft [...] überall Eine [!] trotz trennender Berge und Ströme und Grenzen"[28] sei, wollten die Theologen keine derartige öffentliche Positionierung der Innsbrucker Universitäten unterstützen. Da die Senatoren der Theologischen Fakultät aber in der Minderheit waren, konnten sie sich mit ihren Bedenken nicht durchsetzen und die Universität sandte eine Deputation, ausgestattet mit einer Glückwunschadresse und zwei Festschriften, nach München.

---

23 Vgl. dazu Aichner, Verbindung (wie Anm. 16), S. 368–372.

24 UAI. Karton Festlichkeiten, Jubiläen 1.

25 UAI, Akten des Rektorats, ad 428/R 1871/72: Senat der LFU an die drei weltlichen Fakultäten, 11.4.1872.

26 UAI, Akten des Rektorats, 428/R 1871/72: Einladung zur Münchener Säcularfeier.

27 UAI, Senatssitzungsprotokolle 1862–1885, Karton 4, III 1871/72: Stellungnahme der Theologischen Fakultät der LFU in der Senatssitzung vom 8.3.1872.

28 UAI, Akten des Rektorats, ad 428/R 1871/72: Grußadresse an die Universität München, 15.7.1872 (Entwurf).

Fasst man nun die Rahmenbedingungen für das Jubiläum der Innsbrucker Universität im Jahr 1877 zusammen, so kann man festhalten, dass seit den 1850er Jahren innerhalb der Universität mehrere Konflikte schwelten, die in erster Linie aus unterschiedlichen Vorstellungen von der Stellung der Universität zur Kirche und von der Rolle von Religion und Kirche in den Wissenschaften resultierten. Akademische Feiern waren in diesem Sinn wichtige Veranstaltungen, bei denen einzelne akademische Gruppen oder Professoren die Universität im jeweiligen Sinn positionieren konnten. Bei mehreren solchen Ereignissen zeichneten sich dabei schon jene Entwicklungen und Konflikte ab, die im Jubiläumsjahr besondere Wirksamkeit entfalten sollten.

Das Jubiläumsjahr 1877

Da das Bedürfnis nach öffentlicher Positionierung in dieser Umbruchphase groß war, und obschon – wie die Debatten anlässlich der Einladungen zu Jubiläen anderer Universitäten gezeigt hatten – dem Senat die Möglichkeiten eines Jubiläums für die Selbstdarstellung durchaus bewusst waren, erstaunt es umso mehr, dass die Universität Innsbruck vom eigenen Jubiläum letztlich überrascht wurde. Im November 1876 wies die Wiener *Neue Freie Presse* nämlich darauf hin, dass ein Jubiläum der Universität Innsbruck anstehe. Weiter vermeldete die Zeitung, dass bereits eifrig geplant werde und das Jubiläum „zu einem wahren Universitätsfeste"[29] gestaltet werden solle. Wie der Rektor Alfons Huber dem Unterrichtsministerium aber retrospektiv mitteilte, hatte es zu diesem Zeitpunkt keine Planungen oder Vorbereitungen gegeben.[30] Allerdings, so Rektor Huber in derselben Erklärung, befand sich die Universität nun in einem gewissen Zugzwang, sich zu äußern und tatsächlich eine Feier zu veranstalten. Da der Senat zu diesem Zeitpunkt jedoch aufgrund von Streitigkeiten weitgehend handlungsunfähig war, beschloss der Rektor die Sache zunächst nicht weiter zu verfolgen, was sich später rächen sollte, als die Studenten, die ebenfalls die Meldungen in der Zeitung verfolgt hatten, dieses Versäumnis des Senats zu kompensieren versuchten und selbst an die Organisation einer Jubiläumsfeier schritten.

Bei der Analyse dieser Planungen lassen sich unterschiedliche Vorstellungen davon identifizieren, welches Jahr oder Datum überhaupt als Referenzpunkt für ein Jubiläum zu gelten hatte. Im angesprochenen Zeitungsartikel aus dem No-

---

29 O.V.: Eine verwaiste Universität. In: Neue Freie Presse Nr. 4394 Abendblatt (17.11.1876). S. 1.
30 UAI, Senatssitzungsprotokolle 1862–1885, Karton 4, ad V 1876/77: Rektor Alfons Huber an Ministerium für Cultus und Unterricht, 9.5.1877.

vember 1876 bezog man sich nämlich auf das Jahr 1826, also auf die oben erwähnte Restauration der Universität.[31] Dies hätte ein halbes Zentenarium bedeutet. Da im November eine Planung für eine Feier im selben Jahr wohl nicht mehr machbar war, kam es den Studenten durchaus zupass, dass in das Jahr 1877 die 200. Wiederkehr der kaiserlichen (26. April 1677) und päpstlichen (28. Juli 1677) Stiftungsurkunden fielen. Man griff somit den Vorschlag zwar auf, deutete ihn aber um. Dies bot den Vorteil, dass man einerseits noch ein wenig Vorbereitungszeit hatte und andererseits eine längere Geschichte – 200 Jahre versus 50 Jahre – feiern konnte. Allerdings war auch dieses Datum nicht unumstritten, wie ein Artikel im liberalen *Neuen Wiener Tagblatt* beweist. Dort wird vielmehr auf das Jahr 1673 verwiesen, in dem die Universität das Promotionsrecht erhalten hatte, sodass die Zeitung dem Jubiläum 1877 jegliche Berechtigung absprach.[32] Dass mit den unterschiedlichen Referenzpunkten auch unterschiedliche Vorstellungen vom Status der Universität verbunden waren, wird später noch gezeigt werden.

Heute, und damit sei ein letzter Hinweis zu dieser Thematik ergänzt, gilt das Jahr 1669 als Ursprungsjahr der Innsbrucker Universität. Am 15. Oktober 1669 genehmigte Kaiser Leopold nämlich eine Sondersteuer auf in Hall in Tirol abgebautes und in Tirol verkauftes Salz zur Finanzierung der zu gründenden Landesuniversität.[33]

Die Akteure

Der Senat war aufgrund eines Konflikts wegen der Auflösung einer studentischen Korporation so zerstritten, dass Rektor Alfons Huber die Feier eines Jubiläums ausschloss und die Mehrheit des Senats eine Feier bei „den gegenwärtigen Zuständen für inopportun"[34] hielt. In dieser Situation ergriffen die Studenten Anfang

---

31 Vgl. Aichner, Verbindung (wie Anm. 16), S. 295 – 299.

32 O.V.: Zum Universitätsjubiläum in Innsbruck. In: Neues Wiener Tagblatt Nr. 67 (10.3.1877). S. 4.

33 Vgl. dazu Goller, Peter: Innsbrucker Universitätsjubiläen. Inszenierungen 1877 – 1927 – 1952 – 1969. In: Wissenschafts- und Universitätsforschung am Archiv. Beiträge anlässlich des Österreichischen Universitätskolloquiums am 14. und 15. April 2015 zu den Fragen: Historische Wissenschaftsforschung, Universitäten im gesellschaftlichen Kontext, Internalistische Wissenschaftsgeschichte, Disziplinen- und Institutionengeschichte. Hrsg. von Alois Kernbauer. Graz 2016 (Publikationen aus dem Archiv der Universität Graz 45). S. 69 – 90.

34 UAI, Senatssitzungsprotokolle 1862 – 1885, Karton 4, ad V 1876/77: Rektor Alfons Huber an Ministerium für Cultus und Unterricht, 9.5.1877; dieser Bericht stellt im Übrigen zusammen mit den Senatsprotokollen die wichtigste Quelle für die Vorgänge dar, da es keine Aufzeichnungen von den Studentenversammlungen gibt.

März 1877 die Initiative und beschlossen in einer Versammlung, selbst eine Feier zu organisieren. Sie begründeten dies damit, wegen des Versäumnisses der Professoren gewissermaßen „gezwungen [zu sein], diesen denkwürdigen Tag in nur studentischer Weise zu feiern, – getragen von der festen Überzeugung, dass es unter solchen Umständen wenigstens unsere Aufgabe sei, einen solchen Tag nicht unberücksichtigt vorbeigehen zu lassen."[35]

Da bei der ersten Beratung die Studenten der Theologischen Fakultät und die Vertreter katholischer Studentenverbindungen in der Mehrheit waren, hatte die Versammlung beschlossen, auch einen Gottesdienst in das Festprogramm aufzunehmen und

> den Studierenden der theologischen Facultät im Festcomité sechs und nicht wie den anderen Facultäten je vier Vertreter einzuräumen, da die andern Facultäten dadurch mehr als entschädigt wurden, daß die wissenschaftlichen Vereine, Corps, Landmannschaften usw. auch je einen Vertreter wählen durften.[36]

Vor allem die Studenten der Juridischen und der Medizinischen Fakultät fühlten sich durch diesen Beschluss brüskiert. Sie fürchteten, dass die Feier „als eine clericale Demonstration"[37] angesehen werden würde und die Universität so in ein falsches Licht gerückt werde. Daher zogen sich diese Studenten unter der Meinungsführerschaft der liberal und großdeutsch eingestellten Corps zunächst von der weiteren Organisation der Feier zurück.[38] Einige Professoren versuchten, die übrigen Studenten davon abzubringen, eine Feier zu veranstalten. Diese demonstrierten allerdings gegen dieses „Eingreifen eines Theiles der Professoren"[39] und setzten die Planungen fort.

Anders als die Professoren konnten sich die Studenten in der Folge auf einen Kompromiss einigen. Dieser bestand darin, dass der Festgottesdienst nunmehr ausschließlich von der Theologischen Fakultät veranstaltet wurde. Überdies sah das neue Festprogramm einen Fackelumzug mit Illumination der Universität am

---

35 TLA, Statthalterei Präsidium 881/1877: Theodor Christomannos (Vorsitzender des Studentenausschusses) an Statthalter, 24.4.1877.

36 UAI, Senatssitzungsprotokolle 1862–1885, Karton 4, ad V 1876/77: Rektor Alfons Huber an Ministerium für Cultus und Unterricht, 9.5.1877.

37 UAI, Senatssitzungsprotokolle 1862–1885, Karton 4, ad V 1876/77: Rektor Alfons Huber an Ministerium für Cultus und Unterricht, 9.5.1877; vgl. dazu auch TLA, Statthalterei, Präsidium, 51/1877: Statthalter Eduard Taafe an Ministerium für Cultus und Unterricht, o. D. [Mai 1877], Entwurf.

38 Vgl. dazu auch die Schilderung in: o.V.: Zur Universitäts-Affaire. In: Innsbrucker Tagblatt Nr. 56 (9.3.1877). S. 3.

39 UAI, Senatssitzungsprotokolle 1862–1885, Karton 4, ad V 1876/77: Rektor Alfons Huber an Ministerium für Cultus und Unterricht, 9.5.1877.

Vorabend des Festes und am Festtag selbst einen Empfang mit Reden in der Aula der Universität vor.[40] Auch wenn die Studenten nach außen damit eine gewisse Einigkeit zeigten, konnten der Kompromiss und die nachfolgenden Ereignisse nicht darüber hinwegtäuschen, dass es sich letzlich um zwei getrennte Feiern an zwei Tagen handelte, deren Bruchlinie entlang der unterschiedlichen Vorstellungen von der Stellung der Universität zur katholischen Kirche verlief.

Während die Theologen und die katholischen Verbindungen weiterhin den Festgottesdienst in den Mittelpunkt stellten und damit die Tradition bisheriger akademischer Feiern und den katholischen Ursprung der Universität betonten, brach der Programmteil, für den die Corps verantwortlich zeichneten, bewusst mit dieser Tradition und bemühte alternative Traditionsstränge. Besonders der geplante Fackelumzug hatte zwar grundsätzlich eine lange studentische Tradition, besaß in der jüngeren Vergangenheit aber vor allem in der burschenschaftlichen Festkultur eine wichtige Rolle.[41] So standen sich die jeweils geplanten festlichen Höhepunkte der getrennten Feiern und damit die Form und das Publikum, das damit adressiert wurde, entgegen: Im Gottesdienst in erster Linie die akademische Gemeinschaft – im Fackelumzug die städtische Öffentlichkeit. Besonders in der Symbolik unterschieden sich die beiden Feiern aber. Auf der einen Seite die althergebrachte katholische Messe, auf der Gegenseite der Fackelumzug durch die Stadt, mit seinen burschenschaftlichen Bezügen und seiner Lichtsymbolik. Dieses „Licht der Aufklärung" sollte, wie es das *Wiener Tagblatt* forderte „das Köhlerlicht der Jesuitenfakultät"[42] ersetzen.

Wesentlich für das Verständnis der Vorgänge in der Planungsphase ist die Rolle der Presse, und damit in weiterem Sinne der Öffentlichkeit, zu diesen Konflikten. Die Presse hatte die Streitigkeiten prompt aufgegriffen und dafür gesorgt, dass die Versuche des Rektors, den universitätsinternen Streit klein zu halten, misslangen. Mit Kommentaren von Seiten liberaler Blätter[43] auf der einen und konservativ-klerikalen Zeitungen[44] auf der anderen Seite heizte die Presse

---

40 Vgl. o.V.: Innsbrucker Universitätsfeier. In: Neue Freue Presse Nr. 94 Abendblatt (7.4.1877). S. 13.

41 Vgl. auch die Überlegungen bei Dücker, Burckhard: Fackelzüge als akademische Rituale. In: Zeitschrift für Literaturwissenschaft und Linguistik 36 (2006). S. 105–128.

42 O.V., Universitätsjubiläum (wie Anm. 32).

43 Vgl. mehrere Kommentare im Innsbrucker Tagblatt Nr. 56 (9.3.1877). S. 3; o.V.: Eine „katholische" Universität. In: Neue Freie Presse Nr. 4503 Abendblatt (10.3.1877). S. 2–3; o.V.: Zum Universitätsjubiläum in Innsbruck. In: Neues Wiener Tagblatt Nr. 67 (10.3.1867). S. 4; o.V.: Die Schwarzen an der Universität Innsbruck. In: Neues Wiener Tagblatt Nr. 110 Abendblatt (23.4.1877). S. 4.

44 O.V.: Innsbruck. In: Grazer Volksblatt Nr. 60 (15.3.1877). S. 2; o.V.: Akademisches. In: Linzer Volksblatt Nr. 62 (17.3.1877). S. 3.

den Konflikt weiter an, indem sie entweder das Verhalten der einen Gruppe von Studenten oder der anderen als falsch und nicht als der Tradition und der Bestimmung der Universität angemessen bezeichnete. Gleichzeitig benutzten beide studentischen Seiten die Presse als Forum, um die jeweils eigene Position in eingesandten Kommentaren öffentlich zu ventilieren. Überdies gibt es mehrere Zeitungsberichte, die Interna der Studentenversammlungen ausbreiteten und wohl von Studenten selbst an die Zeitungen weitergegeben wurden. Offenbar bestand auf Seiten der jeweiligen studentischen Gruppen der Wunsch, die Debatte in die Öffentlichkeit zu tragen und so die Deutungshoheit zu erlangen.[45] Somit erfolgte die Aushandlung über die richtige Form der Feier und damit der Repräsentation der Universität nun auch in der Öffentlichkeit.

Das liberale *Neue Wiener Tagblatt* griff die geplante Feier der Studenten heftig an und stellte die gesamte Feierlichkeit mit dem Argument in Frage, dass man mit dem Rückgriff auf die päpstliche Stiftung im Jahr 1677 an ein Ereignis erinnere, das sich nicht für ein Gedenken eigne. Damit gedenke man einer „Epoche der Menschen-Unwürde, des Fanatismus und der geistigen Knechtschaft"[46] durch die Jesuiten, die damals die Universität dominierten. Das *Tagblatt* stellte dabei auch einen Bezug zur Gegenwart her, in welcher Papst Pius IX. mit dem *Syllabus errorum* ebenfalls geistige und gesellschaftliche Entwicklungen der Zeit verurteilt hatte: „Es ist ein trauriges Zeichen der Zeit, daß man heute die Konvalidirung des ursprünglichen Berufes unserer Hochschule durch den Papst feierlich begehen kann, daß man die Zumuthung an Professoren und Studenten stellt, an so einem Feste theilzunehmen."[47] Stattdessen vertrat der Artikel die Ansicht, dass das eigentliche Jubiläum vier Jahre zuvor, 1873 (wohl in Erinnerung an die Verleihung des Promotionsrechtes 1673) hätte gefeiert werden müssen, man damals aber gut daran getan habe, dieser dunklen Epoche der jesuitischen Dominanz an der Universität nicht zu gedenken. Auch ein Kommentar im *Innsbrucker Tagblatt*, und damit in einem Blatt mit vorwiegend regionaler Reichweite, sah in der beklagten Vereinnahmung der Universität durch klerikale Kreise, einen „groben Irrthum"[48] und eine „Maßlosigkeit klerikalen Fanatismus". Denn dadurch leugne man, dass

---

45 Siehe dazu beispielhaft die drei Kommentare im Anschluss an die Sitzung der Studenten, in der der Konflikt ausgebrochen ist: Innsbrucker Tagblatt Nr. 56 (9.3.1877). S. 3; unterzeichnet sind die Kommentare mit: „A. Christ, stud. phil.", „Mehrere Erz-Philister" und „Einige Freunde konfessionsloser Wissenschaft".

46 O.V., Eine „katholische" Universität (wie Anm. 43), S. 2.

47 O.V., Eine „katholische" Universität (wie Anm. 43), S. 2.

48 O.V.: Innsbruck. In: Innsbrucker Tagblatt Nr. 56 (9.3.1877). S. 1–2, hier S. 2.

„der katholische Charakter der österreichischen Universitäten definitiv aufgehoben" worden sei.[49]

Umgekehrt lobten beispielsweise die beiden katholisch-konservativen Blätter, die *Neuen Tiroler Stimmen*[50] oder das *Linzer Tagblatt,* das Engagement und den Durchhaltewillen der Innsbrucker Studenten, vor allem die Umsicht der Theologen, und verwiesen darauf, dass bei zahlreichen Festen anderer Universitäten (München, Bonn, Agram) Gottesdienste zum offiziellen Programm gehört hätten, was überdies der Tradition der Universität entspräche. Gleichzeitig verurteilte man die liberale Presse und deren „jüdische Preßharpyen", und unterstellte ihr, dass sie mit „Fanatismus" von Wien aus danach trachte, der Innsbrucker „Alma mater gelegentlich ihres Jubiläums den rothen Hahn des Parteizwistes auf's Dach zu setzen".[51] Zu dem Vorwurf, die Tradition der Universität zu missachten, kommt damit auch das Motiv einer Einmischung von außen.

Da die Universität dadurch eine öffentliche Aufmerksamkeit erhalten hatte, die kein gutes Licht auf sie warf, zog Rektor Huber die Notbremse und versagte die Benützung der Aula am Festtag, und begründete dies damit, dass „ein großer Theil der Professoren sich gegen die Feier ausgesprochen"[52] habe. Der geplante Fackelumzug musste ebenfalls abgesagt werden, weil ihn der (konservative) Statthalter Eduard Taaffe nicht bewilligte mit dem Argument, die Studenten hätten den Fackelzug zu spät angemeldet. In der liberalen Presse wurde allerdings vermutet, dass der Statthalter die Feier der Theologen „patronisiert" habe.[53]

In Reaktion auf diese Widrigkeiten fasste das Festkomitee der Studierenden den Beschluss „von einer gemeinsamen Feier des 200-jährigen Bestandes unserer Universität abzusehen."[54] So wurden am 26. April, einem Donnerstag und dem Tag der Ausstellung der kaiserlichen Bestätigung der Universität, kleinere, getrennte Feiern abgehalten, wobei die Gruppe der Theologiestudenten und der katholischen Verbindungen Austria und Helvetia den so umkämpften Gottesdienst in der Universitätskirche veranstalteten, zu dem man in einem Umzug mit 15 Wagen vorfuhr. Nach der Festmesse gab es ein gemeinsames Mahl. Auch Besucher von außerhalb fanden sich ein, namentlich genannt wird in den Berichten die katholische Verbindung Aenania aus München. Am Nachmittag besuchte

---

49 O.V., Innsbruck (wie Anm. 48), S. 2.

50 O.V.: Die Universitätsfeier. In: Neue Tiroler Stimmen Nr. 93 (24.4.1877). S. 3.

51 O.V., Akademisches (wie Anm. 44), S. 3.

52 UAI, Senatssitzungsprotokolle 1862–1885, Karton 4, V 1876/77: Senatssitzung vom 5.5.1877.

53 O.V., Die Schwarzen (wie Anm. 43); ähnlich auch: o.V.: Innsbruck. In: Prager Tagblatt Nr. 113 (24.4.1877). S. 4.

54 O.V.: Die partielle Universitätsfeier. In: Innsbrucker Nachrichten Nr. 96 (27.4.1877). S. 1180–1181, hier S. 1180.

die Gruppe den Bergisel, „um den Tag durch erhebende Erinnerung an die ruhmvollen Thaten der Vergangenheit zu feiern".[55] Am Bergisel hatten im Jahr 1809 die Tiroler Aufständischen gegen bayerische und französische Heere gekämpft und dieser Ort ist bis heute ein Tiroler Gedächtnisort. Indem der damalige Aufstand stets auch als Kampf des katholischen Tiroler Volkes gegen die kirchen- und religionsfeindliche Politik des mit dem napoleonischen Frankreich verbündeten bayerischen Königs gedeutet worden war, konnte dies in die evozierte katholische und gegenreformatorische Tradition der Universität eingepasst werden. Am Abend des 26. April folgten getrennte Festkommerse der beiden Gruppen, die schließlich in den eingangs erwähnten Schlägereien in der Innenstadt endeten.[56]

Der Universitätssenat arbeitete diese Vorfälle wenige Tage später auf, wobei es vor allem darum ging, inwiefern der Rektor energischer gegen die Vorhaben der Studenten hätte einschreiten müssen. Huber rechtfertigte sich damit, dass er sich stets im Rahmen der gesetzlichen Vorgaben bewegt sowie mehrfach versucht habe, die Studenten zum Verzicht auf das Fest zu bewegen und durch das Verbot, die Aula zu benützen, einen größeren Skandal verhindert habe. Allerdings musste Huber zugeben, dass das Ereignis unnötiges Aufsehen erregt und den Ruf der Universität, der durch den Streit der Professoren ohnehin gelitten hätte, beschädigt habe.[57]

Die Studenten besprachen wenige Tage später die Situation ebenfalls, wobei sie sich bei dieser Sitzung durch die Anwesenheit des Rektors brüskiert fühlten und daher mit großer Mehrheit beschlossen, sich an keiner weiteren Jubiläumsfeier, sollte eine solche vom Senat geplant werden, zu beteiligen.[58] Ein solcher Plan für eine Feier im November 1877 war tatsächlich kurz im Senat diskutiert, aber, wohl auch unter dem negativen Eindruck der Ereignisse, wieder fallen gelassen worden.[59]

Auch in der Presse gab es in der Folge noch einige Kommentare zu der Feier, wobei sich ein Redakteur im *St. Pöltner Boten*, einem Organ des katholisch-pa-

---

55 O.V., Universitätsfeier (wie Anm. 54), S. 1180.

56 Eine ausführliche Beschreibung des Tages findet sich in: o.V., Universitätsfeier (wie Anm. 54); es folgten in den nächsten Tagen noch mehrere Berichte über die nächtlichen Auseinandersetzungen: o.V.: Von der Universitätsfeier. In: Innsbrucker Nachrichten Nr. 97 (28.4.1877). S. 1189; o.V.: Zum Studentenkrawall. In: Innsbrucker Nachrichten Nr. 98 (30.4.1877). S. 1207.

57 UAI, Senatssitzungsprotokolle 1862–1885, Karton 4, V 1876/77: Senatssitzung vom 5.5.1877.

58 UAI, Senatssitzungsprotokolle 1862–1885, Karton 4, ad V 1876/77: Rektor Alfons Huber an Ministerium für Cultus und Unterricht. 9.5.1877.

59 UAI, Senatssitzungsprotokolle 1862–1885, Karton 4, V 1876/77: Senatssitzung vom 5.5.1877; Anlass dazu hätte die öffentliche Verkündung der Stiftungsurkunden in der Jesuitenkirche am 16. November 1677 gegeben.

triotischen Volks- und Pressvereins in Niederösterreich,[60] besonders hervortat. Er erörterte zunächst die bekannte Sachlage und erklärte, dass sich alle Professoren und ein Großteil der Studenten aufgrund der Aufnahme eines Gottesdienstes in das Festprogramm von der Feier distanziert hätten, um dann festzustellen, dass die Feier dennoch „glänzend ausfiel", weil die katholischen Studenten zusammengehalten hätten. Auch in diesem Artikel findet sich eine Verbindung von Vergangenheit und Gegenwart, indem der Streit als Symptom der Gegenwart gedeutet wird:

> Allein wir fragen, was soll aus dem kath. Oesterreich werden, wenn die zukünftigen Beamten, Professoren und Doktoren eine solche Abneigung gegen die Religion haben, daß sie nicht einmal ein Hochamt vertragen!? Das Ganze beweist wieder, daß wir Recht haben: Die Entchristlichung der Jugend nimmt zu, selbst in Tirol. Wie es wo anders ist, wissen wir leider zu gut![61]

Weil anders als bei späteren Jubiläen aufgrund der geschilderten Konflikte keine offizielle Festschrift entstand, blieb von diesem kontroversen 1877er-Jubiläum wenig Dauerhaftes. Für eine Festschrift fehlten sowohl die Vorbereitungszeit als auch das gemeinschaftliche Interesse der Professoren sowie ein gemeinsames Narrativ, auf dem eine solche Festschrift hätte aufbauen können. Indes haben die Studenten auch diese Leerstelle erkannt und versucht, einen gewissen Ersatz zu schaffen, sodass, nebst der Presse mit ihren Artikeln, die Studenten auch überwiegend für die wenigen schriftlichen Produkte im Umfeld des Jubiläums verantwortlich zeichneten. Der Germanistenklub und das sogenannte „Walther-Denkmal-Comité", das indes nicht aus Studenten bestand, veröffentlichten eine Studie mit dem Titel „Gedichte Rubins"[62]. Bis auf einen kurzen Verweis auf die „hohe Schule, [die] der Innstrom wild umrauscht" in einem Widmungsgedicht des fromm-sentimentalen Dichters und zeitweiligen Professors für Literatur und Ästhetik in Wien Oskar Redwitz, handelt das Buch aber ausschließlich vom Minnesänger Rubin und dessen herausgestellter Tiroler Herkunft. Außerdem widmete der Student Joseph Wackernell seine Studie zu Walther von der Vogelweide, die zugleich seine Dissertation war und die er zu diesem Zeitpunkt ohnehin fertiggestellt hatte, der Universität „zur 200jährigen Stiftungsfeier".[63] Während diese

---

60 Günter, Johann: Das niederösterreichische Pressewesen von 1848–1918 mit Ausnahme Wiens. Dissertation. Wien 1973. S. 36.

61 O.V.: Innsbruck. In: St. Pöltner Bote Nr. 18 (3. 5. 1877). S. 146.

62 Gedichte Rubins. Bozen 1877 (Publicationen des Walther-Denkmal-Comité in Bozen. Zum Besten des Denkmal-Fondes). Die Herausgeberschaft durch den Germanistenklub der Universität und das Walther-Denkmal-Comité wird erklärt in: o.V., Universitätsfeier (wie Anm. 50).

63 Wackernell, Joseph E.: Walther von der Vogelweide in Oesterreich. Innsbruck 1877.

ersten beiden Veröffentlichungen somit den Charakter von kurzfristigen Verlegenheitsgaben besitzen, gab es indes auch eine Publikation, die besonders hervorzuheben ist, weil sie in direktem Bezug zur Universität und in das Genre der durch Universitätsjubiläen angeregte Geschichtsschreibung passt: ein Büchlein, das der Geschichtsstudent Josef Innerhofer seinen „Collegen" gewidmet hatte,[64] versammelte auf 32 Seiten die Texte der Stiftungsurkunden von Kaiser Leopold und Papst Innozenz XI. in Übersetzung sowie „einige Skizzen aus der Geschichte der Universität".[65] Dort wird vorrangig die Gründungsgeschichte erläutert und dabei vor allem auf die ersten Statuten eingegangen, die „einen wesentlich katholischen Charakter trugen".[66] Die Epoche der Aufklärung, in der sich „der ‚freie Geist' einen zweifelhaften Ruhm an der tirolischen Hochschule bereitete"[67] kam hingegen schlecht weg und somit lässt sich erahnen, welchem Teil seiner Kollegen der Autor diesen Band wohl in erster Linie widmete.

Fazit

Die Jahre vor 1877 waren in Innsbruck geprägt von Konflikten hinsichtlich der öffentlichen Positionierung der Universität und ihrer Identität. Einzelne oder mehrere Fakultäten und Professoren hatten versucht, die Position und Funktion der Universität bei öffentlichen Anlässen mehrfach und unterschiedlich zu definieren. Der zentrale Streitpunkt war dabei die Rolle der Kirche in der Universität. Ein Jubiläum, ein Ereignis mit besonderem Prestige, wäre in diesem Sinne eine einzigartige Möglichkeit gewesen, mit einem Bekenntnis zu einer gemeinsamen Tradition eine Positionierung für die Gegenwart vorzunehmen, was aus geschilderten Gründen aber nicht erreicht werden konnte.

Die Gründe für das Scheitern lagen vor allem in internen Streitigkeiten der Universität um das Finden eines gemeinsamen Programms und Narrativs für die Feier. Gleichzeitig kann man diesen Konflikt in einem größeren Rahmen der Auseinandersetzung um die Rechte der Kirche innerhalb der Habsburgermonar-

---

64 Innerhofer, Josef: Gedenkblätter an die zweihundertjährige Jubelfeier der k. k. Universität Innsbruck. Seinen Collegen gewidmet. Innsbruck 1877; die Arbeit beruht in erster Linie auf der Geschichte der Universität von Jacob Probst, die 1869 – auch in Reaktion auf die „tabula rasa", die damals im österreichischen Bildungssystem gemacht worden war – erschienen ist. Probst, Jacob: Geschichte der Univristät Innsbruck seit ihrer Entstehung bis zum Jahre 1860. Innsbruck 1869; das Zitat ebd. S. 341.
65 Innerhofer, Gedenkblätter (wie Anm. 64), S. 21.
66 Innerhofer, Gedenkblätter (wie Anm. 64), S. 25.
67 Innerhofer, Gedenkblätter (wie Anm. 64), S. 28.

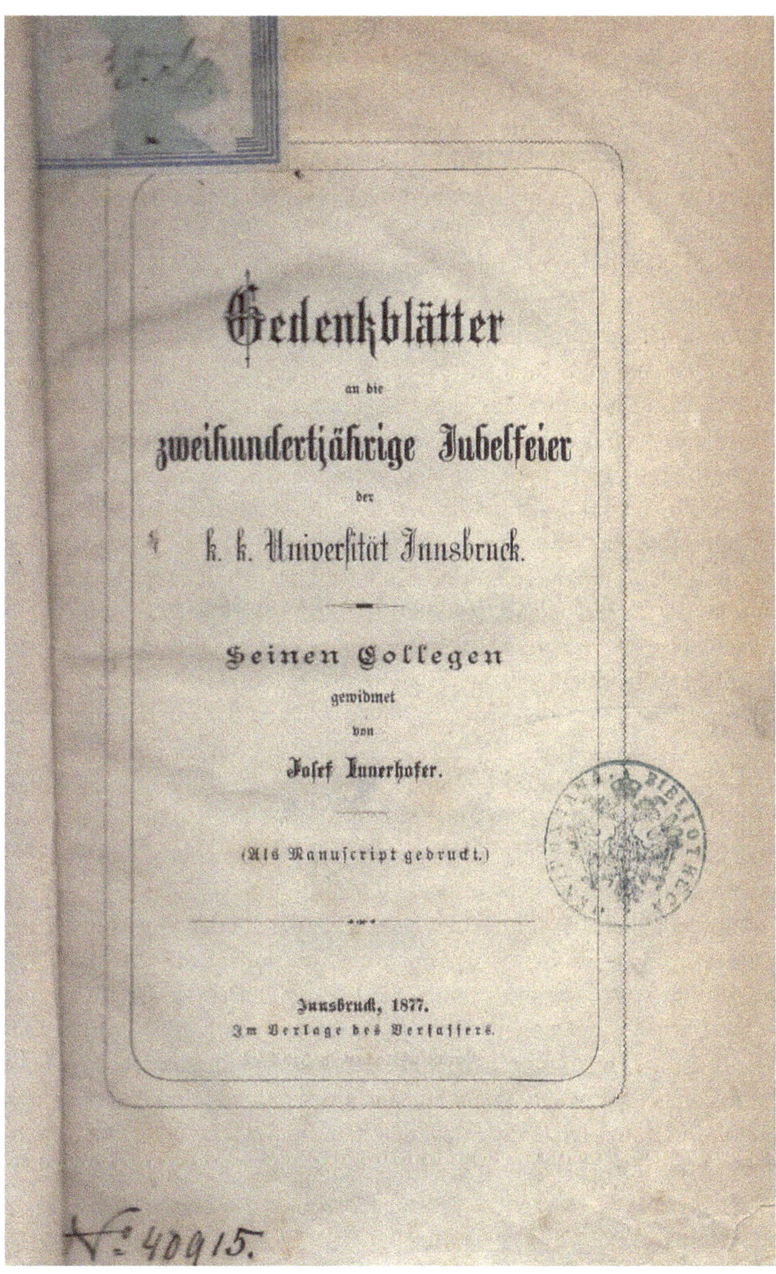

Abb. 3: Das Bild zeigt die Titelseite der einzigen Publikation zum Universitätsjubiläum, die die Universität und deren Geschichte selbst behandelt. Sie wurde vom Studenten Josef Innerhofer verfasst. Universitätsbibliothek Innsbruck.

chie in den Jahrzehnten nach 1848 verorten. Das Bündnis von Thron und Altar in der Folge der Revolution, gipfelnd im Konkordat von 1855, hatte der Kirche wieder eine dominante Stellung in Staat und Gesellschaft sowie zahlreiche Vorrechte im Bildungswesen eingeräumt. In der liberalen Ära nach 1860 war diese Vormachtstellung der Kirche von Liberalen und Deutschnationalen indes in Frage gestellt und bekämpft worden, was schließlich in die Aufkündigung des Konkordats nach der Verkündung des Unfehlbarkeitsdogmas durch den Papst mündete. Gerade in Tirol hatte diese neuerliche Entmachtung der Kirche sowie die Gewährung der Glaubensfreiheit in der Verfassung von 1867 zu heftigen Protesten geführt, die letztlich auch in der Spaltung der Universität sowie in den Vorbereitungen zum Jubiläum sichtbar werden.

Das gescheiterte Jubiläum der Universität Innsbruck beziehungsweise die chaotischen Planungen desselben sind somit wie ein Brennglas, in dem sich die Konflikte und Debatten innerhalb der Monarchie sowie an der Universität Innsbruck in diesen Jahren fokussieren und deutlich hervortreten. Überdies zeigt das Gedenkjahr Praktiken der Erinnerung, unterschiedliche Formen der Inszenierung des Jubiläums durch die Studenten und die jeweils aufgegriffenen Traditionen. Geeint wurden die Versuche letztlich durch das Scheitern ihres Anspruchs, universitäre Gemeinschaft zu repräsentieren und eine einende Identität zu stiften. Auch die wohl prestigeträchtigste, weil dauerhafteste, Form ein Jubiläum zu feiern, die Herausgabe einer Festschrift, kam nicht zustande. Damit fiel zudem ein bei anderen Jubiläen wichtiger Effekt weg, nämlich die Produktion von neuem Wissen über die Universität durch ein Jubiläum. Hier wird besonders augenfällig, dass die im Normalfall dominantesten Akteure innerhalb der Universität, die Professoren, beim Jubiläum keine Rolle spielten und vielmehr als Verhinderer der Feiern galten.

Der zentrale Ort der Planung der Feier war die Studentenversammlung. Darüber hinaus trugen Studenten die Debatten von dort in die Öffentlichkeit, indem sie die Presse immer wieder über die Vorkommnisse an der Universität informierten. Das selbstbewusste Auftreten der Studentenschaft gegenüber dem Rektorat und die Tatsache, dass den Studenten ihre Handlungsmacht bewusst wurde, ist letztlich auch eine zentrale Folge des gescheiterten Jubiläums. In den kommenden Jahren und Jahrzehnten avancierten die Studenten zu einem wichtigen Faktor in der Universitätspolitik.

Für die Professoren bot sich erst zwei Jahrzehnte später die Chance, das misslungene Jubiläum von 1877 wettzumachen. Die Gelegenheit dazu bot das 50-jährige Thronjubiläum von Kaiser Franz Joseph im Jahr 1898. Die Integrationsfigur des Kaisers musste damit als Ersatz für das verpasste Jubiläum zwei Jahrzehnte zuvor dienen. Anlässlich dieses Ereignisses legte die Professorenschaft eine prachtvolle Festschrift zu der Geschichte der Universität vor.[68] In dieser zeigt sich denn auch ein weitgehend gefestigtes Bild der Innsbrucker Universität als Staatsanstalt, die für gesellschaftlichen und wissenschaftlichen Fortschritt stand und die sich als Institution einer ‚deutschen Wissenschaft' in einem gemischtsprachigen Kronland verstand. Diese Position schloss damit ebenfalls eine Gruppe aus, nämlich die italienischsprachige Minderheit des Landes. Mit dieser Abwehrhaltung gegenüber einer beargwöhnten italienischen „Überfremdung" und der Ausgrenzung einer Minderheit konnte nunmehr die 1877 vermisste Gemeinschaft hergestellt und die zuvor unüberwindbar scheinenden Gräben zugeschüttet werden.[69]

---

68 Akademischer Senat (Hrsg.): Die Leopold-Franzens-Universität zu Innsbruck in den Jahren 1848 – 1898. Festschrift aus Anlass des 50-jährigen Regierungsjubiläums Sr. Majestät des Kaisers Franz Joseph I. Innsbruck 1899.
69 Für folgende, ebenfalls nicht friktionsfreie Jubiläen der Universität siehe Goller, Universitätsjubiläen (wie Anm. 33).

Martin Göllnitz and Paula Rilling

Celebrate in Times of War? The Academic Jubilees of the University of Kiel and the Vienna Institute of Technology in 1940

Abstract: University anniversaries and jubilees are a central aspect of university communication and they exemplify the interdependencies of both tradition and innovation, past and future. Consciously or unintentionally, jubilee festivities and celebrations serve to create sense internally, to reassure the university's outward position and to intensify its communication with the surrounding society. This raises the question of whether and how institutions of higher education have celebrated such occasions in the past, especially in times of social upheaval and crisis – which undoubtedly included the period of the Second World War. This article adopts the perspective of an integrative university history and uses the example of two different types of higher education institutions to ask about the social and political function of their anniversaries. The festivities under scrutiny are the ones at the University of Kiel and at the Technical College Vienna (Technische Hochschule). Both institutions celebrated their anniversaries in 1940 despite – or perhaps precisely because of – the war situation. The focus is on the festive lectures and on the basic conditions for the celebrations as well as for the corresponding jubilee writings. The question is to what extent the actors involved endeavoured to view the historical stages of the university's history from a National Socialist angle and whether they formulated tangible visions of their institution's future.

Introduction

To this day, there is probably hardly any event that triggers such ambivalent feelings in the scientific-historical sub-discipline of university history as does the historical recollection of one's own alma mater following the rhythm of anniversary numbers. Although quite a few scholarly colleagues have received the presumably decisive impetus for their research in university history through the "utilization context" of the university anniversary, many are extremely critical of the short-lived anniversary-linked boosts of interests.[1] This is primarily due

---

1 Cf. Hammerstein, Notker: Alltagsarbeit. Anmerkungen zu neueren Universitätsgeschichten.

to the modern event character of academic jubilee celebrations, where they are conceived as more of a mass event, making the scientific examination of one's own past a secondary matter and, moreover, preventing a perpetuation of university history independent of anniversaries.[2]

To make matters worse, the opulent commemorative publications of the 19th and 20th centuries which appeared on the occasion of university anniversary celebrations were mostly based on a kind of academic navel-gazing that ignored all historical processes.[3] The result was often a narrow view of one's own university history, which was essentially limited to the production of reductionist commemorative publications, whose declared goal was to present universities positively as institutions of scholarship.[4] In the past three decades, however, European and German university history writing has detached itself from this predominantly anniversary-driven founding and success story of one's own alma mater, which, as Notker Hammerstein noted in 1983, often had hagiographic traits.[5]

It goes without saying that university anniversaries are not fundamentally objectionable, but rather a welcome occasion for scientific engagement concerning the research subject "university". Particularly in the last two decades, the collected works and monographs published in the course of anniversaries have brought forth a multitude of new insights with regard to the social, cultural,

---

In: Historische Zeitschrift (HZ) 297:1 (2013). pp. 102–125; Paletschek, Sylvia: Stand und Perspektiven der neueren Universitätsgeschichtsschreibung. In: NTM. Zeitschrift für Geschichte der Wissenschaften, Technik und Medizin 19:2 (2011). pp. 169–189; Bruch, Rüdiger vom: Methoden und Schwerpunkte der neueren Universitätsgeschichtsforschung. In: Die Universität Greifswald und die deutsche Hochschullandschaft im 19. und 20. Jahrhundert. Ed. by Werner Buchholz. Stuttgart 2004 (Pallas Athene. Beiträge zur Universitäts- und Wissenschaftsgeschichte 10). pp. 9–26.
2 Müller, Winfried: Die inszenierte Universität. Historische und aktuelle Perspektiven von Universitätsjubiläen. In: Jubiläum. Literatur- und kulturwissenschaftliche Annäherungen. Ed. by Franz M. Eybl, Stephan Müller and Annegret Pelz. Göttingen 2018 (Schriften der Wiener Germanistik 6). pp. 77–97, pp. 91–92.
3 See for a thorough analysis Göllnitz, Martin and Kim Krämer: Hochschule im öffentlichen Raum. Bemerkungen zu Historiographie und Systematik. In: Hochschulen im öffentlichen Raum. Historiographische und systematische Perspektiven auf ein Beziehungsgeflecht. Ed. by Martin Göllnitz and Kim Krämer. Göttingen 2020 (Beiträge zur Geschichte der Universität Mainz 17). pp. 7–26, p. 9.
4 Prüll, Livia: Die Universitätsgeschichte und ihr Verhältnis zur Wissenschaftsgeschichte. Problemstellung und Arbeitsansätze. In: Universitätsgeschichte schreiben. Inhalte – Methoden – Fallbeispiele. Ed. by Livia Prüll, Christian George and Frank Hüther. Göttingen 2019 (Beiträge zur Geschichte der Universität Mainz Neue Folge 14). pp. 199–218, p. 201.
5 See Hammerstein, Notker: Jubiläumsschrift und Alltagsarbeit. Tendenzen bildungsgeschichtlicher Literatur. In: Historische Zeitschrift 236:3 (1983). pp. 601–633.

and scientific developments in higher education, without omitting the "critical times".[6] Unfortunately, however, it can be observed time and again that many things are made possible in the course of anniversaries – from smaller exhibitions and monographs to multi-volume collected works and digital professor's catalogs – but that after the celebration, the source of money for historical everyday work until the next jubilee (usually every 25 or 50 years) runs dry again.[7] It is by no means the rule, but rather the absolute exception, that university history research groups are supported by permanent budgeting, or by a firm anchoring in the budget beyond the festivities, as is the case in Mainz, for example.[8]

Thus, if research into the history of universities and colleges (which is essentially location-based) is so closely intertwined with the respective founding anniversaries, it seems worthwhile to find out more about the expression of institutional self-understanding at the time of the anniversary, and then to take a critical look at reflected and unreflected self-attributions. In this way, the study of university anniversaries enables different perspectives on institutional history, past presences, and the virulent expectations for the future. Like any other institution, the university is fundamentally dependent on communicating

---

6 Schwinges, Rainer Christoph: Universitätsgeschichte: Bemerkungen zu Stand und Tendenzen der Forschung (vornehmlich im deutschsprachigen Raum). In: Prüll/George/Hüther, Universitätsgeschichte (cf. note. 4). pp. 25 – 45, p. 33.

7 This problem has already given rise to discussion on several occasions, see Dhondt, Pieter (ed.): University Jubilees and University History Writing. A Challenging Relationship. Leiden 2015 (Scientific and Learned Cultures and their Institutions 13); Paletschek, Sylvia: The Writing of University History and University Jubilees. In: studium. Tädschrift voor Wetenschapsen Universiteitsgeschiedenis 5:3 (2012). pp. 142 – 155; Becker, Thomas P.: Jubiläen als Orte universitärer Selbstdarstellung. Entwicklungslinien des Universitätsjubiläums von der Reformationszeit bis zur Weimarer Republik. In: Universität im öffentlichen Raum. Ed. by Rainer Christoph Schwinges. Basel 2008 (Veröffentlichungen der Gesellschaft für Universitäts- und Wissenschaftsgeschichte 10). pp. 77 – 107; Blecher, Jens and Gerald Wiemers (eds.): Universitäten und Jubiläen. Vom Nutzen historischer Archive. Leipzig 2004 (Veröffentlichungen des Universitätsarchivs Leipzig 4); Müller, Winfried: Erinnern an die Gründung. Universitätsjubiläen, Universitätsgeschichte und die Entstehung der Jubiläumskultur in der frühen Neuzeit. In: Berichte zur Wissenschaftsgeschichte 21:2,3 (1998). pp. 79 – 102.

8 See Prüll, Livia: "Universitätsgeschichte schreiben" – Eine Einführung. In: Prüll/Georg/Hüter, Universitätsgeschichte (cf. note 4), pp. 7 – 21, p. 9; moreover, university history has not succeeded in institutionalizing itself in the form of chairs or professorships, although this has hardly harmed research. From 1969 to 1998, Laetitia Boehm held the only chair in the German-speaking world that dealt decisively with university history in research and teaching (Chair of Medieval and Modern History with special emphasis on the history of the university and education at the University of Munich). From 1999 to 2002, her successor to the then renamed Chair of the History of Universities and Sciences was Martin Kintzinger. The chair was reassigned, however, after Kintzinger had moved to the University of Münster.

its "ideas of order and claims to validity" in the form of a time-specific symbolic presence – or, to put it another way, the representational character of an institution guarantees its duration and stability.[9]

According to Markus Drüding, university anniversaries are to be understood as forms of academic self-representation, which offer those celebrating them a genuine opportunity to reassure themselves of their "own history"[10] and, above all, to position themselves in relation to politics and society by articulating both contemporary experiences and expectations of the future.[11] For this reason alone, anniversaries tell us more about those who celebrate and about their time than about the occasion and its history. This is especially true in the context of the festivities or of the commemorative publications published in their wake when an inwardly and outwardly directed, specifically tailored image of the institution is produced.[12] Accordingly, university anniversaries (and their written results) must be understood as both a component and a result of a time-specific culture of remembrance that reflects a historically bound remembrance and forgetting.[13] For Winfried Müller, they ultimately represent ideal objectivations of the interpretation of history and *zeitgeist*.[14]

---

9 Melville, Gert: Institutionen als geschichtswissenschaftliches Thema. Eine Einleitung. In: Institutionen und Geschichte. Theoretische Aspekte und mittelalterliche Befunde. Ed. by Gert Melville. Köln 1992. pp. 1–24, pp. 2–8.

10 The term aims at the necessity of the self-historicization of social relations for the purpose of increasing legitimacy and the foundation of collective identity. See Berger, Peter L. and Thomas Luckmann: Die gesellschaftliche Konstruktion der Wirklichkeit. Eine Theorie der Wissenssoziologie. 27th ed. Frankfurt am Main 2018.

11 Drüding, Markus: Akademische Jubelfeiern. Eine geschichtskulturelle Analyse der Universitätsjubiläen in Göttingen, Leipzig, Münster und Rostock (1919–1969). Berlin 2014 (Geschichtskultur und historisches Lernen 13). pp. 13–14. The author refers to Blume, Thomas: Institutionalität und Repräsentation. In: Dauer durch Wandel. Institutionelle Ordnungen zwischen Verstetigung und Transformation. Ed. by Stephan Müller, Gary S. Schaal and Claudia Tiersch. Köln 2002. pp. 73–87, p. 73.

12 Schmidt-Lauber, Brigitta: Die (sich) feiernde Universität. Bedeutungsstiftungen durch Jubiläen. In: Eybl/Müller/Pelz, Jubiläum (cf. note 2), pp. 99–114, p. 99.

13 Schmidt-Lauber, Universität (cf. note 12), pp. 110–111; Hahn, Alois: Jubiläum und Gedenken im Spannungsfeld zwischen Erinnern und Vergessen. In: Eybl/Müller/Pelz, Jubiläum (cf. note 2), pp. 11–25, p. 11.

14 Müller, Universität (cf. note 2), p. 85; Cf. Müller, Winfried: Inszenierte Erinnerung an welche Tradition? Universitätsjubiläen im 19. Jahrhundert. In: Die Berliner Universität im Kontext der deutschen Universitätslandschaft nach 1800, um 1860 und um 1910. Ed. by Rüdiger vom Bruch. With the assistance of Elisabeth Müller-Luckner. München 2010 (Schriften des Historischen Kollegs, Kolloquien 76). pp. 73–92, pp. 84–85.

At this point, it can be said that university anniversaries serve to a large extent to consciously give meaning to the university's work internally. They also contribute to self-assurance and in order to intensify communication between the university and the public.[15] University anniversaries have therefore quite rightly been described as "expressions of life of the institution".[16] This applies all the more to the academic celebrations of German universities during the time of the Nazi regime and especially during the Second World War.[17] The present contribution deals with this subject which, in the sense of an integrated university history as proposed most recently by Anton F. Guhl,[18] compares two different types of universities in order to recognize the special and specific nature of anniversary celebrations during World War II: the University of Kiel in northern Germany and the Vienna Institute of Technology in Austria.

First of all, both universities celebrated the anniversaries of their founding in 1940 (Kiel: 275 years; Vienna: 125 years), and thus in a period when the war had little impact on public life in the German *Reich*.[19] At the same time, the Nazi regime had become considerably more radical than in the foregoing years of peace and had increasingly called on the universities to participate in the war effort – a demand that many young as well as established humanities and natural sciences scholars voluntarily complied with, since many considered war research to be a "patriotic duty".[20] Furthermore, previous university anniversaries had been can-

---

15 Auge, Oliver: Die CAU feiert: Ein Gang durch 350 Jahre akademischer Festgeschichte. In: Christian-Albrechts-Universität zu Kiel. 350 Jahre Wirken in Stadt, Land und Welt. Ed. by Oliver Auge. Kiel 2015. pp. 216–259, p. 216.

16 Eckardt, Hans Wilhelm: Akademische Feiern als Selbstdarstellung der Hamburger Universität im "Dritten Reich". In: Hochschulalltag im "Dritten Reich". Die Hamburger Universität 1933–1945. Vol. 1. Ed. by Hans Wilhelm Eckardt, Holger Fischer and Ludwig Huber. Berlin 1991. pp. 179–200, p. 179.

17 Cf. in detail for the universities of Goettingen, Leipzig, and Rostock the study by Drüding, Jubelfeiern (cf. note 11), pp. 103–162.

18 Cf. Guhl, Anton F.: Perspektiven einer integrierten Hochschulgeschichte. In: Jahrbuch für Universitätsgeschichte 23 (2020) [in print].

19 Admittedly, the selection of the study objects could have been different or broader, since celebrating the anniversary of a university founding was not uncommon during the Nazi regime. Between 1933 and 1944, 16 of the 23 universities of the so-called "Altreich" celebrated their anniversaries: Jena (1933), Leipzig (1934), Berlin (1935), Breslau (1936), Heidelberg (1936), Göttingen (1937), Köln (1938), Frankfurt/Main (1939), Kiel (1940), München (1942), Erlangen (1943), Bonn (1943), Hamburg (1944), Königsberg (1944), Halle-Wittenberg (1944), and Rostock (1944). The compilation is based on Drüding, Jubelfeiern (cf. note 11), p. 16.

20 See Grüttner, Michael: Die deutschen Universitäten unter dem Hakenkreuz. In: Zwischen Autonomie und Anpassung. Universitäten in den Diktaturen des 20. Jahrhunderts. Ed. by John Connelly and Michael Grüttner. Paderborn 2003. pp. 67–100, p. 99.

celed, since both in 1865 and in 1915, political events or war threatened to overshadow the celebrations – or scientists simply did not feel like celebrating.[21] By 1940, the responsible actors in Vienna and Kiel were, therefore, keen to hold the anniversary celebrations despite the war events. Last but not least, the excellent availability of sources with regard to published commemorative and honorary lectures suggests this selection and comparison.

It is not the aim of this article to analyze the celebrations of the Kiel and the Vienna university anniversaries in 1940 in their entirety. Rather, they will be understood as a kind of time-specific culture of memory, as objectivizations of the interpretation of history and the *zeitgeist*. It therefore seems appropriate to examine these anniversaries as a space of communication in which the universities formulated their claims of validity for the future vis-à-vis politics and society, but also articulated hopes and wishes. Therefore, the focus lies essentially on analyzing the ceremonial and honorary lectures as well as the festive publications issued in the context of the celebrations, whereas traditional elements of university anniversaries of the time such as torchlight processions and festive parades, concerts and evening parties, honorary graduations and ceremonial services, honorary congratulations and sporting competitions are not considered.[22]

Kiel 1940: "There is no reason for lavish celebrations, especially in times of war"

Unlike in 1915, when the University of Kiel had foregone celebration for its 250th anniversary, the rector's Office in 1940 decided to hold celebrations in the week from 26 October to 2 November 1940, despite the war: One of the rea-

---

21 The decision of the University of Kiel's authorities to forego a celebration in 1865 can be analyzed against the background of the German-Danish War of 1864 and the Gastein Convention of August 1865, according to which the duchies were not to form an independent principality under the rule of Duke Frederick VIII. Instead, Schleswig was placed under Prussian administration and Holstein under Austrian administration. In contrast, the Vienna Institute of Technology had canceled its celebrations in view of the 500th anniversary of the University of Vienna. The 250th and 100th anniversary celebrations of the two universities in 1915, which had been planned for a long time in Kiel and Vienna, did not take place due to the First World War. Cf. Auge, CAU (cf. note 15), pp. 231, 235; Lechner, Alfred: Technische Hochschule Wien. In: Die deutschen Technischen Hochschulen. Ihre Gründung und geschichtliche Entwicklung. München 1941 (Die Bücher der Deutschen Technik). pp. 275–291, pp. 285, 288.
22 For the traditional elements of university celebrations, see Becker, Jubiläen (cf. note 7), pp. 92–99.

sons for this step was given by Hans-Helmut Dietze, who was a lecturer in constitutional and international law at the time. In contemporary Nazi jargon, he referred to the ideology of the *Volksgemeinschaft* when he wrote, for example, that "genuine celebrations" can only be "borne and shaped by a community":

> While, particularly in times of war, there is no occasion for lavish festivities, it is almost necessary for the sort of community that every German university must reasonably represent itself and does, from time to time, account for its development and work in a celebratory manner. [...] Thus, the University of Kiel has, not despite the war but just because of the war, taken the opportunity, after 275 years since its founding, to deliver a full report that has, especially in recent times in which our German people has taken up the final fight for its own and the European future, not failed to make an impression.[23]

Dietze's unequivocal reasoning thus shows in a prototypical way that university anniversaries are an objectivation of the spirit of the times: a self-creation of the institution university directed towards the present and related to the future. This becomes even clearer in another quote by the jurist, which is written in an equally martial tone:

> The weapons of spirit that have always been forged at German universities have at all times influenced the fate of the *Reich*. Especially today, they constitute to a large extent the German war potential and if one wanted to forego them, the hegemony of the empire would suffer losses that could not be compensated. War, indeed the lives of people in general, is in a decisive way a spiritual process [...].[24]

The author is undoubtedly concerned here with the legitimacy of the university itself, referring primarily to the current and future tasks of higher education and listing the role of universities during wartime as the prime argument. He does not, however, attach any greater importance to the historicity of the University of Kiel. Instead, in an echo of the ceremonial speech of Kiel's rector Paul Ritterbusch, he rather links his chain of argumentation to the "scientific clarification of burning contemporary problems", whereby the universities only "open the way for the march into a greater German future".[25] All in all, Dietze's remarks show numerous parallels to Ritterbusch's prestige project, the "Kriegseinsatz

---

23 Dietze, Hans-Helmut: Von der 275-Jahrfeier der Universität Kiel. In: Kieler Blätter (1941). pp. 62–64, p. 62. This quotation and the ones that follow have been translated by the authors and the editors from German to English.
24 Dietze, 275-Jahrfeier (cf. note 23), p. 62.
25 Dietze, 275-Jahrfeier (cf. note 23), p. 64.

der Geisteswissenschaften" (war effort of the humanities).[26] It appears that celebrating the founding anniversary with its prominent guests provided a suitable stage for the promotion of new political and scientific concepts. In this case, the two men from Kiel tried to integrate the universities in the "Third Reich" fully into the political and social discourse via war-related sciences. Until then, the Nazi regime had largely ignored the potentially war-decisive factor of science and, moreover, acted to a large extent in a rather bewildered manner until 1942/43.[27] In 1940, only individual scientific, medical, and technical disciplines, if any, were considered important to the war and received little financial support. Especially the small and medium-sized universities, which suffered particularly from the conscription of their students to the front, feared for their existence.

Ever since the Nazis had come to power, the "spectre" of a temporary or permanent shutdown of individual universities, either in their entirety or with regard to selected institutions – such as theological faculties – had haunted university authorities.[28] The sheer existence of the only full university of Schleswig-Holstein was not considered secure as the efforts by various state and party offices to suspend the University of Kiel for the duration of the war for financial reasons posed a threat that should not be underestimated. The university had constantly countered these state plans with ideological, cultural, and political arguments and thus ensured that both teaching and research were largely continued until late 1944. A university anniversary can therefore be understood as a useful or seemingly indispensable means for promoting the social relevance

---

26 For the "Kriegseinsatz der Geisteswissenschaften" and its initiator, see fundamentally Hausmann, Frank-Rutger: "Deutsche Geisteswissenschaft" im Zweiten Weltkrieg. Die "Aktion Ritterbusch" (1940 – 1945). 3rd ed. Heidelberg 2007 (Studien zur Wissenschafts- und Universitätsgeschichte 12); Göllnitz, Martin: Paul Ritterbusch. In: Handbuch der völkischen Wissenschaften. Vol. 1: Biographien. Ed. by Michael Fahlbusch, Ingo Haar and Alexander Pinwinkler. 2nd Ed. Berlin/Boston 2017. pp. 640 – 645.

27 Cf. Grüttner, Universitäten (cf. note 20), pp. 99 – 100; see for a different assessment which emphasizes an earlier and broader National Socialist research involvement than commonly analyzed: Maier, Helmut: Autarkie- und Rüstungsforschung und die Technischen Hochschulen im "Dritten Reich". In: Die Technische Hochschule München im Nationalsozialismus. Ed. by Wolfgang A. Herrmann and Winfried Nerdinger. München 2018. pp. 34 – 49; Hanel, Melanie: Strukturwandel im Zeichen von Aufrüstung und Krieg. In: Epochenschwelle in der Wissenschaft. Beiträge zu 140 Jahren TH/TU Darmstadt (1877 – 2017). Ed. by Christof Dipper et al. Darmstadt 2017. pp. 66 – 73.

28 Cf. Göllnitz, Martin: "Hier schweigen die Musen" – Über die erfolgten Schließungen und geplanten Aufhebungen der Christiana Albertina. In: Auge, Christian-Albrechts-Universität (cf. note 15), pp. 260 – 276, pp. 266 – 269; Göllnitz, Martin: Der Student als Führer? Handlungsmöglichkeiten eines jungakademischen Funktionärskorps am Beispiel der Universität Kiel (1927 – 1945). Ostfildern 2018 (Kieler Historische Studien 44). pp. 459 – 460.

of one's own institution in times of war, since they helped to mobilize a great deal of media and political interest – as is evident from the list of invited guests and speakers.[29]

The University of Kiel used the anniversary as a suitable opportunity to present itself in the societal and national limelight and claimed that its own institution was of enormous importance to the German people and their future. The prevailing commitment to the Nazi state and the obligation to cooperate in the future, especially in the context of the regime's expansive policies, were the central elements of the celebratory rhetoric. The instrumentalization of university history culminated in the ceremonial speech by rector Ritterbusch, who dealt with the development of the university since 1933 and who inseparably linked the fate of the nation and the fate of the university.[30] At the end of a concise list of significant events in the history of Kiel's university, he pledged to the "truth of the National Socialist movement", whose significance was further emphasized by the reference to a renewal of German science.[31] In his address, Ritterbusch painted a picture of a university that was eager to fight and whose duty was to participate in the victorious outcome of the war:

> War has certainly interrupted many things. Above all, it has often given a different direction to the active forces of our university. But the war has also proved to be the driving force behind the intellectual life of our university. Moreover, a high number of lecturers and assistants of our university is fulfilling their duty as soldiers. All the stronger must the efforts of those, who have not been granted the opportunity to serve their fatherland in arms, be to stand up for their people with mental weapons.[32]

Ritterbusch's solemn speech, which was primarily addressed to the assembled Nazi celebrities of Schleswig-Holstein and which was printed shortly after the anniversary, clearly shows the extent to which university anniversaries represent an objectification of the spirit of the times, whose direct addressee is the respective present. By creating performative and discursive affiliations – the German people – and demarcations – especially with regard to "all elements alien to race and politically unacceptable"[33] –, the university as an institution legitimizes itself for the years to come. Constitutive elements of this jubilee and historical

---

29 Cf. the instrumentalization of the 525th anniversary of the University of Rostock in 1944, as analyzed by Drüding, Jubelfeiern (cf. note 11), pp. 152–157.
30 Ritterbusch, Paul: Die Entwicklung der Universität Kiel seit 1933. In: Kieler Blätter (1941). pp. 5–23, p. 5.
31 Ritterbusch, Entwicklung (cf. note 30), p. 10.
32 Ritterbusch, Entwicklung (cf. note 30), pp. 22–23.
33 Ritterbusch, Entwicklung (cf. note 30), p. 10.

staging are thus the concepts of self-assurance and the creation of meaning, from which it is possible to derive what the institution of higher education claims to represent on the occasion of the jubilee celebration and what it strives to be in the future. Seen in this light, university anniversaries basically mark a struggle for the interpretative sovereignty over one's "own history" and the assertion of claims to validity, which, as Winfried Müller already emphasized, could stand in stark contradiction to historical reality.[34]

When looking at the published ceremonial speeches, it is also noticeable that there are almost no references to earlier achievements, important scholars, or to the position of the University of Kiel within the German university landscape, as was typical for this text genre up to the Weimar Republic.[35] Instead, oaths and expressions of political loyalty predominate, within which a certain insecurity on the part of the university representatives is just as evident as are the vague attempts at a new self-legitimation, primarily oriented to the privations and requirements of the war. The addressees of this marked readiness to fight were primarily the party functionaries who sat in the audience. With Hinrich Lohse (*Gauleiter* of Schleswig-Holstein) and Bernhard Rust (*Reichsminister* of science, education and culture), two high-ranking representatives of the NSDAP also spoke at the Kiel anniversary. The *Gauleiter* of Schleswig-Holstein in particular propagated the complete subordination of the universities to National Socialist ideology:

> Thus, we see – also in the development of our own university – how the intellectual life and scientific endeavor, which universities were supposed to support and nurture, had changed. Instead of preserving scientific findings and dogmas, which earlier had resisted political hardships and storms, room was made for stronger forces and powers which were to be sought particularly within the camp of Jewish influence. This Marxist-liberal judaization of Germany and of German universities was so strong that no power in Germany could break it anymore. Not until the Lance Corporal of the past world war, Adolf Hitler, has, with his National Socialist movement and its inherent revolutionary force, swept away this haunting and wiped it out forever.[36]

As in Ritterbusch's work, the National Socialist assumption of power was glorified almost mythically with the help of various rhetorical elements and stylized into the beginning of a new era of German science. This clumsy and obvious

---

34 Müller, Universitätsjubiläen (cf. note 14), p. 84.
35 Cf. also the festive contributions of the Leipzig anniversary in 1934 as described by Drüding, Jubelfeiern (cf. note 11), pp. 112–114.
36 Rede des Gauleiters und Oberpräsidenten Hinrich Lohse, gehalten anläßlich der 275-Jahrfeier der Christian-Albrechts-Universität zu Kiel. In: Kieler Blätter (1941). pp. 1–4, p. 2.

demonstration of the University of Kiel's integration into the Nazi regime was ultimately concluded by *Reichsminister* Rust, who, however, showed hardly able to contribute an individual note and essentially praised the "outstanding achievements of the University of Kiel, especially since 1936".[37] The anniversary as a whole, thus, remained related to the immediate present. Kiel's university history was only marginally touched upon, and in those instances where history was addressed, it was referred to almost exclusively as a negative counterpart.

Another central medium of university self-representation is the *Festschrift* published in the context of Kiel's university anniversary, which was written "on the home front, under English air raids and the booming defensive fire of the anti-aircraft guns".[38] Upon reading the 23 contributions, it becomes clear quickly that they are strongly influenced by ideology and that the authors endeavored to view the historical stages of the university's history from a National Socialist perspective. As was customary in earlier *Festschriften*, the essays naturally focus on the "great minds" of the university; insertions on student and city history, on the other hand, are usually cursory. In light of the political-ideological enslavement of the university's history, however, it is surprising that the editors do not make a sweeping condemnation of Jewish university teachers in their foreword:

> As was the case in other universities, Jews have also here forced their way into the teaching staff in the course of the nineteenth century, first only occasionally, then in higher numbers. For many years, they have represented teaching and research in the areas of German and Germanic law but also exercised their influence within the natural sciences. Their names are mentioned in the articles on the history of science. It is up to future investigations to assess and synthesize the significance of Jewry for the University of Kiel and its individual faculties.[39]

Apparently, the University of Kiel took its commemorative publication, like its anniversary, as a concrete occasion to give a small account of its own achievements over the past 275 years and to impose new obligations on itself for the future. The ideological contortions that the authors were prepared to make, some of which even distorted the university's history, once again give an idea of the extent to which the celebrations in 1940 were marked by political self-mobiliza-

---

37 Dietze, 275-Jahrfeier (cf. note 23), p. 63.
38 Ritterbusch, Paul, Hanns Löhr, Otto Scheel and Gottfried Ernst Hoffmann: Vorwort. In: Festschrift zum 275-jährigen Bestehen der Christian-Albrechts-Universität Kiel. Ed. by Paul Ritterbusch et al. Leipzig 1940. pp. V – VI, p. V.
39 Ritterbusch/Löhr/Scheel/Hoffmann, Vorwort (cf. note 38), p. VI.

tion and, above all, served to secure the continued existence of the university in the face of war.

Vienna 1940: "This celebration marks [...] the beginning of a new period in the history of our university"

The Viennese celebrations on November 6–8, 1940, picked up almost seamlessly where the Kiel jubilee had left off. Moreover, the two anniversaries resembled each other in the diction of their ceremonial speeches. The speeches held in Vienna also focused on the inner cohesion of the institution on the one hand, and on the other hand on the presentation and self-assurance of its members vis-à-vis representatives from society, politics, the military, and the economy. At Bernhard Rust's express wish and despite the war, the anniversary celebration turned out to be more elaborate than originally planned. Rust justified this with the "special significance of the university for southeastern Europe."[40] While the academic celebrations in Kiel could only boast with the attendance of Rust (the *Reichsminister* of science, education and culture) and Lohse (*Gauleiter* of Schleswig-Holstein), the 125th anniversary of the Vienna Institute of Technology, since 1872 a technical college (*Technische Hochschule, TH*)[41], was, to a certain extent, politically ennobled by the presence of the high-ranking SS- or *Wehrmacht* officials Ernst Kaltenbrunner and Baldur von Schirach, and by four *Reichsminister:* In addition to Rust, Fritz Todt, Johann Ludwig Graf Schwerin von Krosigk, and Julius Dorpmüller took part.[42] The ceremonial speech was held by the universi-

---

40 Cf. on this and on the following quotation Mikoletzky, Juliane: Die TH in Wien im Nationalsozialismus – Hochschulalltag und Hochschulpolitik / The TH in Vienna in the National Socialist Period – Routines and Politics at the TH. In: Juliane Mikoletzky and Paulus Ebner: Die Geschichte der Technischen Hochschule in Wien 1914–1955. Bd. 2: Nationalsozialismus – Krieg – Rekonstruktion (1938–1955) / The Technische Hochschule in Vienna 1914–1955. Vol. 2: National Socialism – War – Reconstruction (1938–1955). Wien etc. 2016 (Technik für Menschen. 200 Jahre Technische Universität Wien 1). pp. 89–111, p. 103.

41 The Imperial and Royal Polytechnical Institute of Vienna had been appointed a "Technische Hochschule" (abbreviated as TH) in 1872 and was renamed as technical university ("Technische Universität") in 1975.

42 The participation of politicians was, of course, not a specific feature of university anniversaries during the Nazi regime, but had, according to Thomas P. Becker, already been established on the eve of the First World War, see Becker, Jubiläen (cf. note 7), pp. 103, 107; see also Drüding, Jubelfeiern (cf. note 11).

ty's rector, the architect Fritz Haas, who first spoke about the history of the acclaimed institution and then linked the rise of German technology with the person of Adolf Hitler:

> But it [German technology] was only able to fulfil its political task after the *Führer* had given the life of the entire German people a new meaning and had thus replaced the pure economic purpose of German technology with an enhanced political mission. Like this, German technology has become one of the most powerful means, not only to unify the German people but also to realize the new world order; a task for which we, who hot-heartedly live the fight and work of this big time, are called to cooperate.[43]

Although Haas – probably out of consideration for the international guests – did not refer directly to the Second World War, it must have been clear to the audience what was meant by "this great time" and the establishment of a "new world order".[44] For the benefit of technology and the German people, the rector thus legitimized the criminal expansion of the National Socialists throughout Europe. At the same time, he placed his institution and the technical sciences at the service of the regime without hesitation, when he spoke, for example, of training the academic "youth to be creative and energetic men" whose *raison d'être* was to "be the guarantor of the future of our people". In contrast to his Kiel colleague, however, Haas did not formulate any fixed goals or tasks for the technical universities; instead he even left their future development open:

> Here we stand in in these historic regalia with golden chains, in front of the uniforms and brown shirts of the [National Socialist] fighters, and with it, we express symbolically the legacy we have to pass on. The possession and management of this legacy obliges us to most faithfully protect and constantly increase it. [...] But we also see the possibilities which we are given in the midst of this time of a hard, but light-shining reality, where so many things struggle for a new form, to find also our new form, which corresponds to the new sense of a National Socialist university.[45]

With his remarks, Haas certainly did not question the future of his institution, only its concrete form, as can be observed from the fact that throughout his speech, he repeatedly endeavored to emphasize the national value of technology. According to Haas, even Hitler had attested German technology a leading role in the "unification process of the German people and in securing its existence".[46]

---

43 Haas, Fritz: Die Festrede. In: Die Technische Hochschule in Wien zur Feier des 125jährigen Bestandes am 7. November 1940. Wien 1940. pp. 5 – 16, p. 5.
44 Haas, Festrede (cf. note 43), p. 12.
45 Haas, Festrede (cf. note 43), p. 12.
46 Haas, Festrede (cf. note 43), p. 16.

Similar to Ritterbusch's speech in Kiel, a clear tendency towards the staging of the anniversary and the respective history is observable in the Vienna case as well, which was immanent to its Technical Institute during the Second World War. The conspicuously strong discrepancy between a critical and reflective preoccupation with the institution's history and the outright and loud expressions of loyalty to National Socialism suggests that the anniversary celebration was, as in the example of Kiel, primarily placed under the sign of the present and a future self-reassurance. In addition, the "national" (or nationalistic) consciousness of Viennese university professors should be emphasized to representatives from politics and society.

Much like in Kiel, the *Reichsminister* of science and education Rust did not miss the opportunity to speak to the Vienna audience and outline his guiding ideas on German science under National Socialism. These, however, remained highly abstract and imprecise. The technical universities in general and the Viennese institution in particular hardly found their way into Rust's speech, which for the bigger part revolved around the "reality of life" of science, the wording of which largely corresponded to the ceremonial speech he had given in Kiel.[47] After Rust, Fritz Todt took the floor to convey the wish of the NSDAP that the TH Wien would continue to educate "not only outstanding engineers, but above all [...] National Socialist engineers", in whose work the world view of Adolf Hitler was expressed.[48] Indirectly, the *Reichminister* for armaments and ammunition, who had a doctorate in civil engineering and had studied at the Technical College Munich, hereby assured his academic audience of the continued existence of the Vienna Institute of Technology. Haas and the other present members of the university were certainly relieved to hear that, with Fritz Todt, they had won a weighty advocate.

While the first part of the anniversary celebration was primarily reserved for politics, the second part belonged almost exclusively to technical sciences – except for the opening address by Vice Mayor of Vienna Hanns Blaschke, who was also an *SS-Standartenführer* and alumnus of the celebrating institution. Blaschke dealt with the "deep dissension" in the German people and the influence of "French 'laissez faire'" on technology, which he described with the buzzword

---

47 Anon.: "Des Führers Wiener Lehrjahre – eine bleibende Verpflichtung". Die Reichsminister Rust, Dr. Todt, Dorpmüller und Reichsleiter von Schirach bei der 125-Jahr-Feier der Wiener Technischen Hochschule. In: Völkischer Beobachter 53:313 (1940). pp. 1–2, p. 2.
48 Anon.: "Des Führers" (cf. note 47), p. 2.

"machine storm" and called the "scourge of humanity".[49] In agreement with his previous speakers, he elevated National Socialism to a form of salvation, supposedly successful in reconciling the German people with technical progress. In summary, it can be noted that in his lecture, Blaschke established a tightly woven web between the development of technology in the Nazi regime and the "liberation of the people", whereby he attested the Technical College in Vienna a model function in this process.[50]

The six subsequent honorary lectures then focused on the technical sciences and were aimed specifically at an academically and technically educated audience, without referring to contemporary political issues on a larger scale although even in these lectures, the political *zeitgeist* was reflected, at least in places.[51] The acclaimed institution is also only occasionally mentioned in the published lectures. This is probably related to the fact that the speakers were primarily interested in explaining their own fields of research to the audience. However, since the speakers were all Viennese graduates, the relevance of their own alma mater to the present and future society was at least indirectly emphasized.

In his history of the Vienna Institute of Technology, which was published two years after the anniversary and whose printing costs were covered by the *Reichsforschungsrat* (Reich Research Council) "in the middle of the greatest war", Alfred Lechner portrayed the university from an "all-German point of view".[52] In his short survey, the author vowed "to describe to the reader the development and flourishing of the Vienna Institute of Technology, its fate in turbulent times, but also in quiet times, and to report on the struggle and failures of its founders and later leaders, on the merits and the rough edges of the personalities who worked at it".[53] In designing his study, however, Lechner did not aim for a local historical perspective. Rather, his cause was to portray the origins and development of the institution from an "all-German point of view". As a child of his time, he also deployed common prejudices or transfigurations, such as the "heroic struggle" of the Austro-Hungarian Empire in World War I, which failed

---

49 Blaschke, Hanns: Eröffnungsansprache. In: Ehrenvorträge zur Feier des 125jährigen Bestandes der Technischen Hochschule in Wien am 7. November 1940. Ed. by Alfred Lechner. Wien 1941. pp. 7–9, p. 7.
50 Blaschke, Eröffnungsansprache (cf. note 49), p. 8.
51 Brandl, Ludwig: Ausbau großer Ströme in Europa und Asien. In: Lechner, Ehrenvorträge (cf. note 49), pp. 37–47, p. 47; Buol, Heinrich von: Die Stellung der Technischen Hochschule im Fortschritt der Elektrotechnik. In: Lechner, Ehrenvorträge (cf. note 49), pp. 10–17, p. 12.
52 Lechner, Alfred: Geschichte der Technischen Hochschule in Wien (1815–1940). Ed. by the Vienna Institute of Technology. Wien 1942.
53 Lechner, Geschichte (cf. note 52), p. VI; see there also for the following quotation.

only because the "home front [...] had collapsed", although the "front [...] had stood firm".[54] Pervaded by an anti-democratic spirit, the author draws his history of the Technical University against the background of liberal and international currents which had allegedly caused an "intellectual and moral low" in the 1920s, followed by a phase of "oppression and arbitrariness" for the nationalistic university teachers and students from 1934 onwards.[55] Thus, the jubilee was once again associated with the interpretation that it was solely thanks to National Socialism that the Technical University and the technical sciences could have been saved from their impending demise.[56] The final point of the thoroughly political chronicle is the celebration of the 125th anniversary of the university, which took place "in the midst of a war forced upon the German people" and which, according to Lechner, "marked the end of the past, but also the beginning of a new period in the history of our university".[57] After reading the *Festschrift*, there is no doubt that this new era can be observed both in the "construction" and the "defense of the *Reich*", whereby Lechner performatively and discursively derived the university's self-assurance and foundation of meaning for the present and the future.

Conclusion

In view of these numerous manifest and indirect expressions of loyalty to National Socialism, it is astonishing that the Prussian finance minister made the pejorative statement in 1942 that the "jubilee addiction of universities and the opportunism with which they are pursued" should be put to an end.[58] Because the framework conditions for anniversary celebrations had shifted radically since 1933, a considerable degree of self-mobilization of the universities for the goals of the Nazi regime was almost inevitable. At the same time, universities such as those in Kiel and Vienna made use of this form of self-mobilization, since it served to provide both internal and external meaning. After all, the celebrations did not take place in a vacuum, but rather addressed the respective present and thus formed a political sounding board which, especially in times of war, helped to convince an academically educated audience of the supposed achievements of National Socialism with regard to the development of German

---

54 Lechner, Geschichte (cf. note 52), p. 196.
55 Lechner, Geschichte (cf. note 52), pp. 208, 212.
56 Lechner, Geschichte (cf. note 52), pp. 214 – 215.
57 Lechner, Geschichte (cf. note 52), pp. 215 – 216.
58 Cited after Drüding, Jubelfeiern (cf. note 11), p. 107.

universities, to justify the privations of the war, and to give new impetus to the desire for the "international standing of German science".[59] At this point, of course, it should be noted that universities and technical universities benefited differently from the Nazi regime's allocation of resources.[60] Financial resources were given primarily to institutions involved in war preparation and warfare. This was easier for the technical universities with their emphasis on the natural sciences and especially technical sciences than for the humanities, cultural studies, or political science faculties. Nevertheless, the distribution of resources was not necessarily an automatic process with a guaranteed outcome, which is why the technical universities and their professors had to constantly compete for the regime's favor and resources.

When it comes to summing up the anniversaries in Kiel and Vienna from the perspective of an integrated university history, it is important to note that many organizational, social and functional aspects of the celebrations were similar in nature. At the same time, however, differences can be identified with regard to the concrete objectives of the two anniversaries: Whereas the Kiel actors were concerned with a complete usurpation of the sciences by National Socialism, both in the context of the Second World War and for the period afterwards, those responsible in Vienna formulated their ideas for the future far more vaguely and avoided tangible demands or conceptions. Or to put it in the words of Markus Drüding: Anniversary celebrations in principle remained media of academic self-representation, but at the same time took on a character of political forums.[61] It was in these political forums that the *raison d'être* of universities in the then present and future National Socialist state was negotiated and various components of anniversary celebrations were instrumentalized for the purpose

---

59 Anon.: 125 Jahre Technische Hochschule Wien. In: Zentralblatt der Bauverwaltung vereinigt mit "Zeitschrift für Bauwesen" 60:45 (1940). pp. 727–728, p. 727. The term "interpretive power", which is closely linked to the catchword "Weltgeltung deutscher Wissenschaft" (the world renown of German science), refers to the idea of a resource sovereignty offensively presented by National Socialist university politicians. This sense of sovereignty resulted from the propagation of a hegemonic claim in the fields of science and research; on this see in particular Göllnitz, Martin: Der Ostseeraum als Konfliktzone eines wissenschaftlichen Geltungsstrebens. Die Deutschen Wissenschaftlichen Institute in Skandinavien (1941–1945). In: Konflikt und Kooperation. Die Ostsee als Handlungs- und Kulturraum. Ed. by Martin Göllnitz et al. Berlin 2019. pp. 45–70.
60 Cf. on this and the following Hachtmann, Rüdiger: Unter rassistischen und bellizistischen Vorzeichen – die Wissenschaften 1933–1945: In: Die Technische Hochschule München im Nationalsozialismus. Ed. by Wolfgang A. Herrmann and Winfried Nerdinger. München 2018. pp. 12–33, pp. 16–18.
61 Drüding, Jubelfeiern (cf. note 11), p. 157.

of placing science, research, and teaching in the service of the *Volksgemein-schaft*.

Sarah Kramer

„[K]ein Grund zum Feiern"…? Die Universitätsjubiläen in Marburg und Tübingen 1977 zwischen Jubel, Krise und Chance

Abstract: The year 1977 marked the 450th and 500th anniversaries, respectively, of both the founding of the University of Marburg and Tübingen. Due to a series of upheavals, financial shortfalls and protests in the university sector since the 1960s the jubilees were not perceived as an occasion for cheers by everyone. The paper understands the anniversaries as a probe which can shed light on contemporary problem diagnoses and lines of conflict. By examining not only the official program, but rather a wide range of history types such as counter-festivities and counter-publications, conclusions can be drawn about diverging ideas regarding the identity of the university and the role of its different members. Despite several celebratory elements, the anniversary in Marburg was framed as a critical appraisal of the current situation with a participatory approach. Particular attention was attracted by a counter-celebration hosted by conservative professors, who used the opportunity for a general reckoning with university reforms. In Tübingen however, where the official program was altogether much more solemnly, it came to no comparable conservative protest, but instead to a student counter-jubilee.

Einleitung

Zweimal Universitätsjubiläum. In Tübingen geschichtsbewußt, glanzvoll, mit dem Bundespräsidenten, dem Ministerpräsidenten, mit – nicht zuletzt – seiner Königlichen Hoheit, dem Herzog von Württemberg als erlauchten Gästen. In Marburg nüchtern, beiläufig, mit dem Vorsitzenden des Gewerkschaftsbundes als dankbar empfangenen Versammlungsredner.[1]

---

1 Archiv der Philipps-Universität Marburg (UniA Marburg). Presseausschnittsammlung (305e). Nr. 110: Unkorrigiertes Manuskript des NDR zur Sendung vom 1. Dezember 1977: An den Haltestellen der Geschichte. Deutsche Universitätsjubiläen 1977; die dortige Bezeichnung der Nachfahren des Hauses Württemberg mit deren vormaligen Herrschertiteln, die seit 1919 lediglich Namensbestandteile sind, ist vor dem Hintergrund des insgesamt ironischen Untertons des Manuskripts zu verstehen.

Mit diesem kontrastiven Fazit endete eine im Dezember 1977 ausgestrahlte Sendung des Norddeutschen Rundfunks zu den im gleichen Jahr stattgefundenen Gründungsfeiern zweier Traditionsuniversitäten. Während die mittelhessische Philipps-Universität Marburg ihr 450-jähriges Bestehen mit einer Festwoche vom 26. Juni bis zum 3. Juli 1977 beging, feierte die baden-württembergische Eberhard Karls Universität Tübingen ihr 500. Jubiläum zwischen dem 7. und 13. Oktober desselben Jahres.

Die beiden Jahrestage fielen in einen Zeitraum, in dem die meisten westdeutschen Hochschulen sich mit verschiedenen Herausforderungen, wie Personalengpässen und finanziellen Kürzungen bei weiterhin steigenden Studierendenzahlen konfrontiert sahen. Zudem waren sie auch nach „1968" immer wieder Schauplatz vielfältiger Protestaktionen und sich radikalisierender Auseinandersetzungen. Als besonders umstritten sei auf hochschulpolitischer Ebene das Konzept der „Gruppenuniversität" genannt. Unter diesem Schlagwort wurde in Abgrenzung zur „Ordinarienuniversität" seit den 1960er Jahren die Erweiterung von Mitbestimmungsrechten weiterer universitärer Statusgruppen neben den Professor*innen in den Selbstverwaltungsgremien der Hochschulen verhandelt. Das im Januar 1976 verabschiedete erste Hochschulrahmengesetz des Bundes verlieh den anhaltenden Unruhen zusätzlichen Aufwind, da es einen Großteil der auf Landesebene beschlossenen Hochschulreformen wieder zurückdrehte. In diesem Zusammenhang erfuhr die Situation an den Hochschulen ein verstärktes politisches und mediales Interesse.[2]

Der folgende Beitrag zielt daher nicht darauf ab, die offiziellen Programmabläufe, Festschriften und Erzeugnisse der Jubiläen en détail darzustellen und gegeneinander abzuwägen. Vielmehr werden die Feiern als eine Art „Verdichtungsraum" verstanden, durch deren Betrachtung zeitgenössisch vorherrschenden Problem- und Krisendiagnosen sowie Konfliktlinien (hochschul-)politischer Auseinandersetzungen nachgespürt werden kann. Als multiples Kommunikati-

---

2 Zum Zusammenhang von Hochschulreformpolitik und Protesten vgl. Rohstock, Anne: Von der „Ordinarienuniversität" zur „Revolutionszentrale"? Hochschulreform und Hochschulrevolte in Bayern und Hessen 1957–1976. München 2010; Habscheidt, Malte: „Die Herrschaft der Ordinarien wird abgeschafft!" Zum Einfluss der Studentenbewegung auf das Hamburger Universitätsgesetz von 1969. In: 100 Jahre Universität Hamburg. Studien zur Hamburger Universitäts- und Wissenschaftsgeschichte in vier Bänden. Bd. 1: Allgemeine Aspekte und Entwicklungen. Hrsg. von Rainer Nicolaysen, Eckart Krause u. Gunnar B. Zimmermann. Göttingen 2020. S. 142–162; zu studentischen Konflikten und Protestaktionen in den 1970er Jahren vgl. exemplarisch Jaeger, Alexandra: „Fachbereiche im Fieberzustand"? Konflikte an der Universität Hamburg im „roten Jahrzehnt" (1967–1977). In: Gelebte Universitätsgeschichte. Erträge jüngster Forschung Eckart Krause zum 70. Geburtstag. Hrsg. von Anton F. Guhl, Malte Habscheidt u. Alexandra Jaeger. Berlin/Hamburg 2013 (Hamburger Beiträge zur Wissenschaftsgeschichte Sonderbd.). S. 41–59.

onsereignis eröffnen Gründungsjubiläen nicht nur den Hochschulen selbst die Gelegenheit zur Selbst-Inszenierung, sondern generieren vielmehr eine breite öffentliche Aufmerksamkeit, in deren Windschatten auch marginalisierte beziehungsweise sich marginalisiert fühlende Akteur*innen die Gelegenheit erhalten, um ihre jeweiligen (hochschul-)politischen Stellungnahmen in gebündelter Form zu präsentieren. In diesem Zusammenhang rückt die identitätsstiftende Funktion von Jubiläen, die sich in der Jubiläumspraxis als umstritten zeigt, in den Fokus.

Auf Grundlage dieser Vorannahmen sollen im Folgenden zunächst zentrale Beiträge der offiziellen Festprogramme vorgestellt und es soll gefragt werden, ob sich in ihnen zeitgenössische Krisendiagnosen widerspiegelten. Ein besonderes Interesse gilt den verschiedenen jubiläumsbezogenen Protestaktionen und -schriften sowie ihren heterogenen Träger*innen und Motiven. Durch die Betrachtung dieser Vielfalt ineinandergreifender Medien und Praktiken können sowohl divergierende Gegenwartsdiagnosen und Zukunftsprognosen als auch damit verknüpfte konkurrierende Traditionsbezüge sichtbar gemacht werden.

Als umkämpft erweist sich in Marburg und Tübingen 1977 dabei nicht nur die Definition des zu Feiernden, sondern teilweise auch die viel grundsätzlichere Frage, ob es angesichts der wahrgenommenen Problemlagen überhaupt einen Grund zum Feiern gäbe.

Ein Blick in die offiziellen Festprogramme

Die Philipps-Universität in Marburg genoss in den 1970er Jahren bundesweit den Ruf einer „roten Uni" und die Proteste und Konfliktdynamiken vor Ort wurden weit über die Grenzen der mittelhessischen Universitätsstadt hinaus diskursiv verhandelt. Die Debatte um anhaltende Protestaktionen verschränkte sich dabei in besonderem Maße mit einer insbesondere von der Christlich Demokratischen Union (CDU), der *Frankfurter Allgemeinen Zeitung* (FAZ) und dem zwischen Reformskepsis und -ablehnung schwankenden Bund Freiheit der Wissenschaft (BFW) getragenen publizistischen Kampagne, die dem Fachbereich 03 (Gesellschaftswissenschaften) eine wissenschaftlich-marxistische Unterwanderung attestierte, die auf die gesamte Hochschule überzugreifen drohe.[3]

---

3 Zum Interessenverband BFW und dessen Öffentlichkeitsarbeit vgl. Wehrs, Nikolai: Protest der Professoren. Der „Bund Freiheit der Wissenschaft" in den 1970er Jahren. Göttingen 2014 (Geschichte der Gegenwart 9); Koischwitz, Svea: Der Bund Freiheit der Wissenschaft in den Jahren 1970 – 1976. Ein Interessenverband zwischen Studentenbewegung und Hochschulreform. Köln 2017 (Kölner Historische Abhandlungen 52).

Marburger Arbeitsjubiläum mit Gegenwind

Vor diesem Hintergrund überrascht es kaum, dass das Marburger Jubiläum schon im Vorfeld seine Schatten vorauswarf und den Feierlichkeiten kritisch gegenüberstehende Stimmen vernehmbar wurden. So blieb etwa der ehemalige Rektor und Professor für Rechtswissenschaften, Erich Schwinge, dem von Universitätspräsident Rudolf Zingel angesetzten Erfahrungsaustausch mit früheren Rektoren über die Ausrichtung des Jubiläums demonstrativ fern. Schwinge veröffentlichte einen offenen Brief in der Zeitung *Die Welt* und begründete seine Entscheidung mit einer radikalen Gegenwartsdiagnose: Die Universität befinde sich am „tiefsten Punkt ihrer 450-jährigen Geschichte".[4] Diese Einschätzung, die insbesondere mit Blick auf die Jahre 1933–1945 hochproblematisch anmutet, führte er auf die politische Tätigkeit des AStA, auf anhaltende Protestaktionen sowie insbesondere auf die in seinen Augen unzureichende Reaktion Zingels auf diese „offene Herausforderung der Staatsgewalt" zurück. Bevor es einen Grund zum Feiern gäbe, müsse der Universitätspräsident zunächst durch einen radikalen Kurswechsel „Recht und Ordnung" wiederherstellen. Die Mehrheit der übrigen zur Sondierung eingeladenen Altrektoren war ebenfalls gegen die geplanten Feiern, führte aber ein finanzielles Argument ins Feld: Die geschätzten Kosten sollten lieber für wichtigere Universitätsausgaben verwendet werden.[5]

Die 1976 erschienene Broschüre des BFW *Von Philipp dem Großmütigen zur Volksfront – oder: Warum das 450-jährige Bestehen der Universität Marburg kein Grund zum Feiern ist* reiht sich nahtlos in diese hochschulpolitische Agenda ein.[6] So verstehen es die Herausgeber*innen als ihre Aufgabe, der Öffentlichkeit durch die Aneinanderreihung ausgewählter Auseinandersetzungen die „Wahrheit in der ‚demokratisierten' Universität Marburg" aufzuzeigen. Während mit dem im Titel erwähnten Philipp der namensgebende Universitätsgründer gemeint ist, spielt die Bezeichnung „Volksfront" auf ein Koalitionsbündnis an, auf dessen Basis der

---

4 Schwinge, Erich: Professoren – angepöbelt und verhöhnt. In: Die Welt (28.7.1976). S. 21.

5 O. V.: Prof. Dr. Erich Schwinge: Erst Kurswechsel – dann Jubelfeier. Ehemaliger Rektor fordert Zingel auf, Recht und Ordnung wiederherzustellen. In: Oberhessische Presse (OP) (29.7.1976). S. 4; zur Tätigkeit Schwinges vor und nach 1945 sowie den Auseinandersetzungen mit Marburger Studierenden um sein Schaffen während der NS-Zeit in den 1960er Jahren vgl. Garbe, Detlef: Der Marburger Militärjurist Prof. Erich Schwinge. Kommentator, Vollstrecker und Apologet nationalsozialistischen Kriegsrechtes. In: Deserteure, Wehrkraftzersetzer und ihre Richter. Marburger Zwischenbilanz zur NS-Militärjustiz vor und nach 1945. Hrsg. von Albrecht Kirschner im Auftrag der Geschichtswerkstatt Marburg e.V. Marburg 2010. S. 109–130.

6 Bund Freiheit der Wissenschaft (Hrsg.): Von Philipp dem Großmütigen zur Volksfront – oder: Warum das 450-jährige Bestehen der Universität Marburg kein Grund zum Feiern ist. Eine Dokumentation. Bonn 1976.

Sozialdemokrat und frühere Verwaltungsdirektor Rudolf Zingel Anfang 1971 auch mit den Stimmen des studentisch-marxistischen MSB Spartakus zum ersten Marburger Universitätspräsidenten gewählt worden war. Während seiner gesamten, bis 1979 reichenden Amtszeit erfuhr Zingel unter diesem Schlagwort von konservativ-studentischer, -professoraler und -politischer Seite scharfe Kritik an seiner Amtsführung, insbesondere an seinem Umgang mit studentischen Protesten.

Ungeachtet dieses Gegenwindes waren die Vorbereitungen für die Ausrichtung des Jubiläums seit 1974 in Gang. Die Planung und Organisation auf zentraler Ebene lag hierbei zu einem Großteil in den Händen des Präsidenten selbst sowie einiger engagierter Unterstützer*innen, einen Planungsstab zur Gestaltung des Jubiläums gab es hingegen nicht.[7] Präsident Zingel wandte sich jedoch ausdrücklich gegen eine auf „Pomp und Pracht" zielende Gestaltung der Feierlichkeiten. Zweck des Jubiläums sei vielmehr, „die Vergangenheit reden [zu] lassen, die Zukunft in den Blick [zu] nehmen und zwischen beiden den gegenwärtigen Standort zu bestimmen versuchen".[8] Überhaupt schien der Grundtenor der Universitätsspitze darin zu bestehen, die durch steigende Studierendenzahlen, Hochschulexpansion und weitreichende gesetzlich verankerte Universitätsreformen bedingte Umbruchssituation sowie die diese begleitenden Konflikte offen darzulegen. Diese Intention zeigt sich auch in den verschiedenen im Umfeld des Jubiläums veröffentlichten Rede- und Publikationsbeiträgen von Präsident Zingel, Vizepräsident Wilfried von Bredow und Kanzler Klaus Ewald, welche nahezu alle die Wörter „Belastungen" oder „Probleme" im Titel tragen.[9] Indem von Bredow auf die bis zur Gründung zurückreichende historische Kontinuität solcher Konflikte und Auseinandersetzungen hinwies, relativierte er einerseits die Brisanz der aktuellen Situation und betonte zugleich das Potenzial, das ein solches als „Ar-

---

7 Vgl. hierzu und zum Folgenden: Bredow, Wilfried Frhr. von: Vorbereitung und Verlauf des 450. Gründungsjubiläums. Ein Bericht. In: 450 Jahre Philipps-Universität Marburg. Das Gründungsjubiläum 1977. Hrsg. von dems. Marburg 1979. S. 1–24.
8 Zingel, Rudolf: Vorwort. In: 1527–1977. 450 Jahre Philipps-Universität Marburg. Universitätsjubiläum. Programm. Hrsg. vom Präsidenten der Philipps-Universität Marburg. Marburg 1977. S. 1.
9 Vgl. etwa Zingel, Rudolf: Die gegenwärtigen Belastungen der Universität. In: Bredow, 450 Jahre (wie Anm. 7), S. 126–129; Ewald, Klaus: Räumliche und finanzielle Probleme der Philipps-Universität oder Bredow. In: ebd., S. 130–135; Bredow, Wilfried Frhr. von: ...ut discipuli sub praeceptoribus sint... Probleme des Verhältnisses von Professoren und Studenten gestern und heute. In: ebd., S. 80–88.

beitsjubiläum" verstandenes Gründungsfest für die Bewältigung dieser Herausforderungen in sich trage.[10]

Beim eigentlichen Festprogramm setzte Zingel statt auf wenige förmliche Festakte auf eine möglichst breite Vielfalt der Programmpunkte, deren Organisation und inhaltliche Gestaltung zum Großteil in der Verantwortung der einzelnen Fachbereiche lag und sich in zahlreichen Ausstellungen, Podiumsdiskussionen und Vorträgen niederschlug. Ferner war er um eine leichte Zugänglichkeit der Veranstaltungen bemüht, welche sich in diesem Sinne über das gesamte Sommersemester erstreckten und zu denen er nicht nur alle Universitätsmitglieder, sondern auch die Marburger Bürger*innen ausdrücklich einlud. Zu den Mitwirkenden der einzelnen Programmpunkte gehörten auch studentische Initiativen wie etwa eine Ausstellung des AStA zur *Geschichte der Studentenbewegung in Marburg seit dem 2. Juni 1967*, eine vom AStA ausgerichtete Podiumsdiskussion im Auditorium Maximum zur *Geschichte der Studentenbewegung* oder eine Ausstellung mit dem Thema *Universität als Betrieb* einer studentischen Foto-Gruppe. Die im Eingangszitat erwähnte Rede des DGB-Vorsitzenden Heinz Oskar Vetter war in diesen Zusammenhang eine von vielen Veranstaltungen auf Fachbereichsebene und nicht etwa auf zentraler Ebene, wie der NDR suggerierte.[11] Entgegen der dortigen Darstellung war das Jubiläum zudem nicht ausschließlich nüchtern gestaltet, sondern enthielt auch feierliche Programmpunkte wie etwa das Feuerwerk am Vorabend des Festwochenendes oder die Fülle musikalischer Veranstaltungen während des gesamten Sommersemesters. Eine explizit dem Universitätsgründer, Landgraf Philipp, gewidmete Veranstaltung war hingegen nicht Teil des Programms, wohl aber schmückte sein Porträt die Vorderseite der anlässlich des Jubiläums von der Universität herausgegebenen Gedenkmedaille.

Einen partizipativen Charakter hatte auch der Festakt am 1. Juli 1977, der nicht in der Alten Aula und somit nicht auf den Fundamenten der Räumlichkeiten, die Landgraf Philipp bei der Universitätsgründung ausgewählt hatte, stattfand, sondern im mehr Personen fassenden neuen Auditorium Maximum. Neben Vertretern von Bundes- und Landesregierung, der Evangelischen Kirche und der Stadt sprach hier auch spontan ein Student ein Grußwort. Der Festakt ging in eine öf-

---

10 Vgl. Bredow, Wilfried Frhr. von: Auch ein Anlaß zum Nachdenken. Philipps-Universität prägende Institution Marburgs und der Region. In: OP (21.6.1977) (Sonderbeilage 450 Jahre Philipps-Universität). S. I/7.

11 Dennoch ist dieser – von Anwesenden als sehr gut besucht beschriebene – Vortrag im Auditorium Maximum erwähnenswert, da er expressis verbis auf die „Angriffe von außen" einging, denen insbesondere der Fachbereich 03 ausgesetzt sei, vgl. Vetter, Heinz O.: Was erwarten die Gewerkschaften von den Hochschulen? In: Bredow, Vorbereitung (wie Anm. 7), S. 62–73. Zitat S. 73.

fentliche Führung durch Universität und Altstadt über und fand auf den Freiflächen um das Hörsaalgebäude im Jubiläums-Sommerfest seinen Abschluss.

Eine eigene Festschrift gehörte nicht zu den Erträgen des Marburger Jubiläums. Da ein solches Vorhaben 1974 als zeitlich nicht mehr realisierbar erschien, entschied man sich stattdessen für einen unveränderten Neudruck der Festschrift von 1927. Gleichwohl kann eine rege Publikationstätigkeit der einzelnen Fächer und Fachbereiche sowie der Historischen Kommission für Hessen beobachtet werden.[12]

Tübinger Feierlichkeiten mit Traditionsbezügen und Volksfestcharakter

Zwar war die Universität Tübingen in den 1970er Jahren auch immer wieder Schauplatz studentischer Protestaktionen, erfuhr jedoch keine vergleichbare mediale Rezeption wie die Marburger Situation. Erwähnenswert sind im Tübinger Kontext die seit dem Sommersemester 1976 herrschenden Auseinandersetzungen um die sogenannten „Ersatzgelder" (Auslagen, die insbesondere von naturwissenschaftlichen Studierenden für Praktika zu zahlen waren) und dem damit einhergehenden Rückmeldeboykott, die auch zum Zeitpunkt des Jubiläums noch nicht abgeschlossen waren.[13] Darüber hinaus fiel das Gründungsfest sowohl geografisch als auch zeitlich mitten in den durch die Auseinandersetzung zwischen Behörden und terroristischen Gruppen, allen voran der linksradikalen Roten Armee Fraktion (RAF), geprägten „Deutschen Herbst".[14]

Die Tübinger Planung des Jubiläums hatte eine längere Vorlaufzeit als in Marburg und wurde von mehreren Stellen aus koordiniert: Schon 1968 wurde eine Schriften-, 1970 eine Jubiläumskommission und 1973 ein Organisationsausschuss

---

12 Einen Überblick über die jubiläumsbedingte Publikationstätigkeit in Marburg und Tübingen bietet Losemann, Volker: Darstellungsformen der Universitäts- und Wissenschaftsgeschichte. Zum Ertrag des Jubiläumsjahres 1977 in Tübingen, Mainz und Marburg. In: Hessisches Jahrbuch für Landesgeschichte 29. Marburg 1979. S. 162–208.

13 Gleich, Arnim von u. Heinz Weber: Strukturelle Determinanten der Entpolitisierung. Abriß zur politischen Sozialisation von Studenten in den 70er Jahren. In: Wem gehört die Universität? Untersuchungen zum Zusammenhang von Wissenschaft und Herrschaft anläßlich des 500jährigen Bestehens der Universität Tübingen. Hrsg. von Martin Doehlemann. Lahn-Gießen 1977. S. 286–309.

14 So war etwa Hanns Martin Schleyer während der Festwoche in der Gewalt der RAF-Entführer.

samt Jubiläumssekretariat eingerichtet.[15] Trotz einiger Ähnlichkeiten hinsicht-lich der Marburger und Tübinger Gründungsfeiern, wie etwa der Vielzahl musi-kalischer und sportlicher Darbietungen, zeugt das offizielle Tübinger Programm schon bei einer oberflächlichen Betrachtung von einer gänzlich anderen Ge-samtausrichtung: Neben einer Gedächtnisfeier zu Ehren des Universitätsgründers Graf Eberhard im Bart, einem Bürgerfest mit Freibier, Fanfarenzügen, Bürger-wehren und Trachtengruppen, einem Festzug mit Großfeuerwerk sowie einem wissenschaftlichen Kolloquium, zu dem ausschließlich Universitätspräsidenten und Rektoren geladen waren, stand auch ein Konvent der Ehrensenatoren im Kloster Bebenhausen auf der Liste der offiziellen Veranstaltungen. Der im An-schluss an die Festreden in der Stiftskirche ausgerichtete Empfang Carl Herzog von Württembergs war hingegen nicht Teil des offiziellen Programms.[16]

Darüber hinaus fand der offizielle Festakt am 8. Oktober 1977 in der ge-schichtsträchtigen Stiftskirche statt und somit am Ort der Grablege des Univer-sitätsgründers Eberhard. Gegenwärtige (hochschul-)politische Problemlagen und Konflikte blieben dort nicht unerwähnt. So thematisierten sowohl Universi-tätspräsident Adolf Theis als auch Bundespräsident Walter Scheel sowie der Festredner Hans Küng, Tübinger Theologie-Professor und prominenter Kirchen-kritiker, in ihren Reden die steigende Akademikerarbeitslosigkeit und die damit verbundenen Existenzunsicherheiten und Zukunftsängste. Während Theis und Scheel in ihren Vorträgen zudem die gegenwärtige Bedrohung durch terroristische Aktionen der RAF ansprachen und sich in diesem Kontext explizit gegen vor-schnelle Schuldzuweisungen gegenüber den Hochschulen wandten, bemühte der seit 1966 amtierende Ministerpräsident Hans Filbinger (CDU) eben dieses im Rahmen der „Sympathisanten-Debatte"[17] kursierende Narrativ „geistiger Täter-schaft" in seiner Rede und nutzte so die Bühne des Festaktes für innenpolitische Anliegen. Dabei schrieb er nicht nur der „kritischen Theorie" die Verantwortung für den gegenwärtigen Terrorismus zu, sondern auch der Einführung der „Grup-penuniversität", welche mit ihrer „wissenschaftsfremden Ideologie der ‚Demo-kratisierung'" den Nährboden für die politische Indienstnahme der Wissenschaft geschaffen habe. Die Berechtigung der Universität Tübingen, ihre Gründung zu

---

15 Universitätsarchiv Tübingen (UAT): Bestandsbeschreibung Zentrale Verwaltung, Universi-tätsjubiläum 1977. https://www.archivportal-d.de/item/Q3CSCK7HES7IB37VTYUWDWYCCDUXYT HW?offset=0&rows=20&sort=time_asc&viewType=list&hitNumber=5 (14.1.2021).

16 Vgl. 500 Jahre Eberhard-Karls-Universität Tübingen 1477–1977. Programm. Festwoche 7. bis 15. Oktober 1977. Tübingen 1977.

17 Vgl. Balz, Hanno: Von Terroristen, Sympathisanten und dem starken Staat. Die öffentliche Debatte über die RAF in den 70er Jahren. Frankfurt 2008.

feiern, blieb hingegen trotz dieser Problemdiagnosen bei allen Rednern unhinterfragt.[18]

Anders als bei der skizzierten Feierpraxis wurde die Rolle und Funktion von Jubiläumsfeierlichkeiten im Angesicht der zeitgenössischen Herausforderungen im Rahmen der dreibändigen Tübinger Festschrift zum Gegenstand einer prüfenden Betrachtung. So eröffnet der erste Band *Beiträge zur Geschichte der Universität Tübingen*[19] in seiner Einführung einen Raum für Reflexionen über die Sinnstiftung und Charakterisierung der Tübinger Jubiläumsfeierlichkeiten im historischen Längsschnitt. Während vergangene Jubiläen entgegen ihrer etymologischen Herkunft durchaus nicht immer von Jubel geprägt gewesen, sondern stattdessen „in Zufriedenheit" (1577), „in Armut" (1677), „in Angst" (1777) oder „in sicherer Freude" (1877) begangen worden seien, könne das aktuelle Gründungsfest als „Jubiläum in Sorge" erinnert werden.[20] Der zweite Band *Wissenschaft an der Universität heute*[21] versteht sich insgesamt als kritische Standortbestimmung und versucht, aus interdisziplinärer Perspektive Rechenschaft über wissenschaftliche Arbeit abzulegen. Der eingangs formulierte Grundsatz, „‚universitäres' Feiern" müsse alle Angehörigen der Universität einschließen, spiegelt sich allerdings nicht in der Autorenschaft wider, welche sich aus acht männlichen Professoren zusammensetzt. Die Gruppe der „Studenten" wird als universitäre „Randgruppe" lediglich zum Gegenstand der Forschung, nicht aber zu ihrem Subjekt.[22]

---

18 Für den Wortlaut der einzelnen Reden vgl. 500 Jahre Eberhard-Karls-Universität Tübingen 1477–1977. Reden zum Jubiläum. Hrsg. im Auftrag des Universitätspräsidenten. Tübingen 1977 (Tübinger Universitätsreden 29).

19 Beiträge zur Geschichte der Universität Tübingen 1477–1977. Hrsg. im Auftrag des Universitätspräsidenten und des Senats der Eberhard-Karls-Universität Tübingen von Hansmartin Decker-Hauff, Gerhard Fichtner u. Klaus Schreiner. Tübingen 1977 (500 Jahre Eberhard-Karls-Universität Tübingen 1).

20 Vgl. Decker-Hauff, Hansmartin: Einführung. Wie sie feierten – Streiflichter statt einer Festbeleuchtung. In: Decker-Hauff/Fichtner/Schreiner, Beiträge (wie Anm. 19), S. XI–XXIV.

21 Wissenschaft an der Universität heute. Hrsg. im Auftrag des Universitätspräsidenten und des Senats der Eberhard-Karl-Universität Tübingen von Johannes Neumann. Tübingen 1977 (500 Jahre Eberhard-Karls-Universität Tübingen 2).

22 Vgl. etwa den Beitrag von Neidhardt, Friedhelm: Randgruppen der Universität. Zur Soziologie der Studenten. In: Neumann, Wissenschaft (wie Anm. 21), S. 335–364.

Gegenjubiläen, Antifestschriften, alternative Festschriften: Das Jubiläumsjahr bringt weitere Geschichtssorten hervor

Vor diesem Hintergrund überrascht es nicht, dass die offiziellen Feierlichkeiten an beiden Universitäten von unterschiedlichsten Protestaktionen und alternativen Festschriften flankiert wurden. Dass diese nicht nur dem studentischen oder links-liberalen Lager zuzuordnen sind, davon zeugen gerade die im Marburger Fall zu beobachtenden Gegenveranstaltungen und -schriften rechts-konservativer Provenienz.[23]

Protestierende Professor*innen und kooperierende Studierende in Marburg?

Erwähnenswert ist in diesem Zusammenhang eine zwei Tage vor der offiziellen Festwoche vom Convent Deutscher Akademikerverbände und Korporationsverbände ausgerichtete Festakademie unter dem Motto „...bis sie wieder frei gemacht". Der kulturpolitische Sprecher der hessischen CDU Bernhard Sälzer verwies in seinen Ausführungen auf den Landgrafen Philipp, der sich bei der Gründung der Universität furchtlos dem Primat der Theologie entgegengestellt habe. Heutzutage würde ein vergleichbarer Vormachtanspruch von der Marburger Politologie und Soziologie erhoben. Bedauerlicherweise sei weder in Marburg noch in Wiesbaden ein „Philipp der Großmütige unserer Tage in Sicht"[24], weshalb es der CDU zufalle, die Freiheit von Forschung und Lehre zu verteidigen.[25] Mit diesem schiefen Vergleich bemühte Sälzer – wie zuvor schon Schwinge und der BFW – das Niedergangsnarrativ der Traditionsuniversität Marburg.

Höhere mediale Aufmerksamkeit erfuhr ein „Akademischer Festakt der Professoren", den der Hochschulverband, die Interessenvertretung westdeutscher Hochschullehrer*innen, am Vorabend der Eröffnung der Festwoche in der Aula der Alten Universität ausrichtete. Eingeladen wurde zu „einer eigenen Feier abseits vom offiziellen Festakt der Philipps-Universität, die nicht mehr die ihre [die

---

23 Der Begriff „Gegen(fest)schrift" wird hier hinsichtlich der Gruppe der an ihr Beteiligten anders gebraucht als im Beitrag Gunnar B. Zimmermanns in diesem Band.
24 Sälzer, Bernhard: Schicksalsfrage der Zukunftssicherung. In: OP (21.6.1977). S. I/6.
25 Vgl. Müller, Hans Dieter: Das Marburger Universitätsjubiläum. In: CC-Blätter 4 (1977). S. 131f.

der Hochschullehrenden, S.K.] ist".[26] Auf diese Weise markierte der Gastgeber und Präsident des Verbandes, Werner Pöls, Professor für Neuere Geschichte in Braunschweig, den Festakt nicht nur unmissverständlich als Gegen-Veranstaltung. Vielmehr distanzierte sich der Hochschulverband von der Universität als solcher, mit der sich ein Großteil seiner Mitglieder nicht mehr zu identifizieren schien. In seiner Begrüßungsansprache erteilte Pöls dementsprechend einer „unsinnigen Reformeuphorie" eine Absage, der er die Schuld für die von seinem Verband beobachtete wachsende Politisierung, Radikalisierung und „Polarisierung kleinlicher Gruppeninteressen" zuschrieb.[27] Eingerahmt von musikalischen Beiträgen sprachen die Festredner, der Zukunftsforscher und Karlsruher Professor Karl Steinbuch sowie der emeritierte Professor für Biochemie Sir Hans A. Krebs vor etwa 300 geladenen Repräsentant*innen aus Hochschulen, Politik, Kirche, Bundeswehr, Industrie und Handel. Während Steinbuch mit alarmistischem Vokabular den aktuellen Zustand der Universitäten mit jenem zur Zeit des Faschismus verglich und darüber hinaus zum Rundumschlag gegen Massenmedien und links-liberale „Meinungsmacher" ausholte, blieb Krebs dem Bereich der Hochschulpolitik verhaftet und plädierte für eine Wiedereinführung der „Führerschaft durch die Besten"[28] im universitären Bereich, wobei mit den „Besten" unzweifelhaft die Gruppe der Professor*innen gemeint war.[29]

Das hier artikulierte quasi-ständische Selbstverständnis eines Großteils der anwesenden Hochschullehrenden und ihre Sehnsucht nach einer Rückkehr zu der strenger hierarchisch gegliederten Aufgabenzuständigkeit spiegelt sich auch in der Exklusivität der Veranstaltung wider. Diese war im scharfen Gegensatz zum offiziellen Festprogramm nur mit vorher verschickter Einladung zugänglich. Universitätspräsident Zingel blieb dem Festakt trotz Einladung demonstrativ fern und zementierte auf diese Weise die Kluft zwischen Hochschulverband und Universitätsleitung. Der Veranstaltung vorausgegangen war eine Auseinandersetzung zwischen Zingel und Pöls anlässlich eines an deutsche Unternehmen adressierten Spendenaufrufs des Hochschulverbands für die Herausgabe einer

---

26 Zit. nach Roitsch, Jutta: Rückkehr zur „Führerschaft durch die Besten". Konservative Professoren feierten den 450. Gründungstag der Marburger Universität auf ihre Weise. In: Frankfurter Rundschau (27.6.1977). S. 3.

27 Pöls, Werner: Begrüßungsansprache auf dem Akademischen Festakt der Professoren am 25. Juni 1977 in Marburg. In: Bilanz einer Reform. Akademischer Festakt am 25. Juni 1977 in Marburg. Bonn 1977 (Forum des Hochschulverbandes 14). S. 5–8. Zitat S. 7.

28 Zit. nach Roitsch, Rückkehr (wie Anm. 26), S. 3.

29 Der Auftritt Steinbuchs reiht sich nahtlos in dessen politische Aktivität in den 1970er Jahren ein, vgl. zu dieser Entwicklung: Guhl, Anton F.: Kurskorrekturen eines Technokraten. Die politische Rechtswendung des Nachrichtentechnikers und Zukunftsforschers Karl Steinbuch nach 1970. In: Technikgeschichte 87:4 (2020). S. 315–334.

„Antifestschrift".[30] Diese wurde auf der Feier des Hochschulverbandes unter dem programmatischen Titel *Bilanz einer Reform*[31] erstmals einem ausgewählten Publikum präsentiert. Die Agenda des Bandes, anhand des traditionsreichen Marburger Beispiels eine Reihe hochschulpolitischer Fehlentwicklungen, deren Kern die Einführung der „Gruppenuniversität" darstelle, zu exerzieren, wurde unmissverständlich formuliert. Die Dokumentation solle in diesem Zusammenhang als Weckruf dienen, denn schließlich spiegle sich in der „Wissenschaft von heute" „die Zukunft von morgen." Zwar stand die Veranstaltung des Hochschulverbands im Einklang mit dessen sich in den 1970er Jahren abzeichnenden Opposition zu diversen hochschulpolitischen Reformmaßnahmen. Die feierliche Generalabrechnung war jedoch verbandsintern nicht unumstritten und führte in einigen Fällen auch zum Austritt.[32]

Kritik an den offiziellen Feierlichkeiten regte sich jedoch auch von anderer Seite. Die Studentenzeitung *marburger blätter (mb)* widmete dem Fest eine Jubiläums-Ausgabe, dessen Leitartikel *Außer Spesen nichts gewesen* in mehrfacher Hinsicht studentischen Unmut über das „Jubiläumsspektakel" zum Ausdruck brachte.[33]

Zum einen entzündete sich die Kritik an den universitätsgeschichtlichen Leerstellen des offiziellen Festprogramms, welche die Feier zum „unkritischen Jubelfest" werden lasse. Um diese Defizite zumindest ansatzweise zu kompensieren, spannte die Jubiläumsausgabe der *mb* einen inhaltlichen Bogen von der Rolle Landgrafs Philipps, des „Bauernschlächters" im Bauernkrieg von 1525, über die Niederschlagung der sozialistischen Arbeiterbewegungen in Marburg um 1920 bis zur Erschießung Benno Ohnesorgs am 2. Juni 1967 und der in diesem Zusammenhang auch in Marburg erstarkenden Studentenbewegung. Auf diese Weise sollten nicht nur „demokratische Traditionen" sichtbar gemacht, sondern vor allem auch die bis in die Gegenwart reichende „reaktionäre Traditionslinie"

---

30 Vgl. für Auszüge aus diesem Spendenaufruf und die Entgegnung Zingels: o.V.: Zingel sieht die Philipps-Universität durch Hochschulverband diskreditiert. Präsident antwortet auf Spendenaufruf an deutsche Wirtschaftsunternehmen. In: Marburger Universitäts-Zeitung 76 (1977). S. 1.
31 Hochschulverband in Zusammenarbeit mit Harder, Hans-Bernd u. Ekkehard Kaufmann (Hrsg.): Bilanz einer Reform. Denkschrift zum 450jährigen Bestehen der Philipps-Universität zu Marburg. Bonn 1977.
32 Vgl. Bauer, Franz J.: Geschichte des Deutschen Hochschulverbandes. München 2000.; o.V.: „Gegenfeier mit eindeutig politischer Tendenz". Prof. Froese verlässt aus Protest Hochschulverband. In: OP (7.7.1977). S. 4.
33 Vgl. Allgemeiner Studentenausschuss der Philipps-Universität Marburg (Hrsg.): 450 Jahre Philipps-Universität: Hierarchische oder demokratische Öffentlichkeit [= marburger blätter 5/6 1977]. Marburg, Lahn 1977.

hervorgehoben werden, welche sich aktuell in erster Linie in „Angriffen auf den FB 03, ja auf alle fortschrittlichen Kräfte an der Uni"[34] niederschlage.

Zum anderen richtete sich die Kritik der AStA-Publikation gegen die aus ihrer Perspektive undemokratische Organisation des Jubiläums. So habe die Universitätsleitung den Vorschlag, ein gemeinsames Konzept aller Hochschulangehörigen zu erarbeiten, abgelehnt. Dass die Kosten des Festes in keinem Verhältnis zu den allgegenwärtigen Etat-Kürzungen innerhalb des Universitätsbetriebes stünden, verschärfte die Bedenken der Studentenvertretung nur.

Trotz aller aufgeführten Kritikpunkte des AStA wurde jedoch – anders als bei den konservativen Stimmen – an keiner Stelle die grundsätzliche Absicht, eine Jubiläumsfeier auszurichten, in Frage gestellt. Darüber hinaus scheint es auch keinerlei Planungen oder Aufrufe zu Gegenveranstaltungen oder -jubiläen gegeben zu haben. Im Gegenteil finden sich selbst in der kritischen Jubiläumsausgabe der *mb* noch Hinweise auf lohnenswerte Programmpunkte des offiziellen Festprogramms, wobei neben musikalischen Beiträgen insbesondere auf solche Ausstellungen verwiesen wird, bei denen Studierende entweder an der Planung beteiligt oder gar ihre alleinigen Initiator*innen waren, wie etwa die Ausstellung der Europäischen Ethnologie „Talare, Wichs und Jeans" über die Geschichte der Universitätskleidung.

Eine ähnliche geschichts-politische Intention, jedoch in Form einer anderen Geschichtssorte, verfolgt der 1977 veröffentlichte Sammelband *Universität und demokratische Bewegung*.[35] So fassen die Herausgeber*innen das Jubiläum als Anlass auf, mit alternativen Beiträgen zur Marburger Universitätsgeschichte den Blick sowohl „auf fortschrittliche Traditionen dieser Hochschule" als auch auf die bis in die Gegenwart reichende „Kontinuität der Repression" zu lenken. Die Zusammensetzung der Autor*innenschaft aus Angehörigen verschiedenster universitärer Gruppen (von der Studentin bis zum Professor) kann in diesem Sinne als Ansatz gewertet werden, die angestrebte Demokratisierung auf der Ebene der Publikations- und Öffentlichkeitsarbeit umzusetzen. Die doppelte historiographische Zielsetzung spiegelt sich auch in den Thematiken der rund 21 Beiträge wider, welche von der Universitätsgründung zu Zeiten der Bauernkriege über Widerstand und Verfolgung an der Universität Marburg während der NS-Diktatur bis zum sogenannten „Radikalenerlass" von 1972 und seinen Folgen an der

---

34 AStA der Philipps-Universität, 450 Jahre (wie Anm. 33), S. 3.
35 Vgl. Kramer, Dieter u. Christina Vanja (Hrsg.): Universität und demokratische Bewegung. Ein Lesebuch zur 450-Jahrfeier der Philipps-Universität Marburg. Marburg 1977.

Philipps-Universität reichen.[36] Im Gegensatz zu den oben beschriebenen konservativen Gegenfestschriften nutzen die Herausgeber*innen des Lesebuchs die Publikation jedoch nicht als Plattform, um den geplanten Jubiläumsfeierlichkeiten ihre Berechtigung abzusprechen; ihre programmatische Priorität lag stattdessen auf einem vom Jubiläum unabhängigen Plädoyer für eine dem demokratischen Fortschritt verpflichtete Wissenschaft.

Ihrem Selbstverständnis nach bezeichneten die Verfasser*innen ihr Werk auch nicht als Gegen- oder Antifestschrift, sondern eben als „Lesebuch". Den *mb* zufolge hätten sie es ursprünglich sogar gerne als Ersatz für die ausgefallene offizielle Festschrift verstanden; ein Vorhaben, das von der Universitätsleitung jedoch nicht unterstützt worden sei.[37] Aus diesen Gründen erscheint es angebracht, das Lesebuch nicht als Gegenfestschrift, sondern eher als alternative Festschrift zu bezeichnen.

Abseits von dieser kritischen schriftlichen Begleitung des Jubiläums fanden auf performativer Ebene kaum studentische Protestaktionen gegen die Feierlichkeiten statt. Eine Ausnahme stellt ein Zwischenfall beim Festakt im Auditorium Maximum dar. Als sich eine überschaubare Gruppe Studierender dort mit Protestplakaten versammelt hatte, forderte Präsident Zingel den AStA-Vorsitzenden Rudi Deuble spontan auf, ein Grußwort zu sprechen. Zum Unmut einiger Anwesender wurde Deuble so die Möglichkeit eröffnet, noch vor den eingeladenen Festrednern über aktuelle studentische Probleme wie das Bafög, die Anhörungen im Kontext des „Radikalenerlasses" oder über nach Protesten drohende Strafanzeigen zu referieren. Dieser auf Deeskalation zielende Umgang mit den studentischen Demonstrierenden fand im Nachgang des Jubiläums einen schriftlichen Niederschlag. So wurde der ungeplante Auftritt im Jubiläums-Bericht von 1978 dem Programm als offizielles Grußwort hinzugefügt und auf diese Weise der Kreis der Eingeladenen nachträglich erweitert.[38]

---

36 Auffällig ist in diesem Zusammenhang der Schwerpunkt auf zeitgeschichtlichen Themen: So deckt ein Drittel der Beiträge die Zeit nach 1945 ab, davon bis auf einen allesamt die letzten 15 Jahre.

37 Vgl. entsprechende Hinweise in AStA der Philipps-Universität, 450 Jahre (wie Anm. 33), S. 4.

38 Vgl. Bredow, Vorbereitung (wie Anm. 7), S. 14; für die Hinweise zum Kontext der Deuble-Rede beim Festakt danke ich den Auskünften Rudi Deubles sowie Frank Deppes in mündlichen Gesprächen am 20. und 23.11.2020. Rudi Deuble bestätigte in diesem Zusammenhang zudem den Eindruck, dass kaum jubiläumsbezogene studentische Aktionen stattgefunden haben und nennt als mögliche Gründe für diesen Umstand die ohnehin schon rege Protesttätigkeit in den Semestern vor dem Gründungsfest.

Mit Gegenjubiläum und -schriften wider die „glanzpapierne Feierlichkeit"[39] in Tübingen

Auch an der Eberhard Karls Universität kam es bereits im Vorfeld des Jubiläums zu einer Auseinandersetzung, in deren Mittelpunkt die geplante Festschrift stand. Ausgelöst wurde der Konflikt, als der damalige Geschichtsdoktorand Alf Lüdtke seinen Beitrag über die Universität Tübingen während des Nationalsozialismus aus politischen Gründen zurückzog. In einem ausführlichen Artikel in der Lokalpresse übte er im September 1975 scharfe Kritik an „dem drohenden Monumentalwerk ,Jubiläum'"[40], das zu einer reinen Repräsentationsveranstaltung zu verkommen drohe. Dessen Organisator*innen berücksichtigten weder die aktuellen (hochschul-)politischen Konflikte noch die gesellschaftliche Verantwortung, die einer pluralistischen Wissenschaft durch ihre genuine Verortung im politischen Kontext innewohne. Darüber hinaus sei er selbst im Vorfeld der Festschrift-Veröffentlichung von universitärer Seite über seine politischen Einstellungen und Tätigkeiten befragt worden – ein Vorgehen, das Lüdtke in der „Randzone der Berufsverbotepraxis" verortete. Die Herausgeber der Festschrift reagierten prompt mit einem offenen Brief an ihren ehemaligen Autoren: Dieser trage durch seine Entscheidung ja gerade selbst zu einer Einengung der von ihm bemängelten Vielfältigkeit bei und sorge durch den Zeitpunkt seines Rückzugs kurz vor Redaktionsschluss dafür, dass die Festschrift nun voraussichtlich gar keinen Beitrag zum Nationalsozialismus enthalten werde. Womöglich habe Lüdtke mit seiner Entscheidung gar darauf abgezielt, den Eindruck zu erwecken, die Herausgeber wollten die Zeit des Nationalsozialismus bewusst aus ihrem Werk ausklammern.[41]

Veröffentlicht wurde Lüdtkes Beitrag schließlich, jedoch in einem anderen Format und unter leicht modifiziertem Titel im Sammelband *Wem gehört die Universität?*[42]. Die Autor*innen des Bandes, ein Zusammenschluss aus Studie-

---

39 Doehlemann, Universität (wie Anm. 13), S. 5.

40 Lüdtke, Alf: Schlaglichter auf ein Skandalon. Ein junger Historiker begründet, warum er seinen Beitrag für die Uni-Festschrift revoziert. In: Schwäbisches Tagblatt (ST) (10.9.1975). o.S.

41 Vgl. Decker-Hauff, Hansmartin, Gerhard Fichtner u. Klaus Schreiner: „Wir scheuen die Öffentlichkeit nicht". In: ST (13.9.1975). o.S.; es konnte jedoch noch rechtzeitig ein Ersatz für den ausgefallenen Beitrag gefunden werden, vgl. Adam, Dietrich Uwe: Die Universität Tübingen im Dritten Reich. In: Decker-Hauff/Fichtner/Schreiner, Beiträge (wie Anm. 19), S. 193–248.

42 Doehlemann, Universität (wie Anm. 13); während der ursprüngliche Titel für die offizielle Festschrift „Selbst-Gleichschaltung und Staatskommissar – Die Universität Tübingen in der Anfangsphase des deutschen Faschismus" lautete, trug der Beitrag nun den etwas provokanteren Titel „Vom Elend der Professoren – ,Ständische' Autonomie und Selbstgleichschaltung 1932/33 in Tübingen".

renden und gewerkschaftlich orientierten Universitätsbediensteten, einte „die Abneigung gegen die glanzpapierne Feierlichkeit"[43] der kostspieligen und „repräsentationslüsternen" Jubiläumsplanungen. Anders als das Marburger Lesebuch widmet sich nur einer der drei Hauptabschnitte historischen Themen, während die anderen beiden Teile Analysen zu gegenwärtigen wissenschaftlichen und hochschulpolitischen Problemen, wie Numerus clausus, Stellenstreichungen und Akademikerarbeitslosigkeit umfassen. Den Auftakt des Sammelbandes bildet ein Artikel zur Historisierung vergangener Tübinger Universitätsjubiläen, der zu dem Fazit kommt, Geschichte würde im Rahmen von Feierlichkeiten zum unkritischen Programmpunkt degradiert.[44] Hinsichtlich des anstehenden Gründungsfestes wollen sich die Verfasser*innen jedoch nicht als „Festmuffel" verstanden wissen, sondern eher als kritisch beobachtender ungeladener Gast. Ihren Befürchtungen, dass die Feiern die gegenwärtigen Sorgen nur verdrängen würden, setzen sie ein Plädoyer für „realitätsgerechtere" Feste entgegen. Auch wenn der beschriebene Sammelband schon zeitgenössisch als „Gegenfestschrift" bezeichnet wurde, entspricht dies abermals nicht der Selbstbetitelung des Herausgebers – dieser nennt das Werk vielmehr eine Anthologie.[45]

Eine weitere Initiative, die es sich zum Ziel gemacht hatte, „die Kehrseite der Medaille" sichtbar zu machen, ging von einer Gruppe Tübinger Hochschullehrender aus, die zu diesem Zwecke eine Ausstellung organisiert hatten.[46] Deren thematische Bandbreite reichte von der Darstellung psychischer Schwierigkeiten, mit denen Studierende zu kämpfen hatten, bis hin zu Problemen der Personal- und Sachmittelkürzungen. In demonstrativer Abgrenzung zum unterstellten harmonisierenden Charakter des übrigen Festprogramms betonen die Kuratoren das bewusst gewählte pluralistische Ausstellungskonzept: Die im Laufe der Vorbereitungen zu Tage getretenen Widersprüche und Uneinigkeiten zwischen den einzelnen Beteiligten sollten in diesem Sinne nicht versteckt, sondern im Rahmen der Ausstellung offen zum Ausdruck gebracht werden. Als Beispiel für eine solche interne Differenz sei auf die Ausstellung der Tübinger Unifrauengruppe zur Situation von Frauen im Wissenschaftssystem verwiesen, welche sich nach eigenen Angaben demonstrativ abseits der übrigen Ausstellung in den Ni-

---

43 Doehlemann, Universität (wie Anm. 13), S. 5.

44 Vgl. Alber, Wolfgang, Utz Jeggle u. Susanne Renftle: An den Haltestellen der Geschichte – Alle 100 Jahre wieder: Tübinger Universitäts-Jubiläen. In: Doehlemann: Universität (wie Anm. 13). S. 9–36.

45 So im Vorwort bei Doehlemann, Universität (wie Anm. 13), S. 5; zur Bezeichnung als Gegenfestschrift vgl. etwa Losemann, Darstellungsformen (wie Anm. 12), S. 176.

46 Vgl. hierzu Bierich, Jürgen [u. a.] (Hrsg.): 500 Jahre Universität Tübingen. Die Kehrseite der Medaille: Universität heute. Schwarzbuch zur Ausstellung. Tübingen 1977.

schen der Garderobe platzierte und somit ihre inhaltliche Distanz zur Gegen-Ausstellung räumlich realisierte.[47]

Anders als der Marburger AStA, der sich trotz aller Kritik einer Teilnahme und partiellen Mitwirkung am offiziellen Jubiläumsprogramm nicht vollständig verweigerte, entschied sich die Tübinger Studentenvertretung gegen eine solche Mitarbeit und lud stattdessen in einem offenen Brief zum Gegenjubiläum ein. Als Gründe wurden abermals der realitätsferne harmonisierende Charakter sowie die unverhältnismäßig hohen Kosten der Feiern aufgeführt. Zudem konstatierte der AStA, dass er sich als Vertreter der „größten Gruppe der Universität" nicht mit der ihm zugedachten „Statistenrolle" innerhalb des offiziellen Programms zufrieden gebe, sondern vielmehr einen selbstständigen Beitrag leisten wolle: Das vom AStA initiierte Kontrastprogramm, welches parallel zur Festwoche stattfand, umfasste eine Reihe von Workshops, Straßentheater und eine Lesung der Schriften des zwei Monate zuvor verstorbenen neomarxistischen Philosophen Ernst Bloch. Den Höhepunkt bildete jedoch eine direkt im Anschluss an den offiziellen Festakt angesetzte Demonstration, zu welcher 5.000 Teilnehmer*innen erwartet wurden, jedoch nur etwa 1.000 erschienen. Hier äußerte sich in aktionistischer Manier eine ähnliche Zielsetzung, die dem Marburger Lesebuch zugrunde lag: Die Demonstration richtete sich zuvorderst gegen eine „500jährige Geschichte von Herrschaft und Unterdrückung", deren Tradition weit zurück in die Zeit der Bauernkriege reiche und sich gegenwärtig in der von der baden-württembergischen Landesregierung geplanten Abschaffung der Verfassten Studierendenschaft oder der alltäglichen Anwendung des Ordnungsrechts gegen kritische Meinungen manifestiere. Unterstützt wurde die Protestaktion sogar vom Dachverband Vereinigte Deutsche Studentenschaften (vds), der die Demonstration als Auftakt der für das Wintersemester 1977/78 bundesweit geplanten Hochschulstreiks verstand.[48]

---

47 Vgl. Gleichstellungsbüro der Universität Tübingen (Hrsg.): 100 Jahre Frauenstudium an der Universität Tübingen 1904–2004. Historischer Überblick, Zeitzeuginnenberichte und Zeitdokumente. Tübingen 2007. S. 88 f.

48 Zitate bei: Dieses Fest ist nicht unser Fest. Offener Brief des AStA an die Tübinger Bürgerschaft: Einladung zum Gegenjubiläum. In: ST (5.10.1977). o.S.; vgl. ferner: o.V.: Als Entgegnung – Bloch. Kontrastprogramm des AStA zum Uni-Jubiläum ab Wochenende. In: ST (5.10.1977). o.S.

Ein Jubiläum kommt selten allein: Fazit und Ausblick

Jubel, Krise oder Chance? Alle drei Aspekte finden sich im Umfeld der Jubiläen in Tübingen und Marburg wieder. Während das Tübinger Gründungsfest in seiner Gesamtausrichtung eine Vielzahl pompöser, traditionsbewusster und exklusiver Programmpunkte aufwies, scheint das Marburger Jubiläum eher von der Bemühung geleitet, möglichst viele Menschen und universitäre Statusgruppen zu beteiligen, auf pompöse Festakte weitestgehend zu verzichten und das Gründungsfest als „kritische Standortbestimmung" zu markieren.

Beide Jubiläen wurden von zahlreichen kritischen Stimmen und Aktionen begleitet, welche zum großen Teil auf divergierende Vorstellungen über die Identität der Universität und die Rolle ihrer Mitglieder zurückführbar sind. Im Rahmen eines Gegen-Festaktes exkludierte sich ein Großteil der Professorenschaft selbst vom Marburger Jubiläum und (re-)inszenierte eine aus ihrer Perspektive durch das Prinzip der „Gruppenuniversität" bedrohte Identität als exklusive Führungselite der Hochschulen. Im Tübinger Fall sind keine vergleichbaren Gegenaktionen von professoraler oder konservativer Seite zu verzeichnen. Schon das offizielle Festprogramm eröffnete der Gruppe der Professor*innen einige exklusive Programmpunkte. Von links entzündete sich die Kritik in erster Linie an den identifizierten blinden Flecken der Feierlichkeiten, die zu harmonisierenden Repräsentationsfeiern zu verkommen drohten. Während der Tübinger AStA aus der seiner Ansicht nach unzureichenden Integration der Studierenden in das offizielle Programm die Konsequenz zog, ein die Festwoche begleitendes Gegen-Jubiläum auszurichten, nutzte die Marburger Studierendenschaft trotz geäußerter Kritik die ihr angebotene Gelegenheit und beteiligte sich am offiziellen Programm. Dass jedoch auch in Marburg das partizipative Konzept der Universitätsspitze und die Darstellung einer „universitas" an seine Grenzen stieß, zeigt sich etwa an der Nichteinladung der Studierenden zum Festakt. Angesichts dieser vielfältigen Jubiläumspraxis scheint es angebracht, die Jubiläen nicht als eine in sich geschlossene Feier, sondern in eben dieser Multiplizität zu begreifen.

Die Jahrestage führten darüber hinaus nicht nur zu einem Anstieg jubiläumsbezogener Forschung auf Fachbereichsebene, sondern auch zur Publikation alternativer Geschichtssorten in Form von Gegen-Festschriften. In vielen Fällen überschnitten sich hierbei historische Analysen mit Beiträgen zu zeitgenössischen (hochschul-)politischen Diskussionen. Besondere Fixpunkte in der historischen Rückschau bildeten vergangene Universitätsjubiläen, konkurrierende Bewertungen der jeweiligen Gründungsfigur, historisch überstandene Krisen sowie die Sichtbarmachung „demokratischer" und „repressiver" Traditionslinien.

Ein weiterführendes lohnenswertes Unterfangen wäre es, dem „sozialen Ertrag"[49] der Jubiläen nachzuspüren, etwa anhand der Frage, wie sich die Gründungsfeiern und die mit diesen einhergehenden Einladungen der Bevölkerung auf das Verhältnis der Hochschulen zur Stadt auswirkten sowie die Rezeption in der (über-)regionalen Presse zu analysieren. Mit Blick auf die in wenigen Jahren erneut anstehenden „runden Jubiläen" in Marburg und Tübingen könnte auch die Frage nach möglichen Lernprozessen aus vergangenen Gründungsfeiern sowie insbesondere der in ihrem Umfeld geäußerten Kritik in den Mittelpunkt rücken.

---

49 Bredow, Vorbereitung (wie Anm. 7), S. 22.

Zwischen Gedenken, Verdrängen und Vergessen |
Between Commemoration, Repression, and
Forgetting

Vivian Yurdakul

Verdrängung einer „schnell ablaufenden Episode". Der Umgang der Technischen Universität Berlin mit ihrer NS-Vergangenheit im Spiegel ihrer Jubiläen

Abstract: The reopening of the Technische Hochschule Berlin after the Second World War was prohibited by the Allies due to the institution's strong involvement in Nazi war crimes. Instead they demanded to reestablish the institution as a Technical University – the first of its kind in Germany. As such, the institution was obligated to set up a department of humanities. One of the purposes of this new found department was to investigate the history of the institution during the NS-regime. By examining institutional jubilees celebrated after World War II, this contribution analyzes how the University dealt with its Nazi past with a long term perspective. The article regards these anniversaries as benchmarks to check whether the institutional status of educational establishments has an influence on its culture of remembrance. The article suggests an approach different form prevalent concepts regarding university jubilees as not just cultural but also political events. Ultimately the text argues, that jubilees do not only correspond with an obscure Zeitgeist, but also with specific political interests of individuals and groups.

Einleitung

Die Technische Universität Berlin (TUB) ist die einzige deutsche Hochschule, deren institutioneller Status unmittelbare Folge ihrer nationalsozialistischen Vergangenheit ist. Ihre Vorgängereinrichtung, die Technische Hochschule Charlottenburg (THB), hatte unter anderem aufgrund ihrer Lage in der Reichshauptstadt selbst unter den zwischen 1933 und 1945 generell schon begünstigten THs noch eine „Sonderkonjunktur" erlebt; ihr Ausbau zu einer gigantomanen

Anmerkung: Der vorliegende Aufsatz ist aus einem Vortrag hervorgegangen, den Marianne Horstkemper und ich am 19.6.2020 gemeinsam im Rahmen des Workshops *Hochschuljubiläen zwischen Geschichte, Gegenwart und Zukunft* am Karlsruher Institut für Technologie gehalten haben. Ich danke Marianne Horstkemper, Rüdiger Hachtmann, Sophie Arndt, Max Bayerer und Franziska Querengäßer für Kritik und inhaltliche wie sprachliche Hinweise.

„Reichsuniversität Adolf Hitler" wurde diskutiert.[1] Insofern war es durchaus nicht selbstverständlich, dass die THB nach Kriegsende wieder ihre Pforten öffnen durfte. Am 9. April 1946 wurde sie nicht einfach wiedereröffnet, sondern als erste Technische *Universität* in Deutschland neugegründet. Hinter dieser Besatzungs-auflage stand der Gedanke, dass Absolvent*innen universal gebildet und in der Lage sein sollten, über ihre eigene sowie die gesellschaftliche Verantwortung ihrer Disziplinen zu reflektieren.[2] Dies implizierte auch den selbstkritischen Blick zu-rück. Das wiederum macht die an der TUB begangenen Jubiläen als traditionelle Anlässe öffentlicher institutioneller und besonders universitärer Selbstreflexion[3] zu spannenden Gegenständen historischer Forschung. Dahinter steht die trotz der zeitweiligen Konjunktur von Forschungen zur „akademischen Festkultur"[4] noch weitgehend offene Frage, ob die institutionelle Verfasstheit einer akademischen Einrichtung (hier: als Universität) selbst Einfluss auf deren Feierkultur hat.

Dieser Frage lässt sich besonders gut am Beispiel der Thematisierung der NS-Vergangenheit im Rahmen von Jubiläumsfeiern an der TUB nachgehen, denn mit der neu aufgebauten Humanistischen – später Geisteswissenschaftlichen – Fa-kultät I existierte hier ein Akteur, der eigens dazu ins Leben gerufen worden war, kritische Reflexion und Kulturwandel herbeizuführen. Führte das dazu, dass die TUB ihre NS-Geschichte kontinuierlich problematisierte und ein Gedenken zum festen Bestandteil ihrer Jubiläumskultur machte? Oder hing die Antwort auf die Frage, ob und wie die TUB ihre Jahrestage zum Anlass nahm, ihre nationalso-zialistische Vergangenheit aufzuarbeiten, ebenso von aktuellem Zeitgeist und politischen Vorstellungen ab, wie das für die Gestaltung von Universitätsjubiläen

---

1 Hachtmann, Rüdiger: Unter rassistischen und bellizistischen Vorzeichen – die Wissenschaften 1933–1945. In: Die Technische Hochschule München im Nationalsozialismus. Hrsg. von Wolfgang A. Herrmann u. Winfried Nerdinger. München 2018. S. 12–33, hier S. 17 f., Zitat: S. 18; vgl. ver-tiefend zu dieser „Sonderkonjunktur" Hachtmann, Rüdiger: Berlin – Die Wissenschaftsmetropole des „Dritten Reiches". In: Berlin 1933–1945. Hrsg. von Michael Wildt u. Christoph Kreutzmüller. München 2013. S. 261–277, hier S. 271–274.
2 Brandt, Peter: Wiederaufbau und Reform. Die Technischen Universität Berlin 1945–1950. In: Wissenschaft und Gesellschaft. Beiträge zur Geschichte der Technischen Universität Berlin 1879– 1979. Festschrift zum hundertjährigen Gründungsjubiläum der Technischen Universität Berlin. Bd. 1. Hrsg. von Reinhard Rürup. Berlin/Heidelberg/New York 1979. S. 496–522, hier S. 512–516.
3 Vgl. Paletschek, Sylvia: Festkultur und Selbstinszenierung deutscher Universitäten. In: Mit-tendrin. Eine Universität macht Geschichte. Hrsg. von Ilka Thom, Kirsten Weinig u. Heinz-Elmar Tenorth. Berlin 2010. S. 88–95, hier S. 89 f.
4 Vgl. für eine Zusammenfassung des Forschungsstandes Füssel, Marian: Universität und Fest-kultur. Räume – Praktiken – Medien. In: Akademische Festkulturen vom Mittelalter bis zur Ge-genwart. Hrsg. von Martin Kintzinger, Wolfgang Eric Wagner u. dems. Basel 2019 (Veröffentli-chungen der Gesellschaft für Universitäts- und Wissenschaftsgeschichte 15). S. 1–24 sowie speziell zum hier in Rede stehenden Thema die weiterführende Literatur S. 3, Fn. 9.

im Allgemeinen festgestellt worden ist?[5] Mitchell Ash hat jüngst auf das Dilemma aufmerksam gemacht, dass historiographische Arbeiten, die im Rahmen von Universitätsjubiläen entstehen, den einander oft entgegengesetzten Ansprüchen einer PR-assoziierten „Eventkultur" sowie wissenschaftlich-kritischer Reflexion genügen müssten.[6] Es stellt sich daher die Frage, ob die Fakultät I – als eine Art interne Kontrollinstanz – der kritischen Perspektive Priorität vor eventkulturellen Ansprüchen verschaffte. Geprüft wird im Folgenden, ob das Maß, in dem die Fakultät I in unterschiedlichen Jahrzehnten in die betreffenden Festivitäten eingebunden wurde, als Gradmesser dafür dienen kann, wie intensiv sich die TUB mit ihrer NS-Vergangenheit beschäftigte.

Methodisch knüpft der Beitrag an das Konzept der vier Dimensionen von Geschichtskultur an, das von Markus Drüding für die Analyse von Hochschuljubiläen fruchtbar gemacht wurde.[7] Der Schwerpunkt liegt dabei auf der institutionellen und der professionellen Dimension: Es wird (erstens) die Interaktion der Hochschule mit externen, insbesondere politischen Institutionen im Rahmen der Planung der Feiern fokussiert. Die bei Drüding weitgefasste Dimension der Professionen zielt (zweitens) auf die mit der Durchführung der Jubiläen betrauten Akteur*innen und die Organisationsstrukturen, in die sie eingebunden waren. Zudem werden die dritte Dimension der Medien und die vierte Dimension der Rezeption der Feiern beleuchtet.

Zugleich schlägt der Text einen Ansatz vor, der Jubiläen nicht nur aus einer „geschichtskulturellen"[8] oder „kulturwissenschaftlichen",[9] sondern aus einer dezidiert politikgeschichtlichen Perspektive analysiert. Jubiläumsfeiern entsprachen nicht nur einem abstrakten Zeitgeist. Mit diesem Zeitgeist in Wechselwirkung standen konkrete persönliche und politische Interessen individueller und

---

5 Müller, Winfried: Die inszenierte Universität. Historische und aktuelle Perspektiven auf Universitätsjubiläen. In: Jubiläum. Literatur- und kulturwissenschaftliche Annäherungen. Hrsg. von Franz M. Eybl, Stephan Müller u. Annegret Pelz. Göttingen 2018 (Schriften der Wiener Germanistik 6). S. 77–98, hier S. 85; Schmidt-Lauber, Brigitta: Die (sich) feiernde Universität. Bedeutungsstiftungen durch Jubiläen. In: ebd. S. 99–114, hier S. 99.
6 Ash, Mitchell G.: Die Universitätsgeschichtsschreibung an der Universität Wien im Jahr 2015 – zwischen historischer Reflexion und Eventkultur. In: Universitätsgeschichte schreiben. Inhalte – Methoden – Fallbeispiele. Hrsg. von Livia Prüll, Christian George u. Frank Hüther. Göttingen 2019 (Beiträge zur Geschichte der Universität Mainz Neue Folge 14). S. 221–239, hier bes. S. 221–223.
7 Hierzu wie zum Folgenden Drüding, Markus: Akademische Jubelfeiern. Eine geschichtskulturelle Analyse der Universitätsjubiläen in Göttingen, Leipzig, Münster und Rostock (1919–1969). Berlin 2014. S. 29–31.
8 Drüding, Akademische Jubelfeiern (wie Anm. 7).
9 Eybl/Müller/Pelz, Jubiläum, (wie Anm. 5).

institutioneller Akteur*innen. Sie bestimmten die Ausgestaltung von Jubiläen ebenso wie Konflikte zwischen den Beteiligten.

Ein Charakteristikum, das die Jubiläumskultur Technischer Universitäten und Hochschulen von vielen klassischen Universitäten unterscheidet, besteht darin, dass sie häufig mehrere Vorgängereinrichtungen haben. Die besonders weitverzweigte institutionelle Genealogie der TUB führt zu einer Vielzahl unterschiedlicher Jubelanlässe: 1879 wurde die „Königliche Technische Hochschule zu Berlin" gegründet, aber schon zwanzig Jahre später feierte sie 1899 ihren hundertsten Geburtstag – nämlich den hundertsten Gründungstag der Bauakademie, die 1879 mit der Gewerbeakademie zur Technischen Hochschule zusammengefasst worden war.

Aus der hieraus resultierenden Fülle an seit 1945 begangenen Jubiläen werden nachfolgend drei Feiern zur näheren exemplarischen Betrachtung herausgegriffen: 1949 beging die TUB den 150. Geburtstag ihrer Vor-Vorgänger-Institution, der Bauakademie, 1979 den 100. Gründungstag der THB und 1999 in einem Doppeljubiläum den zweihundertsten Jahrestag der Gründung der Bauakademie und den hundertsten Jahrestag der Verleihung des Promotionsrechts durch Wilhelm II.

Diese Auswahl ermöglicht eine Längsschnittbetrachtung, die die unmittelbare Nachkriegszeit, die für die bundesdeutsche Hochschullandschaft prägenden Jahre nach „1968" sowie die Nach-Wendezeit gegenüberstellt. Nicht berücksichtigt wurden unterdessen „Teiljubiläen" einzelner Einrichtungen oder Institute, weil diese noch ganz andere, nämlich jeweils disziplingeschichtliche Fragestellungen aufwerfen, und damit den Untersuchungsrahmen sprengen würden. Aus quellentechnischen Gründen endet der Untersuchungszeitraum mit dem Jahr 2000. Für die danach begangenen Jubiläen, insbesondere auch für den 2016 mit einer großen Ausstellung zu ‚Kriegsende und Neubeginn' gefeierten siebzigsten Jahrestag der TUB-Gründung, sind archivalische Quellen bislang nicht erschlossen. Sie hätten deshalb mit der hier angewandten Methode kaum analysiert werden können.

Schlussstrichforderungen in der britischen Besatzungszone (1949)

Der Autor der ersten Jubiläumsfestschrift, die die TUB nach 1945 veröffentlichte, bekleidete ein eher bescheidenes Amt: Josef Becker leitete seit einigen Monaten die im Krieg zerstörte Hochschulbücherei, als er 1948/49 den Auftrag erhielt, ein wegen Papiermangels nur rund vierzig Seiten dünnes Bändchen anlässlich des hundertfünfzigsten Geburtstages der Berliner Bauakademie zu schreiben.[10] Beckers unscheinbarer Posten stand in keinem Verhältnis zu der Rolle, die er vor 1945 in der deutschen Bibliothekslandschaft gespielt hatte: Am 1. April 1935 war der promovierte Historiker zum Ersten Direktor der Preußischen Staatsbibliothek ernannt worden, der eine „Schlüsselfunktion" bei der Verteilung „beschlagnahmter" Literatur zukam.[11] Er war damit zugleich Vize des Generaldirektors der Staatsbibliothek Hugo Andres Krüß, der zu den bestvernetzten Akteuren in der Wissenschaftslandschaft des „Dritten Reiches" zählte.[12] Während des Zweiten Weltkriegs war Becker außerdem zum kommissarischen Direktor der tschechischen Nationalbibliothek aufgestiegen. Ende 1945 wurde er als eine der Führungspersönlichkeiten an der Staatsbibliothek in der Zeit des Nationalsozialismus aus seiner leitenden Stellung entlassen und rutschte in die subalterne Position.[13]

Beckers Festschrift ist ein Musterbeispiel an Nachkriegsverdrängung. So zieht er aus der Feststellung, das NS-Regime sei zu einer „schnell ablaufenden Episode" geworden, den Schluss, dass es „demzufolge sich erübrigt, über Neuerungen, welche die Technische Hochschule damals erfuhr, im einzelnen zu berichten."[14] Es sind weder die Autorschaft eines früheren NS-Funktionärs als solche, noch das Beschweigen der Zeit zwischen 1933 und 1945 an sich, die die Festschrift von 1949 im Vergleich zu ähnlichen Publikationen der Nachkriegszeit bemerkenswert erscheinen lassen. Delikat war vielmehr, dass damit bereits zu einer Zeit, als noch britische Hochschuloffiziere an der neugegründeten TUB präsent waren,[15] die im Aufbau befindliche Fakultät I umgangen wurde, die nach dem Willen der Alliierten für eine kritische Auseinandersetzung mit der Geschichte der Institution

---

10 Becker, Josef: Von der Bauakademie zur Technischen Universität. 150 Jahre Technisches Unterrichtswesen in Berlin. Berlin 1949.

11 Vgl. hierzu wie zu den folgenden biografischen Angaben zu Becker Deinert, Juliane: Dr. Josef Becker – eine bibliothekarische Karriere im Dritten Reich. In: Bibliothek. Forschung für die Praxis. Festschrift für Konrad Umlauf zum 65. Geburtstag. Hrsg. von Petra Hauke, Andrea Kaufmann u. Vivien Petras. Berlin/Boston 2017. S. 571–578; zur Bedeutung der Preußischen Staatsbibliothek für die Verteilung geraubter Bücher im Nationalsozialismus vgl. ebd. S. 571.

12 Zur Rolle von Krüß vgl. Briel, Cornelia: Beschlagnahmt, erpresst, erbeutet. NS-Raubgut, Reichstauschstelle und Preußische Staatsbibliothek zwischen 1933 und 1945. Berlin 2013.

13 Deinert, Dr. Josef Becker (wie Anm. 11), S. 577; danach auch die folgenden biografischen Informationen.

14 Becker, Bauakademie (wie Anm. 10), S. 32.

15 Zur Institution der alliierten Hochschuloffiziere in der Britischen Besatzungszone, in der die TUB lag, vgl. Heinemann, Manfred (Hrsg.): Hochschuloffiziere und Wiederaufbau des Hochschulwesens in Westdeutschland 1945–1952. Bd. 1: Die Britische Zone. Hildesheim 1990 (Geschichte von Bildung und Wissenschaft. Reihe B, Sammelwerke).

verantwortlich war. Damit wurde eine der Bedingungen unterlaufen, unter denen die Besatzer überhaupt zugestimmt hatten, den Lehrbetrieb an der ehemaligen TH wieder aufzunehmen.

Dies geschah nicht unbewusst, aus einem Zeitgeist heraus, der vergessen wollte. Das zeigt sich daran, wie Studierende das einhundertfünfzigste Jubiläum der Berliner Bauakademie begingen. Sie nannten Becker zwar nicht namentlich – ein solcher Affront war 1949 offenbar noch nicht denkbar. Aber gegen wessen Werk sich ein in der Studierendenzeitschrift *Die T.U.* unter der Überschrift „T.U.-Geflüster" artikulierter Protest richtete, wurde zwischen den Zeilen klar:

> Geflüstert wurde zu allen Zeiten, vor allem aber in autoritären Systemen. Wenn in einer Institution das Flüstern zur Tagesordnung gehört, sollten sich die verantwortlichen ‚Herren' und die mitverantwortlichen ‚Knechte' ernsthaft die Frage vorlegen, was eigentlich die Flüsterursache ist. [...] Worüber wird geflüstert? – ... daß die T.U. im März dieses Jahres auf eine Tradition von 150 Jahren zurückschauen kann.[16]

Die damalige Geschäftsverteilung an der Universität legt nahe, dass der Auftrag zur Erstellung der Festgabe durch den seinerzeitigen Prorektor, den Architekten Hans Freese, erfolgte. Er war zugleich Vorsitzender des Bibliotheksausschusses[17] und wurde kurze Zeit später zum Rektor ernannt. Freese wählte den erst kurz zuvor an die TUB gekommenen Becker als Autor, obgleich mit Paul Riebensahm bereits ein Delegierter[18] der neuen Fakultät I zur Verfügung stand, der die Universität länger und besser kannte. Schlussendlich hielt der Vertreter der neuen Fakultät im Rahmen des Jubiläums jedoch nur einen Vortrag über „Das Problem Technik – Mensch und die Hochschulen", der überdies ungünstig im Festprogramm platziert war: einen Tag nach dem eigentlichen Festakt und zudem im Schatten eines Vortrags des einstigen NS-Rüstungsforschers Carl Ramsauer.[19]

---

16 O.V.: T.U.-Geflüster. In: Die T.U. 2/3 (1949). S. 11.

17 O.V.: Ausschüsse [Mitteilung Nr. 5]. In: Mitteilungsblatt der Technischen Universität Berlin-Charlottenburg 1 (1948). o.S.

18 Vgl. o.V.: o.T. [Mitteilung Nr. 13]. In: Mitteilungsblatt der Technischen Universität Berlin-Charlottenburg 1 (1948). o.S.

19 Universitätsarchiv der TUB (im Folgenden UA TUB) 709, 26, 2, o.S.: Festfolge zum 150-jährigen Jubiläum der Technischen Universität Berlin-Charlottenburg vom 17. bis 20. März 1949; zur Rolle Ramsauers im NS-Forschungs- und Rüstungskomplex vgl. Hoffmann, Dieter: Carl Ramsauer, die Deutsche Physikalische Gesellschaft und die Selbstmobilisierung der Physikerschaft im „Dritten Reich". In: Rüstungsforschung im Nationalsozialismus. Organisation, Mobilisierung und Entgrenzung der Technikwissenschaften. Hrsg. von Helmut Maier. Göttingen 2002. S. 273–304; Hoffmann, Dieter: Die Ramsauer-Ära und die Selbstmobilisierung der Deutschen Physikalischen Gesellschaft. In: Physiker zwischen Autonomie und Anpassung. Hrsg. von dems. u. Mark Walker. Weinheim 2007. S. 173–215, hier bes. S. 211 f.

Riebensahm, über dessen Wirken in der NS-Zeit wenig bekannt ist, hatte 1928 gemeinsam mit dem 1934 in die USA emigrierten Götz Briefs das Institut für Betriebssoziologie an der THB gegründet.[20] Dokumentiert ist, dass er nach 1945 zumindest in einem Fall dafür sorgte, dass ein maßgeblich in den NS-Forschungs- und Rüstungskomplex eingebundener[21] Lehrstuhlinhaber, der Werkstoffprüfer Rudolf Berthold, der überdies Mitglied zahlreicher NS-Gliederungen war, nicht auf seinen alten Posten zurückkehren konnte.[22]

Für Freese wäre es ein persönliches Risiko gewesen, die Geschichte der Hochschule bei Riebensahm in Auftrag zu geben, denn der Architekt Freese war eng mit Albert Speer verbandelt gewesen, der ihn unter anderem mit der Errichtung des Zwangsarbeiterlagers 75/76 in Berlin-Schöneweide beauftragt hatte.[23] Der künftige TUB-Rektor war somit ganz unmittelbar an den NS-Verbrechen beteiligt gewesen. Freeses und Beckers persönliche Beweggründe, die zwölf Jahre vor 1945 in einer für die breite Öffentlichkeit bestimmten Darstellung der Hochschulgeschichte soweit als möglich auszuklammern, standen im Einklang mit politischen Erwägungen auf mehreren Ebenen: Einerseits hoffte die TUB auf hohe finanzielle Zuwendungen des Berliner Magistrats anlässlich der 150-Jahrfeier. Ihr Verhandlungspartner in der Angelegenheit war Bürgermeister Ferdinand Friedensburg (CDU). Friedensburg wiederum, obgleich selbst nicht belastet, machte sich öffentlichkeitswirksam dafür stark „geduldig und nachsichtig mit der deutschen Bevölkerung"[24] zu sein. Eine offensive Beschäftigung mit der Zeit bis 1945 hätte diese Forderung unterminiert und eine Entfremdung von Friedensburg zur Folge haben können, der der TUB als Absolvent der Bergakademie grundsätzlich zugetan war und später als Honorarprofessor an ihr lehren sollte.[25] Friedensburg sorgte denn auch dafür, dass die TUB 1949 eine „Jubiläumsgabe für

---

20 Horstkemper, Marianne: Zwischen Aufbruch und Beharrung. Vergangenheitspolitik an der TU Berlin nach 1945. Berlin 2020. S. 114.

21 Maier, Helmut: Forschung als Waffe. Rüstungsforschung in der Kaiser-Wilhelm-Gesellschaft und das Kaiser-Wilhelm-Institut für Metallforschung 1900–1945/48. 2 Bde. Göttingen 2007. S. 404 f., S. 412, S. 779, S. 999.

22 Vgl. Luxbacher, Günther: Durchleuchten und Durchschalten. Geschichte der Deutschen Gesellschaft für Zerstörungsfreie Prüfung von 1933 bis 2018. München 2018. S. 162 f.

23 Pagenstecher, Cord: Das GBI-Lager 75/76 in Schöneweide. Zur Geschichte des letzten erhaltenen Berliner Zwangsarbeiterlagers. In: Das Dokumentationszentrum NS-Zwangsarbeit Berlin Schöneweide. Hrsg. von Andreas Nachama, Christine Glauning u. Katharina Sophie Rürup. Berlin 2006. S. 11–18.

24 O.V.: Zuviel ist geschehen. In: Der Spiegel Nr. 43 (25.10.1947). S. 3.

25 Nützenadel, Alexander: Stunde der Ökonomen. Wissenschaft, Politik und Expertenkultur in der Bundesrepublik 1949–1974. Göttingen 2005. S. 93.

den Wiederaufbau der Gebäudlichkeiten" in Höhe von drei Millionen Westmark erhielt.[26] Damit erhöhte sich der Bau-Etat um mehr als das Doppelte.

Von grundsätzlicher Bedeutung war ein anderer Aspekt: Gerade die Briten, in deren Besatzungszone die TUB lag, zeigten sich bereits im Frühjahr 1949 offen dafür, die Entnazifizierung bald für beendet zu erklären.[27] In der deutschen Parteienlandschaft war die Forderung nach einem solchen Schlussstrich zu diesem Zeitpunkt nahezu Konsens. Vor diesem Hintergrund hätte es in der breiteren bildungsbürgerlichen Öffentlichkeit, an die sich die Festschrift richtete, schlicht zu Irritationen geführt, wenn dort die NS-Vergangenheit *nicht* verschwiegen worden wäre.

Die Studierenden reagierten darauf sehr unterschiedlich. Die Studierendenzeitschrift *Die T.U.* forderte eine kritischere Herangehensweise an die eigene Hochschulgeschichte. Wenige Wochen nach dem „T.U.-Geflüster"-Artikel betonte sie ein anderes Gründungsereignis und rief somit de facto zum Gegenjubiläum auf. Unter der Überschrift „Drei Jahre T.U." erinnerten die Studierenden an die Neugründung und druckten den Wortlaut der Rede ab, die der britische Stadtkommandant Eric Nares im April 1946 gehalten hatte. Sie begann mit dem Satz: „Die alte Technische Hochschule ist tot, und an ihrer Stelle ersteht eine neue Institution mit neuen Zielen."[28]

Auch das suggerierte einen Schlussstrich – aber unter umgekehrten Vorzeichen. Viele Studierende störten sich weniger daran, dass das Gros des Lehrkörpers mit der NS-Zeit abschließen wollte als vielmehr an der paradoxen Gleichzeitigkeit von Traditionsbewusstsein und Beschweigen der Vergangenheit. Auch sie forcierten (noch) keine Beschäftigung mit der NS-Vergangenheit. Während aber die älteren Wissenschaftler*innen aus der Defensive der eigenen Verstrickung heraus schwiegen, war die Weigerung vieler Studierender, sich in einer Traditionslinie mit der TH zu verorten, offensiv; sie implizierte zumindest eine Ablehnung dessen, was an der Hochschule geschehen war.

Doch waren weder die Studierenden noch die Wissenschaftler*innen monolithische Blöcke. Einerseits wurden wohl auch im Lehrkörper vereinzelt Stimmen laut, die „die Anknüpfung an die Tradition der TH durch deren NS-Vergangenheit

---

26 UA TUB 410, 66, 19, Bl. 217: Raum- und Bauausschuss der TUB an Rektor Kurt Apel vom 21. 3. 1949; danach auch das Folgende.

27 Smiatacz, Carmen: Ein gesetzlicher „Schlußstrich"? Der juristische Umgang mit der nationalsozialistischen Vergangenheit in Hamburg und Schleswig-Holstein 1945 – 1960. Berlin 2015. S. 162 – 173, bes. S. 170 – 172.

28 O.V.: Drei Jahre T.U. In: Die T.U. 4 (1949). S. 1 f., hier S. 1.

als diskreditiert ansahen."[29] Andererseits wurde etwa im Studentenparlament keinerlei Kritik an der Festschrift oder den Jubiläumsfeierlichkeiten geäußert. Das dringendste Problem, das dort in Eintracht mit den anwesenden Professoren diskutiert wurde, war, dass zwei Festabende angesichts der knappen Platzkapazitäten „bei weitem nicht ausreichen, es können dann nämlich überhaupt keine Damen eingeladen werden, dies ist ein Unding."[30]

Reinhard Rürups *Wissenschaft und Gesellschaft –* eine universitätseigene Gegenfestschrift? (1979)

Der verklärende historische Rückblick Beckers wurde dreißig Jahre später seinerseits Gegenstand geschichtswissenschaftlicher Forschung im Kontext eines Jubiläums: Reinhard Rürup konstatierte in der Einleitung seines zum 100. Jahrestag der Gründung der TH Berlin 1979 herausgegebenen Werks *Wissenschaft und Gesellschaft* mit Blick auf die Feierlichkeiten von 1949, die NS-Zeit und insbesondere die Vertreibung vieler Wissenschaftler sei nicht „beim Namen genannt worden".[31]

Während es an dem Großteil der deutschen Hochschulen auch zehn Jahre nach „1968" noch alles andere als selbstverständlich war, im Rahmen öffentlichkeitswirksamer Veranstaltungen die eigene Rolle zwischen 1933 und 1945 kritisch zu thematisieren,[32] ging Rürup sogar noch einen Schritt weiter: Indem er nicht nur die NS-Zeit selbst, sondern auch bereits den problematischen Umgang mit ihr in der Nachkriegszeit ansprach, gab der TUB-Historiker dem von ihm herausgegebenen Werk einen für Festgaben außergewöhnlichen Pionier-Charakter.[33]

---

29 Vgl. – leider ohne Belege – o.V.: Die Schatten der Vergangenheit. In: Neugier und Nutzen. 50 Jahre Technische Universität Berlin. Begleitband zur gleichnamigen Ausstellung im Lichthof der TU Berlin, 15. April bis 12. Mai 1996. Hrsg. von Dieter Schumann. Berlin 1996, S. 61 f., hier S. 61.

30 Archiv des Allgemeinen Studierendenausschusses der Technischen Universität Berlin (im Folgenden AStA-Arch), SV-E1/3, o.S.: Protokoll über die 4. ordentliche Sitzung des 3. Studentenparlaments am 2. 3. 1949.

31 Rürup, Reinhard: Einleitung. In: ders., Wissenschaft (wie Anm. 2), S. 3 – 47, hier S. 5.

32 Vgl. Hachtmann, Rüdiger: Reinhard Rürup als Wissenschaftshistoriker. In: Zeitschrift für Geschichtswissenschaft (ZfG) 67 (2019). S. 453 – 463, hier S. 456; ferner die Aufzählung unkritischer Schriften, die zwischen Mitte der 1970er und Ende der 1980er Jahre anlässlich von Hochschuljubiläen erschienen, bei Kalkmann, Ulrich: Die Technische Hochschule Aachen im Dritten Reich (1933 – 1945). Aachen 2003. S. 13 f.

33 Vgl. Hachtmann, Rürup (wie Anm. 32), S. 457; Maier, Helmut: Autarkie- und Rüstungsforschung und die Technischen Hochschulen im „Dritten Reich". In: Hermann/Nerdinger, Technische Hochschule (wie Anm. 1), S. 34 – 49, hier S. 35.

Vier Texte widmeten sich in einem eigenen Abschnitt des Buches dezidiert der Zeit zwischen 1933 und 1945. Sie problematisierten die Stellung der Naturwissenschaften im „Dritten Reich" insgesamt,[34] die antisemitische Hochschulpolitik[35] und die rassistischen Säuberungen[36] an der TH sowie deren Einbindung in den NS-Rüstungskomplex[37]. Daneben spielte die NS-Zeit in unterschiedlichen biografischen Aufsätzen und Artikeln zu Querschnittthemen eine wichtige Rolle.[38]

Die herausgehobene Stellung, die die Festschrift in der Wissenschaftsgeschichte bis heute hat, steht in einem eigentümlichen Kontrast zu der geringen Aufmerksamkeit, die ihr an der TUB im Jahr ihrer Veröffentlichung entgegengebracht wurde. Kurioserweise machte die Hochschule selbst dem von ihr beauftragten innovationskräftigen und aufwendig gestalteten zweibändigen Werk Konkurrenz: mit einer ganz anders ausgerichteten Ausstellung, zu der überdies noch einmal ein mehr als 450 Seiten starker Katalog erschien.[39]

Darin handelte nur ein kurzer Beitrag explizit von der NS-Zeit und thematisierte lediglich die „Um- und Neubauplanung der Technischen Hochschule im Faschismus".[40] Die Aufsätze der Rürup-Festschrift betonten dagegen durchweg den hohen Grad der Selbstmobilisierung an der TH. Somit unterschieden sich die Darstellungen auch in Bezug auf die Akteursqualität der Hochschule und ihrer Angehörigen im NS-Herrschaftsgefüge diametral.

---

34 Mehrtens, Herbert: Die Naturwissenschaften im Nationalsozialismus. In: Rürup, Wissenschaft (wie Anm. 2), S. 427–443.

35 Schottlaender, Rudolf: Antisemitische Hochschulpolitik. Zur Lage an der Technische Hochschule Berlin 1933/34. In: Rürup, Wissenschaft (wie Anm. 2), S. 445–453.

36 Ebert, Hans: Die Technische Hochschule Berlin und der Nationalsozialismus: Politische „Gleichschaltung" und rassistische „Säuberungen". In: Rürup, Wissenschaft (wie Anm. 2), S. 455–468.

37 Ebert, Hans u. Hermann-Josef Rupieper: Technische Wissenschaft und nationalsozialistische Rüstungspolitik: Die Wehrtechnische Fakultät der Technischen Hochschule Berlin 1933–1945. In: Rürup, Wissenschaft (wie Anm. 2), S. 469–491.

38 Vgl. zum Beispiel Gizewski, Christian: Zur Geschichte der Studentschaft der Technischen Universität Berlin seit 1879. In: Rürup, Wissenschaft (wie Anm. 2), S. 115–154, hier bes. S. 133–140; Peschken, Goerd: Zur Baugeschichte der Technischen Universität. Repräsentation und Funktion. In: Rürup, Wissenschaft (wie Anm. 2), S. 171–186, hier bes. S. 180–183; Ebert, Hans u. Karin Hausen: Georg Schlesinger und die Rationalisierungsbewegung in Deutschland. In: Rürup, Wissenschaft (wie Anm. 2), S. 315–334, hier bes. S. 315; Wilke, Manfred: Goetz Briefs und das Institut für Betriebssoziologie an der Technischen Hochschule Berlin. In: Rürup, Wissenschaft (wie Anm. 2), S. 335–351.

39 Schwarz, Karl (Hrsg.): 100 Jahre Technische Universität Berlin. 1879–1979. Katalog zur Ausstellung. Berlin 1979.

40 Schade, Ingrid: Um- und Neubauplanung der Technischen Hochschule im Faschismus. In: Schwarz, 100 Jahre (wie Anm. 39), S. 233–239.

Wie erklärt sich aber, dass Festschrift und Ausstellung zu ein und demselben Jubiläum so gegensätzlich waren? Archivalische Quellen zur Planung und Durchführung der beiden Vorhaben sind (noch) nicht verfügbar. Daher ist es nicht möglich, Konflikte rund um das Jubiläum direkt zu rekonstruieren. Auf Spannungen deutet eine Formulierung Rürups in dem Vorwort zu seinen Bänden hin: „Aus Gründen, die hier nicht näher zu erläutern sind, konnte mit den Planungen und Vorbereitungen für die Festschrift erst Ende März 1979, das heißt nur gut sieben Monate vor dem Erscheinungstermin Ende Oktober 1979, begonnen werden."[41] Dafür, dass Ausstellungsvorhaben und Festschrift zumindest in unausgesprochener Konkurrenz zueinander standen, sprechen neben der unterschiedlichen inhaltlichen Ausrichtung noch andere Indizien: Es gab mit einer Ausnahme[42] keine personellen Überschneidungen zwischen beiden Projekten, auch wechselseitige Bezugnahmen sind nicht auszumachen.

Die Konzeption der Schau wurde federführend dem Juristen Karl Schwarz übertragen.[43] Schwarz war Mitglied der sogenannten – als ständiges Gremium eingerichteten – Planungsgruppe des Präsidenten,[44] die diesem direkt unterstellt war. Es scheinen *nicht* in erster Linie unterschiedliche politische Ansichten gewesen zu sein, die die beiden Vorhaben beziehungsweise ihre Leiter voneinander trennten. Das SPD-Mitglied Rürup begriff sich selbst wohl nicht als „68er", stand der Studentenbewegung jedoch dezidiert offen gegenüber.[45] Schwarz, obgleich 1968 nicht mehr Student,[46] sprach von sich rückblickend als „68er"[47] und hob ausdrücklich den „mentale[n] Bruch mit der Naziära"[48] als zentrale Errungenschaft der Studentenrevolte hervor. Insofern erstaunt es, dass eine Auseinander-

---

41 Rürup, Reinhard: Vorwort des Herausgebers. In: Rürup, Wissenschaft (wie Anm. 2), S. XIII – XV, hier S. XIV.

42 Der einzige Autor, der sowohl in der Festschrift als auch im Ausstellungskatalog je einen Beitrag über die Baugeschichte der TUB seit ihrer Gründung publizierte, war Goerd Peschken.

43 Starnick, Jürgen: Vorwort. In: Schwarz, 100 Jahre (wie Anm. 39), S. 5 – 7, hier S. 5.

44 Kutzler, Kurt: Das institutionelle Gedächtnis der TU Berlin. Vor-, Quer- und Vernetzt denken: Karl Schwarz geht in den Ruhestand. In: TU intern Nr. 7 – 9 (2003). S. 7.

45 Vgl. Rürup, Reinhard: Frank Dingel. 17. August 1945 bis 30. Mai 2005 – eine Gedenkrede. In: Internationale wissenschaftliche Korrespondenz zur Geschichte der deutschen Arbeiterbewegung (IWK) 40 (2004). S. 510 – 517 hier S. 510 f.

46 O.V.: Eine große Befreiung. In: TU intern Nr. 4 (1998) (online abrufbar unter https://archiv.pres sestelle.tu-berlin.de/tui/98apr/schwarz.htm (27.1.2021)).

47 O.V.: Nicht „bloße Wissbegierde". Preußische Wissenschafts- und Technologiepolitik. In: TU intern Nr. 5 (2001) (online abrufbar unter https://archiv.pressestelle.tu-berlin.de/tui/01mai/preus sen.htm (27.1.2021)).

48 O.V., Befreiung (wie Anm. 46).

setzung mit der NS-Zeit ausgerechnet in der von ihm 1979 initiierten Ausstellung nicht stattfand.

Mehrere Indikatoren sprechen dafür, dass die Gründe dafür in der institutionellen Anbindung seines Planungsstabes an die Universitätsleitung zu suchen sind. Während Rürup Lehrstuhlinhaber an jener Fakultät war, die eigens zur kritischen Selbstreflexion gegründet worden war, arbeitete Schwarz direkt dem Präsidium zu. Im Präsidium wiederum war es ab 1977 zu einer sukzessiven Abkehr von dem 1970 eingeschlagenen Reformkurs gekommen: Im Mai 1970, mitten in der Zeit der Studentenrevolte, war Alexander Wittkowsky mit nur 34 Jahren und noch zwei Monate vor seiner Promotion zum ersten Präsidenten (nicht mehr Rektor) der TUB gewählt worden. Er hatte sich mit den Stimmen der Studierendenvertreter gegen den Wunschkandidaten der Lehrstuhlinhaber durchgesetzt. Wittkowsky galt als linker „Reformist"[49]. Nach seiner Demission 1977 setzte der „linke SPD-Mann"[50] Rolf Berger Wittkowskys Kurs abgeschwächt fort. Der Jurist Berger war gleichfalls kein Lehrstuhlinhaber, sondern zuvor Ministerialdirigent im Bundesforschungsministerium gewesen.[51] Seine Aufgeschlossenheit insbesondere für eine kritische Auseinandersetzung mit dem Nationalsozialismus zeigte sich vor allem durch seine Initiative für die Gründung des Zentrums für Antisemitismusforschung (ZfA).

Der Abschied von einer linken Hochschulpolitik, die besonders auch die kritische Reflexion der NS-Zeit im Blick hatte, vollzog sich ab Januar 1979. Berger gelang es nicht, sich eine Hausmacht an der TUB zu verschaffen. Ende 1978 kam es im Konzil, dem höchsten beschlussfassenden Gremium, zu einem beispiellosen Bündnis, dem unter anderem linke Studierende und rechte Ordinarien angehörten. Sie einte das Ziel, Berger von der Hochschulspitze zu entfernen. Nach dessen Abwahl trat an seine Stelle mit Jürgen Starnick ein Präsident mit klassischem Werdegang und konservativem Profil: Der Chemiker bekleidete seit 1972 eine ordentliche Professur.[52] Starnicks Amtsantritt bedeutete auch einen Affront gegen den Berliner Wissenschaftssenator Peter Glotz (SPD). Als Vertreter des linken SPD-Flügels war Glotz 1977 etwa zeitgleich mit Berger ins Amt gekommen und einer

---

49 O.V.: Unsere Taten. In: Der Spiegel Nr. 29 (15.7.1970). S. 59 f., hier S. 59.

50 O.V.: Kleine Lage. In: Der Spiegel Nr. 51 (18.12.1978). S. 93.

51 O.V.: Personalien: Präsidenten und Dekane. In: Die Deutsche Universitätszeitung Nr. 33 (1977). S. 356.

52 Zu Starnicks politischer Haltung vgl. v. a. die Kontroverse mit seinem Stellvertreter um eine Diskussionsveranstaltung gewerkschaftlich organisierter Studierender 1984: AStA-Arch, Ordner: Politisches Mandat. Materialien Kongress 1981, o.S.: Mitteilung Nr. 15 des Presse- und Informationsamtes der Technischen Universität Berlin vom 27.1.1984.

von dessen engsten politischen Verbündeten.[53] Auch er stand der studentischen Linken aufgeschlossen gegenüber und nahm 1978 zusammen mit Berger am „TUNIX-Treffen" linker TU-Studierender teil.[54] Während 1949 Hochschulleitung und Politik noch ein gemeinsames Interesse gehabt hatten (nämlich das Ende der Entnazifizierung), divergierten dreißig Jahre später und nach der Berufung Starnicks die Vorstellungen beider Seiten darüber, wie mit der NS-Vergangenheit vor dem Hintergrund von „1968" umzugehen sei.

In dieser Konstellation kam es 1979 zu zwei universitätsoffiziellen Jubiläumsprojekten, die gegeneinander standen.[55] Glotz unterstützte Rürups Vorhaben mit einem Geleitwort, in dem er der Hoffnung Ausdruck verlieh, „aus der – sicherlich nicht unkritischen – Rückschau auf eine bedeutsame Vergangenheit[] sollten Impulse für die Zukunft erwachsen."[56] Eine vergleichbare Unterstützung für die von Starnicks Planungsstab organisierte – und eigentlich doch das breitere Publikum ansprechende – Ausstellung ist nicht überliefert. In dem Katalog fand sich stattdessen ein Grußwort des Vorsitzenden der Gesellschaft der Freunde der TUB, der lediglich die „Not der deutschen Wissenschaft nach dem Zweiten Weltkrieg" betonte und die Aufgabe der Schau darin erblickte „die bisherigen Leistungen und künftigen Aufgaben" der TUB aufzuzeigen.[57]

Die Reaktion der linken Studierendenschaft auf die Ausstellung war heftig.[58] Über die studentische Rezeption von Rürups Jubiläumsschrift ist indes nichts überliefert, wobei unklar ist, ob sie einfach wohlwollend zur Kenntnis genommen oder schlicht von der Ausstellung in den Hintergrund gedrängt wurde. Dass in der politisch aufgeladenen Stimmung der 1970er Jahre die Betrachtung der NS-Vergangenheit im Rahmen des TUB-Jubiläums zu einem Stein des Anstoßes wurde, ist zunächst wenig überraschend. Interessant ist aber, dass die Gräben nicht zwischen Studierendenschaft einerseits und Lehrkörper und Senat andererseits

---

53 O.V., Lage (wie Anm. 50).

54 März, Michael: Linker Protest nach dem Deutschen Herbst. Eine Geschichte des linken Spektrums im Schatten des „starken Staates", 1977–1979. Bielefeld 2012. S. 220; viele linke Studierende lehnten Glotz dennoch ab und sahen die Gefahr „schneller in das Glotzsche-Konzept eingebunden zu sein, als es einem lieb ist" (AStA-Arch, Ordner: BG-TU – Organisatorisches, o.S.: Protokoll des ersten Treffens der studentischen Arbeitsgemeinschaft „gesellschaftliche Verantwortung" vom 1.6.1979).

55 Dass Starnick ein eher zurückhaltendes Vorwort zu Rürups Werk schrieb, steht diesem Befund nicht entgegen; hierbei handelte es sich wohl eher um Etikette.

56 Glotz, Peter: Geleitwort des Senators für Wissenschaft und Forschung. In: Rürup, Wissenschaft (wie Anm. 2), S. X.

57 Pösch, Heinz: Grußwort des Vorsitzenden der Gesellschaft von Freunden der Technischen Universität Berlin. In: Schwarz, 100 Jahre (wie Anm. 39), S. 11f.

58 O.V.: Heeresschau technischer Leistung. In: Berliner Hochschulzeitung Nr. 2 (15.11.1979). S. 1.

verliefen, sondern zwischen Senat und Universitätsleitung sowie Universitätsleitung und Wissenschaftler*innen, die sich für die Belange der größtenteils linksorientierten Studierendenschaft offen zeigten.

Eine eigene Gegenfestschrift von kritischen Studierenden ist für das Jahr 1979 nicht überliefert.[59] Einer solchen bedurfte es nicht. Denn Rürups Bände waren selbst eine universitätseigene Gegenfestschrift, deren Innovation darin bestand, dass sie die kritische Perspektive der studentischen Protestschriften mit den Standards geschichtswissenschaftlichen Arbeitens vereinte. Einzuschränken ist freilich, dass Herausgeber und Autoren selbst ihr Werk kaum als eine solche definierten. Die Intention hinter *Wissenschaft und Gesellschaft* war nicht Protest gegen die Hochschulleitung, doch waren die Bücher gleichsam zum Gegenentwurf zu der Jubiläumsausstellung des präsidialen Planungsstabs geworden.

Das Ende der (NS-)Geschichte? (1999)

Karl Schwarz blieb bis zu seinem Eintritt in den Ruhestand 2003[60] einer der einflussreichsten Akteure der Planungsgruppe und verantwortete auch die Ausstellung anlässlich des Doppeljubiläums 200 Jahre Bauakademie / 100 Jahre Promotionsrecht im Jahr 1999.[61] In einem entsprechenden Konzeptpapier formulierte er die Aussage, die diese Schau transportieren sollte, entwaffnend offen:

> Diese Technische Universität Berlin war und ist und muss weiter sein: Etwas Wunderbares, ganz Tolles – für die Wissenschaft, für diese Stadt, für die Welt. Wenn das der Eindruck wäre, den jeder Besucher mitnähme, hätte die Ausstellung ihr Ziel erreicht – auch wenn dieser Besucher gar nicht näher begründen könnte, was genau dieses Wunderbare und Tolle nun ist.[62]

Folgerichtig war für kritische Töne wenig Raum vorgesehen, im Gespräch war sogar „eine – wie immer geartete, aber jedenfalls nicht historisch ausgerichtete Ausstellung aus Anlass des Jubiläums". Diese Idee scheiterte an Schwarz: „Ich

---

59 Siehe den Beitrag von Gunnar B. Zimmermann in diesem Band.
60 Kutzler, Gedächtnis (wie Anm. 44).
61 UA TUB 119, 173, o.S.: Schreiben ABZ 11 [Ina Stephan] an ID, betr. Ausstellung Doppeljubiläum TUB am 15. Oktober 1999, hier: Liste der internationalen Kooperationen vom 25.6.1999.
62 UA TUB 119, 173, o.S.: Schreiben Pl 3 [Karl Schwarz], betr. Konkretisierung der Rechercheaufträge und nächste Schritte vom 8. oder 26.4.1999; danach auch die folgenden Zitate; das Schreiben ist nicht unterzeichnet, die Urheberschaft von Schwarz geht aus dem Stellenzeichen Pl 3 hervor, das Schwarz zuzuordnen ist (UA TUB, 119, 175, o.S.: Schreiben ABZ 1/21 [Harald Ermel] an Pl 3, betr. 200 Jahre Bauakademie vom 29. Juli 1999).

selber bin der falsche Mann, eine solche Ausstellung zu machen. Ich kann (wenn ich kann) nur Geschichte! Relativ konventionell erzählte Geschichte!"

„Konventionell" meinte offensichtlich, dass die Schau so weit als möglich einen Bogen um die NS-Zeit machte. In nur drei von mehr als vierzig „Raumbereichen", die sie auf drei Etagen im Altbau der TUB einnahm, wurde zur Hochschulgeschichte im „Dritten Reich" ausgestellt. Dies geschah in schwach frequentierten Durchgangsbereichen: Während in den repräsentativen Arkadengängen um den Lichthof unter Überschriften wie „Kult-Blumen und Blumen-Kult" über Peter Joseph Lennés Gärtnerlehranstalt im 19. Jahrhundert informiert wurde, fanden sich Exkurse zur Raumplanung im Nationalsozialismus und zur Verfolgungsgeschichte an der TUB – unter der problematischen Überschrift „Die Vertreibung der jüdischen Wissenschaftler. Das Projekt einer neuen Hochschule" – im Treppenhaus beziehungsweise auf einem Treppenabsatz. Selbst das Zentrum für Antisemitismusforschung und die von Rürup 1987 gegründete Topographie des Terrors wurden auf einen Treppenabsatz im dritten Stockwerk verbannt.[63]

Die Herangehensweise an die Ausstellung entsprach den Jubiläumsplanungen insgesamt. So entschloss man sich im Präsidium, Rürup nicht in die Feierlichkeiten oder die Ausstellungskonzeption einzubeziehen: Anfängliche Überlegungen, ihn bei dem Festakt eine Rede „Zur historischen Bedeutung der Technischen Hochschulen" halten zu lassen,[64] wurden bereits in der Frühphase fallengelassen. Es ist zweifelhaft, ob Rürup überhaupt jemals darauf angesprochen wurde, entsprechende Korrespondenzen oder Vermerke sind nicht überliefert.

Seit 1997 bekleidete der Wirtschaftswissenschaftler Hans-Jürgen Ewers das Präsidentenamt. Wenn er seine Festrede mit dem Titel „Ein Blick zurück" überschrieb, dann war das dezidiert ironisch gemeint. Was folgte war tatsächlich ein Bruch mit einer vergangenheitszentrierten Jubiläumstradition. Der Untertitel „Ein Bericht über die TU Berlin aus dem Jahre 2015" machte klar, dass Ewers kein Rückblick auf die 1999 gegenwärtige Vergangenheit, sondern auf eine zukünftige Vergangenheit vorschwebte. Ewers bediente sich des neoliberalen Zeitgeists der späten 1990er Jahre, indem er aus ihm erweiterte Handlungsspielräume für sich selbst ableitete: In seiner Zukunftsvision hatte die TUB die Form einer „gemein-

---

63 Vgl. die Lagepläne bei Schwarz, Karl: Die Ausstellung – Die Räume und ihre Themen. In: 1799 – 1999. Von der Bauakademie zur Technischen Universität Berlin. Geschichte und Zukunft. Eine Ausstellung der Technischen Universität Berlin aus Anlaß des 200. Gründungstages der Bauakademie und des Jubiläums 100 Jahre Promotionsrecht der Technischen Hochschulen. Aufsätze. Hrsg. von dems. Berlin 2000. S. 572 – 577.
64 UA TUB 119, 175, o.S.: Beschlussvorlage „100 Jahre Promotionsrecht" des Präsidiums der TUB vom 17.9.1998.

nützigen Aktiengesellschaft". Bund und Länder hätten endlich die Restriktionen „durch behördliche Fachaufsicht und korsettartige Vorschriften" abgeschafft.[65] Ewers skizzierte seine Vorstellungen von einer Universität als Unternehmen – das die „Akquisition großer Forschungsvorhaben" vorantrieb, „Outsourcing" praktizierte und sich „Wettbewerbsvorteile durch Infrastruktur" verschaffte.[66] Er ließ keinen Zweifel daran, in wen er seine Hoffnungen setzte, indem er in seinem fiktiven Rückblick ausführte, die betreffenden gesetzlichen Änderungen wären „schon Ende der 90er Jahre"[67] vorgenommen worden: Als Ewers seine Rede hielt, war Gerhard Schröder (SPD), der für einen wirtschaftsnahen Kurs der Sozialdemokratie stand, seit rund einem Jahr Bundeskanzler. Der Universitätspräsident hoffte, seine Vorstellungen dem Regierungschef persönlich referieren zu können. Er und seine Mitarbeiter bemühten sich intensiv, aber letztlich vergeblich über mehrere, darunter auch innoffizielle Kanäle um eine Teilnahme Schröders an dem Festakt.[68]

Für einen selbstkritischen Rückblick bot das ganz auf eine vermeintliche Aufbruchstimmung und Zukunftsorientierung ausgerichtete Jubiläum kein Forum. Der in der Frühphase noch angedachte Vortrag zur Geschichte der Universität entfiel ganz; auch TUB-externe Historiker, deren Namen in diesem Zusammenhang in den Ursprungsplanungen neben dem Rürups gefallen waren,[69] wurden nicht eingeladen.[70] Den einzigen Festvortrag hielt schließlich der Vorstandsvorsitzende der Hochtief AG Hans-Peter Keitel über den „Nutzen promovierter Ingenieure für die Industrie". Der Allgemeine Studierendenausschuss kritisierte die fehlende historische Reflexion sarkastisch in seinem jährlich herausgegebenen Semesterkalender. Neben einer historischen Aufnahme des repräsentativen TUB-Altbaus kommentierten die Autor*innen: „Mehr zu Preußi-

---

65 UA TUB 119, 171, o.S.: Hans-Jürgen Ewers: Ein Blick zurück. Ein Bericht über die TU Berlin aus dem Jahre 2015. Vortrag anlässlich der Festveranstaltung „100 Jahre Promotionsrecht – 200 Jahre Bauakademie" an der Technischen Universität Berlin am 15. Oktober 1999 [Sonderdruck].

66 Ewers, Blick (wie Anm. 65).

67 Ewers, Blick (wie Anm. 65).

68 UA TUB 119, 174, Bd. 3, o.S.: Schreiben P01 an Stabsstelle Außenbeziehungen, betr. Gespräch mit Dr. Klaus-Jürgen Scherer (Büroleiter des SPD-Bundesgeschäftsführers Ottmar Schreiner) vom 27.4.1999.

69 UA TUB 119, 175, o.S.: Beschlussvorlage „100 Jahre Promotionsrecht" des Präsidiums der TUB vom 17.9.1998.

70 Hierzu wie zum Folgenden UA TUB 119, 171, o.S.: Einladung zum Festakt und zur Ausstellungseröffnung am 15.10.1999.

schem [!] Pomp und Deutscher [!] Wertarbeit bis Ende Januar im Lichthof: die Ausstellung „100 Jahre Promotionsrecht, 200 Jahre Bauakademie".[71]

Das Präsidium der TUB kaprizierte sich ganz auf die Aufbruchstimmung, die sich in der zweiten Hälfte der 1990er Jahre mit dem Schlagwort New Labour und der Verheißung verband, den tradierten Gegensatz von wirtschaftsnahem Konservatismus und unternehmensfeindlichen Linken zu überwinden. Für eine selbstkritische Auseinandersetzung mit der eigenen Geschichte war vor diesem Hintergrund kein Platz vorgesehen. Zu fragen wäre, ob dieses Ausblenden der Vergangenheit in einem Zusammenhang mit der neuen Identifikation mit Marktwirtschaft und Unternehmertum stand. Das Präsidium wollte die Universität als Unternehmen neu denken. Demnach war jede Form von schlechter Presse zu vermeiden. Dies galt für Negativschlagzeilen im Zusammenhang mit der eigenen Rolle im „Dritten Reich" besonders. Schließlich standen vor allem Unternehmen in den 1990er Jahren im Fokus der NS-Zwangsarbeiterprozesse,[72] in denen es um Entschädigungsansprüche, also konkrete finanzielle Forderungen, gegen die beklagten Firmen ging. Gerade 1999, inmitten der Verhandlungen um die Gründung der Stiftung „Erinnerung, Verantwortung und Zukunft" (EVZ) zur Entschädigung der Zwangsarbeiter*innen,[73] waren diese Verfahren medial sehr präsent.

Ausblick: Externe Kommissionen als Zukunftsperspektive für Universitätsjubiläen?

Die Transformation der einstigen Technischen Hochschule zur Technischen Universität folgte nicht zuletzt der Intention, an der Anstalt eine kontinuierliche Aufarbeitung der NS-Zeit zu etablieren. Doch hatte der veränderte institutionelle Status kaum Einfluss auf die Jubiläumskultur. Es ist keine nachhaltige Gedenkkultur im Rahmen der Jubiläen gewachsen. Es wäre dennoch undifferenziert, die Fakultät I, die der institutionelle Ausdruck der Umgründung war, für gescheitert zu erklären: Die Festschrift von 1979 offenbart, dass die Institute der Fakultät dem ihnen zugedachten Auftrag gerecht werden konnten.

---

71 Allgemeiner Studierendenausschuss der TUB (Hrsg.): AStA-TU-Kalender Wintersemester 1999/2000. o.O. o.J. S. 48.
72 Borggräfe, Henning: Die lange Nachgeschichte der NS-Zwangsarbeit. Akteure, Deutungen und Ergebnisse im Streit um Entschädigung 1945–2000. In: Die Entschädigung von NS-Zwangsarbeit am Anfang des 21. Jahrhunderts. Hrsg. von Constantin Goschler. Göttingen 2012. S. 62–147, hier S. 118.
73 Borggräfe, Nachgeschichte (wie Anm. 72), S. 63f.

Diesen Befund bestätigt auch ein Blick auf ein weiteres, hier mangels der Verfügbarkeit einer archivalischen Überlieferung nicht näher beleuchtetes Jubiläum: 1996 beging die TUB unter Federführung der geisteswissenschaftlichen Fakultät ihr 50-jähriges Bestehen als Universität. Eine Ausstellung mit zugehörigem Katalog sowie eine Wissenschaftliche Konferenz stellten die jederzeit aktuelle Frage nach dem Spannungsfeld, das sich an „Technische[n] Universitäten zwischen Spezialistentum und gesellschaftlicher Verantwortung"[74] auftue, vor dem „Hintergrund der Erfahrung des politischen Versagens der technischen Intelligenz in der Zeit des Nationalsozialismus"[75]. Der Katalogbeitrag „Universaler Anspruch" identifizierte die Notwendigkeit, sich dieser Frage anzunehmen als Konsequenz, die aus der Beteiligung der TH an der NS-Rüstungsforschung gezogen worden sei.[76] Ein Artikel über „Die Schatten der Vergangenheit" hielt überdies die „peinlich genaue und termingerechte Beachtung" aller ab 1933 ergangenen Vorschriften an der TH fest und räumte ein: „Die Diskriminierung und Vertreibung der nicht konformen, vor allem der jüdischen Studenten und Dozenten wurde mehr oder minder gleichgültig hingenommen."[77] Auffällig ist, dass die präsidiale Planungsstelle anders als 1979 und dann wieder 1999 an diesem Jubiläum nicht beteiligt gewesen zu sein scheint. Leider lassen sich die genauen Umstände des Zustandekommens von Ausstellung und Konferenz nicht rekonstruieren. Interessant wäre zudem, wie der Berliner Senat auf die offensive Problematisierung der NS-Vergangenheit im Rahmen des Jubiläums reagierte. Denn spätestens seit Ende 1995 stand TUB-Präsident Dieter Schumann mit der Berliner Regierung im Konflikt um die Finanzierung der Universität.[78] Und die Große Koalition unter Eberhard Diepgen (CDU) erwog eine Abwicklung der Geisteswissenschaften. Schumann setzte den Sparplänen die Losung „Kein Zurück zur Technischen Hochschule!"[79] entgegen, die er aus dem Gründungsauftrag der TUB ableitete. Der Seitenhieb, dass die Erfüllung dieses Gründungsauftrags „unendlich schwieriger ist als Teil eines von außen verordneten ‚Rückbaus'"[80] war umso

---

74 Präsident der Technischen Universität Berlin (Hrsg.): 50 Jahre Technische Universität Berlin. Technische Universitäten zwischen Spezialistentum und gesellschaftlicher Verantwortung. Dokumentation der Wissenschaftlichen Konferenz zum fünfzigjährigen Bestehen der Technischen Universität Berlin. Berlin 1996.
75 Schumann, Dieter: Die Technische Universität Berlin – im Umbruch. In: ders., Neugier (wie Anm. 29), S. 19 – 54, hier S. 49.
76 O. V.: Universaler Anspruch. In: Schumann, Neugier (wie Anm. 29), S. 58 f.
77 O. V.: Schatten (wie Anm. 29), S. 61 f.
78 O. V.: „Überfüllt und Kaputt". In: Der Spiegel Nr. 45 (16.10.1995). S. 58 – 66, hier. S. 64.
79 Schumann, Universität (wie Anm. 75), S. 49.
80 Schumann, Universität (wie Anm. 75), S. 51.

geschickter platziert, als sich der Regierunde Bürgermeister just zur selben Zeit scharfer Kritik ausgesetzt sah, weil er eine Streichung der Gelder für den Bau des Dokumentationszentrums der Topographie des Terrors eruierte.[81]

Die drei Jahre später völlig andere Herangehensweise an das Doppeljubiläum „200 Jahre THB/ 100 Jahre Promotionsrecht" dürfte indes nicht zuletzt auf die zwischenzeitlich erfolgten bundespolitischen Veränderungen sowie auf den Präsidiumswechsel an der TUB zurückzuführen sein.

Die in diesem Beitrag vorgeschlagene, stärker akteurszentrierte und politik-historische Herangehensweise zeigt, weshalb, obwohl die Fakultät I die ihr zugedachte Aufgabe offensichtlich über weite Zeitstrecken erfüllte, auch eine Festschrift wie die Rürups, die in wissenschaftlicher Hinsicht Maßstäbe für die Aufarbeitung der NS-Vergangenheit Technischer Hochschulen setzte,[82] an der eigenen Universität zum Zeitpunkt ihres Erscheinens auf wenig Resonanz stieß: Nicht allein 1979, sondern bereits 1949 und noch 1999 wurde zu den Anlässen, die ein größeres Publikum ansprachen, „bei Bedarf" die Fakultät I gleichsam umgangen, obwohl sie ursprünglich als die Einrichtung konzipiert war, die Selbstreflexivität gewährleisten sollte und also prädestiniert gewesen wäre, im Rahmen von Jubiläumsaktivitäten eine tragende Rolle zu spielen. An ihrer Stelle wurden rektorats- beziehungsweise präsidiumsunmittelbare Akteure mit der Ausrichtung betraut. Das von Ash aufgezeigte Dilemma[83] blieb unter diesen Voraussetzungen grundsätzlich auch an der TUB bestehen.

Die Beschäftigung mit der NS-Zeit im Rahmen von Jubiläen richtete und richtet sich an der TUB weitgehend nach zeitgenössischen Ansprüchen. Das bestätigt auch die historiographische Gegenprobe: Das Jubiläum 70 Jahre Technische Universität im Jahr 2016 stellte wiederum unter maßgeblicher Beteiligung des der Fakultät I angegliederten Zentrums für Antisemitismusforschung „Kriegsende und Neubeginn" in den Mittelpunkt[84] – jedoch erst zu einer Zeit, zu der auch Unternehmen bereits die PR-Tauglichkeit öffentlichkeitswirksamer Aufarbeitung erkannt hatten.[85] Noch 2004 hatte der zentrale Festvortrag anlässlich der Feier „125 Jahre Königliche Technische Hochschule zu Berlin" ironi-

---

81 Vgl. Dittberner, Jürgen: Schwierigkeiten mit dem Gedenken. Auseinandersetzungen mit der nationalsozialistischen Vergangenheit. Opladen 1999. S. 202f.

82 Vgl. Maier, Autarkie- und Rüstungsforschung (wie Anm. 33), S. 35.

83 Ash, Universitätsgeschichtsschreibung (wie Anm. 6).

84 Pätzold, Patricia: Kriegsende und Neubeginn. Personalpolitik und Studentenleben: die TU Berlin erforscht ihre Geschichte nach 1945. In: TU intern Extra: 70 Jahre TU Berlin (April 2016). S. 1.

85 Vgl. hierzu Brünger, Sebastian: Schattenkapitel – NS-Unternehmensgeschichtsschreibung in der Bundesrepublik seit 1945 zwischen Öffentlichkeitsarbeit und Wissenschaft. In: Zeitschrift für Unternehmensgeschichte 63 (2017). S. 69 – 115.

scherweise „Technik und Zukunft" in den Mittelpunkt gestellt und dem historischen Rückblick eine klare Absage erteilt.[86] Die an der Fakultät I erstellte Festschrift versammelte indes die Kurzbiografien 55 bedeutender TH/TUB-Wissenschaftler*innen. Das Grußwort des Präsidenten betonte den Anspruch, als Technische *Universität* ein Ort zu sein, „der sich der Verantwortung seiner Geschichte, auch gegenüber deren dunklen Kapiteln, bewusst ist."[87] Zwar wurde das Schicksal verfolgter und vertriebener Wissenschaftler*innen gewürdigt,[88] doch die aktive Beteiligung der TH an dieser Verfolgung kam ebenso nicht zur Sprache, wie die Einbettung der Hochschule in den Forschungs- und Rüstungskomplex des „Dritten Reichs".

Auch der 2016 eingeläutete Trend hin zu einer kritischeren Betrachtungsweise muss, wie der Vergleich der 1979, 1996 und 1999 gefeierten Jubiläen klar macht, nicht von Dauer sein. Hieran knüpft sich die Frage, wie eine differenzierte historische Forschung auch und gerade im Kontext von Hochschuljubiläen als den zentralen Anlässen, zu denen akademische Bildungseinrichtungen Identität und Gemeinschaft generieren, überhaupt gewährleistet werden kann. Wenn institutionsinterne Kontrollinstanzen wie die erste Fakultät der TUB keine *dauerhafte* Garantie dafür bieten können, so wäre in der logischen Konsequenz zu fragen, ob nicht das Prinzip unabhängiger, das heißt externer Kommissionen oder zumindest Gutachter*innen eine Lösung darstellen könnte.[89] Während Behörden und selbst viele Privatunternehmen die Aufarbeitung ihrer NS-Vergangenheit längst nicht mehr von den eigenen Archivar*innen oder Bibliothekar*innen besorgen lassen, findet die Universitätsgeschichtsschreibung aus Anlass von Jubiläen immer noch zu großen Teilen im eigenen Hause statt. Diese Praxis ist zu überdenken.

---

86 Milberg, Joachim: Festansprache 125 Jahre TU Berlin, gehalten am 4. Mai 2004. https://archiv. pressestelle.tu-berlin.de/125jahre/125-jahre_festrede_prof_milberg.pdf (27.1.2021). S. 6 f.
87 Kutzler, Kurt: Grußwort des Präsidenten der Technischen Universität Berlin. In: The shoulders on which we stand. Wegbereiter der Wissenschaft. 125 Jahre Technische Universität Berlin. Hrsg. von Eberhard Knobloch. Berlin/Heidelberg 2004. S. XIf.
88 Vgl. zum Beispiel Knobloch, Shoulders (wie Anm. 87), S. 154 – 157, hier S. 156.
89 Vgl. Guhl, Anton F.: Sammelbesprechung. In: NTM. Zeitschrift für Geschichte der Wissenschaften, Technik und Medizin 27:3 (2019). S. 395 – 400, hier S. 400.

Catherine Maurer

Würdigende Erinnerung oder bewusstes Vergessen. Die Universität Straßburg und das Gedenken an ihre Schicksalsjahre 1919, 1939, 1943, 1945

Abstract: French universities have not developed an equally significant anniversary culture as have, for example, the German universities. This is particularly true of the University of Strasbourg, whose history is deeply marked by the conflicts between France and Germany. For this contribution, publications which appeared on commemorations and anniversaries as well as digitised archive document have been analysed for a reflection on the commemoration of four crucial years in the history of the modern University of Strasbourg, namely 1919, 1939, 1943 and 1945. The analysis shows, in particular, that the historic events between 1939 and 1945 are still highly relevant for today's commemorative events. The fact that the year 1919 (refoundation of the French University) and the year 1945 (return from the exile in Clermont-Ferrand) were apparently never commemorated could be related to the university's desire for a „European" image, in the sense of a performative approach which contains an expectation of the future. This would preclude any resurgence of commemorative nationalism as might be deciphered from an anniversary celebration of the return and reopening of the French university after the German defeat in 1945. In contrast, and at the same time, the university cherishes the memory of the victims of the National Socialist occupation, some of whom were French Resistance fighters. This reveals a dual, sometimes contradictory, strategy which makes it difficult for the University of Strasbourg to build a stable identity. In addition, the existence of the National Socialist „Reichsuniversität" has only recently been officially taken into account. Decades of „staging university history" seem to have sensibly shaped the imaginary order.

Einleitung

Aufgrund ihrer unterschiedlichen Geschichte und Traditionen haben die französischen Universitäten keine Jubiläumskultur entwickelt, die so bedeutend ist wie jene der deutschen Hochschulen.[1] Bereits Emmanuelle Picard hat das „problem of commemoration" der französischen Universitäten unterstrichen.[2] Dies gilt insbesondere für die Universität Straßburg, deren Geschichte von den Konflikten zwischen Frankreich und Deutschland im 19. und 20. Jahrhundert geprägt ist. Picard spricht in diesem Zusammenhang von einer „fragmented institutional history, with episodes divided between two very different academic traditions with little continuity".[3] Alfred Wahl, einer der bedeutenden Historiker des Elsass, hielt dazu bereits früher fest: „Sich zusammen erinnern – im Sinne von kommemorieren – war immer problematisch. Wo und wie gemeinsam gedenken im Elsass, das nach 1870 und nach 1918 hin und her geschoben worden war? Eine noch komplexere Situation galt nach 1945".[4] Wahl bezog sich hauptsächlich auf das Gedenken an im Krieg gefallene Soldaten. Aber was er meint, kann auch auf andere Arten der inszenierten Erinnerung angewendet werden, beispielsweise auf Jahrestage von Universitäten und Hochschulen. Aufgrund dieses besonderen, französischen und elsässischen, Kontexts findet die Historikerin nur eine eingeschränkte Quellenlage vor, um sich der Frage nach der Ausgestaltung der Jubiläen zu nähern. Dieser Beitrag nutzt vor allem Publikationen, die zu Gedenk- und Jahrestagen erschienen und die in der National- und Universitätsbibliothek Straßburg (BNU) aufbewahrt sind. Außerderm wurden digitalisierte Archivalien der BNU, der Universität Straßburg und der Archives du Musée de l'Ordre de la Libération in Paris durchgesehen. Das Hauptziel dieses Textes ist es, einen Forschungsüberblick zu geben und einige Reflexionslinien über das Gedenken an vier entscheidenden Daten der Geschichte der Universität Straßburg im 20. Jahrhundert aufzuzeigen, nämlich anhand der Jahre 1919, 1939, 1943 und 1945. Diese „Gedenkdaten" oder die Diskussion darüber könnten, so die Anregung, Ausgangspunkt für weitere Forschungen bilden.

---

1 Zur Geschichte der französischen Hochschulen, siehe Charle, Christophe u. Jacques Verger: Histoire des universités. Paris 2012; Picard, Emmanuelle: L'histoire de l'enseignement supérieur français: pour une approche globale. In: Histoire de l'éducation 122 (2009). S. 11–33; Verger, Jacques (Hrsg.): Histoire des universités en France. Toulouse 1986.
2 Picard, Emmanuelle: Recovering the History of the French University. In: Revue d'Histoire des Sciences et des Universités 5:3 (2012). S. 156–169, hier S. 164.
3 Picard, Recovering the History (wie Anm. 2), S. 165.
4 Wahl, Alfred u. Jean-Claude Richez: La vie quotidienne en Alsace entre France et Allemagne. Paris 1993. S. 286.

Komplexe Gründungsgeschichte(n) der Universität Straßburg / Strasbourg

Wann wurde die heutige, auf französischem Staatsgebiet befindliche Universität Straßburg bzw. Strasbourg eigentlich gegründet? Die Anfänge der Hochschule reichen ins 16. Jahrhundert zurück, eine erste Volluniversität existierte ab 1621 und war bis 1681 Teil des Heiligen Römischen Reichs. Erst infolge der Französischen Revolution wurde die Universität gänzlich ins französische Hochschulsystem integriert. Das änderte sich erneut, als Elsass-Lothringen 1871, nach dem Deutsch-Französischen Krieg, wieder Teil des Deutschen Reichs wurde. Diese deutsche Phase endete – vorläufig – mit der deutschen Niederlage im Ersten Weltkrieg, durch welche die Universität Straßburg als französische Universität neu gegründet wurde.[5] 1919 hätte also fortan ein Referenzjahr bleiben können. Aber die Geschichte ist komplexer, wie der folgende kurze Überblick bis zum Zweiten Weltkrieg zeigt. Und diese komplexe Vorgeschichte spielt bei der Verunsicherung darüber, welche Gedenkanlässe (nicht) gefeiert wurden, eine Rolle.

Eine Klarstellung, die den kulturellen Unterschied zwischen Frankreich und Deutschland in Bezug auf die Jubiläen gut veranschaulicht, ist hier vorab vorzunehmen. Im Jahr 1897, zum 25. Jahrestag der 1872 von den neuen deutschen Behörden neu gegründeten Kaiser-Wilhelms-Universität Straßburg, wurde eine Reihe schriftlicher Dokumente erstellt, die noch heute von der BNU aufbewahrt werden.[6] Offensichtlich ging es darum, einer, zumindest in ihrer deutschen Version, noch jungen Universität „institutionelle Gravitas"[7] zu verleihen. Zugleich war das damalige Gedenken Teil einer noch nicht als Kommunikationspolitik bezeichneten Praxis im deutschen Hochschulraum. Dennoch war das Gewicht der aus der „vieille Allemagne"[8] geerbten Tradition durchaus zu spüren. Für heutige Leser*innen überraschend wurde die deutsche Universitätsgründung von 1872

---

5 Siehe Bischoff, Georges u. Richard Kleinschmager: L'université de Strasbourg. cinq siècles d'enseignement et de recherche. Strasbourg 2010.
6 Veeck, Otto: Vom Straßburger Universitäts-Jubiläum [Hommage des anciens étudiants à l'Université de Strasbourg pour son 25ᵉ anniversaire (1ᵉʳ mai 1897).] o.O. 1897; eine Einladung zur Feier und ein Festprogramm sind auch in der BNU zu finden.
7 Guhl, Anton u. Gisela Hürlimann: Hochschuljubiläen zwischen Geschichte, Gegenwart und Zukunft | University Anniversaries between History, Present, and Future. https://www.hsozkult.de/event/id/event-91684 (7.1.2021).
8 So wurde Deutschland jenseits des Rheins zwischen 1871 und 1914 von den Elsässern genannt.

noch 1932 von Nostalgikern des deutschen Elsass gefeiert, diesmal allerdings nur am deutschen Rheinufer.[9]

1919 wurde die französische „Université de Strasbourg" mit großem Prunk eröffnet. Die Einweihungsfeier dauerte drei Tage lang vom 21. bis zum 23. November 1919 und erinnerte an den Einzug der französischen Truppen in Straßburg genau ein Jahr zuvor. Der Präsident der Dritten Französischen Republik, Raymond Poincaré, dem die Angelegenheiten Elsass-Lothringens am Herzen lagen, nahm persönlich an der Feier teil.[10]

Aber nach den Festivitäten von 1919 passierte nichts mehr, zumindest gemäß den Quellen, die der Verfasserin zugänglich waren: das Gründungsereignis war kein Anlass für spätere Jubiläen. Im Jahr 1929 fand kein Gedenken an die Neugründung von 1919 statt und im November 1939, am Anfang des Zweiten Weltkrieges, befand sich die (französische) Universität Straßburg nicht mehr in Straßburg, sondern war nach Clermont-Ferrand evakuiert worden.[11] Dieser Umzug begründete eine neue Legitimität und eine neue Erinnerungskultur. In dem vom nationalsozialistischen Deutschland annektierten Straßburg installierte das deutsche Regime eine „Musteruniversität" und verwendete dabei eine Symbolik der Daten, die einem klaren Geist der Rache diente. So wurde die sogenannte „Reichsuniversität" Straßburg am 23. November 1941, also 22 Jahre auf den Tag genau nach der offiziellen Eröffnung der französischen Universität, eingeweiht.[12] Damit wurde die Jahreszahl 1919 auf ungeahnte Weise wieder relevant. Die beiden Universitäten, die französische Universität in Clermont-Ferrand und die Reichsuniversität in Straßburg, existierten bis 1945 nebeneinander und diese sehr besondere Situation spielte fortan eine wichtige Rolle in der schwierigen Geschichte des Gedenkens und der Jahrestage der Straßburger Institution.[13]

---

9 Vorstand der losen Vereinigung ehem. Straßburger Dozenten und Studenten (Hrsg.): Alte Straßburger Universitätsreden zur Erinnerung an die am 1. Mai 1872 gegründete Kaiser-Wilhelms-Universität Straßburg. Frankfurt am Main 1932.

10 O.V.: Université de Strasbourg: fêtes d'inauguration, 21, 22, 23 Novembre 1919. Strasbourg 1920.

11 Maurer, Catherine: „Notre proposition de repli avait été fixée à Clermont-Ferrand". Universités et universitaires strasbourgeois et clermontois entre 1939 et 1942. In: Au défi de l'occupation ennemie. Résistance, résilience et protection. Hrsg. von Florence Faberon. Clermont-Ferrand 2020. S. 35–50.

12 Élias, Tania: La cérémonie inaugurale de la Reichsuniversität de Strasbourg (1941). L'expression du nazisme triomphant en Alsace annexée. In: Revue d'Allemagne et des pays de langue allemande 43 (2011). S. 341–361.

13 Baechler, Christian, François Igersheim u. Pierre Racine (Hrsg): Les Reichsuniversitäten de Strasbourg et de Poznan et les résistances universitaires 1941–1944. Strasbourg 2005; Maurer, Catherine (Hrsg.): Une université nazie sur le sol français. Nouvelles recherches sur la Reichsuniversität de Strasbourg. Sammelband. In: Revue d'Allemagne et des pays de langue allemande

Abb. 4: 22. November 1919, Fahnengruß anlässlich der Neueinweihung der Université de Strasbourg. Die Fahne ist die französische Trikolore. Republikpräsident Raymond Poincaré steht in der 5. Reihe in der Mitte, ohne Hut, mit weißem Bart und Schal, umgeben von Generälen. Die Universitätsprofessoren erkennt man an ihren Talaren. Das Gebäude dahinter ist der Palais Universitaire (Collegiengebäude) und wurde für die damalige deutsche Kaiser-Wilhelms-Universität Straßburg zwischen 1879 und 1884 nach Plänen von Otto Warth errichtet. Quelle: Pressefotografie der Agence Roll, Bibliothèque nationale de France, département estampes et photographie, EI-13 (682), zur Verfügung gestellt durch: Bibliothèque numérique patrimoniale de l'Université de Strasbourg.

Nach 1945: welche Jubiläen für ein gespaltenes Gedächtnis?

Nach der deutschen Besetzung der „freien Zone" in Frankreich und damit auch von Clermont-Ferrand im November 1942 fanden in Clermont im Juni und November 1943 zwei Razzien statt, die sich speziell gegen Student*innen und Lehrende richteten, gefolgt von mehreren Verhaftungen im Jahr 1944. Paul Collomp,

43 (2011); Möhler, Rainer: Die Reichsuniversität Straßburg 1940–1944. Eine nationalsozialistische Musteruniversität zwischen Wissenschaft, Volkstumspolitik und Verbrechen. Stuttgart 2020.

Professor für Papyrologie und griechische Sprache, wurde im November 1943 auf der Stelle getötet, und mehrere Opfer der Verhaftungen wurden inhaftiert oder nach Deutschland deportiert, nicht-jüdische Menschen in die Arbeitslager, Menschen jüdischer Herkunft in die Vernichtungslager. Mehr als hundert Personen kamen dabei ums Leben. 1944 widmete der Schriftsteller und Widerstandskämpfer Louis Aragon das Gedicht *La Chanson de l'Université de Strasbourg* den Student*innen und Lehrenden der französischen Universität, die im französischen Widerstand aktiv waren oder Opfer der deutschen Besatzung wurden. 1947 bekam die Universität Straßburg die *Médaille de la Résistance* verliehen, eine von General de Gaulle gestiftete Auszeichnung, die die elsässische Universität als einzige französische Einrichtung dieses Typs erhielt.[14] Passend dazu erschien 1947 mit dem *Mémorial des années 1939–1945* eine Veröffentlichung, die vor allem Nachrufe auf die „Toten der [französischen] Fakultät für Geisteswissenschaften von Straßburg" zwischen 1939 und 1945 versammelte, unabhängig davon, ob deren Tod nun dem Krieg und der deutschen Besatzung oder anderen Gründen geschuldet war.[15] Im gleichen Jahr 1947 wurde der Band *De l'Université aux camps de concentration: Témoignages strasbourgeois* veröffentlicht, der Erzählungen von den Ereignissen in den Jahren 1943 und 1944 sowie Zeitzeugenberichte von Gefangenen und Deportierten, die Student*innen oder Lehrende der französischen Universität Straßburg waren, versammelte. Das Buch, bis 1996 ein viermal neu aufgelegtes Werk, fixiert die Erinnerung an die dunklen Jahre, aber in gewisser Weise auch die Erinnerung der Universität bis heute.[16]

In der Nachkriegszeit kam es offensichtlich nicht mehr in Frage oder es gab kein Bedürfnis, an die Universitätsneugründung von 1919 zu erinnern (und noch viel weniger an jene von 1872 oder 1941!). Denn es finden sich in den Quellen keine Hinweise auf irgendwelche Gedenkanlässe in den Jahren 1949 oder 1959. Stattdessen fand 1948 eine Universitätszeremonie im Rahmen der Feier zur dreihundertjährigen Integration des Elsass in Frankreich (1648–1948) statt. Das war, drei Jahre nach dem Ende der nationalsozialistischen Besatzung, eine Gedenkveranstaltung mit hohem Symbolgehalt. Die Bedeutung, die der Universität in dieser

---

14 Archives du Musée de l'Ordre de la Libération (Paris), Akten Université de Strasbourg.

15 O.V.: Les morts de la faculté des lettres de Strasbourg de 1939–1945. In: Mémorial des années 1939–1945. Paris 1947 (Publications de la faculté des lettres de l'université de Strasbourg 103). S. 57–252.

16 Das Buch wurde auf der Grundlage wissenschaftlicher Methoden verfasst, siehe Alfaric, Prosper [Professor für Religionsgeschichte an der Universität Straßburg]: Vorwort. In: ders. [u. a.] [Ouvrage collectif]: De l'université aux camps de concentration: Témoignages strasbourgeois. 4. Aufl. Strasbourg 1996. S. IX–XI. https://docnum.unistra.fr/digital/collection/coll17/id/1422 (7.1. 2020).

Veranstaltung eingeräumt wurde, ist sicherlich mit der Persönlichkeit des Generalsekretärs des regionalen Organisationskomitees, dem Historiker Georges Livet (1916 – 2002), verbunden.[17] Seit 1945 wurden in Straßburg und Clermont-Ferrand zudem in einer jährlichen offiziellen Zeremonie verschiedene Behörden von außerhalb der Universität empfangen: die Amtsinhaber*innen von Präfektur und Bürgermeisteramt sowie der Militärgouverneur. 1954 wurde der Band *De l'université aux camps de concentration: Témoignages strasbourgeois* erstmals neu aufgelegt und 1963, am zwanzigsten Jahrestag der Razzien von 1943, fand das erste erweiterte Gedenkereignis an der Universität in Clermont-Ferrand statt.[18]

Erst in den Jahren 1969 und 1979 trat das Gedenken an die mit einer Neugründung verbundene Einweihung der Straßburger Universität von 1919 zaghaft wieder auf. Laut Georges Livet, der Dekan der Fakultät für Geisteswissenschaften geworden war, fanden am 21. November 1969, anlässlich des 50. Jahrestages der „Eröffnung" der französischen Universität Straßburg, „Europäische Treffen" statt.[19] Allerdings ließ sich weder in den Sammlungen der BNU noch im Nachlass von Georges Livet in der BNU eine Quelle finden, die diese Treffen dokumentiert. Ebenfalls 1969 veröffentlichte die Straßburger Fakultät für katholische Theologie den Sammelband *Mémorial du cinquantenaire 1919 – 1969*, in dem mehrere Artikel zur Geschichte der Fakultät zusammengefasst sind.[20] Dies ist die einzige Veröffentlichung zum 50. Jahrestag der Wiedereröffnung der französischen Universität, über die wir derzeit verfügen. Diese Gedenkschrift verwundert oder ist zumindest bemerkenswert. Denn die Fakultät für katholische Theologie der Universität Straßburg war im Jahr 1902, also in der Zeit der deutschen Annexion und auf Wunsch der höchsten Behörden des Kaiserreiches, die die Germanisierung des elsässischen katholischen Klerus beschleunigen wollten, gegründet worden. Die Aufrechterhaltung dieser Fakultät war im Jahr 1919 für die laizistische Französische Republik denn auch nicht selbstverständlich.[21] Entsprechend dürfte das *Mémorial du cinquantenaire 1919–1969* sehr wahrscheinlich eine politisch motivierte Veröffentlichung gewesen sein, um die Sache einer in Frankreich ungewohnten Institution, nämlich einer vom Staat finanzierten Fakultät für katholische Theologie, zu vertreten. Was das Gedenken an die Einweihung von 1919

---

17 Livet, Georges: 50 années à l'université de Strasbourg. Strasbourg 1998. S. 99–103.
18 O.V.: Vingtième anniversaire des arrestations des membres des universités de Clermont-Ferrand et de Strasbourg. La journée du 23 novembre 1963 à Clermont-Ferrand. Strasbourg 1964.
19 Livet, 50 années (wie Anm. 17), S. 229–230.
20 Faculté de Théologie Catholique, Université de Strasbourg: Mémorial du cinquantenaire 1919–1969. Strasbourg 1969.
21 Siehe Perrin, Luc: Une institution originale. https://theocatho.unistra.fr/faculte/presentation/histoire/ (7.1.2021).

betrifft, muss ferner unterstrichen werden, dass die Ereignisse im Jahr 1968 und ihr starker Widerhall in der Straßburger Studentenschaft an der Universität eine schwierige und zweifellos ungünstige Atmosphäre für eine Jubiläumsfeier im Allgemeinen und insbesondere für das Gedenken an ein Ereignis schufen, das 1919 vom Nationalismus geprägt gewesen war.[22]

Auch zehn Jahre später, Ende 1979, fand nicht einfach ein Universitätsjubiläum statt. Stattdessen wurde nun der Jahrestag zweier sehr unterschiedlicher Ereignisse gefeiert: Im Oktober fand eine Tagung zu Ehren der „Annales"-Schule, einer intellektuellen Bewegung, die die Methoden der Geschichtswissenschaft grundlegend erneuert hatte, statt. Diese Bewegung hatte ihre Anfänge unter dem Anstoß von Lucien Febvre (1878–1956), Historiker für neuere Geschichte, und Marc Bloch (1886–1944), Historiker für die Geschichte des Mittelalters, die beide ab 1919 Professoren an der Universität Straßburg wurden. Die erste Nummer der emblematischen Zeitschrift der neuen historischen Schule, der *Annales d'histoire économique et sociale*, wurde 1929 veröffentlicht, und die Tagung vom Oktober 1979 feierte das fünfzigjährige Bestehen der Zeitschrift.[23] Über die Gründungspersönlichkeiten Febvre und Bloch ließe sich zwar eine Verbindung zur (Wieder-)Gründung von 1919 herstellen, die allerdings fragil ist. Zudem involvierte die Tagung auch nur den begrenzten Kreis der an der Universität Straßburg tätigen Historiker*innen. Wenig später, am 23. November 1979, wurde mit einem „Tag des Erinnerns" zweier anderer Ereignisse gedacht, nämlich dem 1939 organisierten Umzug der Universität Straßburg nach Clermont-Ferrand sowie der brutalen NS-Razzia vom November 1943. Den im Juni 1943 und 1944 verhafteten Universitätsangehörigen wurde an diesem „Tag des Erinnerns" ebenfalls gedacht.[24]

Größere Aktivitäten zum Gedenken an die tragischen Momente von 1943 und 1944 fanden in den folgenden Jahren regelmäßig statt. Sie wurden jeweils Anlass für einerseits wissenschaftliche und andererseits erinnernden Veröffentlichungen: 1983 in Straßburg, 1989 in Clermont-Ferrand und 1993 in Straßburg und Clermont-Ferrand zum fünfzigsten Jahrestag der Ereignisse von 1943.[25] Gewis-

---

22 Livet, 50 années (wie Anm. 17), S. 151–230; Girost, Geoffrey u. Benoît Wirrmann (Hrsg.): Mai 68 en Alsace. Strasbourg 2018.

23 Carbonell, Charles-Olivier u. Georges Livet (Hrsg.): Au berceau des Annales: le milieu strasbourgeois: l'histoire en France au début du XXe siècle. Actes du Colloque de Strasbourg, 11–13 octobre 1979. Toulouse 1983.

24 Lutz, Herbert (Hrsg.): 40e anniversaire du repli de l'Université de Strasbourg à Clermont-Ferrand: journée du souvenir, 23 novembre 1979. Recueilli et commenté par Hubert Lutz. Clermont-Ferrand 1980.

25 Braun, Lucien (Hrgs.): 1939–1943 Strasbourg – Clermont-Ferrand – Strasbourg 1979–1983: se souvenir. Strasbourg 1988; Cérémonies du cinquantenaire: Strasbourg – Clermont-Ferrand, 1943–1993: textes des interventions [à] Clermont-Ferrand, 24 novembre 1993 [et à] Strasbourg, 26 no-

sermaßen in diese Reihe passt auch die vierte Auflage des Bands *De l'université aux camps de concentration: Témoignages strasbourgeois* im Jahr 1996. Sein Verleger, Lucien Braun (1923–2020), der selbst Akteur und Zeuge der Periode war, stellte den Band als „authentisches kommemorierendes Monument" dar.[26] In dieser Zeit der 1980er und 1990er Jahre gab ein einziges anderes Datum, das die gesamte Universität betraf, Anlass zu einem Gedenken. Es war das in Straßburg im Jahr 1538 historisch verbürgte Datum der Gründung einer Schule, die später zum Gymnasium wurde, durch Johannes bzw. Jean Sturm. Diese Schule gilt als Vorläuferin der späteren Volluniversität. Entsprechend fand die 450-Jahr-Feier 1988 auf Anregung des heutigen protestantischen Jean-Sturm-Gymnasiums statt, während die Universität an dieser Feier lediglich als Gast teilnahm.[27]

Was die von den Nationalsozialisten begründete „Reichsuniversität" betrifft, so blieb die Erinnerung daran auf der deutschen Seite des Rheins nach 1945 diskret lebendig. So organisierte eine Straßburger „Dozentenkameradschaft" in Marburg 1951 offiziell ein Treffen innerhalb des „Verbandes heimatvertriebener Hochschulangehöriger". Die Organisation vor Ort hatte der Betriebswirt Wilhelm Michael Kirsch übernommen, der bereits seit März 1947 wieder ein Ordinariat, nun an der Universität Marburg, bekleidete. Fünfzig ehemalige „Straßburger" kamen zusammen und der Altrektor Karl Schmidt berichtete: „Es war wirklich eine sehr schöne Tagung. Wohl alle haben sich herzlich gefreut, sich nach so langer Zeit wiederzusehen."[28] Das zweite und letzte große Treffen der Straßburger Hochschullehrer der „Reichsuniversität", zu dem Schmidt geladen hatte, fand 1970 bei Heidelberg statt. Neben dem ehemaligen Oberstadtkommissar von Straßburg, Robert Ernst, erschienen 15 ehemalige Straßburger Dozenten. Vorausgegangen war eine aufwändige, vom Historiker Günther Franz organisierte Ehrung Schmidts zu dessen 70. Geburtstag, die dem Gedenken an die Zeit in Straßburg viel Platz einräumte. Die Glückwunschschreiben von 36 der noch 50 lebenden Professoren und Dozenten der „Reichsuniversität" wurden dem Geburtstagskind mit der folgenden Widmung überreicht: „Dem einstiegen Rektor der Reichsuniversität Straßburg entbieten zu seinem 70. Geburtstag in Erinnerung an entscheidende Jahre ihres Lebens herzliche Grüsse und gute Wünsche die

---

vembre 1993. Strasbourg 1994; Strasbourg – Clermont-Ferrand, 50 ans après (allocutions et documents). Strasbourg 1993; der Band De l'université aux camps de concentration: Témoignages strasbourgeois wurde 1989 ein drittes Mal neu aufgelegt.

26 Alfaric [u. a.], De l'université aux camps de concentration (wie Anm. 16), S. 3.

27 O.V.: 450ᵉ anniversaire de la fondation du Gymnase Jean Sturm et de l'Université de Strasbourg. Strasbourg 1988.

28 Hier und im Folgenden siehe Möhler, Die Reichsuniversität Straßburg (wie Anm. 13), S. 907–920, insbesondere S. 911–913.

Mitglieder des Straßburger Lehrkörpers". Dieser Text beschrieb die Reichsuniversität zudem als „Raum der Freiheit" mitten im Krieg.

Gegenwart: Eine nach wie vor schwierige Atmosphäre für Jubiläen

Wie geht die Universität Straßburg heute mit Jubiläen und Gedenkfeiern um? Man hätte erwarten können, dass das Jahr 2019 die Gelegenheit gewesen wäre, die hundert Jahre seit der Einweihung von 1919 mit großem Pomp zu feiern. Das war jedoch nicht der Fall. Im Gegenteil konnte man eine gewisse Zurückhaltung in Bezug auf dieses Gedenken seitens der Universitätsleitung beobachten. Stattdessen gibt es heute Bemühungen, die Kontinuität in der Geschichte der Straßburger Universität, einschließlich der deutschen Universität von 1872, hervorzuheben. Die Gründe für diese relativ neue Perspektive sind vielfältig: Erstens wurde 2019 die zehnjährige, 2009 erfolgte „Wiedervereinigung" der Universität, die 1971 infolge der Studentenunruhen in drei Einheiten aufgeteilt worden war, gefeiert.[29] Zweitens geht es um die Reputation der Kaiser-Wilhelms-Universität, in deren Zeit mehrere Nobelpreise fielen, die heutzutage auch für die Université de Strasbourg reklamiert werden. Weitere Referenzpunkte sind der europäische Gedanke, der der nationalistischen Selbstbehauptung von 1919 widerspricht, sowie die 2016 erfolgte Gründung des Verbundes Eucor – The European Campus.[30] Auch die aktuelle Kommunikationspolitik der Universität betont Kontinuität: Posters mit ehemaligen Student*innen aus der „deutschen" und „französischen" Zeit der Universität, die eine angesehene Karriere hatten, und Panels zur Geschichte der Universität, die 2019 auf dem Campus und in der Stadt Straßburg aufgestellt wurden, zeugen von dieser Kontinuitätspolitik. Eine Tagung über Interdisziplinarität, die heute als einer der Hauptbeiträge der französischen Universität in der Zwischenkriegszeit angesehen wird, wurde zwar anlässlich des 100. Jahrestages von 1919 organisiert, behandelte jedoch auch Themen, die keinen direkten Zusammenhang mit dem Jubiläum hatten. Damit beschritt man einen Mittelweg, der

---

29 Diese Teilung war eine Folge des sogenannten Edgar-Faure Gesetzes, das nach den Studentenunruhen von 1968 verabschiedet wurde. Die drei Universitäten waren die Université Louis-Pasteur, die Université Robert-Schuman und die Université des Sciences Humaines de Strasbourg, später Université Marc-Bloch.
30 Eucor – The European Campus: https://www.eucor-uni.org (7.1.2021).

zweifellos der bereits erwähnten ambivalenten Haltung der Universitätsleitung entsprach.[31]

Die Universität Clermont-Ferrand organisierte ihrerseits 2019 einen Gedenkanlass. Darin erinnerte sie an den 80. Jahrestag des 1939 organisierten Umzugs der Universität Straßburg nach Clermont. Die Universität Straßburg wurde bei diesem Anlass durch ihren Präsidenten Michel Deneken vertreten, und es fand eine große Veranstaltung mit mehreren Teilaktivitäten, die auch für die Stadt Clermont und ihre Bewohner*innen bestimmt waren, statt.[32] Ein wichtiges Ziel der Feierlichkeiten war es, mit Hilfe des Zeugnisses der letzten Überlebenden der Ereignisse von 1943 und 1944 zu gedenken.[33] Deshalb wurde pünktlich zum Jahrestag der Razzia im November 1943 an der Universität Straßburg die musikalische Uraufführung des „Opératorio" *Boulevard de la Dordogne*, an der Lehrende und Student*innen mitwirkten, inszeniert.[34] Auch im Krisenjahr 2020 wurde die bereits erwähnte alljährliche Zeremonie zum Gedenken an die universitären Opfer von nationalsozialistischer Verfolgung und Unterdrückung im Jahr 1943 in Straßburg und Clermont-Ferrand durchgeführt, wenn auch im kleinen Kreis.[35] Diese jüngsten Anlässe machen deutlich, dass die Erinnerungskultur, die sowohl die dunklen wie auch die mit den Widerstandskämpfen verbundenen Jahre der französischen Universität thematisiert, an der Universität Straßburg immer noch eine wichtige Rolle spielt. Und dies zu einer Zeit, in der den Opfern des Nationalsozialismus eine erneuerte öffentliche Aufmerksamkeit geschenkt wird.[36] Gleichzeitig und dennoch wird auch eine Geschichte, die einst stillschweigend übergangen wurde,

---

31 Siehe L'université de Strasbourg et le dialogue des disciplines. Des années 1920 aux pratiques contemporaines, 21 et 22 novembre 2019. https://arche.unistra.fr/actualites/actualite/luniversite-de-strasbourg-et-le-dialogue-des-disciplines-des-annees-1920-aux-pratiques-contemporaines (7.1.2021); ein Teil dieser Tagung wird demnächst veröffentlicht.

32 Siehe Faberon, Florence (Hrsg.): Au défi de l'occupation ennemie. Résistance, résilience et protection. Clermont-Ferrand 2020; im Jahr 2018 wurde auch in Clermont-Ferrand der 75. Gedenktag der Razzia von 1943 begangen: siehe Faberon, Florence u. Philippe Destable (Hrsg.): Résistance et résilience: à l'occasion de la commémoration du 75e anniversaire de la rafle du 25 novembre 1943. Clermont-Ferrand 2019.

33 Siehe das Film-Interview mit dem nach der Razzia im November 1943 inhaftierten und deportierten François Amoudruz (1926–2020): Témoignage de François Amoudruz. https://www.unistra.fr/index.php?id=20217&fbclid=IwAR2XEr6SpJX4jqNJU2Ag2wBspG7tdP8XoFj_S1VJqLOcsKXjMPk9ein6sbo#c136750 (12.3.2021); das Buch *Au défi de l'occupation ennemie* (wie Anm. 32) ist François Amoudruz gewidmet.

34 Université de Strasbourg: Opératorio „Boulevard de la Dordogne". https://evenements.unistra.fr/agenda-unistra/detail-evenement/16345-operatorio-boulevard-de-dordogne (12.3.2021).

35 Siehe https://www.unistra.fr/clermont1943 (7.1.2021).

36 Ein weiteres Zeugnis davon ist die Rubrik auf der Webseite der Universität: Une communauté universitaire résistante. https://www.unistra.fr/clermont1943 (7.1.2021).

nämlich jene der deutschen Universität von 1872, zumindest in der Kommunikationspolitik der Universität allmählich berücksichtigt. Es sei auch darauf hingewiesen, dass unabhängig von der Pandemiekrise 2020 kein spezifisches Ereignis zum Gedenken an die Befreiung von 1945 und die Rückkehr der französischen Universität nach Straßburg geplant war.

Das wirft gleichwohl die Frage auf, wie heute mit der Erinnerung an die nationalsozialistische „Reichsuniversität" umgegangen wird. Die französischen Universitätsbehörden haben diese Universität bereits in der Vichy-Zeit und seither stets als eine usurpierende Institution angesehen; als ein teilweise monströses Gewächs, das, da die französische Universität Straßburg nie zu existieren aufgehört hatte, eigentlich nicht Teil der Geschichte der Universität Straßburg sein konnte. Und tatsächlich wurde die Geschichte der „Reichsuniversität" in Straßburger Gedenkanlässen und Gedenkhandlungen bis Anfang der 2000er Jahre nie offiziell erwähnt, obwohl sie Gegenstand für einige wenige wissenschaftliche Arbeiten war. Zu Beginn des 21. Jahrhunderts kehrte die verdrängte Vergangenheit jedoch zurück. Im Jahr 2005 akzeptierten die Verantwortlichen der Universität Straßburg, insbesondere der Präsident der damals infolge des Trennungsgesetzes von 1971 separaten Louis-Pasteur-Universität und der Dekan der Medizinischen Fakultät, dass eine Tafel zum Gedenken an die 86 jüdischen Opfer der kriminellen Tätigkeiten von August Hirt am Gebäude des Anatomischen Instituts angebracht wurde. Hirt, der während der Zeit der „Reichsuniversität" als Anatomieprofessor sein Büro in diesem Gebäude hatte, hatte im damals im deutschen Elsass gelegenen Konzentrationslager Natzweiler-Struthof für die Kampfstofferprobung tödliche medizinische Versuche an den jüdischen KZ-Häftlingen vorgenommen und 86 Deportierte für eine geplante „jüdisch-bolschewistische" Schädelsammlung vergasen lassen. Der durch die Gedenktafel an diese Opfer errichtete neue „Gedenkort" machte jedoch gleichzeitig deutlich, dass „die französische Medizinische Fakultät des annektierten Straßburg" sich nach Clermont-Ferrand „zurückgezogen" hatte.[37]

Insbesondere seit 2016 unterstützt und finanziert die Straßburger Hochschulleitung eine internationale Kommission zur Erforschung der Geschichte der „Reichsuniversität", die sich hauptsächlich mit der Geschichte von deren Medizinischer Fakultät beschäftigt. Die Arbeiten dieser Kommission, die zu innovativen Ergebnissen führen sollen, standen im Januar 2021 kurz vor dem Abschluss.[38]

---

37 Strasbourg Hôpital civil plaque institut anatomie. https://de.wikipedia.org/wiki/Datei:Strasbourg_H%C3%B4pital_civil_plaque_institut_anatomie.jpg (12.3.2021).

38 Commission historique internationale et indépendante pour éclairer l'histoire de la Reichsuniversität Straßburg (RUS, 1941–1944). http://dhvs.unistra.fr/recherche/medecine-et-national socialisme/ (7.1.2021).

Die Konstituierung dieser Kommission folgte keinem bestimmten Jahrestag, sondern einem öffentlichen, auch von den Medien aufgegriffenen Anstoß, der auf die Tatsache zurückging, dass das Institut für Gerichtsmedizin der französischen Universität Straßburg anatomische Präparate mit Überresten von Hirts Opfern immer noch aufbewahrte.[39]

Fazit

Bei einer rückblickenden Betrachtung auf die Hochschuljubiläen der Universität Straßburg zeigen sich zwei gewichtige Eigentümlichkeiten: erstens eine geringere Ausprägung der Jubiläumskultur in Frankreich und zweitens eine besonders unruhige Geschichte. Dennoch wurden Jahrestage begangen und es ließen sich in diesem Beitrag bestimmte Schwerpunkte verfolgen. Insbesondere konnte gezeigt werden, dass die Ereignisse zwischen 1939 bis 1945 in den heutigen Gedenkveranstaltungen immer noch ein sehr starkes Gewicht haben. Dies schloss einige Innovationen nicht aus. Zum Beispiel nutzten die Gedenkveranstaltungen mehr und mehr verschiedene Medien, etwa nicht nur Veröffentlichungen, sondern auch Ausstellungen oder Musikstücke, und mobilisierten mehr und mehr unterschiedliche Akteure. Dazu gehörten nebst Lehrenden auch Student*innen und „einfache" Bürger*innen.

Dass die 1945 erfolgte Rückkehr von Clermont-Ferrand nach Straßburg seither offenbar nie gefeiert wurde, könnte mit dem Willen der Universitätsleitung zusammenhängen, sich als „europäisch" zu präsentieren im Sinne eines performativen Ansatzes, der auch eine Zukunftserwartung enthält. Damit möchte die Universität Straßburg bis heute offensichtlich jeglichen Eindruck eines Wiederauflebens von Nationalismus verhindern. In diesem Fall hat das *Nichtbegehen* des Jahrestages „1945" ganz offenbar eine gegenwarts- und zukunftsbezogene Funktion. Wie ausgeführt wurde, hält die Universität hingegen gleichzeitig die Erinnerung an die Opfer der nationalsozialistischen Besatzungszeit, die zum Teil auch Widerstandskämpfer waren, weiterhin hoch. Hier zeigt sich eine doppelte Strategie, die manchmal widersprüchlich ist und der Straßburger Universität nicht immer hilft, eine stabile Identität aufzubauen, trotz aller Bemühungen um Geschichtsbewusstsein. Hinzu kommt, dass die Existenz der nationalsozialistischen „Reichsuniversität" erst in jüngster Zeit offiziell berücksichtigt wurde. Noch 2020

---

39 O.V.: Victimes de l'anatomiste nazi August Hirt: comment l'affaire a rebondi, à Strasbourg. In: DNA. Dernières Nouvelles d'Alsace, Dossier (20.7.2015). https://c.dna.fr/region/2015/07/20/victime-de-l-anatomiste-nazi-august-hirt-comment-l-affaire-a-rebondi-a-strasbourg (7.1.2021).

fiel es der Universität schwer, die Tatsache öffentlich zuzugeben, dass auch an der „Reichsuniversität" Lehrende und insbesondere Student*innen französischer und elsässischer Herkunft tätig waren und nicht nur solche aus dem deutschen Kerngebiet.[40] Die jahrzehntelange „inszenierte Geschichte" hat hier gleichsam den Vorstellungshorizont geprägt (und auch beengt). Es bleibt zu erwarten, dass die Erinnerungskultur der Universität Straßburg sich durch neue wissenschaftliche Arbeiten ändert und damit auch der Anlass zu erneuerten Gedenkveranstaltungen gegeben wird.

---

40 Siehe dazu Bonah, Christian: De Strasbourg à Clermont-Ferrand. Regard depuis la Faculté de médecine de Strasbourg. In: Faberon, Au défi de l'occupation ennemie (wie Anm. 32), S. 73–88.

Neue Quellen und neue Blickwinkel auf akademische Jubiläumskulturen | New Sources and New Perspectives on Academic Jubilee Cultures

Matthias Berg

Singularität versus Serialität? Überlegungen zu Münchner Universitätsreden anlässlich von Hochschuljubiläen im 19. Jahrhundert

Abstract: This article aims to compare speeches that were delivered in the 19th century at the Ludwig Maximilian University and the Technical University of Munich on an annual and routine base with speeches for anniversaries and other exceptional occasions. In so doing, this contribution sheds light on the role the academic speech culture played in endowing university culture with meaning, a typical feature of university anniversaries and other festivities. So far, the research perspective on university speeches has hardly been explicitly linked to the increased interest of university historiography in academic festivities. The article first addresses the seemingly obvious difference between the serial nature of annual university (for example, at the inauguration of the rector) and the singularity of speeches on the occasion of an anniversary. In a second step, the author analyses whether the speakers of jubilee speeches had really designed them for a singular and exception purpose and whether they succeeded in escaping the attraction that the seriality of the annual speeches and their parameters emanated.

Einleitung

Mit dem verstärkten Interesse an akademischen Festkulturen wie auch mit der Erforschung von Universitätsreden ist die jüngere Universitätsgeschichtsschreibung zwei verwandten Forschungsperspektiven gefolgt, ohne diese – soweit ich sehe – bislang explizit aufeinander zu beziehen.[1] Der entsprechende Anlass einer Rede im universitären Rahmen fand zwar durchaus Erwähnung. Ebenso berücksichtigten Studien zur Festkultur selbstverständlich die diesbezüglichen Ansprachen. Der Anteil akademischer Redekultur an der in Hochschuljubiläen sich widerspiegelnden universitären Sinnstiftung jedoch wurde eher gestreift,

---

1 Vgl. z. B. Becker, Thomas P.: Jubiläen als Orte universitärer Selbstdarstellung. Entwicklungslinien des Universitätsjubiläums von der Reformationszeit bis zur Weimarer Republik. In: Universität im öffentlichen Raum. Hrsg. von Rainer Christoph Schwinges. Basel 2008 (Veröffentlichungen der Gesellschaft für Universitäts- und Wissenschaftsgeschichte 10). S. 77–107, hier S. 87.

zumindest nicht gesondert hervorgehoben.[2] Es fällt rasch ins Auge, dass die noch junge, aber beständig zunehmende Forschung zur Geschichte von Hochschuljubiläen sich vielfältigen, gern auch bislang weniger beachteten Aspekten widmet.[3] Tatsächlich waren (und sind) ein öffentliches Aufsehen erregender Festumzug oder eine aufwendig hergestellte Festschrift besondere Ereignisse, während die akademische Rede offenbar und durchaus zu Recht dem universitären Alltag zugeschlagen wird. Hier möchte der Beitrag ansetzen und nach dem Bedingungs- beziehungsweise Spannungsverhältnis beider Phänomene fragen, mithin Alltag und Ausnahme universitären Redens in ein Verhältnis miteinander setzen.

Eine derartige Inspektion kann, selbst wenn sie auf Münchner Universitäts- reden beschränkt bleibt, allenfalls punktuell erfolgen.[4] Ermöglicht wird ein sol- ches, selektives Vorgehen durch den in einem Projekt des Münchner Universi- tätsarchivs in unvergleichbar dichter Weise erschlossenen und digital verfügbaren Bestand aller – soweit überliefert – zwischen 1800 und 1968 an der Ludwig-Ma- ximilians-Universität gehaltenen Rektorats- und Universitätsreden.[5] Für den in den Blick genommenen Zeitraum handelt es sich, fasst man das 19. Jahrhundert streng kalendarisch als bis zum Jahr 1899 reichend auf, um etwa achtzig Reden zum Rektoratsantritt, um vierzig anlässlich des Stiftungsfestes gehaltene An- sprachen und weitere knapp fünfzig zu verschiedenen Anlässen vorgetragene „Gelegenheitsreden". Die zwischen 1830 und 1867 erstatteten Jahresberichte enthalten ebenfalls Reden, zudem werden zugunsten eines institutionellen Ver- gleichs auch an der seit 1877 unter diesem Namen firmierenden Technischen

---

2 Vgl. Kreis, Georg: Tradition, Variation und Innovation. Die Basler Universitätsjubiläen im Lauf der Zeit, 1660–1960. In: Schweizerische Zeitschrift für Geschichte 60 (2010). S. 437–474.

3 Neben der die Feierlichkeiten begleitenden Musik beziehungsweise den Chören von Universi- täten auch der studentischen Fastnacht oder der „Rolle des Talars", vgl. entsprechend Beiträge in: Kintzinger, Martin, Wolfgang Eric Wagner u. Marian Füssel. (Hrsg.): Akademische Festkulturen vom Mittelalter bis zur Gegenwart. Zwischen Inaugurationsfeier und Fachschaftsparty. Basel 2019 (Veröffentlichungen der Gesellschaft für Universitäts- und Wissenschaftsgeschichte 15); ein ge- sondert den Reden gewidmeter Beitrag findet sich in dem Band hingegen nicht, ebenso vgl. Dhondt, Pieter (Hrsg.): University Jubilees and University History Writing. A Challenging Relati- onship. Leiden 2015 (Scientific and Learned Cultures and their Institutions 13).

4 Ebenfalls ausgespart bleiben methodische Überlegungen zu den Besonderheiten der Quel- lengattung Rede, vgl. den eingehenden Problemaufriss von Baumgärtner, Ulrich: Reden als his- torische Quellen. Anmerkungen zu neueren Publikationen zur politischen Rede und zum histo- riographischen Umgang mit rhetorischen Texten. In: Historisches Jahrbuch 122 (2002). S. 559– 596.

5 Vgl. den Bestand unter https://www.universitaetsarchiv.uni-muenchen.de/digitalesarchiv/in dex.html (16.12.2020); sowie erläuternd Stein, Claudius: Onlinepräsentation des LMU-Reden- Korpus. In: Der rhetorische Auftritt. Redekultur an der Ludwig-Maximilians-Universität München. Rektorats- und Universitätsreden 1826–1968. Hrsg. von ders. München 2016. S. 37–45.

Hochschule München gehaltene Ansprachen berücksichtigt. Alles in allem ergibt dies ein Korpus von deutlich über zweihundert Reden – mit entsprechendem Zuwachs, je nachdem ob man den historisch gedeuteten Übergang zum 20. Jahrhundert in den Jahren 1914, 1917 oder 1918 anzusetzen beliebt.

Universitäten und ihre Reden

Geredet wurde (und wird) an Universitäten selbstverständlich in Permanenz; die „Rede" als gesonderte, feierliche Veranstaltung, vor der universitären oder weiteren Öffentlichkeit, zählte (und zählt) zu den festen Bestandteilen des universitären Lebens. Mehr noch, Reden strukturieren den Alltag der Universität als Institution. Im deutschsprachigen Raum begannen die Universitäten zum Beginn des hier betrachteten Zeitraum des 19. Jahrhunderts, „einmal im Jahr mit einer Rede ihres Rektors vor die Öffentlichkeit zu treten, ein feierlicher Akt, der sich nach innen und nach außen wandte."[6] In der Rektoratsrede suchte die Universität, so hat es Dieter Langewiesche – auf dessen Forschungen zu den Rektoratsreden in diesem Zusammenhang an allererster Stelle hinzuweisen ist[7] – pointiert zusammengefasst, ihren Standort in der Wissenschaft und in der Gesellschaft zu bestimmen sowie dieses Selbstbild der Öffentlichkeit zu vermitteln. Es kann dabei, wie es Langewiesche für die Rektoratsreden typisierend vorgenommen hat, zwischen Gesellschafts- und Fachreden unterschieden werden. Während sich letztere um Wissensvermittlung bemühten, thematisch vor allem Forschungsfragen verhandelten und dem klassischen wissenschaftlichen Vortrag eng verwandt waren, verfolgte die Gesellschaftsrede andere Zwecke: Ihr Gegenstand waren in der Regel Fragen des Verhältnisses von Wissenschaft be-

---

6 Langewiesche, Dieter: Zum Selbstbild der Universität. Leipziger Rektoratsreden im Kaiserreich und in der Weimarer Republik. In: Reden zur feierlichen Übergabe der Leipziger Rektoratsreden 1871–1933. Hrsg. von Universität Leipzig. Leipzig 2009 (Leipziger Universitätsreden Neue Folge 108). S. 15–26, hier S. 15.
7 Vgl. Langewiesche, Dieter: Selbstbilder der deutschen Universität in Rektoratsreden. Jena – spätes 19. Jahrhundert bis 1948. In: Jena. Ein nationaler Erinnerungsort? Hrsg. von Jürgen John u. Justus H. Ulbricht. Köln 2007. S. 219–243; ders.: Die ‚Humboldtsche Universität' als nationaler Mythos. Zum Selbstbild der deutschen Universitäten in ihren Rektoratsreden im Kaiserreich und in der Weimarer Republik. In: Historische Zeitschrift 290 (2010). S. 53–91; ders.: Humboldt als Leitbild? Die deutsche Universität in den Berliner Rektoratsreden seit dem 19. Jahrhundert. In: Jahrbuch für Universitätsgeschichte 14 (2011). S. 15–37; ders.: Die Rektoratsreden an den Universitäten im deutschen Sprachraum. In: Der rhetorische Auftritt. Redekultur an der Ludwig-Maximilians-Universität München. Rektorats- und Universitätsreden 1826–1968. Hrsg. von Claudius Stein. München 2016. S. 21–36.

ziehungsweise wissenschaftlichen Institutionen zu Gesellschaft und Politik; nicht selten in instrumenteller und durchaus eigennütziger Absicht. Nationale Identitätsstiftung rückte seit der Mitte des 19. Jahrhunderts hier vielfach in den Mittelpunkt, zumal wenn sich politische, nicht selten auch militärische Ereignisse vor das universitäre Bild schoben. Vollkommen frei von solchen außeruniversitären Bezügen blieben auch die einer wissenschaftlichen Fragestellung gewidmeten Fachreden selbstredend nicht.

All dies trifft im Kern auch auf sämtliche anderen an Hochschulen jedweder Art gehaltenen Reden zu – ob zu Stiftungsfesten, anlässlich von Reichsgründungsfeiern oder eben auch zu Jubiläen, deren Anlass nicht allein, aber oftmals die Geschichte der Institution stiftete. Man wird vom Beginn des 19. Jahrhunderts bis in die heutige Zeit kaum ein Jubiläum ohne solcherart offenkundig unverzichtbare Ansprachen finden können. Was also unterscheidet die Rede anlässlich eines hochschulgeschichtlichen Jubiläums von den anderen benannten Ansprachen, was gibt ihr eine möglicherweise besondere Kontur? Unmittelbar ins Auge fällt der Unterschied zwischen der jährlichen Wiederholung, der *Serialität* der Rektoratsreden, ebenso jener Ansprachen zu den ebenfalls vielfach jährlich begangenen Stiftungsfesten, und der *Singularität* der Reden anlässlich eines Hochschuljubiläums. Diese wurden (und werden) zumeist in Schritten von 25, fünfzig oder hundert Jahren begangen und nahmen (und nehmen) Zeiträume von oftmals mehreren Jahrhunderten in den Blick. Allerdings bedarf dieser zunächst unmittelbar einleuchtende Unterschied auch einer tatsächlichen Überprüfung: Gestalteten die Redner der Jubiläumsansprachen diese auch wirklich singulär, vermochte sich diese Form von Universitätsreden von der Sogwirkung der Serialität ihrer Artgenossen zu emanzipieren? Denn Serialität konnte entweder erwünschte Orientierung oder routinierte Langeweile bedeuten. Schließlich ergab es sich nicht immer, dass die dem etablierten Universitätskalender folgenden Rektoratsreden miteinander in Beziehung traten, unmittelbar aufeinander zu antworten schienen wie in den Jahren 1870 und 1871, als an der Münchner Ludwig-Maximilians-Universität zuerst der Historiker Wilhelm Giesebrecht über „den Einfluß der deutschen Hochschulen auf die nationale Entwickelung" sprach, und der Theologe Ignaz von Döllinger im Folgejahr zum Antritt seines Rektorats in gleichsam umgekehrter Richtung die „Bedeutung der großen Zeitereignisse für die deutschen Hochschulen" erörtern konnte.[8]

---

8 Giesebrecht, Wilhelm: Ueber den Einfluß der deutschen Hochschulen auf die nationale Entwickelung. München 1870; Döllinger, Ignaz von: Die Bedeutung der großen Zeitereignisse für die deutschen Hochschulen. In: ders.: Akademische Vorträge. Bd. 3. München 1891. S. 11–38; zu Giesebrecht an der Münchner Universität vgl. Schieffer, Rudolf: Wilhelm von Giesebrecht (1814–1889). In: Münchner Historiker zwischen Politik und Wissenschaft. 150 Jahre Historisches Semi-

Aber auch die Frage, wie singulär das Jubiläum im universitären Festkalender tatsächlich auftrat, bedarf der Abwägung. Für die Münchner Universität und ihr alljährliches, bis auf wenige Ausnahmen stets Ende Juni begangenes Stiftungsfest hat Katharina Weigand die Annahme erwogen, ob „immer und immer wieder, Jahr für Jahr, die Gründung der Ludwig-Maximilians-Universität im Jahre 1472 selbst oder zumindest Aspekte ihrer Entwicklung thematisiert worden" sein könnten.[9] Doch trotz des Anlasses der Universitätsbegründung trat das Stiftungsfest nicht als eine Art „jährlich wiederkehrende Jubiläumsveranstaltung" in Erscheinung. Nicht die Geschichte und Entwicklung der Institution, ihre Gegenwart oder Zukunft prägten für gewöhnlich die Stiftungsfeste an der Ludwig-Maximilians-Universität zwischen 1871 und 1918. Vielmehr dominierten in weitem Übermaße die von allen anderen akademischen Feiern, insbesondere den Rektoratsantritten, wohlbekannten Fachreden, deren Kernanliegen die Selbstdarstellung wechselnder Fächer vor der universitären und weiteren Öffentlichkeit war, mithin: der Alltag universitärer Redekultur.[10] Doch ob der amtierende Rektor nun seiner fachlichen Herkunft oder der Geschichte seiner Alma Mater die Ehre erwies – die Verwandtschaft, die Nähe zwischen den alljährlich und den womöglich nur alle fünfzig oder hundert Jahre gehaltenen Universitätsreden liegt gleichwohl auf der Hand: Als „Ort" der institutionellen Vergemeinschaftung, wozu selbstredend auch die fachliche Reflexion und Präsentation zählte, wurde die Ansprache an die versammelten Universitätsangehörigen als Nukleus der kommunikativen Selbstverständigung vor aller Öffentlichkeit begriffen. Die Auskunft über Imaginationen universitärer Vergangenheit(en), Gegenwart und Zukunft wurde dabei je nach Zuschnitt mehr oder weniger in den Mittelpunkt gerückt.

---

nar der Ludwigs-Maximilians-Universität. Hrsg. von Katharina Weigand. München 2010. S. 119 – 136; zu seinem Nachfolger als Redner vgl. Graf, Friedrich Wilhelm: Ignaz von Döllinger (1799 – 1890). In: ebd. S. 57 – 77.

9 Weigand, Katharina: Münchner Rektorats- und Universitätsreden 1871 – 1918. In: Der rhetorische Auftritt. Redekultur an der Ludwig-Maximilians-Universität München. Rektorats- und Universitätsreden 1826 – 1968. Hrsg. von Claudius Stein. München 2016. S. 105 – 117, hier zum Stiftungsfest S. 111 f.

10 Auch die Möglichkeit, dass sich Rektoren, „die keine Historiker waren, einfach nicht zutrauten, niveauvoll genug die Geschichte der eignen Universität dazustellen", verwirft Weigand, es handele sich bei dem Redenkorpus schlicht um eine „bunte thematische Mischung" (Weigand, Rektorats- und Universitätsreden (wie Anm. 9), S. 112); weitere Beiträge zum hier behandelten Untersuchungszeitraum steuerten bei: Putz, Hannelore: Münchner Rektorats- und Universitätsreden 1826 – 1848. In: Stein, Auftritt (wie Anm. 9), S. 79 – 93; Körner, Hans-Michael: Münchner Rektorats- und Universitätsreden 1848 – 1871. In: Stein, Auftritt (wie Anm. 9), S. 95 – 104; nicht auf München beschränkt vgl. Haupt, Selma: Angetreten, um die Universität zu vertreten. Deutsche Rektoratsantrittsreden 1871 – 1918. In: Stein, Auftritt (wie Anm. 9), S. 49 – 59.

Jubiläen und ihre Ansprachen an der Münchner Universität im 19. Jahrhundert

Der in München in besonderer Weise verdichtete Jubiläumskalender offerierte auffallend viele Gelegenheiten, ein Jubiläum zu begehen. Der Grund hierfür liegt im ungewöhnlichen, zweimaligen Umzug der Universität: Neben der üblicherweise den Anlass für ein Jubiläum bietenden Universitätsgründung – diese war 1472 in Ingolstadt erfolgt – bot sich der Münchner Universität zusätzlich die Möglichkeit, sowohl den 1800 vorgenommenen Wechsel vom Gründungsort nach Landshut sowie die 1826 erfolgte Translokation der Institution von Landshut nach München zu begehen. Denkbar waren demnach Feierlichkeiten, die sich auf die Jahre 1472, 1800 und 1826 bezogen – doch welche Jubiläen beging die Ludwig-Maximilians-Universität tatsächlich? Der erste Umzug der Universität von Ingolstadt nach Landshut im Jahr 1800 vermochte offenkundig nicht, den „Rang" der Jubiläumswürdigkeit zu erlangen. Vermutlich vor allem deshalb, weil mit dem Weiterzug der Universität nur 26 Jahre später es an einer Gegenwart mangelte, die sich auf das historische Ereignis beziehen, aus diesem Sinn stiften konnte. Ein Jubiläum braucht nicht nur einen historischen Anlass, sondern auch eine jeweils gegenwärtige Initiative, die sich von der Feier des Jubiläums etwas verspricht.

Wenn auch das Jahr 1800 im Festkalender keine Beachtung fand, so wurde dem universitätshistorischen Ereignis des Umzuges durchaus Interesse entgegengebracht. Es bedurfte allerdings eines entsprechend motivierten Protagonisten. In der Rangfolge der Ämter lag es daher vor allem in der Hand des Rektors, ob sich die Wiederkehr einer geeigneten Begebenheit auch tatsächlich zur Festlichkeit auswuchs. Im Jahr 1900 jedoch mochte der amtierende Rektor, der Völkerrechtler Emanuel Ullmann, lieber über den „deutschen Seehandel und das Seekriegs- und Neutralitätsrecht" als über den Ortswechsel der Universität hundert Jahre zuvor sprechen. Nun handelte es sich zwar um eine der als seriell aufgefassten Reden zum Rektoratsantritt, mithin die historische Sinnstiftung nicht zwingend zu erwarten gewesen war. Gleiches aber traf auch drei Jahre zuvor zu. Im November 1897 war der als Rektor amtierende Historiker Karl Theodor von Heigel ebenfalls seinen eigenen, jedoch gänzlich anders gelagerten Interessen gefolgt und hatte sich in seiner Antrittsansprache just die „Verlegung der Ludwigs-Maximilians-Universität nach München" zum Thema erkoren. Nicht nur diesen zweiten Umzug der Universität 1826, auch den ersten Ortswechsel von Ingolstadt nach Landshut 1800 thematisierte Heigel eingehend – drei Jahre „zu früh".[11] Ein Jubiläum ließ sich auf diese Weise jedenfalls nicht stiften, trotz einer Rede, die eines solchen würdig gewesen wäre. Überdies mag fraglich bleiben, ob die Universität sich dazu veranlasst gesehen hätte, wenn der fachlich ausgewiesene und interessierte Rektor sowie das denkbare Jubiläumsjahr zusammengetroffen wären. Nicht jede Gelegenheit wollte ergriffen werden, eine inflationäre Verbreitung von Jubiläen hätte dem seiner Natur nach seltenen – „singulären" – Ereignis entgegengestanden.

Auch das 1822 zumindest numerisch anstehende Jubiläum der 350 Jahre zurückliegenden Universitätsgründung konnte keine Wirkungskraft entfalten. Der wichtigste Grund dafür wird gewesen sein, dass sich die Universität inmitten von inhaltlichen und organisatorischen Reformprozessen befand, die sie seit der zweiten Hälfte des 18. Jahrhunderts „in ihrem inneren Bestand elementar" veränderten. Vier Jahre nach dem „verpassten" Jubiläum vollzog der Umzug in die Landeshauptstadt der bayerischen Monarchie, begriffen als „harter Schnitt", auch äußerlich unübersehbar den institutionellen Wandel.[12] Der mit einer Jubiläumsfeier verbundene Blick auf Herkunft und Entwicklung der Institution jedoch war vor allem der feierlichen Selbstbestätigung gewidmet, weniger der kritischen Reflexion.

Gleichwohl konnte der Rekurs auf die Gründung der Universität durchaus dazu dienen, nach krisenhaften Zeiten neuerlich Orientierung und Gewissheit zu finden. Zum Stiftungsfest im Juni 1849 sah sich der als Rektor amtierende Theologe Max Stadlbauer eben dazu gedrängt, nachdem er angesichts der „täglichen die Universität tief berührenden und in ihren Fundamenten erschütternden Vorkommnisse, und gegenüber den schweren Bedrängungen des akademischen Lebens und Wirkens" zunächst versucht gewesen war, die „diesjährige Stiftungs-Feier gänzlich zu umgehen und einzustellen". In „dieser Zeit, die keine Zeit der Gründung und der Stiftung, sondern der Zerstörung und Auflösung" sei, wollte Stadlbauer den Erschütterungen der 1848er-Revolution, in deren in Bayern vergleichsweise moderatem Verlauf es auch zur Schließung der Münchner Universität gekommen war, mit einer Ansprache über „die Stiftung und älteste Verfassung der Universität Ingolstadt" begegnen. Er hatte sich entschlossen, seinen

---

11 Ullmann, Emanuel: Der deutsche Seehandel und das Seekriegs- und Neutralitätsrecht. München 1900; Heigel, Karl Theodor: Die Verlegung der Ludwigs-Maximilians-Universität nach München. München 1897.

12 Vgl. Putz, Münchner Rektorats- und Universitätsreden (wie Anm. 10). S. 79; auch im mehrfach zitierten Band zu den Münchner Rektorats- und Universitätsreden, darauf verweist Putz ausdrücklich, wurden die in Landshut gehaltenen Reden nicht in einem eigenen Beitrag gewürdigt (in der digitalen Sammlung des Münchner Universitätsarchivs sind immerhin sechs Rektoratsantrittsreden sowie 24 sogenannte „Gelegenheitsreden" aus dem Zeitraum vor 1826 verfügbar).

„Blick zunächst von der Gegenwart und in das ‚finstere Mittelalter' zurück der Stiftung unserer hohen Schule zuzuwenden, um die Grundzüge der ursprünglichen und ältesten für die Universität geltenden, bei weitem nicht genugsam bekannten und gewürdigten Verfassungsbestimmungen mit den theils bereits errungenen, theils noch erwarteten Resultaten der neuesten Reformbestrebungen zu vergleichen".[13] Eine solche, dezidiert durch eine als krisenhaft empfundene Gegenwart zur universitätshistorischen Reflexion veranlasste Ansprache wäre mit den Usancen eines Jubiläums unweigerlich in Konflikt geraten. Zum „Glück" stand für die Münchner Universität im Jahr 1849 trotz mehrerer möglicher Bezugsereignisse kein solches an.

Die Rahmenbedingungen, das kann für die Betrachtung von Hochschuljubiläen nicht genug betont werden, mussten passen, damit eine wie auch immer begründete „runde" Anzahl von Jahren als Jubiläum in das universitäre Gedächtnis eingehen konnte. Als 1872, fünfzig Jahre nach dem nicht begangenen Jubiläum von 1822, die noch eindrücklichere Zahl von vierhundert Jahren seit der Universitätsgründung vergangen war, trat eben dieser Fall in München ein: Nach einigen Umwegen war auch die bayerische Monarchie Teil der „kleindeutschen Lösung" der nationalen Frage geworden und die bereits erwähnten, entsprechend gestimmten Rektoratsreden der Jahre 1870 und 1871 hatten gleichsam den Boden für das 1872 anstehende Jubiläum bereitet. Nur vier Jahre darauf gelang es dem nächsten Anlass – fünfzig Jahre lag nun der für das Selbstverständnis der Ludwig-Maximilians-Universität eminent bedeutsame Umzug nach München zurück – nicht, diese Hürde zu überspringen. Vielleicht war man des Feierns noch müde, vielleicht erschien die Zahl dann doch zu unbedeutend.

Im Jubiläumsjahr 1872 amtierte der bereits erwähnte katholische Theologe Ignaz von Döllinger als Rektor und übernahm die Ansprache anlässlich der 400-jährigen Stiftungsfeier der Universität am 1. August. Welche Schwerpunkte setzte Döllinger, in welchem Verhältnis bewegte sich seine – einmalige, singuläre – Ansprache zu den anderen Münchner Universitätsreden zu Beginn der 1870er Jahre? Wie alle anderen erwähnten Jubiläumsredner empfand auch Döllinger den Blick zurück in die Vergangenheit als zunächst gegebene Perspektive. Die Zeit sei dazu „angethan", sich „aufzurichten an geschichtlichen Erinnerungen, auf dass wir im Spiegel der Geschichte um so heller die Gegenwart und die den Hochschulen in ihr gegebenen Zielpunkte und Aufgaben erkennen."[14]

---

13 Stadlbaur, Max: Ueber die Stiftung und älteste Verfassung der Universität Ingolstadt. München 1849. S. 3 f.

14 Döllinger, Ignaz von: Festrede zur 400jährigen Stiftungsfeier. München 1872 (alle Zitate dort); zum Münchner Jubiläum von 1872 vgl. Müller, Winfried: Inszenierte Erinnerung an welche Traditionen? Universitätsjubiläen im 19. Jahrhundert. In: Die Berliner Universität im Kontext der

Der Münchner Universität sei, schritt Döllinger weiter, das „Loos zugefallen", als erste Universität im „neu geeinten Reich" ihr Stiftungsandenken zu begehen. Das klang nun mehr nach einer Bürde als nach einem großen Glück, offenkundig der besonderen Rolle Bayerns im Reichsgründungsprozess geschuldet. Auch wenn ein vierhundert Jahre zurückliegendes Ereignis begangen wurde, blieb der zeitgenössische Kontext wirkmächtig: Bayern hatte immerhin noch 1866 an der Seite Österreichs gegen Preußen gekämpft, war dann aber gegen Frankreich auf Preußens Seite gewechselt. Auch die Münchner Rektoratsreden der beiden Vorjahre hatten mit der Herausforderung gekämpft, im Schatten dieser Konstellation Gemeinschaft und Sinn zu stiften. Gewunden nahm etwa der Historiker Wilhelm Giesebrecht im Dezember 1870 die durchaus heikle Entwicklung auf und warb um Anerkennung für die Leistungen des bayerischen Heeres, um möglichst rasch wieder sichereres Terrain zu suchen: Giesebrecht hoffte in seiner Rede, „spätere Geschlechter" würden „einst von der Universität in Bayerns Hauptstadt rühmen, dass sie in der großen Zeit nationaler Wiedergeburt Geister geweckt, deren Wirken nicht Bayern allein, sondern dem ganzen Deutschland Gewinn gebracht" habe.[15]

Die Alma Mater als sicherer Hort – und als Ebenbild der Nation, diesen Weg beschritt auch der Theologe Döllinger gut eineinhalb Jahre darauf, war die Münchner Universität doch „eine Körperschaft, zusammengeschlossen aus allen Gauen Deutschlands, und fort und fort sich ergänzend von Nord und Süd, Ost und West." Als nicht nur universitätsgeschichtlich vorbildhaft zeichnete Döllinger die „starke corporative Verfassung" der mittelalterlichen Universitäten, gleich einer „wohl befestigten Burg". Für die deutschen Universitäten habe ihr Aufstieg mit dem 18. Jahrhundert begonnen, bis „endlich in den Gründungen von Berlin und Bonn das Höchste, was das 19. Jahrhundert in Deutschland auf diesem Gebiete erwarten konnte, geleistet wurde, das ist bekannt und oft besprochen." Weitere Worte zu den preußischen Leistungen verlor Döllinger nicht, auch der Name Humboldt blieb ungenannt, wie auch sonst in den gesichteten Rektorats- und Universitätsreden in München.[16]

Der sichere Boden des Jahres 1872 („Wir dagegen blicken jetzt festen Muthes und ruhigen Vertrauens in die Zukunft, denn die Sehnsucht nach dem Reiche,

---

deutschen Universitätslandschaft nach 1800, um 1860 und um 1910. Hrsg. von Rüdiger vom Bruch. Unter Mitarbeit von Elisabeth Müller-Luckner. München 2010 (Schriften des Historischen Kollegs, Kolloquien 76). S. 73 – 92, hier S. 80 – 84, 89 f.

15 Giesebrecht, Einfluß (wie Anm. 8), S. 27.

16 Vgl. Paletschek, Sylvia: Verbreitete sich ein ‚Humboldtsches Modell' an den deutschen Universitäten im 19. Jahrhundert? In: Humboldt international. Der Export des deutschen Universitätsmodells im 19. und 20. Jahrhundert. Hrsg. von Rainer Christoph Schwinges. Basel 2001. S. 75 – 104; sowie Langewiesche, Humboldt als Leitbild? (wie Anm. 7).

die allen Deutschen tief in's Herz gegraben, ist erfüllt.") erlaubte Döllinger schließlich einen Appell zur kritischen Selbstsicht. Sollte man nicht, schloss er seine Ansprache, auch „einen vergleichenden Blick auf die Hochschulen stammverwandter Völker werfen und in diesem Spiegel das, was uns mangelt beschauen? Wir finden im ganzen Westen [...] das Collegiensystem. Die höheren Schulen sind nicht blos Lehr-, sondern auch Erziehungs-Institute." Vor allem England und die Vereinigten Staaten könnten als Vorbild dienen.[17] Der Idee war kein Nachhall im deutschen Bildungswesen beschieden. Immerhin inspirierte Döllingers singuläre Jubiläumsansprache den nach dem Universitätskalender folgenden Redner. Auch der im Herbst 1872 das Rektorat der Münchner Universität antretende Jurist Wilhelm Planck referierte über die Geschichte der Universität als Institution der Bildung und Erziehung. Eine eigentliche Serie sollte daraus allerdings nicht werden, denn die Mehrzahl der in den folgenden Jahren antretenden Rektoren bevorzugte es, ihr eigenes Fachgebiet vorzustellen.

Die eminente, ja konstitutive Bedeutung der jeweiligen Gegenwart für die Ausprägungen einer universitären Jubiläumskultur verdeutlichen auch die nächsten beiden „runden" Jahrestage der Ludwig-Maximilians-Universität in den Jahren 1922 und 1926. Vier Jahre nach dem Ende des Ersten Weltkrieges fiel das 450-jährige Gründungsjubiläum angesichts knappster Mittel ausgesprochen bescheiden aus, zudem war das Jubiläum in unmissverständlicher Opposition zu den Zeitläufen begangen worden: Die Festveranstaltung sparte die schwarz-rotgoldene Nationalflagge der Weimarer Republik aus, und der abendliche studentische Festkommers ließ sich von der eintreffenden Nachricht der Ermordung des Reichaußenministers Walther Rathenau nicht stören.[18] Die Festansprache widmete der Geograph Erich von Drygalski, durchaus einem Jubiläum angemessen, den „Zeitfragen der Universität". Ähnlich wie bei zahlreichen Ansprachen zum Beginn der 1920er Jahre führte auch Drygalskis Blick zurück in die für viele Akademiker weiterhin sinnstiftende Zeit des Kaiserreichs. Doch nicht ausschließlich Jahrzehnte oder Jahrhunderte zurückliegende Stationen der universitären Fest- und Redehistorie versprachen, Orientierung zu geben. Ausdrücklich

---

17 Döllingers Appell ist auch als Wendung gegen eine zuvor erfolgte Entwicklung zu verstehen: Hannelore Putz hat für die Universitätsreden des Zeitraums zwischen 1826 und 1848 festgestellt, dass sich in diesen Jahren das Selbstverständnis der Ludwig-Maximilians-Universität gewandelt habe, man begriff sich zunehmend als Institution der akademischen Lehre, weniger als Erziehungsanstalt, vgl. Putz: Münchner Rektorats- und Universitätsreden (wie Anm. 10), S. 93.
18 Vgl. Schreiber, Maximilian: Die Ludwig-Maximilians-Universität und ihre Jubiläumsfeiern in der ersten Hälfte des 20. Jahrhunderts. In: Die Universität München im Dritten Reich. Aufsätze Teil I. Hrsg. von Elisabeth Kraus. München 2006 (Beiträge zur Geschichte der Ludwig-Maximilians-Universität München 1). S. 479–504, hier S. 481–486.

gedachte Drygalski der 1913 an der Universität begangenen „Jahrhundertfeier der Befreiungskriege" und der damaligen Ansprache Karl Theodor von Heigels.[19] Die Erinnerung an ein noch in vermeintlich ungebrochener Einigkeit – der Lehrkörper dürfte trotz der Kriegsverluste wesentlich noch jenem neun Jahre zuvor entsprechen – gefeiertes Jubiläum sollte das Fest des Jahres 1922 stützen. Die „deutsche Erhebung vor hundert Jahren und heute", das Sehnen nach einer erfolgversprechenden historischen Analogie zählte zum festen Inventar der Beschwörung nationalen Wiederaufstiegs.[20]

Auch 1926, als in den „guten" Jahren der Weimarer Republik die 100-Jahr-Feier des Umzugs der Universität in ein zünftiges Jubiläum mündete, sind die Rahmenbedingungen nicht zu unterschätzen. Der amtierende Rektor, der Romanist Karl Vossler, stand der Weimarer Republik zustimmend gegenüber und ergriff die Chance einer umfangreichen Presseberichterstattung, gar einer Rundfunkübertragung des Festaktes, um die Münchner Universität mit dem Jubiläumsakt in der Weimarer Republik ankommen zu lassen.[21] Überdies beließ es Vossler nicht bei der weihevollen Repräsentation der Universität in der städtischen und weiteren Öffentlichkeit. Im Anlass für das Jubiläum, der Translokation der Universität nach München, erkannte Vossler vielmehr die Chance zur gegenwarts- und zukunftsorientierten Sinnstiftung. Man feiere, schrieb er seinen keineswegs einflusslosen Gegnern mit seiner Festansprache ins Stammbuch, die „Überwindung des geistigen Provinzialismus" und sende deshalb „den Gruß der geistigen Freiheit an die Mitarbeiter in der Fremde, an die unprovinzialen Gehirne und Herzen unter den Forschern aller Völker und Rassen."[22] Nachdem die Jubiläumsfeier vier Jahre zuvor „Weimar" als Staat wie als Idee gänzlich ignoriert hatte, feierte die Münchner Universität nun unter deutlich verändertem Banner.

<hr>

19 Drygalski, Erich: Zeitfragen der Universität. Rede zum 450 jährigen Jubiläum der Ludwig-Maximilians-Universität München. München 1922. S. 1; vgl. auch Maurer, Trude: Engagement, Distanz und Selbstbehauptung. Die Feier der patriotischen Jubiläen 1913 an den deutschen Universitäten. In: Jahrbuch für Universitätsgeschichte 14 (2011). S. 149–164.

20 Vgl. Müller, Karl Alexander von: Die deutsche Erhebung vor hundert Jahren und heute. In: Süddeutsche Monatshefte 21 (1923/24). S. 131–145; Wenzel, Kay: Befreiung oder Freiheit? Zur politischen Ausdeutung der deutschen Kriege gegen Napoleon von 1913 bis 1923. In: Griff nach der Deutungsmacht. Zur Geschichte der Geschichtspolitik in Deutschland. Hrsg. von Heinrich August Winkler. Göttingen 2004. S. 67–89.

21 Vgl. Schreiber, Jubiläumsfeiern (wie Anm. 18), S. 489–494.

22 Vossler, Karl: Ansprache beim Festakt der Jahrhundertfeier am 27. November 1926. In: ders.: Politik und Geistesleben. Rede zur Reichsgründungsfeier 1927 und drei weitere Ansprachen. München 1927. S. 16 f.

Weder Blaupause noch Kontrastfolie – Jubiläumsansprachen an der Technischen Hochschule München

Neben dem diachronen Vergleich verschiedener Münchner Universitätsjubiläen des 19. Jahrhunderts kann möglicherweise auch ein synchroner Blick auf eine weitere Institution helfen, sich den Fragen dieses Beitrages zu nähern. Wie verhielt es sich bei einer weitaus weniger traditionsversicherten Institution wie der Technischen Hochschule in München? Wie lassen sich ihre Ansprachen einordnen, zumal angesichts des unvermeidlichen Blickes auf den sehr viel älteren und (noch) unvergleichlich größeren Kontrahenten? In der Tat ergab sich eine gewisse Parallelentwicklung zur „großen" Ludwig-Maximilians-Universität: Nur ein Jahr nach deren Umzug von Landshut nach München 1826, die wie erwähnt zu einer Reihe von bildungspolitischen Richtungsentscheidungen zählte, kam es 1827 in München zur Gründung der „Polytechnischen Centralschule", einer der im 19. Jahrhundert zunehmend aufkommenden Ingenieurschulen.[23] Die ab 1877 schließlich als Technische Hochschule bezeichnete Institution ging aus einer 1868 neu gegründeten polytechnischen Schule in München hervor. Es handelte sich bei der Technischen Hochschule demnach um eine ausgesprochen junge Einrichtung, als 1872 die Ludwig-Maximilians-Universität ihre 400-Jahr-Feier beging.[24]

Doch immerhin jährte sich 1877, eben im Jahr der Umbenennung zur Technischen Hochschule, die Gründung der früheren polytechnischen Centralschule München zum fünfzigsten Male. Der als Rektor der Technischen Hochschule amtierende Historiker August von Kluckhohn ließ sich eine solche, noch ausgesprochen seltene Chance zur geschichtlichen Einordnung nicht entgehen. Ausdrücklich als Jubiläum benannt wurde der Anlass nicht, auch handelte es sich um Kluckhohns Ansprache zum Antritt des Rektorats. Doch schon im Titel der Rede – „Über das technische Unterrichtswesen in Bayern bis zur Gründung der poly-

---

23 Einführend vgl. König, Wolfgang: Zwischen Verwaltungsstaat und Industriegesellschaft. Die Gründung höherer technischer Bildungsstätten in Deutschland in den ersten Jahrzehnten des 19. Jahrhunderts. In: Berichte zur Wissenschaftsgeschichte 21 (1998). S. 115–122; zur Entwicklung in Bayern vgl. Fisch, Stefan: „Polytechnische Schulen" im 19. Jahrhundert. Der bayerische Weg von praxisorientierter Handwerksförderung zu wissenschaftlicher Hochschulbildung. In: Die Technische Universität München. Annäherungen an ihre Geschichte. Hrsg. von Ulrich Wengenroth. München 1993. S. 1–38.

24 Zur weiteren Geschichte der Münchner Technischen Hochschule respektive Universität vgl. Dienel, Hans-Liudger u. Helmut Hilz (Hrsg.): Bayerns Weg in das technische Zeitalter – 125 Jahre Technische Universität München 1868–1993. München 1993.

technischen Centralschule in München (1827)" – verwies das eigens vermerkte Gründungsjahr darauf, dass es dem Redner auf eine historisch orientierte Sinnstiftung ankam.[25] Er wolle die Aufmerksamkeit seiner Zuhörer auf „die Geschichte jener Studien lenken, für deren Pflege unsere Hochschule vornehmlich gegründet worden ist."

Zunächst war Kluckhohn bemüht, den zeitlichen Rahmen seiner Betrachtungen zu weiten und setzte mit der Begründung praktisch orientierter Realschulen im 18. Jahrhundert ein, bei deren Einrichtung es allerdings in Bayern einige Mängel gegeben habe. Die Notwendigkeit eines technischen Unterrichtswesens traf in Kluckhohns Historie auf einen klerikal geprägten Bildungssektor, der je nach Einsatz des jeweiligen Monarchen seine Beharrungskraft entfalten konnte. Kluckhohn benannte die Gründe, die für eine praktisch ausgerichtete, aber zugleich höhere Ausbildung sprachen, auf eine weiter ausgreifende Sinnstiftung verzichtete er jedoch. Dass 1827 eine Gewerbeschule entstand, war in Kluckhohns Narrativ gleichwohl folgerichtig. Vergebens habe der erste Direktor der Schule, der einflussreiche Techniker und Unternehmer Joseph von Utzschneider, auf eine „Verbesserung der zuerst nur provisorisch getroffenen Einrichtungen" gehofft, doch was Utzschneider „ersehnte, ist seit 9 Jahren, Dank der weisen Regierung Sr. Majestät unseres hochgesinnten Königs, [...] herrlich in Erfüllung gegangen. Wir haben eine Hochschule aller technischen Disciplinen", die sich trotz ihrer „Jugend" nicht „unwerth dünkt, von den altehrwürdigen Universitäten als die jüngere Schwester anerkannt zu sein".

Im Willen, den Rang seiner Institution möglichst hoch anzusiedeln, kam Kluckhohn schließlich im letzten Satz seiner Ansprache den traditionellen Formen der Universitätsrede so nahe, wie er es sich für seine Hochschule als Wissenschaftseinrichtung zuvor ersehnt hatte: „Aber wollen Sie nicht vergessen, meine jungen Freunde, dass mit der höheren und freieren Stellung auch die Selbstverantwortung des Mannes wächst. Sie sind Studierende einer Hochschule: bleiben Sie immer dessen würdig!" Als angehender Rektor bedachte er die Studierenden mit einer „Ermahnungs-Rede", welche mehr als vierhundert Jahre zuvor bereits 1472 im Stiftungsbrief der damals Ingolstädter, nun Münchner, Universität dem Rektor vorgeschrieben worden war und seitdem bis weit in das 19. Jahrhundert zu den festen Bestandteilen aller Ansprachen zum Rektoratsantritt gezählt hatte.

---

25 Kluckhohn, August: Über das technische Unterrichtswesen in Bayern bis zur Gründung der polytechnischen Centralschule in München (1827). Antrittsrede gehalten am 22. Dezember 1877 von dem derzeitigen Director der technischen Hochschule. München 1878 (alle Zitate dort).

Bereits im Juli 1879 setzte Kluckhohn seine institutionsgeschichtliche Reflexion vor der versammelten Gemeinschaft der Lehrenden und Studierenden fort.[26] Vor zehn Jahren habe man beschlossen, jedes Jahr zu dieser Zeit in „feierlicher Versammlung" die Resultate der von den Abteilungen „veranlassten Preisbewerbung" zu verkünden. Doch sei es beim Vorhaben geblieben, der „unfertige Zustand der Aula" habe die Begründung dieser Sitte verhindert, an die „Stelle des beabsichtigten Festactes trat die Proclamation der Preisträger durch Anschlag am schwarzen Brett." Auf diese wenig festliche Weise, das war Kluckhohn vollkommen klar, ließ sich weder eine Tradition noch der Anlass für ein künftiges Jubiläum stiften. Seine Rede sollte deshalb einen neuen Versuch starten, eine solche Feier in den Jahreskalender der Technischen Hochschule aufzunehmen. Durchaus passend sprach Kluckhohn deshalb über die „Gründung und bisherige Entwicklung" seiner Hochschule, nachdem sein Vortrag über ihre Vorgeschichte, der Hinweis erschien ihm offenkundig unverzichtbar, sich der „Aufmerksamkeit einer hochansehnlichen Zuhörerschaft" erfreut hatte. Es lag in der Natur der Sache, dass Kluckhohns Vortrag nur wenig Historie und sehr viel Gegenwart bot, letztere zudem teils von eher betrüblicher Natur war, da die anhaltende Gründerkrise die Attraktivität technischer Ausbildungsgänge erheblich gemindert hatte.

Der feste Willen, trotz einer noch kaum vorhandenen Institutionsgeschichte, Jubiläen zu begehen – mithin Geschichtlichkeit zumindest zu behaupten –, kennzeichnete die Münchner Technische Hochschule von Beginn an.[27] Früh orientierte sich diese an der für die altehrwürdigen Universitäten als „permanente Erfindung einer Tradition" bezeichneten unablässigen Beschwörung von institutioneller Vergangenheit, Gegenwart und Zukunft.[28] Anlässlich des Semesterbeginns im Herbst 1893 wurde die lediglich 25 Jahre zurückliegende Gründung der polytechnischen Hochschule begangen. Die ausdrücklich als „Festrede" bezeichnete Ansprache übernahm, ganz wie bei der Ludwig-Maximilians-Universi-

---

26 Kluckhohn, August: Ueber die Gründung und bisherige Entwicklung der k. technischen Hochschule zu München. Rede gehalten von dem derzeitigen Director am 26. Juli 1879. München 1879 (alle Zitate dort); zum zeitgenössischen „Publikationswesen zu Polytechnika und Technischen Hochschulen", in dem München keine erwähnenswerte Rolle spielte, vgl. Guhl, Anton F.: Technik als blinder Fleck in der Universitätshistoriographie? Die Debatte um die Gründung von Polytechnika Anfang des 19. Jahrhunderts und ihre Ausblendung durch die Universitätsgeschichte. In: Hochschulen im öffentlichen Raum. Historiographische und systematische Perspektiven auf ein Beziehungsgeflecht. Hrsg. von Martin Göllnitz u. Kim Krämer. Göttingen 2020 (Beiträge zur Geschichte der Universität Mainz Neue Folge 17). S. 81–99.
27 Siehe den Beitrag von Anton F. Guhl in diesem Band.
28 Vgl. Paletschek, Sylvia: Die permanente Erfindung einer Tradition. Die Universität Tübingen im Kaiserreich und in der Weimarer Republik. Stuttgart 2001 (Contubernium. Tübinger Beiträge zur Universitäts- und Wissenschaftsgeschichte 53).

tät anlässlich der gut zwanzig Jahre zuvor abgehaltenen 400-Jahr-Feier, der amtierende Rektor, der Mineraloge Karl von Haushofer.[29] Doch blieb der singuläre Anlass hier eingebettet in die serielle Reihe der Reden zur Eröffnung des Studienjahres, überdies konnte Haushofer bereits in seinen einleitenden Worten die offenkundig gehegten Zweifel, ob es bereits angängig sei, ein Jubiläum zu begehen, nicht verbergen: Zwar seien die vergangenen 25 Jahre „für das Leben unserer Hochschule vielleicht von grösserer Wichtigkeit [...] als es die nächstkommenden drei Vierteljahrhunderte sein werden", da es zunächst zu beweisen galt, dass man der „übertragenen Mission" gerecht zu werden vermochte. Trotzdem habe das Kollegium beschlossen, von einer besonderen Feier abzusehen. Bescheiden klang die von Haushofer ausgegebene Begründung allerdings nicht: Es seien die „Grundlagen", auf denen die Hochschule „aufgebaut und eingerichtet" wurde, doch „für alle Zeiten bleibende". Diese sicherten „unserer Anstalt eine Dauer [...], für deren Bemessung ein Vierteljahrhundert einen zu kleinen und kleinlichen Massstab" abgebe.

Mithin, nur so war der Rektor zu verstehen, entsprach die tatsächlich als Institution bereits gewirkte Zeit nicht dem ihr zugedachten und zugesicherten Zeithorizont – man war offenbar fest davon überzeugt, dass sich diese Lücke mit dem unvermeidlichen Fortgang der Zeit schließen und der Hochschule ein auch nominell würdiges Jubiläum ermöglichen würde. Auch Haushofer hielt sich nicht mit der Jugend seiner Institution auf und erweiterte seinen „Bericht über die Thätigkeit der Hochschule im abgelaufenen Studienjahre" um einen „Rückblick auf die verflossenen fünfundzwanzig Jahre" der Hochschule, ihrer Entwicklung und Leistungen, für die ihm der übliche Geschäftsbericht eines Studienjahres offenbar zu gering erschien. Folgerichtig setzte Haushofers Ansprache ausdrücklich mit der bereits von Kluckhohn – auf welchen Haushofer direkt verwies – referierten, auch nach seinen Worten wenig vorbildhaften Vor-Geschichte technischer Ausbildung in München ein. Nicht die weltabgewandte Universität, sondern die fehlgeleitete, da an den Zwecken einer Gewerbeschule orientierte Ausrichtung der früheren polytechnischen Central-Schule diente als Kontrastfolie. Diese angesichts des erhobenen Anspruchs auf Wissenschaftlichkeit unbedingt zu bestreitende Herkunft wurde von Haushofer spöttisch karikiert:

Der Hochschule [...] kann unmöglich die Aufgabe zugedacht werden, manuell geschulte Techniker auszubilden und der Gedanke, den studierenden Maschineningenieur täglich einige Stunden an den Schraubstock und die Drehbank zu stellen, hat ungefähr den gleichen

---

29 Haushofer, Karl von: Rückblicke auf die Entwicklung der Königlichen bayerischen technischen Hochschule in den ersten 25 Jahren ihres Bestehens. Festrede gehalten zur Eröffnungs-Feier des Studienjahres am 18. November 1893. München 1894 (alle Zitate dort).

> Wert, wie etwa die Idee hätte, den studierenden Juristen täglich ein paar Stunden Schwur-
> gerichts-Zeugenvernehmungen protokollieren zu lassen.

Einen vollkommen anderen Tonfall schlug Haushofer in der Beschreibung des Verhältnisses zur Ludwig-Maximilians-Universität an. Beide Hochschulen „blühen und gedeihen nebeneinander", es habe sich eine „innige Wechselwirkung herangebildet". Auf Augenhöhe mit der Universität wollte sich die Technische Hochschule beschreiben, die unbestreitbare Rangfolge wurde lyrisch verbrämt: „Sind auch in dem edlen Wettkampf Wind und Sonne hie und da nicht ganz gleich verteilt, so ist doch zu gewärtigen, dass seine Ergebnisse der Allgemeinheit, der Förderung der Wissenschaft und dem Landeswohle zu statten kommen." Den offenkundig weitaus weniger prosaischen Alltag konnte Haushofer in seiner Festrede nicht gänzlich übergehen. Wenig festlich etwa fiel seine Verteidigung der landwirtschaftlichen Abteilung der Hochschule aus. Rasch kehrte Haushofer zur Betonung der Wissenschaftlichkeit der an der Technische Hochschule vertretenen Fächer zurück und hob die Bedeutung des elektrischen Stroms für die Physik als Fach wie für die Technische Hochschule als Lehrgegenstand hervor, um schließlich – doch ganz der Form des Geschäftsberichtes erliegend – in großer Ausführlichkeit die Anzahl der Lehrenden, die im Gegensatz zur Universität nunmehr stetig zunehmende Studierendenfrequenz, ihr Verhältnis zur wirtschaftliche Entwicklung einzelner Industriezweige und zu guter Letzt auch die Entwicklung der Stipendien zu referieren.

Mit keiner Zeile suchte die Festrede Haushofers, den Kontrast zur Jubiläumskultur der Universität zu zeichnen. Als Blaupausen indes können die anlässlich von Universitätsjubiläen gehaltenen Ansprachen zugleich ebenfalls nicht begriffen werden: Vergangenheit, Gegenwart und Zukunft befanden sich hier in einem gänzlich anderen Verhältnis. Geschichtlichkeit, die den Universitäten wie ein schwerer Mühlstein um den Hals hing, kannte die Festrede Haushofers nur als in die Zukunft gerichtete Projektion: Wenn man weiterhin „das Höchste" leiste, dann „werden auch unsere Namen dereinst aus dem Staub der Archive zu neuem Leben auftauchen, dann wird man vielleicht auch von uns erzählen, dass wir an der Entwicklung und an der Ehre unserer Hochschule gebaut haben, auf dass sie fortdauere über die Jahrhunderte." Damit schloss Haushofer den – nun doch ebenso bezeichneten – „Festakt" und bat die „hohen Festgäste", zur „Enthüllung der Büste Gottfried von Neureuthers in das Treppenhaus folgen zu wollen." Der Architekt Neureuther hatte seit 1868 als einer der ersten Hochschullehrer am Polytechnikum gelehrt und nicht zuletzt das neue Hauptgebäude der jetzigen Technischen Hochschule gebaut.

Ausblick

Die mit aller Macht, gegen den eigenen Zweifel betriebenen Bestrebungen der Technischen Hochschule, der eigenen Institution sobald als möglich die Jubiläumswürdigkeit zusprechen zu können, verweist auf die enorme Bedeutung von Jubiläen für die Sinnstiftung und Sinntradierung auch, aber selbstredend nicht allein von Hochschulen. Die feierliche Rede als eine der wichtigsten Formen akademischer Vergemeinschaftung bot dabei – im Gegensatz etwa zu Festschriften oder Festumzügen – die Chance, auf dem keineswegs eindeutigen Feld möglicher oder denkbarer, gewünschter oder unerwünschter Jubiläen einen gewissen Spielraum zu erlangen. Zwischen universitären Wünschen und außeruniversitären Zwängen, zwischen passenden Gelegenheiten, willigen oder unwilligen Protagonisten konnte eine Rede in vielfacher Weise ausgestaltet sein, sich am Geländer der Gewohnheit, der Serialität festhalten oder die Singularität eines „Jahrhundertjubiläums" gebührend herausheben. Selbst den gemeinhin zu vermeidenden Mittelweg schloss die universitäre Rede keineswegs aus: Die Reflexion über Herkunft und Entwicklung, über Aufgabe und Zukunft der Institution vermochte die alljährliche Universitätsrede mit der eines Jubiläumsjahres zu verbinden, mithin Singularität und Serialität miteinander zu versöhnen.

Der Technischen Hochschule München allerdings blieb auch ihr nächstes, durchaus gerechtfertigtes Jubiläum versagt: Im November 1918 blieb die fünfzig Jahre zurückliegende Gründung der Hochschule ungefeiert. Auch die Ludwig-Maximilians-Universität konnte ihre Jubiläumskultur nicht ungehindert fortführen, die wechselhaften äußeren Bedingungen im München der 1920er Jahre, aber auch institutionelle Krisen setzten sowohl zu den gegeben Anlässen wie auch in allgemeinerer Weise die universitäre Redekultur unter Druck. Bereits im Weltkrieg war eine Vielzahl von Akademikern in zuvor ungekannter Weise zu Rednern in der politischen Öffentlichkeit avanciert, doch auch innerhalb der akademischen Zirkel verschärfte der Krieg die Verkehrsformen, bescherte der Redekultur eine nachdrückliche Politisierung.

Die universitäre Redekultur hatte sich ungewohnter Konkurrenz zu erwehren, zusätzlich verstärkt durch neue Medien wie dem Rundfunk, der den rasch aufkommenden modernisierungskritischen Zweifeln mit belehrenden Vorträgen ans breite Volk begegnete. Ohne Rückwirkung auf die Universitäten blieb die Ausweitung des medialen Feldes nicht, doch konnten diese von einer interessierten, politisierten und zunehmend medialisierten Gesellschaft auch profitieren, öffentliche Vorträge und politische „Erziehungsangebote" von Professoren lockten neue Publika in die Hörsäle. Eine vitalisierte öffentliche Redekultur wirkte auf die Universität, bot ihr Entfaltungsmöglichkeiten und setzte sie zugleich unter den

Druck konkurrierender Deutungsangebote. Die vielfach durch äußere Ereignisse unterbundene Serialität von Rektorats- und Stiftungsfestreden ließ diese, wenn sie denn stattfanden, singulären Gehalt erlangen, zudem suchten Redner nun auch zum profanen Anlass den grundsätzlichen Gestus. Die verdichtete, von Konkurrenzen und Konjunkturen geprägten Gedenkkultur der Weimarer Republik – die nur vier Jahre auseinander liegenden Jubiläen der Ludwig-Maximilians-Universität von 1922 und 1926 offenbarten den breit gespannten Möglichkeitshorizont – ließen die Hochschulen in der Ausgestaltung ihrer Jubiläen in besonderer Weise zu „Geschichtemachenden" werden.

Gunnar B. Zimmermann

Gegenfestschriften zu westdeutschen Universitätsjubiläen der 1960er bis 1990er Jahre als alternative Erinnerungsangebote zwischen Protest und wissenschaftlichem Anspruch

Abstract: The article offers an analysis and discussion of 15 so-called counter- or alternative jubilee publications (Gegenfestschriften) which were published between 1968 and 1995 on the occasion of West German university anniversaries. Three phases can be distinguished for this publication practice: Gegenfestschriften from between 1968 and 1973 were characterized by left-wing criticism. The second phase, from 1977 to 1987, saw an academization of the authors while the focus of the content shifted on National Socialism. The third phase, beginning in 1988, saw a return to student authorship. Gegenfestschriften brought previously suppressed and deliberately concealed topics to light. They can therefore be interpreted as an expression of an alternative commemorative culture which sits between protest and academic claims. This special type of text offers a hitherto hardly tapped and considerable potential for future research into German student history after 1970, as it can be used to trace student interests and their problem perception as well as the historical consciousness of the authors. Furthermore, this alternative jubilee media also offer a source for identifying intra-group conflicts among students.

Einleitung

Jubiläen von Institutionen sind im Normalfall eher von Prozessen des Vergessens als des Erinnerns beziehungsweise Gedenkens bestimmt. Als wiederkehrende Ereignisse bieten sie Gelegenheit, nach außen wie nach innen einen Status quo zu inszenieren, der das Bestehende als Ergebnis von gekonnter Lenkung und kontinuierlicher Leistung mit Legitimation versehen soll. Dadurch wird Zukunftsfähigkeit und Anspruch auf weiteres Bestehen postuliert.

Dieser Befund trifft auch auf die Feiern der Gründungsdaten von Universitäten zu. Hier spielte – und spielt gelegentlich noch heute – in den offiziellen Festkalendern der Blick zurück in der Matrix von Vergangenheit, Gegenwart und Zukunft eine untergeordnete Rolle oder war nur insoweit willkommen, als sich damit das gegenwartsbezogene und auf die Zukunft zielende Selbstbild der Institution und ihrer bestimmenden Akteure bestätigen ließ. Dieser verengte Blick auf die eigene Vergangenheit prägte lange auch die von Universitäten zu diesem Anlass herausgegebenen Festschriften. Mit Kontinuität suggerierendem Impetus verschwiegen sie vielfach kritische Aspekte und Etappen der institutionellen Entwicklungen beziehungsweise verharmlosten diese. Mit dem fest etablierten Selbstbild einer männerdominierten, politikfreien Gelehrtenrepublik ging zudem die Negierung oder Marginalisierung anderer Statusgruppen und somit der an deutschen Universitäten spätestens seit der Weimarer Republik größer werdenden soziokulturellen Heterogenität einher.

Dieses ebenso traditionelle wie antiquierte Verständnis von Universität geriet samt der damit verbundenen Erinnerungskultur und Jubiläumspraxis in der Bundesrepublik Deutschland im Kontext allgemeiner Liberalisierungstendenzen, inneruniversitär insbesondere durch die Studentenbewegung ab Ende der 1960er Jahre, massiv in die Kritik. Das im Jubiläum nach Bestätigung strebende Hierarchie- und Organisationsgefüge und die präsentierten Kontinuitäts- und Homogenitätsnarrative wurden nun nicht mehr unwidersprochen hingenommen.

Davon zeugen die im vorliegenden Beitrag analysierten 15 Gegenfestschriften, die im Zeitraum von 1968 bis 1995 zu Jubiläen von 13 westdeutschen Universitäten und Technischen Universitäten/Hochschulen erschienen sind.[1] Sie stellten den Versuch dar, Verschüttetes, Verdrängtes oder gar absichtlich Verschwiegenes aus Vergangenheit und Gegenwart ins Bewusstsein der eigenen Alma Mater sowie ans Licht der Öffentlichkeit zu bringen. Sie waren zum Zeitpunkt des Erscheinens alternative Erinnerungsangebote zwischen Protest und (wachsendem) wissenschaftlichem Anspruch, die das bestehende Selbstverständnis und die Selbstdarstellung der sich feiernden Institution unterliefen und mancherorts eine Basis für einen kritischen Umgang mit der Universitätsgeschichte legten.

Die für diesen Beitrag herangezogenen Publikationen bilden hinsichtlich ihres Formats, des Inhalts und der Beteiligten einen überaus heterogenen Text- und Quellenkorpus, an dem sich im Untersuchungszeitraum für drei Zeitphasen (1968 bis 1973, 1977 bis 1987, 1988 bis 1995) Wandlungsprozesse in der universitären Erinnerungskultur nachzeichnen lassen. „Gegenfestschrift" ist dabei ein

---

1 Es handelt sich um die Jubiläen in Bonn (1968), Hamburg (1969, 1994), München (1972), Darmstadt, Marburg und Tübingen (alle 1977), Münster (1980), Gießen (1982), Heidelberg (1986), Göttingen (1987), Köln (1988), Frankfurt (1989) und Aachen (1995). Im Düsseldorfer Universitätsarchiv hat sich zudem eine Publikation erhalten, die 1973 von Studierenden zum 50. Gründungstag der Medizinischen Akademie, der Vorgängerinstitution der Heinrich-Heine-Universität, erschien. Eine Einsichtnahme vor Ort war aufgrund der COVID-19-Beschränkungen nicht zu realisieren. Mein Dank gilt dem Archivleiter Julius Leonhard für entsprechende Auskünfte.

erstmals 1994 beim Hamburger Universitätsjubiläum auftauchender Begriff,[2] der hier aber für alle Publikationen dieses Genres verwendet wird. Er fand in den Jahrzehnten davor in Titeln wie „Lesebuch", „Dokumentation" oder „Nachhilfe zur Erinnerung" eine Entsprechung. Trotz dieser Vielgestaltigkeit haben die Publikationen drei verbindende Aspekte: (1) Sie sind explizit mit Bezug zu Jubiläen entstanden;[3] (2) die Vorworte artikulieren Misstrauen/Unbehagen gegenüber dem offiziellen Festprogramm und sehen die eigene Publikation als notwendiges Korrektiv; (3) die Herausgeber*innen und Autor*innen gehören mehrheitlich Statusgruppen an, die aufgrund ihrer hierarchischen Position keinen maßgeblichen Einfluss auf den offiziellen Ablauf und das Narrativ der Jubiläen hatten.

Der heutigen Universitätsgeschichtsforschung ermöglichen diese Publikationen über den jeweiligen Jubiläumskontext hinaus die Identifizierung inneruniversitärer Konfliktlinien im Umgang mit Vergangenheit und damaliger Gegenwart der Hochschulen. Dieser Zugang hat bislang kaum Beachtung gefunden, sodass – abseits von wenigen instruktiven Hinweisen auf das Potenzial der Textsorte – von einem Forschungsstand zu Gegenfestschriften keine Rede sein kann.[4]

Im Kontext einer in weiten Teilen noch ausstehenden Erforschung der Studierendengeschichte ab den 1970er Jahren sind Gegenfestschriften eine überaus ergiebige Text- und Quellensorte, die es ermöglicht, studentische Interessenlagen und Problemwahrnehmungen sowie das sich wandelnde Geschichtsbewußtsein der beteiligten Akteur*innen in vergleichender Perspektive zu betrachten. Angesichts der Fülle des Materials geht es im Folgenden primär um zwei Fragen: (1) Welche Themen beziehungsweise epochalen Zuschnitte wurden in den drei Phasen verhandelt und lassen sich dabei Konjunkturen aufzeigen? (2) Welche universitären Statusgruppen sind als Träger der Publikationen auszumachen?

---

2 Micheler, Stefan u. Jakob Michelsen (Hrsg. im Auftrag des Allgemeinen Studierendenausschusses der Universität Hamburg): Der Forschung? Der Lehre? Der Bildung? – Wissen ist Macht! 75 Jahre Hamburger Universität. Studentische Gegenfestschrift zum Universitätsjubiläum 1994. Hamburg 1994.

3 Es gibt Publikationen mit kritischem Ansatz, die von universitären Akteur*innen zu selbst gewählten Anlässen oder Zeitpunkten veröffentlicht, hier aber nicht in die Analyse einbezogen wurden, da sie keinen offiziellen Jubiläumsbezug haben. Beispiele sind: Arbeitskreis Universitätsgeschichte 1945–1965 [der Johannes Gutenberg-Universität Mainz] (Hrsg.): Elemente einer anderen Universitätsgeschichte. Mainz 1991; o.V.: „Land der Rätsel und der Schmerzen". Broschüre der Studierenden der Heinrich-Heine-Universität zum fünften Jahrestag der Benennung der Universität Düsseldorf nach Heinrich Heine. Düsseldorf 1994.

4 Eine Analyse der beiden Hamburger Gegenfestschriften demnächst bei Becker, Rieke: „Kein Grund zum Feiern". Die Jubiläen der Universität Hamburg 1969 und 1994 im Zeichen politischer Konflikte. München/Hamburg 2021 (Hamburger Zeitspuren 14).

Manch wünschenswerter Zugang zum Thema bleibt in diesem Setting außen vor, zum Beispiel ein Abgleich mit den Themensetzungen der offiziellen Festschriften, um festzustellen, ob Gegenfestschriften auf reale Leerstellen in der Erinnerungskultur reagierten, oder ob Inhalte der Gegenfestschriften in der späteren Forschung rezipiert wurden.

Aus quellenkritischer Perspektive ist darauf hinzuweisen, dass es zwischen 1968 und 1995 an westdeutschen Universitäten 50 Jubiläumsanlässe gab, bei denen aber nur für 14 (= 28 %) eine Gegenfestschrift nachweisbar ist. Dabei liegt ein deutliches Übergewicht bei den klassischen Volluniversitäten, während die Jubiläen von Technischen Universitäten/Hochschulen nur in zwei Fällen eine entsprechende Publikation hervorbrachten.[5]

Das Fehlen einer Gegenfestschrift ist aber keinesfalls gleichbedeutend mit einem konflikt- und protestfreien Jubiläum. Denn sie sind nur eine der medialen Möglichkeiten, offizielle Narrative und Inszenierungen in Frage zu stellen. Es ist daher durchaus wahrscheinlich, dass bei weiteren Jubiläen eine kritische Begleitung seitens der Studierendenschaft und des Mittelbaus stattgefunden hat, die sich aber in anderen Textsorten wie Flugblättern und (studentischen) Universitätszeitungen oder in stärker performativen Formaten wie Protestaktionen niederschlug.

Linke Systemkritik und erste Spots auf vergangenheitspolitische Themen (1968 bis 1973)

Die vier (beziehungsweise fünf) zur ersten Phase gehörenden Publikationen haben fast durchwegs studentische Autor*innen aus dem politisch linken Milieu. Eine inhaltlich entsprechend gefärbte und sich sprachlich mitunter einem Entlarvungsgestus bedienende Ausrichtung zeigen bereits die Titel: „150 Jahre Klassenuniversität" hieß es 1968 in Bonn, ein Jahr später folgte zum 50. Jahrestag in Hamburg „Das permanente Kolonialinstitut" und zu 500 Jahren Universität

---

5 Über Hintergründe des Ungleichgewichts kann nur spekuliert werden. Vielleicht waren Studierende technischer und naturwissenschaftlicher Fächer im Untersuchungszeitraum mehr sachorientiert und auf den Abschluss konzentriert beziehungsweise weniger offen für eine Politisierung als zum Beispiel Studierende geistes- und sozialwissenschaftlicher Fächer. Suchanfragen an die Archive der (ehemaligen) Technischen Universitäten in Berlin, Braunschweig, München und Stuttgart brachten keine Hinweise auf Gegenfestschriften.

München erschienen 1972 gleich zwei Titel, die unter anderem eine „Forschung und Ausbildung im Dienst der herrschenden Klasse" kritisierten.[6]

Die Gegenfestschriften erschienen an den Hochschulorten vor dem Hintergrund einer aufgeheizten Stimmung zwischen Studierendenschaft beziehungsweise Herausgeber*innen auf der einen und den Universitätsleitungen und Ministerien auf der anderen Seite: Am Rhein waren die Mitautoren Hannes Heer und Glen Pate als führende SDS-Vertreter 1968 in einen unversöhnlich geführten Schlagabtausch mit dem Bonner Rektorat verwickelt. Die daraufhin drohende Relegation konnten sie nur durch die Aufdeckung der NS-Vergangenheit des Vorsitzenden der Bonner Disziplinarkammer abwehren, wofür Informationen aus der DDR genutzt wurden.[7] Die Stimmung unter den Hamburger Studierenden war bereits seit 1967 aufgeladen und traf im Jubiläumsjahr 1969 auf eine Professorenschaft, die aus Angst vor Störaktionen und aus Frustration über das kurz zuvor durch ein neues Hochschulgesetz verfügte Ende der Ordinarienuniversität das Jubiläumsgeschehen weitgehend abgesagt hatte. Die neue, mit demokratischen Mitbestimmungsrechten für alle Statusgruppen ausgestattete Gruppenuniversität war für den hinter der Gegenfestschrift stehenden SDS allerdings kein Grund für versöhnliche Töne, da man die alten Machtverhältnisse fortgesetzt am Werk sah.[8]

---

6 Studentengewerkschaft Bonn (Hrsg.): 150 Jahre Klassenuniversität. Reaktionäre Herrschaft und demokratischer Widerstand am Beispiel der Universität Bonn. Bonn [1968]; AStA der Universität Hamburg (Hrsg.): Das permanente Kolonialinstitut. 50 Jahre Hamburger Universität. Hamburg 1969; Lüddeke, Hans-Joachim (Red.): 500 Jahre Klassenuniversität München – 500 Jahre Kampf gegen die Reaktion. Eine Dokumentation des MSB-Spartakus zur 500-jährigen Geschichte der Ludwig-Maximilians-Universität München. Mit zahlreichen Faksimiles und Bildern. [München 1972]; Zentralverband der Roten Zellen: Forschung und Ausbildung im Dienst der herrschenden Klasse. 500 Jahre Ludwig-Maximilians-Universität. „Festschrift" der Studenten. [München 1972]; o.V., „Land" (wie Anm. 3).

7 Hodenberg, Christina von: Das andere Achtundsechzig. Gesellschaftsgeschichte einer Revolte. München 2018. S. 45–53; die DDR-Kontakte kamen auch in der Gegenfestschrift durch ein Interview mit dem Leipziger Geschichtsprofessor Walter Markov zum Vorschein. Er hatte während des „Dritten Reichs" an der Bonner Universität eine Widerstandsgruppe gegründet, dafür eine Haftstrafe abgesessen und war nach Kriegende 1945 an der Neugründung des AStA beteiligt, bevor er 1946 in die SBZ übersiedelte; Arnim, Wolf Herman Freiherr von: Ein Interview mit dem Genossen Professor. In: Studentengewerkschaft, Klassenuniversität (wie Anm. 6), S. 4–16.

8 Dazu Zimmermann, Gunnar B.: Zwischen großdeutscher Sendung und basisdemokratischem Abwehrkampf. Ansätze zu einer Studierendengeschichte der Hamburger Universität von der Gründung 1919 bis 1994. In: 100 Jahre Universität Hamburg. Studien zur Hamburger Universitäts- und Wissenschaftsgeschichte in vier Bänden. Bd. 1: Allgemeine Aspekte und Entwicklungen. Hrsg. von Rainer Nicolaysen [u.a.]. Göttingen 2020. S. 252–306, hier S. 290–295; vgl. o.V.: Die Verstaatlichung der Universität. Das Hamburger Universitätsgesetz als maßgeschneiderte juristische Fassung des ökonomischen Abhängigkeitsverhältnisses von Forschung und Lehre. In: AStA, Kolonialinstitut (wie Anm. 6), S. 93–102.

Das Münchner Jubiläumsjahr stand wiederum im Zeichen studentischer Proteste gegen das sich abzeichnende neue Bayerische Hochschulgesetz, dessen Inkrafttreten im Dezember 1973 schließlich das Ende der Verfassten Studierendenschaft bedeutete und das Verbot zur Wahrnehmung eines allgemeinpolitisches Mandats durch Studierendenvertretungen festschrieb.[9]

Während die Hamburger Publikation 1969 unter dem Signet des AStA zumindest offiziell als Verlautbarung der Studierendenschaft firmierte, zeigen die drei anderen Schriften mit der Urheberschaft der SDS-nahen Studentengewerkschaft (Bonn) sowie des Marxistischen Studentenbundes (MSB) Spartakus beziehungsweise des Zentralverbands der Roten Zellen (München), dass (radikal-) linke Positionen zu diesem Zeitpunkt nicht mehr überall die Unterstützung der offiziellen Studierendenvertretung fanden. Dies war in Bonn aufgrund eines amtierenden Mitte-Rechts-AStA nicht verwunderlich, doch in München existierte auch jenseits der herausgebenden Gruppen bei vielen Studierenden eine kritische Stimmung gegenüber dem Jubiläum.[10] Die Gegenfestschriften dieser Phase bieten sich vor diesem Hintergrund zur Identifizierung innerstudentischer Konflikte an. Dass Herausgeber*innen und Autor*innen der Hamburger Schrift und des Münchner Rote-Zellen-Bandes darüber hinaus eine Reaktion seitens der Universitäten und vorgeordneten Ministerien befürchteten, wird daraus ersichtlich, dass die Urheberschaft für die einzelnen Beiträge verschleiert wurde.[11]

Die in den Vorworten formulierte Kritik betraf die wenig partizipativ ausgerichteten Festprogramme, die unter Auslassung von Ambivalenzen und Brüchen das Bild einer „unberührten Gelehrtenrepublik" (Bonn) zeichneten und der „Verschleierung" (München) dienten. Damit werde sowohl unterschlagen, dass die Universitäten die längste Zeit auf Seiten der Herrschenden und Besitzenden gestanden hätten, als auch, dass es durchaus liberal-progressive Traditionsstränge gebe, an die man in der Gegenwart anknüpfen könne.[12]

---

9 Brönner, Wolfram: Aktuelle Aufgaben der fortschrittlichen Studenten. In: Lüddeke, Klassenuniversität (wie Anm. 6), S. 87–96; o.V.: Die Realisierungsversuche der reaktionär-bürokratischen Hochschulreform. In: Rote Zellen, Forschung (wie Anm. 6), S. 29–34.

10 U.a. o.V.: 500 LMU: Der Zwang zum Feiern. AStA ruft auf zum Boykott! In: Münchner Studentenzeitung Nr. 6 (20.6.1972); o.V.: „Tag der Studenten" mit Freibier und Couleur. Lobkowicz und Burschenschaft gegen die Studentenschaft. In: ebd., Nr. 7 (10.7.1972).

11 Redakteure waren in Hamburg der Medizinstudent und SDS-Aktivist Karl Heinz Roth und der Geschichtsstudent Peter Martin. Die Münchner Schrift verantwortete die Slawistikstudentin Cornelia Groethuysen.

12 O.V.: Vorwort. In: Studentengewerkschaft, Klassenuniversität (wie Anm. 6), o.S.; o.V.: Vorwort. In: AStA: Kolonialinstitut (wie Anm. 6), S. 7–8; o.V.: Vorbemerkungen. In: Lüddeke, Klassenuniversität (wie Anm. 6), S. 2–3; o.V.: Einleitung. In: Rote Zellen, Forschung (wie Anm. 6), S. I–IV.

Auch wenn die Publikationen Narrative aufweisen, die sie zum Zeitpunkt des Erscheinens als seriöse Erinnerungs- und Forschungsimpulse disqualifizierten, trifft das für verschiedene der gesetzten Themen nicht zu. Vielmehr wurden Aspekte der Universitätsgeschichte aufgegriffen, die heute zum Kanon der Forschung gehören. Zu nennen ist das stete Austauschverhältnis der Hochschulen mit den umgebenden Akteuren in Politik, Wirtschaft und Gesellschaft. Zur Sprache kamen überdies die demokratieskeptische Haltung der Professoren in den Weimarer Jahren, die Selbstgleichschaltung ab 1933 nebst persönlichen Schicksalen in Vertreibung und Widerstand sowie die gescheiterte Entnazifizierung und bestehende Kontinuitäten. Überraschend wenig Beiträge hatten einen direkten Fokus auf die Universität der Weimarer Jahre, obwohl es ab 1918 ernsthafte Reformimpulse für das deutsche Hochschulsystem gegeben hatte. Die erste deutsche Demokratie wurde aber offensichtlich nur als NS-Vorgeschichte verstanden. Die Herausgeber*innen maßen somit gerade jener Zeit keine Orientierungsfunktion zu, die nach 1945 vom politischen und akademischen Establishment der Bundesrepublik als wichtiger intellektueller Wiederanknüpfungspunkt bemüht worden war.

Daneben enthielten die Bände umfangreiche Beiträge zur Studierendengeschichte, die einmal die (rechts-)konservativen Traditionsstränge der Weimarer Jahre und der NS-Zeit offenlegten, daneben aber auch linke beziehungsweise humanistische Gegenbewegungen würdigten. Hinzu kamen – angereichert durch zahlreiche Dokumente – Darstellungen der letzten Jahre, womit eine erste selbstreferenzielle Sicht auf die Studentenbewegung präsentiert wurde.[13] Mit diesem Blick auf die Geschichte der eigenen Statusgruppe gab man ihr erstmals einen ernstzunehmenden Platz in den Universitätsgeschichten und war Professorenschaft und Historiographie damit um viele Jahre voraus.

Die bislang skizzierten historischen Anteile der Publikationen dürfen aber nicht darüber hinwegtäuschen, dass sie vor allem eins waren: Anklage-, Akkla-

---

13 Unter anderem Booß, Rutger: Der NS-Studentenbund. In: Studentengewerkschaft, Klassenuniversität (wie Anm. 6), S. 100 – 112; o.V.: Ein Jahr Widerstand – Dokumentation Bonner Flugblätter. In: ebd. S. 143 – 164; o.V.: Nationalsozialistische Studentenbewegung und Widerstand im Dritten Reich an der Hamburger Universität. In: AStA, Kolonialinstitut (wie Anm. 6), S. 139 – 153; o.V.: Zur Entstehung einer sozialistischen Studentenopposition an der Hamburger Universität. In: ebd. S. 154 – 232; Lüddeke, Hans-Joachim: Die Rolle der Münchner Studenten in der Revolution 1848/49. In: ders., Klassenuniversität (wie Anm. 6), S. 7 – 14; ders. u. Dr. Jahnke: Die letzten Demokraten in der braunen Universität. Antifaschistischer Widerstand an der LMU. In: ebd. S. 33 – 47; Maase, Kaspar: Eine neue Qualität in der Studentenbewegung. In: ebd. S. 78 – 82; o.V.: 1958 – 1972. Hochschul„Reform" im Zeichen der fortschrittlichen Studenten. In: Rote Zellen, Forschung (wie Anm. 6), S. 17 – 34; o.V.: Geschichte der verfassten Studierendenschaft und des politischen Mandats. In: ebd. S. 76 – 116.

mations- und Protestschriften im Zeichen der Studierendenbewegung. Im Durchschnitt hatten rund 43% des Seitenvolumens unmittelbaren Gegenwartsbezug. Themen waren Konflikte mit Professoren,[14] der Vorwurf, Universitäten und einzelne Fächer seien an Kapitalinteressen orientiert,[15] sowie die Hochschulpolitik und Aktivitäten linker Studierendengruppen.[16]

Der nichtoffiziöse Charakter der Schriften zeigt sich zunächst an ihrer Materialität, da sie allesamt als selbstverlegte Paper-Back-Publikationen mit Klebebindung erschienen. Der sich an der Gegenwart abarbeitende system- und kapitalismuskritische Impetus der Publikationen schlug sich auch in der äußeren Gestaltung nieder. Der in Hamburg in Rot gehaltene Umschlag zeigt auf der Vorderseite die östlich des Universitätshauptgebäudes seit 1922 stehende und nach mehreren Versuchen im Herbst 1968 von Studierenden gestürzte Statue des deutschen Kolonial-Offiziers Hermann von Wissmann. Die Rückseite zeigt die bereits am Boden liegende Statue des seit 1935 auf der gegenüberliegenden Seite des Gebäudes aufgestellten „Kolonialhelden" Hans Dominik.[17] Der MSB-Band präsentierte 1972 auf dem Cover eine kreative Neuinterpretation des Münchner Universitätssiegels. Statt der dort sonst in der Mitte befindlichen Darstellung von Maria mit dem Jesus-Kind, prangt ein mit dem erhobenen Zeigefinger drohender und mit Heiligenschein versehener Franz Josef Strauß. Die im Band kritisierte Wirtschaftsnähe wird durch die das Siegel umlaufende Firmennamen Krauss-Maffei und Siemens versinnbildlicht; die Bonner Schrift „ziert" entsprechend das Bayer-Kreuz.

---

14 U. a. Pauly, Bernd: Zwei – drei – viele Jablonowski. In: Studentengewerkschaft, Klassenuniversität (wie Anm. 6), S. 113–124; o.V.: Zur altnazistischen Fraktion der Hamburger Professoren. Dargestellt an P. R. Hofstätter. In: AStA, Kolonialinstitut (wie Anm. 6), S. 119–138.

15 U. a. Kupsch, Joachim: Die Gesellschaft von Freunden und Förderern der Universität Bonn. In: Studentengewerkschaft, Klassenuniversität (wie Anm. 6), S. 65–83; o.V.: Hamburger Universität und Wirtschaft. Forschung und Lehre im Griff des Kapitals. In: AStA, Kolonialinstitut (wie Anm. 6), S. 40–92; Lüddeke, Hans-Joachim: Wirtschaft und Universität. In: ders., Klassenuniversität (wie Anm. 6), S. 57–62; o.V.: Sozialmedizin – Medizin für die Werktätigen? In: Rote Zellen, Forschung (wie Anm. 6), S. 45–50; o.V.: Wirtschaftswissenschaft – Verwissenschaftlichung der Ausbeutungsmethoden. In: ebd. S. 57–63.

16 Heer, Hannes: 150 Jahre Klassenuniversität – 1 Jahr Widerstand. In: Studentengewerkschaft, Klassenuniversität (wie Anm. 6), S. 125–142; Lüddeke, Hans-Joachim: Links = rechts? Bemerkungen zur Totalitarismustheorie. In: ders., Klassenuniversität (wie Anm. 6), S. 83–86; o.V.: Versuch einer politischen Analyse. In: Rote Zellen: Forschung (wie Anm. 6), S. 25–28.

17 Dazu mit Detailanalyse der medialen Inszenierung der studentischen Sturzaktion Guhl, Anton F. [u.a.]: Über den wissenschaftlichen Wert flüchtiger Quellen: Das Flugblattarchiv der Hamburger Bibliothek für Universitätsgeschichte. Eine Würdigung des Sammelns. In: Gelebte Universitätsgeschichte. Erträge jüngster Forschung. Eckart Krause zum 70. Geburtstag. Hrsg. von Anton F. Guhl [u.a.]. Berlin/Hamburg 2013 (Hamburger Beiträge für Wissenschaftsgeschichte, Sonderbd.). S. 207–225, hier S. 217–224.

Abb. 5: Das Cover des Münchner MSB-Bandes (1972).

Akademisierung und inhaltliche Fokussierung (1977 bis 1987)

Für die sieben Gegenfestschriften der zweiten Phase anlässlich der Jubiläen in Marburg, Tübingen und Darmstadt (alle 1977), in Münster (1980), Gießen (1982), Heidelberg (1986) und Göttingen (1987) waren nicht mehr primär Studierende verantwortlich. Zudem ist eine verstärkt zeitgeschichtliche Untersuchung der feiernden Institution zu konstatieren. Angesichts dieser Akademisierung der Beteiligten und der inhaltlichen Verwissenschaftlichung lässt sich das Jahrzehnt bis 1987 als Hochphase dieser spezifischen Text- und Quellensorte einordnen.[18]

Bei Herausgeber- und Autorenschaft waren die Publikationen nun von (ehemaligen) wissenschaftlichen Mitarbeiter*innen der Universitäten geprägt, wobei auch Angehörige der Professorenschaft eingebunden waren. Hinzu kamen Studierende und Alumni. Zudem waren erstmals Frauen wahrnehmbar mit eigenen Beiträgen beteiligt. Eine fachliche Verortung der Autor*innen zeigt, dass die Entwicklung vor allem aus den Sozial-, Kultur- und Erziehungswissenschaften getragen wurde. Die auffällig geringe Beteiligung seitens der universitären Geschichtswissenschaft macht deutlich, dass die konservative Prägung und die lange Zeit dominante Schwerpunktsetzung auf ältere Epochen in den Historischen Seminaren bis weit in die 1980er Jahre einer offenen Auseinandersetzung mit problematischen Entwicklungen der eigenen Universitätsgeschichte abträglich war. Anhand der biographischen Selbstauskünfte der Schreibenden lassen sich die Publikationen zudem als generationenspezifisches Projekt von ehemaligen Protagonisten der Studierendenbewegung einordnen, die mittlerweile im Wissenschaftsbetrieb angekommen waren.[19]

---

18 Kramer, Dieter u. Christina Vanja (Hrsg.): Universität und demokratische Bewegung. Ein Lesebuch zur 450-Jahrfeier der Philipps-Universität Marburg. Marburg 1977 (Schriftenreihe für Sozialgeschichte und Arbeiterbewegung 5); Doehlemann, Martin (Hrsg.): Wem gehört die Universität? Untersuchungen zum Zusammenhang von Wissenschaft und Herrschaft anläßlich des 500jährigen Bestehens der Universität Tübingen. Gießen 1977; Pingel, Henner: 100 Jahre TH Darmstadt. Wissenschaft und Technik für wen? Ein Beitrag zur Entwicklung von Hochschule und Studentenschaft. Darmstadt 1977; Kurz, Lothar (Hrsg.): 200 Jahre zwischen Dom und Schloß. Ein Lesebuch zur Vergangenheit und Gegenwart der Westfälischen Wilhelms-Universität Münster. Münster 1980; o.V.: Frontabschnitt Hochschule. Die Gießener Universität im Nationalsozialismus. Gießen 1982; Buselmeier, Karin [u. a.] (Hrsg.): Auch eine Geschichte der Universität Heidelberg. 2. Aufl. Mannheim 1986; Becker, Heinrich [u. a.] (Hrsg.): Die Universität Göttingen unter dem Nationalsozialismus. Das verdrängte Kapitel ihrer 250jährigen Geschichte. München [u. a.] 1987.
19 Biographische Selbstauskünften liegen für die Gegenfestschriften in Marburg, Tübingen, Münster, Heidelberg und Göttingen vor.

Diese politische Orientierung zeigt sich auch an den organisatorisch und/ oder finanziell hinter den Schriften stehenden Gruppen: In Tübingen und Göttingen existierte ein gewerkschaftlicher Hintergrund. In Marburg stand die Studiengesellschaft für Sozialgeschichte und Arbeiterbewegung hinter dem Projekt, und in Münster lag die Federführung bei der Ortsgruppe im 1968 gegründeten Bund Demokratischer Wissenschaftler. Den Heidelberger Band finanzierten 1985/ 86 unter anderem die Landtagsfraktion der baden-württembergischen Grünen und das Netzwerk Nordbaden, ein Zusammenschluss der alternativen Projekt- und Betriebsszene der Region. Rein universitäre Projekte waren es nur in Darmstadt und Gießen, wo der AStA beziehungsweise eine Projektgruppe am Institut für Soziologie die Verantwortung trugen.

Dem gestiegenen wissenschaftlichen Anspruch der Herausgeber*innen entsprach die nun weitgehend sachliche Argumentationsweise der Texte nebst ausführlichen Belegstrukturen.[20] Mit Ausnahme der im Selbstdruck veröffentlichten Schriften aus Darmstadt und Münster waren die übrigen Bände auch alle in regulären (links orientierten) Verlagen erschienen. Zumindest für die Göttinger Gegenfestschrift von 1987 lässt sich anhand mehrerer Rezensionen auch eine gesteigerte Wahrnehmung in Fachkreisen und der Öffentlichkeit belegen.[21]

Unter den in den Vorworten formulierten Motiven blieb der aus der ersten Phase bekannte Hinweis auf die enge Anbindung der Universitäten an Macht und Kapital durchweg präsent, hatte aber einen versöhnlicheren und stärker gegenwartsorientierten Tenor. 1977 in Tübingen und drei Jahre später in Münster verwiesen die Verantwortlichen explizit auf die laufenden und als reaktionär empfundenen Bemühungen der Politik, die im Zuge der Studierendenbewegung erkämpfte Liberalisierung an den Hochschulen wieder zurückzudrehen.[22] In Darmstadt und Münster wurde dies mit der Aufforderung verbunden, die Universitäten müssten sich ihrer gesamtgesellschaftlichen Verantwortung stellen, indem ihre Forschung künftig allen zugutekomme. Der Autor der Darmstädter

---

20 Im Heidelberger Band ist die Polemik zwischen den Zeilen „versteckt". Am Ende jedes Textes wurden kurze Anekdoten und Zitate zum Charakter des als defizitär und überholt kritisierten Universitäts- und Wissenschaftsbetriebs platziert.

21 Besprochen wurde der Band 1987 in der „Frankfurter Rundschau" und im US-amerikanischen Wochenmagazin „Time", 1988 in „Das Parlament", der „Historischen Zeitschrift", der „Kirchlichen Zeitgeschichte" und der „Zeit" sowie 1989 im „Archiv für Sozialgeschichte".

22 U o.V.: Vorbemerkungen. In: Kramer/Vanja, Universität (wie Anm. 18), S. 9 – 11; o.V.: Vorwort. In: Doehlemann, Universität (wie Anm. 18), S. 5; o.V.: Vorwort. In: Kurz, 200 Jahre (wie Anm. 18), S. 7; o.V.: Vorwort. In: Buselmeier, Geschichte (wie Anm. 18), o.S.

Schrift schrieb diese Verpflichtung besonders den technisch-naturwissenschaftlichen Disziplinen seiner hessischen Hochschule ins Stammbuch.[23]

Bei den vier Schriften der 1980er Jahre kam als starker Antrieb die Einschätzung hinzu, dass die Universitäten ihre NS-Geschichte mittlerweile zwar nicht mehr negierten, diese Öffnung aber zu zaghaft und das wichtige Thema in den Festprogrammen unterrepräsentiert sei.[24] Entsprechend nahmen die Gegenfestschriften aus Gießen (1982), Heidelberg (1986) und Göttingen (1987) ganz gezielt die Hochschulgeschichte im „Dritten Reich" und die Frage der Kontinuitäten in den Blick.[25] In der späteren Auseinandersetzung mit der NS-Hochschulgeschichte wurde anerkannt, dass diese Beiträge „in fast allen Fällen [...] einen Gewinn für die Forschung" dargestellt hätten.[26]

Etwas mehr als 19 % des Seitenvolumens der Publikationen der zweiten Phase bezog sich unmittelbar auf den Nationalsozialismus, weitere knapp 32 % gingen den Universitätsgeschichten über die politischen Brüche von 1933 und 1945 hinweg nach. Mit dieser Themensetzung stießen die Macher*innen bei ihren Universitätsleitungen zwar auf zunehmend weniger Widerstand beziehungsweise passives Schweigen, auch stellten die Archive und Verwaltungen der Hochschulen meist bereitwillig Unterlagen bereit, doch gab es weiterhin kaum eine aktive offizielle Erinnerungskultur hinsichtlich der NS-Verstrickungen der eigenen Hochschule.[27] Im Gegensatz zur ersten Zeitphase, als das Thema noch im Ringen mit

---

23 Pingel, 100 Jahre (wie Anm. 18), S. 4–5, hier S. 4; o.V.: Vorwort. In: Kurz, 200 Jahre (wie Anm. 18), S. 7.

24 O.V.: Vorwort. In: o.V., Frontabschnitt (wie Anm. 18), S. 4–6, hier S. 4; o.V.: Vorwort. In: Buselmeier, Geschichte (wie Anm. 18), o.S.; o.V.: Vorwort. In: Becker, Universität (wie Anm. 18), S. 5–9, hier S. 5f.

25 Zum Münsteraner Jubiläum 1980 hatte der AStA-Vorsitzende die NS-Zeit als Leerstelle in der offiziellen Festschrift im Rahmen seiner Ansprache beim Festakt beklagt und auf die Gegenfestschrift als positives Beispiel verwiesen, in der aber nur 6 % des Seitenvolumens dem „Dritten Reich" gewidmet sind. Siehe Begrüßungsansprache des AStA-Vorsitzenden Rolf Steinhilber. In: Akademische Festreden zum Jubiläum 1980. Zusammengestellt und bearbeitet von Professor Dr. Heinz Dollinger. Münster 1980 (Schriftenreihe der Westfälischen Wilhelms-Universität Münster 1). S. 23–26, hier S. 23f.; ich danke Rainer Pöppinghege, der damals in Münster studierte, für Hinweise.

26 Nagel, Anne Christine: Einleitung. In: Die Philipps-Universität Marburg im Nationalsozialismus. Dokumente zu ihrer Geschichte. Hrsg. von ders. Stuttgart 2000 (Pallas Athene. Beiträge zur Universitäts- und Wissenschaftsgeschichte 1). S. 1–72, hier S. 3.

27 O.V.: Vorwort. In: o.V., Frontabschnitt (wie Anm. 18), S. 5f.; o.V.: Vorwort. In: Becker, Universität (wie Anm. 18), S. 5, 7; für Tübingen bestätigt dies im Rückblick Lüdtke, Alf: Die „Braune Uni": Eine studentische Arbeitsgruppe zur „Selbstgleichschaltung" der Tübinger Universität im Nationalsozialismus. In: Die Universität Tübingen im Nationalsozialismus. Hrsg. von Urban Wiesing [u. a.].

der konservativen Professorenschaft politisch instrumentalisiert worden war, kam im Übergang zu den 1980er Jahren ein mehr fachorientierter Ansatz zum Tragen.

Ein zweiter thematischer Schwerpunkt dieser Phase war die fortgesetzte, nun aber stärker sachorientierte Historisierung der Studentenbewegung und der daraus resultierenden Entwicklungen und Probleme. Es gab allgemeine Überblicke zur Entwicklung linker studentischer Positionen.[28] Daneben stand die Auseinandersetzung mit verschiedenen Facetten der Studienreform,[29] wurden die Folgen der als Repression empfundenen „Berufsverbote" beleuchtet,[30] kam die erst im Zuge der Gruppenuniversität aufgewertete Bedeutung des nichtwissenschaftlichen Personals zur Sprache und wurden die Gewerkschaften als wichtige Kooperationspartner ab den 1960er Jahren vorgestellt.[31] Die Tübinger Gegenfest-

---

Stuttgart 2010 (Contubernium. Tübinger Beiträge zur Universitäts- und Wissenschaftsgeschichte 73). S. 1063–1068.

28 U.a. Krohn, Maren: Die Bewegung gegen die Notstandsgesetze in Marburg. In: Kramer/Vanja, Universität (wie Anm. 18), S. 315–330; Gleich, Arnim von u. Heinz Weber: Strukturelle Determinanten der Entpolitisierung – Abriß zur politischen Sozialisation von Studenten in den 70er Jahren. In: Doehlemann, Universität (wie Anm. 18), S. 286–309; Pingel, 100 Jahre (wie Anm. 18), S. 66–106; Hübner, Horst u. Martin Wilke: Aufstieg, Krise und Perspektiven linker Studentenpolitik der siebziger Jahre. In: Kurz, 200 Jahre (wie Anm. 18), S. 173–194; Braubehrens, Burkhart [u.a.]: Sozialistische Avantgarde und antiautoritärer Massenprotest. Studentenbewegung in Heidelberg. In: Buselmeier, Geschichte (wie Anm. 18), S. 411–190.

29 U.a. Simon, Gerd: Normenbücher oder neue Filterinstrumente zur Regelung des Hochschulzuganges. In: Doehlemann, Universität (wie Anm. 18), S. 255–266; Brandes, Holger: Universität im Umbruch. Studienreform zwischen materieller Restriktion und staatlichem Formierungskonzept. In: Kurz, 200 Jahre (wie Anm. 18), S. 139–151; Steffens, Gerd: Collegium Academicum 1945–1978. Zur Lebensgeschichte eines ungeliebten Kindes der Alma mater Heidelbergensis. In: Buselmeier, Geschichte (wie Anm. 18), S. 381–410.

30 Axt, Heinz-Jürgen: Der „Radikalenerlaß" und seine Folgen an der Philipps-Universität Marburg. In: Kramer/Vanja, Universität (wie Anm. 18), S. 331–354; Hömberg, Eckhard u. Eberhard Löschke: Bevormundung statt Aufklärung. Berufsverbote an der WWU. In: Kurz, 200 Jahre (wie Anm. 18), S. 227–239.

31 U.a. Rilling, Rainer u. Richard Sorg: Hochschule und Gewerkschaften – Ansätze einer Zusammenarbeit am Beispiel der Philipps-Universität. In: Kramer/Vanja, Universität (wie Anm. 18), S. 355–384; Winckler, Lutz: Literaturvermittlung in der gewerkschaftlichen Jugendbildung. In: Doehlemann, Universität (wie Anm. 18), S. 214–234; Krüger, Eike u. Helga Lüdtke: Die Hierarchie als Alltagserfahrung – Zur Lage der nichtwissenschaftlichen Bediensteten. In: ebd. S. 329–344; Morthorst, Agnes u. Karina Hömberg: Ohne uns läuft hier nichts! Zur Situation der Nichtwissenschaftlichen Mitarbeiter an der Universität. In: Kurz, 200 Jahre (wie Anm. 18), S. 209–218; Trautwein, Norbert: Universität – Arbeitnehmer – Gewerkschaften. In: ebd. S. 240–246.

schrift bedachte 1977 zudem ganz zeittypisch die Frauenbewegung mit einem Beitrag.[32]

Mit Ausnahme der Tübinger Schrift, deren Cover erneut auf pointierte Art die Verbindung von Wissenschaft und Wirtschaft herausstellte, entspricht die Aufmachung der übrigen Bände dieser zweiten Phase dem gewachsenen Anspruch an Wissenschaftlichkeit. Neben einem seriös-neutralen Erscheinungsbild (Heidelberg und Göttingen) setzte das sonstige Design darauf, bereits äußerlich die Brüche in den Universitätsgeschichten anzudeuten. In Marburg, Darmstadt und Münster wurden dabei für die alte, reaktionäre Universität stehende Motive (Burschenschafts-Darstellungen, Freikorps-Studenten) solchen gegenübergestellt, die Studierende der Gegenwart bei Demonstrationen für eine moderne, demokratische Universität zeigten. Das Gießener Cover steht ganz im Zeichen der inhaltlichen Schwerpunktsetzung: Zu sehen sind Universitätsangehörige in NS-Uniform bei einem Fahnenappell, während am unteren Bildrand schemenhaft ein im Stacheldrahtzaun hängender KZ-Insasse abgebildet ist. In Sachen Materialität blieb fast durchweg das Paperback-Format die erste Wahl, einzig der Göttinger Band präsentiert sich als hochwertiges Hardcover.

Rückkehr zur studentischen Initiative (1988 bis 1995)

Die Gegenfestschriften der dritten Phase anlässlich der Jubiläen in Köln (1988), Frankfurt (1989), Hamburg (1994) und an der RWTH Aachen (1995) sind in ihrer thematischen Ausrichtung wieder deutlich heterogener. Gemeinsam ist ihnen aber, dass sie wie in der ersten Phase überwiegend auf die Initiative von (linken) Studierenden zurückgehen.[33]

Die dabei von den Autor*innen benannten Motive variieren: Die in Köln verantwortlichen linken Studierenden und Alt-68-Alumni reklamierten für ihre „Anti-Festschrift", „einen deutlichen Akzent gegen all die offiziellen Jubiläumsfeierlichkeiten mit ihrer Selbstgerechtigkeit und Geschichtslosigkeit" und wollten

---

32 Mayer, Marlies: Entwicklung der Frauenbewegung – Vorwärts zur menschlichen Emanzipation oder zurück zum Geschlechterkampf? In: Doehlemann, Universität (wie Anm. 18), S. 310 – 328.

33 Blaschke, Wolfgang [u.a.] (Hrsg.): Nachhilfe zur Erinnerung. 600 Jahre Universität zu Köln. Köln 1988; AStA der Johann Wolfgang Goethe-Universität Frankfurt (Hrsg.): Die braune Machtergreifung. Universität Frankfurt 1930 – 1945. Frankfurt am Main 1989; Micheler/Michelsen, Forschung (wie Anm. 2); Oase e.V. (Hrsg.): „...von aller Politik denkbar weit entfernt...". Die RWTH – Ein Lesebuch. Aachen 1995.

Abb. 6: Das Cover der Münsteraner Gegenfestschrift (1980).

„Nachhilfe zur Erinnerung" geben.[34] Eine derart gezielte Opposition zum offiziellen Erinnern gab es im Folgejahr in Frankfurt nicht. Hier ging die Initiative auf einen Arbeitskreis der Katholischen Hochschulgemeinde zurück, der sich bereits seit 1985 mit der NS-Vergangenheit der Universität auseinandersetze, dafür intensives Quellenstudium betrieben und zahlreiche Zeitzeug*innen interviewt hatte. Die 1989 erschienene Publikation ist der erweiterte Katalog einer die Arbeitsergebnisse präsentierenden Ausstellung im Studentenhaus.[35]

An der Hamburger Universität war die Stimmung im Jubiläumsjahr 1994 hingegen konfrontativ. Der seit Jahren anhaltende Sparkurs der Landesregierung war für den hinter der Gegenfestschrift stehenden AStA schon lange Anlass zur Kritik, die durch einen im Jubiläumsjahr diskutierten Studienreformplan noch gesteigert wurde. Die Universitätsleitung war im Vorfeld vergeblich aufgefordert worden, das Jubiläum zur Kritik an den Verhältnissen zu nutzen. Die Studierendenschaft begleitete anschließend das stattdessen begangene offizielle Festprogramm mit Boykott und Protest.[36]

In Aachen wurden die Studierenden dagegen von einem Skandal motiviert, der die RWTH 1995 erschütterte. Ein niederländisches TV-Magazin hatte vor dem Jubiläum aufgedeckt, dass der langjährige Rektor Hans Schwerte in Wahrheit Hans Ernst Schneider (1909–1999) hieß und im „Dritten Reich" als SS-Hauptsturmführer ein enger Mitarbeiter Heinrich Himmlers gewesen war. Dass die Hochschulleitung darauf im Rahmen des Jubiläums nicht reagierte und Kritik äußernde Studierende mit Exmatrikulation bedrohte, veranlasste die Initiatoren des Bandes, die NS-Geschichte der RWTH und damit verbundene Kontinuitätsfragen in den Blick zu nehmen.[37]

Die genannten Hintergründe bestimmten in weiten Teilen die thematische Ausrichtung der Bände. Dabei lag in Frankfurt auf Basis der geführten Zeitzeug*inneninterviews das Hauptaugenmerk auf der Studierendengeschichte der 1920er und 1930er Jahre. Insbesondere das damals noch unzureichend erforschte Schicksal jüdischer und kommunistischer Studierender sowie das Frauenstudium kamen zur Sprache. Ein langer Beitrag galt zudem den NS-Verstrickungen des

---

34 [Buchbeschreibung auf der Einbandrückseite]. In: Blaschke, Nachhilfe (wie Anm. 33); zur Einordnung der Autorenschaft Dohms, Peter: Studentenbewegung und nordrhein-westfälische Landespolitik in den 60er und 70er Jahren. In: Geschichte im Westen 12 (1997), S. 175–201, hier S. 178.

35 [Impressum u. Vorwort]. In: AStA, Machtergreifung (wie Anm. 33), o.S.

36 O.V.: Gedanken zur Einleitung. In: Micheler/Michelsen, Forschung (wie Anm. 2), S. 5–7.

37 O.V.: Vorwort. In: Oase, RWTH Lesebuch (wie Anm. 33), S. 7–8.

Instituts für Erbbiologie und Rassenhygiene.[38] Ein kleinerer NS-Schwerpunkt lässt sich auch in Köln feststellen, wobei primär einzelne Fachgeschichten thematisiert wurden.[39] Für das Hamburger Herausgeber-Duo gab es 1994 hingegen für ein Eingehen auf die NS-Geschichte keine unmittelbare Notwendigkeit mehr, da ein 1991 abgeschlossenes Forschungsprojekt der Universität das Thema ausführlich behandelt hatte.[40]

Wie bereits in den beiden vorherigen Phasen nutzen die Herausgeber*innen in Köln, Hamburg und Aachen die Bände auch dazu, die universitäre Entwicklung seit den 1960er Jahren mit Fokus auf die Studierendenschaft darzustellen. Neben die fortgesetzte Historisierung der Studierendenbewegung trat dabei die Auseinandersetzung mit der Diversifizierung studentischer Lebenswelten.[41] Nun kam die Rolle von Frauen in der akademischen Welt zur Sprache.[42] Und es gab erste Beiträge, die sich mit dem viele Jahrzehnte von Diskriminierung begleiteten Hochschulbesuch homosexueller Studierender sowie ihrem Bemühen um Gleichberechtigung befassten.[43] Aber auch tagesaktuelle Fragen wie der Umgang der Wissenschaft mit Gentechnologie und Rüstungsforschung, anste-

---

38 O.V.: „Die scharren ja nur, weil er Jude ist". Das Schicksal jüdischer Studenten und Studentinnen an der Johann Wolfgang Goethe-Universität. In: AStA, Machtergreifung (wie Anm. 33), S. 31–62; o.V.: „Brüder, zur Sonne, zur Freiheit". Frankfurter Rote Studenten und Studentinnen berichten. In: ebd. S. 63–111; o.V.: Frauenstudium – geduldet, nicht geschätzt. In: ebd. S. 141–152; o.V.: Das Frankfurter Institut für Erbbiologie und Rassenhygiene. In: ebd. S. 161–203.

39 U.a. Klingemann, Carsten: Kölner Soziologie im Nationalsozialismus. In: Blaschke, Nachhilfe (wie Anm. 33), S. 76–97; Liebermann, Peter: „Die Minderwertigen müssen ausgemerzt werden." Die medizinische Fakultät 1933–1946. In: ebd. S. 110–120.

40 Krause, Eckart [u.a.] (Hrsg.): Hochschulalltag im „Dritten Reich". Die Hamburger Universität 1933–1945. 3 Teile. Berlin/Hamburg 1991 (Hamburger Beiträge zur Wissenschaftsgeschichte 3).

41 Mit Konzentration auf die Kölner Gegenfestschrift unter anderem Blaschke, Wolfgang u. Peter Liebermann: Auf der „anderen Seite der Barrikade". Ein Gespräch mit Prof. Ulrich Klug über die Studentenrevolte 1968. In: Blaschke, Nachhilfe (wie Anm. 33), S. 211–218; Blaschke, Wolfgang u. Olaf Hensel: „Der aufrechte Gang geht zuweilen durch Glastüren." 1968 in Köln – ein Gespräch mit Kurt Holl, Rainer Kippe, Klaus Laepple und Steffen Lehndorf. In: ebd. S. 219–233.

42 Unter anderem Wiedwald, Maike: Alles Lüge! Die Situation von Frauen an der Uni Hamburg. Von Gleichheit keine Spur! In: Micheler/Michelsen, Forschung (wie Anm. 2), S. 287–285; Ihsen, Susanne u. Evi Thelen: Zur Geschichte der Frauenbeauftragten. In: Oase, RWTH Lesebuch (wie Anm. 33), S. 71–76; Muhl, Claudia u. Dörte Münch: Ausgrabungen im Frauenraum. In: ebd. S. 165–182.

43 Michelsen, Jakob: Streiflichter zum Thema. 75 Jahre Schwule an der Uni. In: Micheler/ders., Forschung (wie Anm. 2), S. 286–303; Schwulenreferat Aachen: Die Schwulenbewegung in Deutschland und das Aachener Schwulenreferat. In: Oase, RWTH Lesebuch (wie Anm. 33), S. 123–132.

hende hochschulpolitische Entwicklungen und die Reaktion auf neurechte Tendenzen an den Hochschulen wurden aufgegriffen.[44]

In Aachen legte das Herausgeberkollektiv angesichts der Causa Schwerte-Schneider einen Fokus auf diesen Fall sowie auf Fragen der Kontinuität nach 1945. Dabei wurde unter anderem das Festhalten der Hochschulleitung an der Ehrensenatorenwürde für Julius Dorpmüller (1869–1945) kritisiert, der bis zum Zusammenbruch des „Dritten Reichs" als Generaldirektor der Reichsbahn und ab zudem 1937 als Reichsverkehrsminister gewirkt hatte.[45]

Mit einer Ausnahme lässt sich in dieser dritten Phase keine besondere äußere Gestaltung mehr feststellen. Der in blau gehaltene Hamburger Band bedient sich hingegen einer ausgefeilten Bildsprache: Auf der Einbandvorderseite befindet sich eine grafische Darstellung der im Buchtitel ausgedrückten Dialektik zwischen dem über dem Haupteingang des Hauptgebäudes prangenden Motto „Der Forschung/Der Lehre/Der Bildung" mit dem von barocken Putten gesäumten vielsagenden Spruch „Wissen ist Macht", der ein Seitenportal des Gebäudes überwölbt. Die Einbandrückseite zeigt in einer Zeichnung die Auswirkungen der Sparpolitik für die Universität. Ein den Staat symbolisierender Riese setzt sich dabei auf einen imaginären Stuhl, dessen Sitzfläche die Säulenreihe mit dem genannten Motto über dem Haupteingang ist. Während diese unter dem Gewicht zusammenbricht, ragt die mit dem „Wissen ist Macht"-Signet versehene Lehne weiter stabil in die Höhe.

---

44 U. a. Blaschke, Wolfgang u. Karin Kieseyer: Zwischen „Verantwortung für den Frieden" und Grundlagenforschung für die Gen-Technologie. Ein Gespräch mit Prof. Starlinger und Prof. Kneser. In: Blaschke, Nachhilfe (wie Anm. 33), S. 271–282; Gidion, Niklas: ...immer wieder... „Überfüllte Seminare!" – Zum „Eckwerte-Streit" vom Januar 1994. In: Micheler/Michelsen, Forschung (wie Anm. 2), S. 268–270; HochschulAntifa: Ein Beispiel eines gescheiterten Versuchs der „Neuen Rechten". In: ebd. S. 274–277; Schröder, Ralf: Fragmente zur Geschichte und Gegenwart Aachener Studentenverbindungen. In: Oase, RWTH Lesebuch (wie Anm. 33), S. 17–46; Diepers, Hermann-Josef: Bemerkungen zum Thema „Rüstungsforschung an der RWTH?". In: ebd. S. 239–244.
45 Zondergeld, Gjalt R.: Das erste Leben eines TH-Rektors. In: Oase, RWTH Lesebuch (wie Anm. 33), S. 157–164; o.V.: Der Fall Schneider/RWTH. In: ebd. S. 207–214; Heiler, Kurt: Julius Dorpmüller – er diente nur der Technik. In: ebd. S. 223–232.

Abb. 7: Die Einbandrückseite der Hamburger Gegenfestschrift (1994).

Statt eines Fazits ein Ausblick auf die Gegenwart: Integration und medialer Formwandel

Wie ein Blick in die einschlägigen Bibliothekskataloge zeigt, scheinen Gegenfestschriften im Übergang zu den 2000er Jahren aus der Mode gekommen zu sein. Das weist die hier vorgestellten Publikationen als Text- und Quellensorte aus, die in Motivation und Komposition wesentlich mit der Studierendenbewegung und dem anschließenden Ringen um eine demokratische Universität verbunden ist. Dass nur in Hamburg nach 25 Jahren eine zweite Gegenfestschrift entstand, bestätigt überdies den Charakter des Genres als spezifisches Generationenprojekt.

Warum Studierende zu den Universitätsjubiläen der letzten Jahre kaum mehr auf das kritische Potenzial solcher Publikationen gesetzt haben,[46] hat vermutlich verschiedene Gründe, die sowohl in der Veränderung studentischer Lebenskultur in Folge der Bologna-Reformen zu suchen als auch darauf zurückzuführen sind, dass viele der in diesem Beitrag benannten Motivlagen für eine alternative Themensetzung heute nicht mehr gegeben sind.

Die Universitätsleitungen pflegen inzwischen einen weitgehend offenen Umgang mit problematischen Abschnitten der eigenen Geschichte. Die Geschichtswissenschaft kann in diesem Bereich in den letzten 15 Jahren geradezu einen Boom kritischer Forschung verzeichnen, wodurch die Heterogenität der Hochschulen und die Brüche ihrer Geschichten in den Blick geraten sind.

Hinzu kommt in zweifacher Hinsicht ein medialer Wandel: Einmal können sich selbst Universitäten mit defensiv ausgerichteter Erinnerungskultur sicher sein, dass kritische Gegenpositionen im Informationspluralismus der Gegenwart an Schlagkraft einbüßen. Solche Positionen bei den Jubiläen ohne Gefahr in die offizielle Kommunikations- und Marketingstrategie zu integrieren, gehört daher vielerorts zum Status quo.[47]

Am Hamburger Jubiläum von 2019 lässt sich zudem ein medialer Formwandel aufzeigen, bei dem die klassische Buch-Variante von anderen Medienarten abgelöst wurde oder diesen nur noch als Dokumentation beigegeben ist. Zu diesen neuen Formaten gehören unter anderem Blogs mit universitätsgeschichtli-

---

46 Eine Ausnahme bildet der unter Schirmherrschaft des AStA mit Schwerpunkt auf der jüngsten Vergangenheit sowie auf Gegenwart und Zukunft der Kasseler Studierendenschaft in Zeiten der „unternehmerischen" Universität erschiene Band Lotto, Miriam [u. a.]: Studentische Hochschulpolitik für die Universität Kassel. 40 Jahre Bildungsprotest und Verteidigung der politischen Selbstverwaltung. Kassel 2012.
47 Die Universität Hamburg hat zum 100-jährigen Bestehen 2019 aus ihrem Jubiläumsfonds studentische Projekte mit Bezug zur Universitätsgeschichte gefördert.

chen Inhalten oder eine studentisch kuratierte Ausstellung zur Geschichte der Sozialwissenschaften.[48] Im Sinne des Medienwandels ist insbesondere auf ein mit Originalquellen arbeitendes studentisches Theaterstück zur Gründungsgeschichte der Hochschule sowie ein als Utopie der künftigen Universitätsentwicklung konzipiertes Musical der studentischen Theatergruppe University-Players hinzuweisen.[49]

Ob es sich hierbei um ein Revival kritischer Auseinandersetzung mit der Universität durch Teile ihrer nicht an der Hierarchiespitze stehenden Mitglieder handelt, bleibt abzuwarten. Angesichts des hier skizzierten Potenzials solcher Einwürfe wäre eine entsprechende Entwicklung aus Sicht der Universitätsgeschichtsschreibung aber zweifelsohne zu begrüßen.

Nächste Seite: Die auf eigener Auswertung basierende Tabelle ordnet die Beiträge der Gegenfestschriften sechs Zeitphasen zu. Dabei sind Texte, die beginnend mit der Weimarer Zeit mehr als eine Phase umfassen, in die Rubrik „übergreifend" aufgenommen.[50] Die in den Spalten genannte Zahl weist dabei den prozentualen Anteil der einzelnen Phasen am Gesamtvolumen der mit Text bedruckten Seiten aus.

---

48 Politik 100x100. Blog des Fachgebiets Politikwissenschaft an der Universität Hamburg. https://politik100x100.blogs.uni-hamburg.de/100x100/ (5.1.2021); Ausstellung zur Geschichte des FB Sozialwissenschaften. https://www.wiso.uni-hamburg.de/fachbereich-sowi/ueber-den-fachbereich/geschichte.html (22.1.2021).
49 Die quellengesättigte Dokumentation des Theaterstücks bei Steffen, Nils u. Benjamin Roers (Hrsg.): Uni für Alle? Zur Gründungsgeschichte der Universität Hamburg. Hamburg 2019; Das Musical „a night at the audimax" ist auf Youtube abrufbar. https://youtu.be/ABOhwcwl7VY (22.12.2020).
50 In der Mehrzahl der Fälle ist in dieser Rubrik der Anteil an NS-Geschichte signifikant hoch.

Statistischer Anhang: Die thematische Ausrichtung der Gegenfestschriften

	Seiten	bis 1918	1918–1933	1933–1945	1945–1960	1960–1995	übergreifend
Bonn 1968	178	4,0	–	21,0	10,0	39,0	26,0
Hamburg 1969	340	–	–	4,0	23,0	42,0	31,0
München I 1972	92	21,0	–	26,0	5,0	42,0	6,0
München II 1972	112	–	–	–	–	50,0	50,0
Ø Zeitabschnitt 1	**180,5**	**6,25**	–	**12,75**	**9,5**	**43,25**	**28,25**
Marburg 1977	361	39,0	10,0	11,0	10,0	25,0	5,0
Tübingen 1977	323	12,0	–	9,0	–	36,0	43,0
Darmstadt 1977	101	14,0	10,0	21,0	7,0	48,0	–
Münster 1980	238	16,0	13,0	6,0	4,0	47,0	14,0
Gießen 1982	227	–	13,0	29,0	–	–	58,0
Heidelberg 1986	474	11,0	10,0	19,0	3,0	16,0	41,0
Göttingen 1987	486	–	–	39,0	–	–	61,0
Ø Zeitabschnitt 2	**315,7**	**13,1**	**8,0**	**19,2**	**3,4**	**24,6**	**31,7**
Köln 1988	275	8,0	–	23,0	–		25,0
Frankfurt 1989	219	–	–	64,0	–	–	36,0
Hamburg 1994	340	–	–	–	13,0	10,0	77,0
Aachen 1995	208	–	–	4,0	2,0	51,0	43,0
Ø Zeitabschnitt 3	**260,5**	**2,0**	–	**22,75**	**3,75**	**26,25**	**45,25**
Ø Gesamt	**252,2**	**7,1**	**2,7**	**18,2**	**5,6**	**31,3**	**35,1**

Beate Ceranski

„2 Wochen lang ist Stuttgart eine wirkliche Universitätsstadt". Das Stuttgarter Universitätsjubiläum 1979 und seine mediale Konstruktion

Abstract: The paper deals with the 150-year jubilee of the University of Stuttgart (until 1967: Technical University / Technische Hochschule) in 1979 which took place at the end of a both exciting and troublesome decade in the university's history. Making use of the comprehensive collection of newspaper clippings in the university archive, I show that the university followed a surprisingly open approach with regard to both jubilee contributors and visitors. Among others, a Marxist student group offering an „alternative" interpretation of the university history featured in the jubilee program, and the science and engineering departments opened their laboratories to thousands of visitors. In allowing this broad participation, the university sought to regain confidence and visibility with the local public. The press not only reported the festivity news but also conveyed (and sometimes reflected upon) the message of trustworthiness. I argue that this approach from media sources considerably deepens our understanding of identity formation through university jubilees. Offering so much more than factual information, newspaper reports as well as other media therefore deserve our careful consideration.

Einleitung

Die hier zitierte Überschrift der *Stuttgarter Zeitung* zu ihrem Beitrag anlässlich der Veröffentlichung des detaillierten Jubiläumsprogramms im September 1979 führt ins Zentrum des Jubiläumsgeschehens und zugleich ins Herz der Stuttgarter Universität.[1] Nur in der Ausnahmesituation des Festes, in der dichten Folge von Aktionen, Angeboten und nicht zuletzt entsprechender Berichterstattung im Oktober 1979 wird die Stadt, so das Diktum einer führenden Tageszeitung, „wirkli-

---

1 Ich danke Dr. Norbert Becker, dem Leiter des Universitätsarchivs Stuttgart, und Dr. Joachim Halbekann, dem Leiter des Stadtarchivs Esslingen, für ihre freundliche Unterstützung sowie Dr. Gerhard Zweckbronner dafür, dass er sich bereitwillig und hilfreich als Zeitzeuge zur Verfügung stellte.

che" Universitätsstadt in dem von der Zeitung nicht explizierten, aber zu unterstellenden Sinn, dass die Universität als identitätsstiftendes Element der Stadt wahrgenommen wird.[2] Als Universitätsstadt war Stuttgart in der Tat noch ganz jung. Erst 1967 war mit einem massiven Ausbau der Geisteswissenschaften aus der bereits traditionsreichen Technischen Hochschule (TH) eine Universität geworden, die sich allerdings Mitte der 1970er mit einer Sparwelle konfrontiert sah, die den gerade gewonnenen Status schon wieder in Frage stellte.[3] Neben altstadtromantischen Traditionsuniversitäten wie Tübingen, Heidelberg und Freiburg, zudem ohne die traditionell berufsständischen, ehemals oberen drei Fakultäten Theologie, Jura und Medizin eher eine Rumpfuniversität, galt Stuttgart vor allem als ein für viele potentielle Studierende im Ballungsraum erreichbarer, wohnortnaher und damit preisgünstiger Studienort für die gymnasialen Lehramtsstudiengänge – ein in der Bildungsexpansion der 1960er und 1970er Jahre wichtiger Aspekt. War in der Heimatstadt von Bosch, Daimler-Benz und Porsche mit mehr als einer halben Million Einwohner*innen die frisch gebackene Universität anders als etwa im benachbarten Tübingen weder in der Außen- noch in der Binnenwahrnehmung konstitutiv für die Identität der Stadt, so gerieten ab den 1960er Jahren auch die traditionsreicheren Natur- und Ingenieurwissenschaften im wahrsten Sinn des Wortes an den Rand der Stadtgesellschaft. Die schrittweise Verlegung der flächenintensiven Institute nach Stuttgart-Vaihingen, 10 km und knapp 250 Höhenmeter von den Innenstadtgebäuden entfernt, beeinträchtigte empfindlich die Verbindung zur Stadt, die erst 1985 mit der Eröffnung der S-Bahn-Strecke wieder hergestellt wurde.[4] Auch stieß die expansive Ansiedlung bei den Anwohner*innen im neuen Domizil Pfaffenwald nicht nur auf Freude. Nicht zuletzt belasteten immer wieder Finanzskandale die Hochschule; der bis dato jüngste von 1978 dürfte zum Jubiläumszeitpunkt noch im Erinnerungshorizont der Öffentlichkeit präsent gewesen sein. Auch wenn Stuttgarter Professoren wie der Physiker Hermann Haken oder der Architekt Frei Otto Weltruf genossen, war die

---

2 [ok]: 2 Wochen lang ist Stuttgart eine wirkliche Universitätsstadt. Empfänge – Opernabend – Jazz und Symphonisches – Kongresse und Vortragszyklen – Tage der offenen Institutstüren – Sportwettkämpfe – Volksfest und Hocketse – Ausstellungen. In: Stuttgarter Zeitung (19.9.1979); Anlass der Berichterstattung war die Veröffentlichung des detaillierten Festprogramms.
3 Vgl. Becker, Norbert u. Franz Quarthal (Hrsg.): Die Universität Stuttgart nach 1945. Geschichte, Entwicklungen, Persönlichkeiten. Ostfildern 2004; zur Bedeutung des gymnasialen Lehramts für den Ausbau der TH zur Universität vgl. Effenberger, Franz: Lothar Späths Forschungsförderung und Technologiepolitik am Beispiel der Universität Stuttgart. Stuttgart 2020. S. 48 f.
4 Zur Geschichte des Campus in Vaihingen einschließlich der S-Bahn Verbindung vgl. Hentschel, Klaus (Hrsg.): Historischer Campusführer der Universität Stuttgart. Bd. 2: Vahingen-Nord. Diepholz/Stuttgart 2014; siehe dort insbesondere die Einleitung und Objektbeschreibung A (S-Bahn-Station).

Situation für die jüngst zur Universität mutierte TH nicht einfach. Dass die unruhige hochschulpolitische Gesamtlage der späten 1960er und 1970er Jahre sich in Stuttgart nur in sehr reduziertem Maße niederschlug, hat die Situation vor Ort sicher vereinfacht, verschärfte aber möglicherweise den Verdacht, dass Stuttgart eben keine „wirkliche" Universitätsstadt wäre.

Begreift man Hochschuljubiläen als raumzeitliche Verdichtungen der Aushandlung und Zuschreibung institutioneller Identität, so lässt die gerade skizzierte Situation die Untersuchung des Jubiläums von 1979 umso gewinnbringender erscheinen. Das 150-jährige Jubiläum, das die Universität in jenem Jahr beging, lässt sich vor diesem Hintergrund auf die Bewältigungsstrategien befragen, mittels derer die Universität Politik und Öffentlichkeit, aber auch sich selbst ihrer institutionellen Identität und Integrität vergewisserte. Sie tat dies mit einer auf den ersten Blick überraschenden Strategie, indem sie auf eine ungewöhnlich breite *Partizipation* nach innen und nach außen setzte. In den Feierlichkeiten wie auch in den universitätsgeschichtlichen Publikationen, so meine These, suchte sie auf diese Weise *Identifikation* und *Vertrauen* zu stiften, sowohl nach innen als auch nach außen. Und sie tat dies offensichtlich mit Erfolg: Bezeichnenderweise sind, anders als in den zeitlich benachbarten Jubiläen der Universitäten Tübingen und Marburg, in Stuttgart keinerlei Gegen-Feierlichkeiten oder -Festschriften nachzuweisen.[5] Auch in den Jubiläumstexten klingen die hochschulpolitischen Auseinandersetzungen der 1970er Jahre etwa um das Hochschulrahmengesetz allenfalls verhalten abgrenzend an, so in der Aussage des Rektors, an der Universität Stuttgart werde „in schonungslos anspruchsvollen Studiengängen" studiert.[6] Zwar könnte sich auch das explizite Werben um Vertrauen an prominenter Stelle im Geleitwort des Jubiläumskalenders auf die allgemeine hochschulpolitische Konfliktlage der Zeit beziehen, aber die wiederholten Finanzskandale im Umfeld der Universität, von denen der jüngste zu dieser Zeit juristisch noch nicht abgeschlossen war, machen diese als hausgemachte Ursache für Vertrauensverlust mindestens genauso plausibel.[7]

Unter der Deutung der Stiftung von Identifikation und Vertrauen durch Partizipation stelle ich drei ausgewählte Aspekte des Jubiläumsgeschehens vor: die von der Universität anlässlich des Jubiläums ausgeschriebenen Wettbewerbe, die Öffnung der Universität gegenüber den Bürger*innen und die Referenzierung der Universitätsgeschichte in studentischen Feiern. Die Festschrift-Aktivitäten werden

---

5 Vgl. die Beiträge von Sarah Kramer und Gunnar B. Zimmermann in diesem Band.

6 Hunken, Karl-Heinz: Vorwort. In: Festkalender 150 Jahre Universität Stuttgart (Abreißkalender). S. 5.

7 Vgl. im Fazit dieses Beitrags die Ausführungen zur Berichterstattung in der Tageszeitung *Die Welt*, die diese Deutung stützt.

im letzten Abschnitt in ausgewählten Aspekten diskutiert. Zentraler Bestandteil meiner Quellenbasis ist die im Universitätsarchiv aufbewahrte Presseberichterstattung über das Jubiläum. Diesem in der hochschulgeschichtlichen Forschung bislang vergleichsweise wenig genutzten Genre ist darum der erste Abschnitt gewidmet.

Zeitungsausschnitte als hochschulgeschichtliche Quelle

Aus dem nur zwei Ordner umfassenden Aktenbestand zum Jubiläum 1979 im Universitätsarchiv ist eine Rekonstruktion der Vorbereitungen oder auch nur der Abläufe nicht möglich, auch wenn die Korrespondenz einiger Akteure, insbesondere der Historiker Johannes Voigt und August Nitschke, ausschnitthaft Einblicke in die Erstellung der Festschrift bietet.[8] Das detaillierte Festprogramm, das die Universität im Sommer 1979, einige Wochen vor den Feierlichkeiten, in zwei Fassungen herausbrachte (als thematisch gegliederte Broschüre mit Vorwort und historischem Abriss und außerdem als knappen Abreißkalender ohne weitere Begleittexte), ist für die Jubiläumsfeier die wichtigste Überlieferung der Institution selbst.

Vor diesem Hintergrund ist der umfangreiche, mehr als 200 Stücke umfassende, wenn auch stark redundante und in mehreren Sammlungen überlieferte Bestand an Zeitungsausschnitten zum Jubiläum im Universitätsarchiv von kaum zu überschätzendem heuristischen und Quellenwert.[9] Spannende Facetten des Jubiläums sind nur durch diese Zeitungsausschnitte zugänglich, die aber weit mehr als ein Lückenfüller der Universitätsüberlieferung sind. Als ein Medium sui generis transportieren sie das performative und als solches inhärent ephemere Jubiläumsgeschehen versprachlicht (und in den begleitenden Fotografien verbildlicht) unveränderlich als „immutable mobiles" durch Raum und Zeit und

---

8 Universitätsarchiv Stuttgart (fortan UASt), V 1000 – 3. Ein Ordner, und damit die Hälfte der Überlieferung, dokumentiert ausschließlich die Aktivitäten des Sportinstituts, die andere Hälfte enthält neben standardisierten Texten wie Einladungs- und Dankschreiben und der erwähnten Festschriftkorrespondenz etwa 100 Zeitungsausschnitte in Kopien.

9 Neben der regelmäßigen Zeitungsausschnittsammlung der Universität (Signatur AA), die über eine eigene Kartei verschlagwortet ist und auch (aber nicht primär) das Jubiläum dokumentiert, finden sich im Nachlass von Johannes Voigt eine umfangreiche Sammlung (UASt, SN 1/78) und im Rektoratsordner (Bestand V 1000 – 3) die in der vorigen Anmerkung erwähnte Kopiensammlung, die explizit als „Das Presse-Echo zum Universitätsjubiläum" gekennzeichnet ist.

machen es so für heutige Geschichtsschreibung zugänglich.[10] Durch die in ihrer papiernen Materialität geborgene Dauerhaftigkeit unterscheiden sich Zeitungen von den Massenmedien Rundfunk und Fernsehen, die hier nicht weiter betrachtet werden. Das Wechselspiel von Vergänglichkeit und Beständigkeit setzt sich im Zeitungsausschnitt auf faszinierende Weise fort: Die sprichwörtlich nur als kurzfristiges Medium gedachte „Zeitung von gestern" wird durch Ausschneiden, Aufkleben und Datieren neu gerahmt und als Teil des Pressespiegels auf Dauer gestellt.[11]

Die mediale Transformation des Performativen in Geschriebenes ist nicht nur für den historiographischen Zugriff von zentraler Bedeutung. Auch die zeitgenössische städtische Öffentlichkcit partizipierte jenseits der unmittelbar Anwesenden durch die Berichterstattung in einer Art „virtual witnessing" an den Veranstaltungen.[12] Die Presseberichterstattung erweiterte den Kreis der notwendigerweise immer nur relativ wenigen Anwesenden – selbst bei sehr gut besuchten Veranstaltungen wie den Tagen der Offenen Tür werden kaum mehr als ein bis zwei Prozent der Bevölkerung persönlich dabei gewesen sein – sowohl quantitativ als auch geographisch auf das Publikum der gesamten regionalzeitungslesenden Stadtgesellschaft. Wenn Stuttgart im Oktober 1979 „2 Wochen lang" eine „wirkliche Universitätsstadt" war, so hängt diese Identität auf Zeit nicht nur vom Jubiläumsgeschehen selbst, sondern genauso stark von dessen medialer Vermittlung ab. Sich als Bewohner*in einer Universitätsstadt zu empfinden, setzte in Stuttgart, wo die Universität weder einen städtebaulichen Referenzpunkt darstellte noch einen quantitativ relevanten Teil der Stadtgesellschaft

---

10 Latour, Bruno: Visualisation and Cognition: Drawing Things Together. In: Representation in Scientific Practice. Hrsg. von Michael Lynch u. Steve Woolgar. Cambridge, MA 1990. S. 19 – 68; Latour analysierte mit diesem Begriff, wie aus Versuchsanordnungen im Labor Zeichen auf Papier werden, die Überzeugungskraft über Distanzen in Zeit und Raum entfalten.

11 Grundlegend dazu Te Heesen, Anke: Der Zeitungsausschnitt. Ein Papierobjekt der Moderne. Frankfurt 2006.

12 Mit „virtual witnessing" beschreibt die Wissenschaftsgeschichte, wie in der Frühen Neuzeit für die hinter geschlossenen Labortüren durchgeführten Experimente Vertrauenswürdigkeit hergestellt wurde, nämlich durch derart detaillierte Beschreibungen, dass die Leser*innen der Publikationen das Gefühl bekamen, dabei gewesen zu sein; vgl. Shapin, Steven u. Simon Schaffer: Leviathan and The Air-Pump. Hobbes, Boyle, and The Experimental Life. Princeton 1985. S. 60 – 65. Neben der Zeitung gehören auch Rundfunk und Fernsehen zu den Medien, die virtuelle Partizipation eröffneten. Die Rundfunk- und Fernsehberichterstattung zum Jubiläum konnte im Rahmen dieser Untersuchung nicht recherchiert werden. AV-Überlieferung, etwa in der Fernsehberichterstattung, ist hochgradig ausschnittartig und unterliegt einer im Reportageskript wiederum vertextlichten Rahmung. Audiovisuelle Medien, etwa Ton- oder Filmaufnahmen, die als historische Quelle ohne Medienbruch Zugang zum Jubiläumsgeschehen geben könnten, sind, soweit wir wissen, im Stuttgarter Fall nicht produziert worden.

als Studierende, Beschäftigte oder Vermieter*innen in zugehörige soziale Rollen einband, eine medial vermittelte Partizipation geradezu voraus und verweist im Anschluss an Benedict Anderson auf die konstitutive Bedeutung der Presse für die Herstellung von Identität.[13] Zu fragen ist dabei, *welche* Identität von der feiernden Institution wie von der einzelnen Zeitung bzw. Berichterstattung konstruiert und plausibilisiert wurde.

In kommunikationstheoretischer Perspektive kann jeder einzelne Zeitungsartikel als Kommunikationsakt der Zeitungsredaktion an ihre Leser*innen aufgefasst werden. Anders als in privaten Sammlungen lässt die wohl von der Pressestelle erstellte und möglicherweise auch durch professionelle Pressedienste ergänzte Sammlung im Universitätsarchiv keine aktive Selektion in der Konstituierung des Korpus erkennen. Dafür gestattet die breite Überlieferung der Stuttgarter wie der regionalen und überregionalen Zeitungen die Rekonstruktion der ursprünglichen Kommunikationsakte der Universität, die sich in den Berichten vielfach brechen und widerspiegeln. Für viele Presseartikel lassen sich die Texte identifizieren, die den Journalisten Pate standen, so dass die intendierten und, spannender noch, die nicht intentionalen Botschaften der universitären Medienkommunikation freigelegt werden können. Von frappanter Wirkmächtigkeit erweisen sich einige wenige kurze Texte, allen voran das Grußwort des Rektors im Jubiläumskalender und der daran anschließende knappe chronologische Abriss der 150-jährigen Universitätsgeschichte von Johannes Voigt.

Historiographisch schließlich bedeutet die mediale Transformation in der Presseberichterstattung, dass die performative und die geschichtsschreibende Seite des Jubiläumsgeschehens ohne Medienbruch als ein kontinuierliches, ineinander übergehendes Spektrum von Aktivitäten interpretiert werden können.[14] Die nachträgliche Aufhebung der grundsätzlichen Differenz zwischen Performanz und Text, zwischen Erlebtem und Geschriebenem markiert einen spannenden Unterschied zu miterlebten Hochschuljubiläen. In der Zeitzeugenschaft nämlich bedürfen wir keiner Vertextlichung der performativen Elemente, sondern leisten sie – etwa beim Bericht über Ausstellungen – sogar selbst.

---

13 Anderson, Benedict: Imagined Communities. Reflections on the Origin and Spread of Nationalism. London 1983.

14 Anders als Mitchell Ash in seiner luziden Auseinandersetzung mit dem großen Wiener Jubiläum von 2015 unterscheide ich daher nicht zwischen historischer Reflexion und Eventkultur. Ash, Mitchell G.: Die Universitätsgeschichtsschreibung an der Universität Wien im Jubiläumsjahr 2015 – zwischen historischer Reflexion und Eventkultur. In: Universitätsgeschichte schreiben. Inhalte – Methoden – Fallbeispiele. Hrsg. von Livia Prüll, Christian George u. Frank Hüther. Göttingen 2019 (Beiträge zur Geschichte der Universität Mainz Neue Folge 14). S. 221–239.

Wettbewerb als Partizipation: *Mehr Gegenbilder als erwartet*

Die breite Einbeziehung universitärer und stadtgesellschaftlicher Gruppen begann schon beim Werbeauftritt. Für die Gestaltung der Jubiläumsplakate schrieb das Rektorat im März 1979 einen Wettbewerb aus, an dem Studierende der Universität Stuttgart sowie der Kunsthochschule und der Fachhochschule für Druck teilnehmen durften. Von den insgesamt 33 eingereichten Entwürfen war jedoch nach Ansicht der Jury keiner für die Jubiläumswerbung geeignet, da die Vorschläge, so die entsprechende Pressemeldung, *„mehr Gegenbilder als erwartet"*[15] enthielten. Die Entwürfe setzten sich durchweg in ironischer, mitunter liebevoller Brechung mit dem Jubiläum auseinander – indem etwa das „Rössle" als Stuttgarter Wappentier einen Doktorhut verpasst bekam, dessen Quaste ihm vor den Nüstern herumtanzte.[16] Während die Universität bei den Jubiläumsaktivitäten auch in erheblichem Maße kritische Auseinandersetzungen, etwa in Podiumsdiskussionen, zuließ, war hier, wo es um die Werbung für das Jubiläum ging, nur eine uneingeschränkt affirmative Partizipation willkommen. Zu dieser waren die jungen studentischen Designer*innen offensichtlich nicht bereit – und/oder unter den gegebenen Bedingungen nicht in der Lage. Vom Leiter der Jury, dem renommierten Graphikdesigner und Typographen Kurt Weidemann von der Staatlichen Akademie der Bildenden Künste, ist in der *Stuttgarter Zeitung* angesichts der völlig freien Ausschreibung, die lediglich die „nackten Zahlen" als Text vorgegeben hatte, die pointierte Kritik überliefert, dass „die Universität keine Hilfen gegeben hat, weil die Universität selbst nicht weiß, unter welcher Symbolik sie sich darstellen soll".[17] Ungeachtet des für die Universität enttäuschenden Ausgangs wurden die Entwürfe im Mai 1979 während einiger Wochen im Hauptgebäude der Universität gezeigt und anschließend vermutlich zurückgegeben oder vernichtet. Der Auftrag zum Entwurf der Jubiläumsplakate ging nun an Kurt Weidemann selbst, der gemeinsam mit einer studentischen Projektgruppe ein

---

15 [hb]: Mehr Gegenbilder als erwartet. Kritische Entwürfe im Urteil der Jury ungeeignet. In: Stuttgarter Zeitung (3.5.1979).

16 Der o.g. Zeitungsartikel enthält ein Photo, auf dem eine Betrachterin vor dem besagten Rössle-Plakat abgebildet ist; ein anderer, vermutlich im Stil eines Supermarkt-Werbeplakats aufgemachter Entwurf, ist andeutungsweise im Hintergrund erkennbar. Weder die Plakate noch Photos von ihnen sind überliefert.

17 Der vorgegebene Text lautete, in drei Zeilen gesetzt: „1829–1979 / 150 Jahre Universität Stuttgart / Oktober 1979". UASt Plakate PL 73: Ausschreibung für einen Plakatentwurf zur 150-Jahr-Feier der Universität Stuttgart.

Plakat gestaltete, das 150 Miniaturportraits aus verschiedenen Epochen zeigte, mutmaßlich (aber nirgends expliziert) von Stuttgarter Professoren und/oder Studierenden.[18] Institutionelle Identität durch gesammelte Köpfe – eine konventionellere und wenig spezifische Verbildlichung ist kaum denkbar. Dass auf dem Plakat auch eine Handvoll Frauen repräsentiert war, wird in der Berichterstattung über die Köpfe der „Wissenschaftler" und „Studenten" an keiner Stelle erkennbar. Visuell auf dem Plakat und über lange Phasen der Geschichte auch realiter nur eine kleine Minderheit, werden in der Vertextlichung der Zeitungsberichte die Frauen an der jubiläumsfeiernden Universität vollends unsichtbar. Auch im Kanon der immer wieder aufgerufenen Stationen der 150-jährigen Hochschulgeschichte spielt die Einführung des Frauenstudiums keine Rolle.[19]

Ebenfalls im Frühjahr 1979 brachte die Universität ein weiteres auf Partizipation angelegtes Projekt auf den Weg, das sich dieses Mal an die Stadtgesellschaft wandte. Kinder und Jugendliche zwischen neun und 18 Jahren waren eingeladen, an einem Geschichtswettbewerb teilzunehmen, bei dem „Bilder von Stuttgart aus einer beliebigen Zeit vor 1955 zu einem frei gewählten Thema zusammengestellt und kritisch kommentiert werden" sollten.[20] Der Mittelalterhistoriker August Nitschke, amtierender Prorektor im Jubiläumsjahr, stellte den Wettbewerb öffentlich vor. Erklärtes Anliegen war laut dem Bericht in den *Stuttgarter Nachrichten*, „lebendige Beziehungen, wie sie früher einmal bestanden haben, aber verkümmert sind" anlässlich des Jubiläums neu zu beleben. Der Zeitungsartikel, der den Start des Wettbewerbs verkündete, trug in seiner Überschrift allerdings weder das Wort Wettbewerb noch die intendierte Wiederbelebung, sondern lautete kurz und vernichtend „Verkümmerte Beziehungen" – eingerahmt von dem Obertitel „Universität Stuttgart feiert ihr 150jähriges Bestehen" und dem Thema des Wettbewerbs im Untertitel.[21] Die *Stuttgarter Zeitung* titelte am gleichen Tag immerhin „Ein Ausflug in die Vergangenheit" und setzte den Untertitel „Kontaktpflege durch einen Schüler- und Jugendwettbewerb".[22]

---

18 UASt Plakate PL 76: 150 Jahre Universität Stuttgart.

19 In der zeitgleich erschienenen, ungleich umfangreicheren Festschrift der TU Berlin gibt es dazu hingegen einen ausführlichen Aufsatz; vgl. Ceranski, Beate: Hochschule und Geschlecht. Kategoriale und metahistorische Reflexionen nicht nur zum Frauenstudium. In: Jahrbuch für Universitätsgeschichte 23 (2020) [im Druck].

20 Matt, Rüdiger: Verkümmerte Beziehungen. Wettbewerb „Das alte Stuttgart und seine Bürger". In: Stuttgarter Nachrichten (24.4.1979); auch das folgende Zitat ist aus diesem Artikel.

21 Matt, Beziehungen (wie Anm. 20).

22 O.V.: Ein Ausflug in die Vergangenheit. Kontaktpflege durch einen Schüler- und Jugendwettbewerb. In: Stuttgarter Zeitung (24.4.1979).

Die Ausschreibung wurde an alle Stuttgarter Schulen und Jugendhäuser verschickt. Geld- und Buchpreise wurden von der Stadt eingeworben und eine Jury eingesetzt, die aus vier Angehörigen des Stuttgarter Historischen Instituts – neben Nitschke und Voigt auch Eberhard Jäckel und Axel Kuhn – und einem Vertreter des Kulturamts der Stadt Stuttgart bestand. Enttäuscht musste Nitschke jedoch Ende August konstatieren, „daß uns keine Arbeiten zu diesem Thema zugeschickt wurden"[23]. Ob dies an der etwas verunglückten Presseberichterstattung oder dem sehr vage formulierten Thema lag oder ob den Jugendlichen schlicht geeignetes Bildmaterial fehlte, ist mangels Quellen nicht entscheidbar. Abhilfe für „verkümmerte Beziehungen" war diese Einladung der Historiker zur Lokalgeschichtsschreibung von unten jedenfalls nicht. Im Kontrast dazu verzeichnete der internationale Kinder- und Jugendwettbewerb „Natur und Bauen", der zum Jubiläum von dem weltbekannten Stuttgarter Architekten Frei Otto in Kooperation mit dem Institut für Auslandsbeziehungen ausgerichtet wurde, mehr als 650 Einsendungen aus aller Welt, und die Eröffnung der Ausstellung der eingereichten Arbeiten mit Robert Jungk als Festredner markierte einen Glanzpunkt der Jubiläumsfeierlichkeiten.

Auf der Suche nach der städtischen Öffentlichkeit: *„Akademisches" Bier fürs Volk*[24]

„Dem Vertrauen geht Kenntnis voraus. Ihr vor allem sollen die Veranstaltungen des Jubiläumsjahres dienen. Wir wollen den Bürger einladen, seine Universität kennenzulernen", schrieb Rektor Karl-Heinz Hunken programmatisch in das Vorwort des Festkalenders, der die zahlreichen Vorträge und Tage der Offenen Tür während der zwei Festwochen im Oktober 1979 auflistete.[25] Der Eröffnungsnachmittag am Samstag vor dem offiziellen Jubiläumsbeginn reiht sich in die gängige universitäre Festkultur ein.[26] Dem Fassanstich im extra für das Jubiläum in Vaihingen errichteten Festzelt mit dem Stuttgarter Oberbürgermeister folgte bezeichnenderweise ein „Volksfest mit Vaihinger Bürgern und Vereinen" und

---

23 UASt, SN 1 (NL Voigt), Korrespondenz: August Nitschke an Dr. Richart (Kulturamt), 31.7.1979; das Schreiben war als Anlage einem Dankbrief Nitschkes an Voigt für seine Bereitschaft zur Mitwirkung an der Jury beigefügt.
24 Staufer, Horst: In Stuttgart „akademisches" Bier fürs Volk. Zu ihrem 150. Geburtstag will die Universität ins Bewußtsein der Öffentlichkeit treten. In: Rhein-Neckar-Zeitung (31.8.1979).
25 Hunken, Vorwort (wie Anm. 6), S. 5.
26 Vgl. die Ausführungen von Sarah Kramer in diesem Band über die deutlich opulentere Feier in Tübingen.

nicht der Stuttgarter Stadtgesellschaft insgesamt. Das Werben um Vertrauen geschah, von langer Hand bei einem Treffen im Vaihinger Bezirksrathaus vorbereitet, buchstäblich vor Ort.[27]

Die Berichterstattung der Stuttgarter Presse über die Tage der Offenen Tür ist umfangreich und ausgesprochen freundlich, bisweilen humorvoll.[28] Durch Text und zahlreiche Bilder lädt sie zur Identifikation ein – Geschlechterstereotype inklusive: die Mutter, die sich für die Berufswahl des Sohnes informieren will, der von der Technik faszinierte Vater und schließlich der achtjährige Sohn, der „‚die Technik' viel interessanter fand als das Kinderprogramm". Die Zeitung wirkte nicht nur als Resonanzraum für die Universität in der Öffentlichkeit, sondern mit gezielten Hinweisen auf die positive Bewertung bestimmter Teile des Programms auch umgekehrt in die Universität zurück. Die heute ganz auf Kinder und Familien abgestellte Ausrichtung des Tags der Wissenschaft der Universität Stuttgart dürfte in diesen Jubiläumstagen ihren Anfang genommen haben.

Vertrauen und Identifikation bilden, so habe ich eingangs deutend formuliert, die beiden Brennpunkte des Jubiläumsgeschehens. Das Werben um die Anteilnahme der Stuttgarter Bevölkerung zeugt eindrücklich davon und weist zugleich über das Jubiläum hinaus. So ist die äußerst engagierte Mitwirkung des Instituts für Leibesübungen, das neben historischen Darbietungen zahlreiche Wettkämpfe in Einzel- und Mannschaftssportarten organisierte und dazu auch die Stuttgarter Vereine einlud, vor dem Hintergrund der zeitgenössischen Debatte um eine Institutionalisierung der Sportwissenschaften in Stuttgart zu sehen.[29] Das Institut für Energietechnik, zu dem auch die Kernenergietechnik mit eigenem Lehrreaktor gehörte, orientierte sein Vortragsangebot gezielt „an den gesellschaftlichen Fragen unserer Zeit"[30] und warb mit seinen zahlreichen Vorträgen um viel mehr als nur Vertrauen in die Universität Stuttgart. Angesichts des Reaktorunfalls von Three Mile Island im März 1979 und des 1977 nach jahrelangen Protesten aufgegebenen KKW-Projekts im badischen Wyhl dürfte hier vielmehr

---

27 Die Information über dieses Treffen ist wiederum nur durch einen Zeitungsausschnitt in den Rektoratsakten überliefert: [Ste]: Das Ziel: Engere Kontakte zwischen Vaihingen und der Universität. Großes Programm für 150-Jahr-Feier im Oktober. In: Filder-Zeitung (10.5.1979).

28 Vgl. etwa [isy]: Familienprogramm an der Uni. In: Stuttgarter Nachrichten (22.10.1979), wo unter anderem über die Ausstellung von Radarmessgeräten zur Geschwindigkeitsüberwachung im Verkehr berichtet wird. Auch das Folgezitat stammt aus diesem Bericht.

29 Vgl. dazu Effenberger, Franz: Lothar Späths Forschungsförderung und Technologiepolitik am Beispiel der Universität Stuttgart. Stuttgart 2020. S. 48.

30 O.V.: Zum Universitätsjubiläum: Populäre Vortragsreihe. In: Stuttgarter Zeitung (26.9.1979); die Themen erstreckten sich von allgemeinen energiepolitischen Themen über Fragen zur Sicherheit der Kernenergie bis zu medizinischen Anwendungen der Kernkraft durch radioaktive Isotope.

umgekehrt das symbolische Kapital der Universität zur Vertrauensbildung in eine zu dieser Zeit längst nicht mehr unumstrittene Spitzentechnologie genutzt worden sein.

Überhaupt spiegeln die Vorträge und Demonstrationen gesellschaftliche Themen der 1970er Jahre „nach dem Boom"[31]. Das reichte von Informationen für sparsames Heizen über Energiebedarf und -versorgung in Baden-Württemberg bis zu psychologischen Demonstrationsversuchen zum Thema Stress. Die Jubiläumspräsentationen gerade einer Technischen oder technisch geprägten Hochschule lassen sich, so meine These, als ein Seismograph sowohl für gesellschaftliche Alltagsfragen als auch für die mit Wissenschaft und Technik gekoppelten utopischen und dystopischen Zukunftsszenarien interpretieren. 1979 betraf dies ganz konkret die menschenleere Fabrik der Zukunft, die Energiegewinnung aus der Sonne per Fusionsreaktor und eben den Reaktorunfall. Jubiläumsgeschichte birgt hier reiches Potenzial über die Hochschulgeschichtsschreibung hinaus.

Anders als die geschilderten Wettbewerbe zur Mitgestaltung des Jubiläums war die Einladung, mit der sich die Universität in Vorträgen, Besichtigungsangeboten und Ausstellungen an die städtische Bevölkerung richtete, eine Erfolgsgeschichte ohne Wenn und Aber. Der kaum verhüllte Appell der Presse zur Fortsetzung dieser Aktivitäten, etwa in ein Besucherzitat verpackt, dass man leider solche interessanten Dinge „vielleicht erst in fünfzig Jahren beim nächsten Jubiläum wieder" sehen könne, wurde gehört.[32] 1983 fand im Kontext einer insgesamt intensivierten Öffentlichkeitsarbeit erstmals ein koordinierter Tag der Offenen Tür an der gesamten Universität statt.

Studentisches Feiern: *Ein Lächeln ins Auge von Wilhelm Zimmermann, eine Träne ins Auge des Rektors*

Mit ganz unterschiedlichen Angeboten beteiligten sich zahlreiche Hochschulgruppen, vom Konvent der Stuttgarter Verbindungen über den Allgemeinen Studentenausschuss (AStA)[33] bis zum Spartakusbund, am Jubiläumsprogramm. Zwei studentische Veranstaltungen nahmen explizit auf die Geschichte der Universität Stuttgart Bezug. Der Nachmittag der Fachschafts-Vertreterversammlung stellte

----

31 Doering-Manteuffel, Anselm u. Lutz Raphael: Nach dem Boom. Perspektiven auf die Zeitgeschichte seit 1970. 3. Aufl. Göttingen 2012.
32 [isy], Familienprogramm (wie Anm. 28).
33 Heute: Allgemeiner Studierendenausschuss.

unter dem oben genannten Slogan den profiliertesten liberalen Stuttgarter Dozenten des 19. Jahrhunderts in den Mittelpunkt. Der auch als „Bauernkrieg-Zimmermann" bekannte Historiker Wilhelm Zimmermann war 1848/49 Abgeordneter in der Paulskirche gewesen und 1851 wegen unverhohlener Sympathien für die Revolution als Professor in Stuttgart entlassen worden.[34] Während der Vortrag Voigts über ihn vor dem hochschulpolitischen Hintergrund der 1970er Jahre wenig überraschen mag, ist doch bemerkenswert, dass der zweite Vortrag dieses Nachmittags die Ehrung Bismarcks durch Stuttgarter Studenten zu Beginn des 20. Jahrhunderts thematisierte. Der Identifikationsfigur des liberalen Professors trat damit das ausgesprochen ambivalente Identifikationsangebot einer konservativ-reaktionären Studentenschaft an die Seite.[35] Universitätshistorische Forschung gereichte im performativen Vollzug des studentischen Feierns also einerseits in affirmativer Bezugnahme zum Identifikationsangebot und andererseits in produktiver Verunsicherung zur erinnerungs- und tages(hochschul)politischen Anfrage. Nur dank der Presseberichterstattung sind die Referenten und die aufschlussreichen Vortragsthemen überliefert; im Programm war lediglich von „Dozenten und Studenten" als Beiträgern die Rede gewesen.

Sucht man jenseits der geradezu gediegenen Provokation dieses historischen Nachmittagsprogramms nach „Gegen"-Aktivitäten, so wird ein im Universitätsarchiv überliefertes Plakat spannend, die „Festgabe der Fachschafts-Vertreterversammlung zur 150jährigen Jubelfeier der Universität Stuttgart als Erinnerung an die Vergangenheit und Mahnung für die Zukunft". Das Plakat, das in keinem mir bekannten Kontext erwähnt wird, ist das einzige überlieferte materielle Zeugnis einer kritischen Hinterfragung der Hochschule anlässlich ihres Jubiläums. Es zeigt neben einer antikisierend-heroisierend gezeichneten Männergestalt eine entfernt anthropomorphe Figur aus technischen Bauteilen und trägt unten zwei Texte. Der eine stammt von Bertold Brecht, betont die gesellschaftliche Verantwortung der Wissenschaften und ist lose der Statue zugeordnet. Der andere, dem roboterähnlichen Gebilde zugeordnete Text zitiert das Grußwort des

---

34 Vgl. Conrads, Norbert: Wilhelm Zimmermann (1807–1878), ein Stuttgarter Historiker. In: Müller, Roland u. Anton Schindling (Hrsg.): Bauernkrieg und Revolution. Wilhelm Zimmermann. Ein Radikaler aus Stuttgart. Stuttgart/Leipzig 2008 (Veröffentlichungen des Archivs der Stadt Stuttgart 100). S. 17–36.

35 Die beiden Vortragenden Voigt und Kuhn waren ausgewiesene Experten und hatten in der Festschrift die entsprechenden Kapitel über die betreffenden Epochen geschrieben: Voigt, Johannes H.: Lehre zwischen Politik und Wirtschaft 1829–1864. In: Festschrift zum 150jährigen Bestehen der Universität Stuttgart. Beiträge zur Geschichte der Universität. Hrsg. von dems. Stuttgart 1979. S. 3–138; Kuhn, Axel: Die Technische Hochschule Stuttgart im Kaiserreich. In: Ebd. S. 139–188.

Abb. 8: Plakat von Studierenden zum Universitätsjubiläum mit dem Titel „Festgabe der Fachschafts-Vertreterversammlung zur 150-jährigen Jubelfeier der Universität Stuttgart als Erinnerung an die Vergangenheit und Mahnung für die Zukunft" (Entwurf: Albrecht und Reichenberger), Universitätsarchiv Stuttgart PL 71.

Rektors aus dem Jubiläumskalender, wonach die Universität in der Forschung dem naturwissenschaftlich-technischen Fortschritt verpflichtet bleibe und in der Lehre der Aufgabe, „ihre Studenten in schonungslos anspruchsvollen Studiengängen gut und solide auf den künftigen Beruf vorzubereiten."[36]

Die zweite Veranstaltung mit expliziter Bezugnahme auf die Geschichte ist semantisch bereits im Titel als Gegenentwurf markiert. Unter der Überschrift „Geschichte der Universität Stuttgart alternativ" lud der Marxistische Studentenbund Spartakus zu einem „Abend mit Liedern, Texten und Szenen" über die „verfolgten Studenten bis zu den Berufsverboten heute".[37] Auch diese Veranstaltung war Teil des offiziellen Festkalenders, was als Indiz für die breite Konzeption des Jubiläums seitens des Rektorats gedeutet werden kann. Dass der Siedlungswasserbauer Karl-Heinz Hunken bereits seit 1971 als Rektor amtierte, die hochschulpolitischen Gärprozesse der 1970er Jahre miterlebt und in Stuttgart relativ ruhig gestaltet hatte, mag zu der Souveränität beigetragen haben, die sich in dieser breiten Mitwirkung aller studentischen Gruppen von den Verbindungen bis zum Spartakusbund am offiziellen Festprogramm ausdrückt. Nähere Informationen über die Festredner*innen sind leider nicht zu ermitteln, und diesmal hilft auch kein Zeitungsbericht weiter, weil die Veranstaltung, wie dann doch eine kurze Zeitungsnotiz verrät, kurzfristig ausfallen musste.[38]

Die Publikationen zum Jubiläum: *Maßlos enttäuscht [...] über den Verkauf*

Die anfänglichen Planungen der Universität für ihre Festschrift liegen mangels Quellen weitgehend im Dunkeln, aber ihr Hauptakteur, der Prorektor und Mittelalterhistoriker August Nitschke, steht zweifelsfrei fest. Nitschke traf spätestens ab Sommer 1977 Vorbereitungen für einen Sammelband zum Jubiläum, ehe er im Mai 1978 den Historikerkollegen Johannes Voigt bat, das Projekt zu übernehmen. Zwar sind in Voigts Korrespondenz noch Bemühungen um die thematische Präzisierung und Sicherung von Beiträgen zu finden, aber der Rahmen war fertig

---

36 UASt Plakate PL 67–90: Ausschreibung für einen Plakatentwurf zur 150-Jahr-Feier der Universität Stuttgart; Hunken, Vorwort (wie Anm. 6), S. 5

37 Festkalender 150 Jahre Universität Stuttgart (Abreißkalender), nicht paginiert, unter dem 25. Oktober 1979.

38 O.V.: 150-Jahr-Feier der Universität Stuttgart. In: Stuttgarter Zeitung (24.10.1979); bei der Liste der an diesem und am Folgetag stattfindenden Veranstaltungen ist am Schluss, durch Kursivschrift hervorgehoben, ohne weitere Angabe von Gründen vermerkt, dass die Veranstaltung ausfällt.

abgesteckt. Inhaltlich fällt auf, dass das Kernfach Maschinenbau in der Festschrift nicht vorkommt. Gravierende Kommunikationsprobleme mit dem anvisierten Autor hatten dies, wie aus der Korrespondenz im Voigt-Nachlass hervorgeht, vereitelt. Aus den Ingenieurwissenschaften waren deshalb nur Gerhard Zweckbronners allgemein gehaltener Überblick über die Ingenieurwissenschaften im 19. Jahrhundert sowie der Beitrag des emeritierten Elektrotechnikers Wilhelm Bader zur Geschichte der Elektrotechnik vertreten, während die naturwissenschaftlichen Richtungen vollständig behandelt wurden. Auch die „allgemeinbildenden" Fächer des 19. Jahrhunderts und – als einziger Text explizit zum 20. Jahrhundert – die Architektur waren in der Festschrift vertreten. Ergänzt wurde diese disziplinäre Gliederung durch Voigts ausführliche Darstellung der Frühphase bis 1864 und durch Kuhns Beitrag über die Technische Hochschule im Kaiserreich – diese beiden Epochen und Autoren waren Teil des Festnachmittags der Fachschafts-Vertreterversammlung. Ungewöhnlich war der Erarbeitungsprozess dieser ganz klassisch angelegten, wenn auch viele Lücken lassenden Festschrift: Die Autoren trafen sich drei Semester lang, vom Sommersemester 1978 bis Sommersemester 1979, alle 14 Tage zu einem Kolloquium, bei dem sie sich gegenseitig über Stand und Fortgang der Arbeiten sowie – angesichts der prekären Quellenlage besonders wichtig – über neue Quellenfunde informierten. Als erste umfassende Darstellung überhaupt[39] leistete die Festschrift im Hinblick auf Quellen fundamentale Erschließungsarbeit, zumal der Zweite Weltkrieg erhebliche Überlieferungsverluste mit sich gebracht hatte. Bei dieser Erschließungsarbeit profitierten die Autoren sehr von den Vorarbeiten des kurz zuvor nach Zürich gewechselten Wissenschaftshistorikers Heinz Balmer. Die Beiträger teilten ihre Funde mit den Mitstreitern und fungierten damit phasenweise auch als Forscherkollektiv.[40] Zugleich führte die regelmäßige gemeinsame Diskussion die Autoren, die keine historische Vorbildung besaßen, an das historische Arbeiten heran, was sich mitunter auch im Text niederschlug.[41] Gastgeber dieses beein-

---

39 Die Festschrift von 1929 enthielt Beiträge aller Stuttgarter Professoren zu ihren laufenden Forschungen. Zur Geschichte wurde nur ein knapper Abriss verfasst: Veesenmeyer, Emil: Geschichte der Technischen Hochschule. In: 100 Jahre Technische Hochschule Stuttgart. Stuttgart 1929, S. 7 – 21.

40 Belegt wird diese Zusammenarbeit durch Voigts Korrespondenz mit den Beiträgern der Festschrift, wo zum Austausch im Kolloquium eingeladen und über Quellen diskutiert wird; vgl. außerdem UASt, 44 (Zeitzeugeninterviews), darin: Zweckbronner, Gerhard: Erinnerungen zum Entstehen der Festschrift-Bände für das 150jährige Jubiläum der Universität Stuttgart 1979); vgl. auch Voigt, Johannes: Einleitung. In: Voigt, Festschrift (wie Anm. 35), S. 10 – 12, hier S. 11; sowie Hunken, Karl-Heinz: Vorwort. In: Voigt, Festschrift (wie Anm. 35), S. 7 – 9, hier S. 9.

41 Bader, Wilhelm: Die Elektrotechnik an der Technischen Hochschule. In: Voigt, Festschrift (wie Anm. 34), S. 330 – 355; Bader beruft sich (S. 354) für das zeitliche Ende seines Beitrags 1945 explizit

druckenden Autoren-Langzeitseminars war die Abteilung für Geschichte der Naturwissenschaften und Technik des Historischen Instituts, in deren Bibliothek auch ein entsprechender Handapparat bereit stand. Armin Hermann, der Ordinarius für Geschichte der Naturwissenschaften und Technik, war durch die Mitarbeit an dem Aufsatz über die Stuttgarter Physik ebenso beteiligt wie sein Assistent Gerhard Zweckbronner, der zudem auch den Mitautoren hilfreich zur Seite stand.

Nicht zuletzt war auch der Esslinger Historiker Otto Borst Teil dieser Runde. Borst verfasste eine für ein größeres Publikum gedachte historische Gesamtdarstellung der „Schule des Schwabenlandes", die in der zum Jubiläum neu gegründeten Reihe als erster Band erschien.[42] Ähnlich wie die Universität Tübingen hatte Stuttgart sich also zu einem Doppelschlag entschieden. Dabei mündeten die wissenschaftliche Erarbeitung der Geschichte der Universität und ihrer Forschungen einerseits – die eigentliche Festschrift – und eine unterhaltsam zu lesende Darstellung für ein breiteres Publikum andererseits in zwei verschiedene Publikationen.[43] Borst war zwar kein Stuttgarter Historiker, aber durch seine populäre Darstellung zur Geschichte Stuttgarts einschlägig ausgewiesen und durch zahlreiche Kontakte mit der Universität und mit Rektor Hunken verbunden. Der auflagenstarke Borst dürfte dem Rektorat als Erfolgsgarant für die Breitenwirkung der Stuttgarter Jubiläumsgeschichte erschienen sein und sein Engagement scheint auf Prorektor August Nitschke zurück zu gehen. Ob Borsts Manuskript von vornherein als Jubiläumsbeitrag geplant war, ist allerdings nicht eindeutig erkennbar, wie ein Schreiben Borsts an Rektor Hunke zeigt: „Daß ich durch Auftrag von Herrn Kollegen Nitschke und nach mehrfacher Rücksprache mit ihm, im Grunde aber schon seit Jahren an einer auch weitere Kreise erreichenden Geschichte der Universität Stuttgart arbeite, wissen Sie. Sicherlich werden wir dieserhalb, wenn die Dinge weiter gediehen sind, einmal zusammensit-

---

auf die Historiker, für die, „so sagte man dem Verfasser des Berichtes, die Vergangenheit etwa ein halbes Jahrhundert vor der Gegenwart" endet. Zu Baders historischer Arbeit im Zusammenhang mit dem Jubiläum vgl. auch Grunewald, Raimund: Wilhelm Bader. Eine Biographie. Dissertation. Stuttgart 2019. Online publiziert unter http://nbn-resolving.de/urn:nbn:de:bsz:93-opus-ds-106865, DOI 10.18419/opus-10669.

42 Borst, Otto: Schule des Schwabenlandes. Geschichte der Universität Stuttgart. Stuttgart 1979 (Die Universität Stuttgart 1); der Ausdruck „Schule des Schwabenlandes" wird in der Jubiläumsberichterstattung breit rezipiert. Er geht auf den württembergischen Staatspräsidenten Eugen Bolz zurück, der ihn 1929 zum 100-jährigen Jubiläum der TH Stuttgart geprägt hatte.

43 Voigt schreibt 1978 in Briefen von Borsts Schrift noch als „erstem Band" der Festschrift, aber im Jubiläumsjahr wird konsequent nur der Sammelband als Festschrift bezeichnet, Borsts Buch ist „die Geschichte der Uni Stuttgart". Die Gründe für diese semantische Verschiebung gehen aus der erhaltenen Korrespondenz leider nicht hervor.

zen."[44] Über den publizistischen Erfolg seiner ausgreifenden Darstellung war Borst allerdings „maßlos enttäuscht". Denn der erfolgsverwöhnte Esslinger musste sich mit einer nur dreistelligen Verkaufszahl (908 Exemplare bis März 1980) und damit weniger als einem Zehntel oder gar einem Zwanzigstel der Verkaufszahlen seiner Esslinger oder Stuttgarter Stadtgeschichte zufrieden geben.[45] Dabei dürfte sein Buch die eigentliche Festschrift, den von Voigt herausgegebenen Sammelband, hinsichtlich Verkaufszahlen noch um einiges übertroffen haben. In der Berichterstattung über die beiden Bände jedenfalls erhielt Borsts „Schule des Schwabenlandes" regelmäßig deutlich mehr Aufmerksamkeit als Voigts Festschrift. Die Einkaufszentrale für öffentliche Bibliotheken etwa riet vom Erwerb der Festschrift ab, da „naturgemäß" in den öffentlichen Bibliotheken „selbst in Südwestdeutschland nur ein kleiner Interessentenkreis zu erwarten" sei.[46]

Borsts publizistische Eitelkeit ließ ihn in seinem Brief an den Verleger eine fundamentale aufmerksamkeitsökonomische Konfliktlage thematisieren, die es wert wäre, auch über das Stuttgarter Beispiel hinaus untersucht zu werden:

> Als wirklichen Mangel empfinde ich, daß das Buch [...] in der Öffentlichkeit nie vorgestellt worden ist. Mehrere Buchhändler haben mir gesagt, daß der Festakt als evtl. Termin post quem damit überhaupt nichts zu tun habe. [...] das Buch ist zugleich ein Beitrag zur württembergischen Kultur- und Schulgeschichte, und das Kultusministerium selber (und bei dieser Gelegenheit offiziell die Presse etc.) hat das auf diese Weise nie erfahren.[47]

Da die beiden Schriften erst zum Beginn des Jubiläumszeitraums Mitte Oktober wirklich vorlagen, konnten sie von dem ersten Schub medialer Aufmerksamkeit, der mit der Veröffentlichung des Festprogramms verknüpft war, nicht profitieren. Sie blieben in dieser Vorberichterstattung (weitgehend) unsichtbar – ein Umstand, der bei Borsts Sekretärin für heftige Entrüstung sorgte und den einzigen mir bekannten Rezeptionsbeleg für Zeitungsausschnitte zum Universitätsjubiläum darstellt: „Warum wird in solchen Mitteilungen [der Erläuterung des Festkalenders in der *Esslinger Zeitung*, BC] nicht auch erwähnt, daß auch eine „Geschichte der Uni" geschrieben wurde? Flohmarkt, Hocketse, Fußball und Volleyball, soll

---

44 Stadtarchiv Esslingen (hinfort StadtAEss), Nachlass (fortan NL) Otto Borst, Nr. 206: Otto Borst an Karl-Heinz Hunken, 30.12.1977.

45 StadtAEss, NL Otto Borst, Nr. 209: Otto Borst an Ulrich Frank-Planitz (Deutsche Verlagsanstalt), 20.3.1980.

46 ekz-Informationsdienst Reutlingen12/79 (Einkaufszentrale für öffentliche Bibliotheken). Gefunden im Presse-Echo zum Universitätsjubiläum UASt V 1000 – 3.

47 StadtAEss, NL Otto Borst, Nr. 209: Otto Borst an Ulrich Frank-Planitz (Deutsche Verlagsanstalt), 20.3.1980.

das interessanter sein? So 'was ärgert selbst mich."[48] Auch die *Stuttgarter Zeitung* berichtete nicht direkt über die Festschrift(en), erwähnte sie aber in einer Reihe zugehöriger kleiner Notizen auf der gleichen Seite zwischen Festmusik und Jubiläumsmedaille (wahlweise in Gold oder Silber). Aus der Formulierung „Rechtzeitig zum Jubiläum auf dem Markt sind ..." geht indirekt hervor, dass die Bücher zum Zeitpunkt der Programmverkündigung Mitte September noch nicht erhältlich waren. Die „quirlig-bunte bis seriöse Festmaschinerie"[49] der Jubiläumswochen hatte der Präsentation der Festschrift und der Borst'schen Darstellung keinen Veranstaltungs-Slot eingeräumt. Sie belegte die öffentliche Aufmerksamkeit unter Kooperation der lokalen Presse jedoch so stark, dass Borsts Buch, das mit dem Jubiläum zusammenhing, aber anders als die von Voigt herausgegebene Festschrift dem eigenen Anspruch nach darüber hinausging, weder während des Jubiläums noch danach einen den Autor befriedigenden Platz in der öffentlichen Aufmerksamkeit fand. Dieser Konflikt erstreckte sich nicht nur auf das performative Format einer Buchvorstellung, sondern auch auf das geschriebene Wort auf dem Marktplatz der städtischen Aufmerksamkeit. Als die *Stuttgarter Zeitung* nach dem an Ereignissen so dichten ersten Jubiläumswochenende im Rahmen ihrer ganzseitigen Berichterstattung am Dienstag auch die beiden Jubiläumsbände abbildete, formulierte sie das aufmerksamkeitsökonomische Ressourcenproblem in bestechender Klarheit: „Die ausführliche Würdigung der beiden Werke soll den Tagen vorbehalten bleiben, die nicht durch die jubiläumsbedingte aktuelle Berichterstattung aus der Stuttgarter Universität *belastet* sind."[50] Die Zeitung beschränkte sich in dieser Notlage auf ein kurzes „Anteasern" der beiden Bände, wobei auf Borsts Monographie etwa zehn Zeilen verwendet wurden, auf Voigts Sammelband ganze drei Zeilen. Die in Bild und Text opulente Berichterstattung über Volksfest und Festakt nahm die Stuttgarter Leser*innen mitten in das Jubiläumsgeschehen hinein und spiegelte in dieser medial vermittelten Augenzeugenschaft nicht zuletzt den seit den 1960er Jahren gewandelten Charakter der Presseberichterstattung unter dem Einfluss des Fernsehens wider. Die historischen Bücher in ihrer robusten Materialität und zeitlosen Gültigkeit konnten und mussten angesichts der Fülle des Ephemeren, das nach tagesaktueller Re-

---

48 StadtAEss, NL Otto Borst, Nr. 187; der aufgeklebte und von Borsts Sekretärin annotierte Zeitungsausschnitt ist Beilage eines Briefes (als Durchschlag vorliegend) von Otto Borst an August Nitschke vom 12.9.1979. Darin mahnt Borst unter Hinweis auf ebendiese als Kopie beigefügte Beilage verstärkte Bemühungen zur Bekanntmachung seines Buches und der gesamten Reihe an.
49 [ok]: 2 Wochen lang (wie Anm. 2).
50 [ok]: Von braven Anfängen bis zum studentischen Aufbruch. In: Stuttgarter Zeitung (16.10. 1979). S. 18 (Hervorhebung BC).

präsentation im Medium Zeitung verlangte, ehe es sich der Erinnerung entzog, zurückstehen.

Fazit

Hat die Universität ihr Ziel, sich gegenüber der Öffentlichkeit als vertrauenswürdige Institution zu erweisen, erreicht? Lassen die in der Presseberichterstattung gleichsam geronnenen Zuschreibungen auf ein erfolgreiches Management der öffentlichen Erwartungen schließen? Kamen in der „Festmaschinerie" Neubestimmungen der universitären Identität überhaupt zum Zuge? Die *Stuttgarter Zeitung*, die man als Leitmedium der Berichterstattung bezeichnen kann, attestierte der Universität, in einer „kritischen Bestandsaufnahme" „nicht nur mit sich selbst zu feiern [...] sondern sich den Bürgern zu öffnen". Dieses „Wagnis", so kommentierte die *Stuttgarter Zeitung* nach dem ersten Jubiläumswochenende, wolle sie durch „den Versuch, über die Routine der pflichtgemäßen Berichterstattung hinaus diese Selbstdarstellung zugänglich zu machen", honorieren.[51] Der breite partizipatorische Ansatz des Rektorats, auch kritische, „alternative" und zur Diskussion provozierende Veranstaltungen in das offizielle Jubiläumsprogramm einzubinden, hatte das Vertrauen der Presse gewonnen und damit den Weg geebnet für eine Konstellation, die man heute als Medienpartnerschaft bezeichnen würde. Die reich bebilderte, dichte und alle Facetten des Jubiläums abdeckende Presseberichterstattung dürfte ihrerseits die Wahrnehmung und das Vertrauen der Stuttgarter*innen in die Universität gestärkt haben. Das Risiko der Offenheit, so ein erstes Fazit, zahlte sich in Symbiose mit der Tagespresse in öffentlicher Sichtbarkeit und einem klaren Identifikationsangebot aus – letzteres an eine Gesellschaft, die nicht mehr selbstverständlich wissenschafts- und technikaffirmativ gesinnt war.

Verlässt man die Lokalpresse, so lockern sich Bindungen und Loyalitäten. Als die Tageszeitung *Die Welt* Anfang Oktober über das anstehende Jubiläum berichtete, thematisierte auch sie, durch die Worte des Rektors im Festkalender dazu veranlasst, die Bitte um Vertrauen. Vertrauen wurde hier zunächst hochschulpolitisch gewendet, der Stuttgarter Universität wurde „Idylle" und ihren Studierenden wurden „Rechtschaffenheit und Fleiß, Studieneifer und sorgsame Nutzung der hochwertigen technischen Ausstattung" attestiert. Der Vertrauensverlust, so die Zeitung, sei vielmehr durch den vom Rechnungshof beanstandeten

---

51 [of]: Die Universität und wir. In: Stuttgarter Zeitung (18.10.1979). S. 18; alle Zitate aus diesem Leitartikel.

„leichtfertigen, nahezu schludrigen Umgang" mit den ihr anvertrauten Geldern und den „finanziellen Filz an den ‚Instituten an der Universität'" bedingt.[52] Während die noch laufende Untersuchung finanzieller Unregelmäßigkeiten in der Lokalpresse im Zusammenhang mit dem Jubiläum nur gelegentlich leise anklang, griff hier eine überregionale Zeitung, nicht durch Loyalitäten oder persönliche Kontakte gebunden, den jüngsten Stuttgarter Finanzskandal ungeniert zur Deutung universitärer Befindlichkeit auf. Das Vertrauen, um welches in der Vermittlung des Jubiläums durch die Zeitungen geworben wird, wird also unterschiedlich gefasst, und die in der medialen Konstruktion entstehende Universität ebenfalls. Welche Repräsentation der Hochschule den Leser*innen entgegen tritt, so ein zweites Fazit, hängt nicht (nur) von der politischen Orientierung der jeweiligen Zeitung ab, sondern (auch) von ihrer regionalen Bindung an die jubiläumsfeiernde Hochschule.[53] Ein Vergleich mit der lokalen und überregionalen Presseberichterstattung über andere Hochschuljubiläen wäre der naheliegende Ansatz für weitere Untersuchungen.

Drittens wurde die Identität der Universität Stuttgart wesentlich durch ihre Geschichte bestimmt. Die – so postuliert es die Bezeichnung – für ganz Württemberg wichtige „Schule des Schwabenlands" wurde erstaunlich konsequent in ihren institutionellen Wandlungen benannt, die doppelte Identität als „junge" Universität und etablierte Technische Hochschule immer wieder thematisiert. Routinemäßig wurden in der Presseberichterstattung, aber auch in den historischen Vorträgen des studentischen Jubiläumsgeschehens, die kanonischen Stationen der Hochschulgeschichte aufgerufen, und in den Feuilletons der Wochenendausgaben kam Borsts opulente Schilderung der Gründungs- und Hochschulgeschichte zum Zuge. Für die eigentliche historische Festschrift dagegen gab es in jenen zwei Wochen enorm verdichteter Ereignisse und Berichterstattung, in denen Stuttgart „eine wirkliche Universitätsstadt" war, keinen Platz in der öffentlichen Arena. Im Kampf um die Aufmerksamkeit war sie chancenlos gegen Festakt, Flohmarkt und Windkanal und auch gegen Borsts nicht als Festschrift deklarierte, aber die Wahrnehmung dominierende populäre Darstellung.

Nur auf den ersten Blick verblüfft, dass, viertens und letztens, für die meisten journalistischen Texte ein Kürzestextrakt der Universitätsgeschichte ohnehin völlig ausreichte. Diese Funktion übernahm auf zwei kleinformatigen Seiten ein Abriss „Zur Entwicklung der Universität Stuttgart" im Festkalender. Die darin

---

52 O.V.: Große Uni-Hocketse bei Weinbrunnen und Tanz. In: Die Welt (3.10.1979).
53 Die Abhängigkeit der Presseberichterstattung von der jeweiligen (in diesem Fall politischen) Prägung der Zeitungen ist vor allem für die 68er Bewegung diskutiert worden; vgl. grundlegend Kraushaar, Wolfgang: 1968 und die Massenmedien. In: Archiv für Sozialgeschichte 41 (2001). S. 317–347.

von Voigt zusammengestellten Zahlen, Daten und Fakten finden sich in erstaunlicher Vollständigkeit in unzähligen Presseberichten wieder und zeugen, wie auch das standardmäßige Aufrufen des Vertrauens-Topos aus dem Vorwort des Rektors, eindrücklich von der Rezeptionsdominanz und damit Deutungsmacht dieser „kleinen" Texte, die erst in der Synopse der Zeitungsausschnittsammlung heraustritt.

Sowohl als Echokammer wie auch als wirkmächtige, Teilhabe vermittelnde gesellschaftliche Instanz spielte die Presseberichterstattung im Jubiläumsgeschehen eine zentrale Rolle. Aus der tagesaktuellen Flüchtigkeit herausgenommen und in der Zeitungsausschnittsammlung aufbewahrt, ist ihr universitätshistorisches Potenzial noch längst nicht ausgeschöpft.

Ning de Coninck-Smith

Constructing and Reconstructing History. University Jubilees at Aarhus University. Told and Untold, 1928–1978

Abstract: This chapter investigates the told and untold, when writing university jubilee histories. The case in point is Aarhus University. The text has a triple ambition. First, it shows how history was a tool and an argument for the creation of an university in Aarhus – and how it kept its legitimizing role even after the university was established in 1928. The narrative was anchored in a mix of private storytelling by members of 'the pioneering generation' and commissioned jubilee histories. Institutional as well as personal ambitions were of importance to the staging of the past. History was used, but also done. Second, I challenge some of the silences in the jubilee histories through a gendered and affective reading of institutional and private archives of some of the university's founding fathers. This approach takes its inspiration from feminist thinker Maria Tamboukou's neo-materialist reading of archives as laboratories, where silences and fragments engage the fantasy and imagination of the historian. Thirdly, I wish to contribute to the reflections on how to connect institutional jubilee histories with narratives of academic every day routine, lived and done by men and women who interact, with all the passions, conflicts, power and gendered hierarchies this entails.

Introduction

Wednesday, the 11th of September 1946 was an important date in the history of Aarhus University. On this day, the university inaugurated its main building with the impressive aula. In October 1944, a British air raid directed towards the Gestapo headquarter at the student halls, had accidentally destroyed the building then under construction. It had killed a total of 75 workers and German soldiers and buried the architect under the ruble. Two years later, in September 1946, the university's rebirth took place, accompanied by speeches by the rector in front of 800 guests and the promotion of the first honorary doctors. The event

Note: The author would like to thank the editors as well as Hans Buhl, Tyge Krogh, Palle Lykke, Josephine May, Mogens Rüdiger and Signild Vallgårda for useful comments and information.

spurred several publications, written by some of the main protagonists about the early days of the university.

This chapter sets out to discuss what is told and is *not* told when university histories, and especially jubilee histories, are written. In the first part of my contribution, I will show how a narrative about the origins of Aarhus University was created by an inner circle of men with different stakes in the genesis, but also how the process was contested to such a degree that some of the disagreements were addressed in private correspondence. Taken together, it becomes clear, that the writing of the history of the university was not a given thing. How this history was written mattered as meaning-making, it mattered to identities, for self-perception and individual legacy, and it mattered as a conflictual and entangled process, where actual lives within academia crossed memoirs, newspaper clippings, private documents and correspondence.

The chapter is anchored in an understanding of the university as something *done* or performed by different, but interacting, men and women, as a process which is embodied in everyday routines with all the passions, conflicts and emotions, power, hierarchies and expectations, but also materialities and buildings this involves.[1] In the second part, I therefore continue my reflections on the uncovering of the *un*told stories by twisting the narratives surrounding the university's origins and by focusing on how the first temporary lecturer in English was employed at Aarhus University. In the final section, I reflect on the making of university history in a dual and entangled sense: as jubilee histories and as stories of academic everyday life.

September 1946: A New Beginning

Let us return to that solemn inauguration event in September 1946 in Aarhus, with its rows of men in white ties and tailcoats, accompanied by their wives in evening dresses and pretty hats. The chair of the university board, the mayor, the minister of education, the rector and the chair of the building committee spoke at length about the building, the efforts and financial support of local entrepreneurs, the city council and state authorities, which had made this happen. The speakers praised how students and teachers would benefit from the special design of the new university. According to the rector, the linguist and pro-

---

1 De Coninck-Smith, Ning: Gender encounters university – university encounters gender: affective archives Aarhus University, Denmark 1928–1953. In: Women's History Review 29:3 (2020). pp. 413–428.

fessor Ad. Stender-Petersen (1893–1963), the building would be like a real 'Alma Mater', greeting its students with open arms, love and comfort. In accordance with modern work techniques, which demanded efficiency also of academic labor, each institute had been equipped with a library, study and teaching spaces and offices. The teachers would move their research out of their private homes and students and teachers could meet and mingle in the lobby, at the libraries or in the offices. The new building complex was part of the campus design plan, which had its origins in the very early days of the university after the First World War. It stood in stark contrast to the University of Copenhagen with its many dispersed buildings and residence halls, where students – especially from the province – could easily get lost.

Apart from a few references to the long and winding road to get this far, the history of the university's first opening in 1928 was not on the speakers' agenda – even if the inauguration event took place on the same date, the 11th of September, that would be remembered as the founding day. According to the mayor, the history could be studied in several recently published books. What really mattered to the festive orators now was the present; the collaboration among Nordic universities, the cooperation between Aarhus and Copenhagen, and the importance of science in order to re-build the post-war world. "Science demands everything from man", as the chairman of the university board Carl Holst-Knudsen phrased it. With the new building, Aarhus University had made a major step to advance the working conditions of teachers, scientists and students.[2]

---

2 Anon.: Aarhus Universitets Indvielses- og Promotionsfest den 11. September 1946. Beretning udgivet efter Aarhus Universitets Lærerforsamlings Foranstaltning af Universitetets Rektor". In: *Acta Jutlandica, Aarsskrift for Aarhus Universitet XIX,1 (U 4)* (1947). p. 7.

Abb. 9: Inauguration of the new main building of Aarhus University on September 11, 1946, 18 years after the university's founding. At this occasion, the first eight honorary doctors were promoted. The professor of medicine Knud Faber, who had played a central role in the creation of Aarhus University, can be seen at the very left of the first row.
Unknown photographer, photograph from the Aarhus University History archive.[3]

---

3 The photograph is accessible on the website "Fotos fra Indvielses- og Promotionsfesten 1946" [Photos from the inauguration and promotion festivities 1946]. https://auhist.au.dk/showroom/galleri/begivenheder/indvielses-ogpromotionsfest11.september1946/fotosfraindvielses-ogpromotionsfesten1945/ (15.2.2021).

Abb. 10: Rector and professor of Slavonic languages Ad. Stender-Petersen is overseeing the process of promoting one of the many honorary doctors at the celebration in September 1946. Stender-Petersen is wearing the rector's chain which had been donated to Aarhus University in 1935 by the chairman of the university board, Carl Holst-Petersen. Like the promotion of honorary doctors, the rector's chain was an important emblem of the new university other than academic gowns which were not put into use, despite Knud Faber's commendation. Faber had in 1928 also suggested a cantata to mark the beginning of the new university. For the promotion celebration in 1946, a new cantata had been created (libretto: Tom Kristensen, music: Knud Jeppesen).
Unknown photographer, photograph from the Aarhus University History archive.[4]

1953: History on the Agenda

Seven years later, when Aarhus University celebrated its 25 years anniversary, the set up was identical, with speeches and the promotion of honorary professors. However, it was also different. The party lasted for three days from September 11 to September 13, 1953, with the university campus turned into a festive area with

---

4 "Fotos fra Indvielses- og Promotionsfesten 1946" [Photos from the inauguration and promotion festivities 1946]. https://auhist.au.dk/showroom/galleri/begivenheder/indvielses-ogpromo tionsfest11.september1946/fotosfraindvielses-ogpromotionsfesten1945/ (15.2.2021).

shooting booths, carrousels and bands playing. And the university had decided that the jubilee should include the publication of its first official history. The author was Andreas Blinkenberg (1893–1982), professor of Roman philology and a former rector of the university. The task had obviously not been easy and, in the preface, Blinkenberg explained that he had chosen to write an institutional story, despite running the risk that this approach would result in a rather 'abstract' and 'dry' history. The alternative would have been an anecdotal history focusing on the individuals who "embodied the ideas and made history," frequently in dramatic situations, as he wrote.[5]

Blinkenberg's choice might echo his position among the first five employed in 1928. With a background in the arts and humanities, it is not surprising that he showed most knowledge of the changes within the faculty of humanities, while developments within the faculties of medicine, law and economics and theology were described in less detail. A number of statistics were included that underpinned the impression of a university that had grown more and faster than predicted. A list of employees (which did not include the first woman, the laboratory assistant and engineer Ingrid Beck, employed in 1936) and the inclusion of the most important laws and regulations completed this image.

Despite his desire to leave personal conflicts aside, Blinkenberg mentioned how the personal interests and personalities of his colleagues had influenced the design of the courses. "In these cases, history was definitely a result of the men, their temperament, ambitions and other limitations in their outlook," he wrote.[6] These personal conflicts and tensions had intensified during the years 1931–1934, before the final approval of the humanities courses by the state authorities and the subsequent appointment of the university's first tenured professors. Tensions rose especially among those who were among the Aarhus "faculty pioneers" but still feared their jobs were under threat from external applicants. In the end, though, everybody had been working for the same goal: the founding of an independent university with four faculties. And the perceived threat never materialized, as all seven of those who had first been employed as lecturers were now being promoted to professors.[7]

Blinkenberg's comments and his selection of narratives made me curious. Which opaque – untold – stories was he referring to? How did these subtexts connect, cross or challenge the institutional narrative which he had been composing? Blinkenberg's narrative was taken to heart by the rector of the university,

---

5 Blinkenberg, Andreas: Aarhus Universitet 1928–1953. København 1953. p. 7.
6 Blinkenberg, Aarhus Universitet (cf. note 5), pp. 37–38.
7 Blinkenberg, Aarhus Universitet (cf. note 5), pp. 38–40.

the professor in Danish language Peter Skautrup (1896 – 1982), in his remarks which opened the anniversary festivities in 1953. Skautrup simply held that "The need was there – the university had to come," adding that names were not necessary: "We all know who they were – and some are even present today." What really mattered, according to Skautrup, was the spirit of unity, the will to fight – and the massive public support, which had made wealthy business people and local citizens donate money and valuables, even before university teaching [*Universitetsundervisningen i Jylland*] had become a reality.[8]

Storylines and Contestations: Using and *Doing* History

Rector Skautrup was not the first who used history to consolidate the image of Aarhus University. Since the very first days of the campaign for a second Danish university at the end of the 19th century, history had served as an important tool for its advocates.[9] A story about the future university's genesis had already entered the appendix to a 1925 parliamentary report on the possibilities of establishing a university in Jutland. Roots were traced back to the Renaissance, when several Danish kings had supported the idea of a university located in the later provinces of Schleswig and Holstein. However, nothing came of it, and during the next two centuries, several proposals were put forward for a Danish 'academy of higher learning' to be located in the city of Viborg, an administrative nexus with a high density of lawyers, pastors and teachers. The Copenhagen Fire of 1728, which hit the University of Copenhagen hard, initially made this idea an attractive one. Nevertheless, the decision was made to rebuild and restructure the university infrastructure in Copenhagen (dating back to 1479), since the idea of moving the university to Jutland had raised too much opposition.

By 1925, the arguments for establishing a second Danish university were presented in the aforementioned appendix. They referred to the importance of bringing Danish "Bildung" to the border region between Germany and Denmark; the need to create a better educational balance between Copenhagen and the rest of the country; the advantages of having two competing academic environments to

---

8 Beretning om Jubilæums- og Promotionsfesten [Report on the jubilee festivities in the Aarhus University. Report for the academic year 1953/54. p. 19]. https://auhist.au.dk/fileadmin/www.auhist.au.dk/filer/Fest_-_Jubilaeums-_og_Promotionsfesten_1953.pdf (14. 2. 2021).
9 See the list of publications in Blinkenberg, Aarhus Universitet (cf. note 5), pp. 219 – 221.

drive scientific development; and the over-enrolment of students at Copenhagen University after the war. Especially the Faculty of Medicine was suffering from a lack of facilities and teachers in the mid-1920s, but studies within the humanities were also high in demand due to a growing need for high school teachers.[10]

A key figure in this long process was Victor Albeck (1869 – 1933), chief obstetrician at the Birth Clinic in Aarhus. As a member and, from 1926 onwards, chair of *Universitets-Samvirket*, [The University Cooperative] he was pivotal in the process of lobbying among local politicians and business men to bring the university to Aarhus. Albeck published an expanded version of the 1925 ministerial account, focusing on the arguments for establishing a faculty of medicine in Aarhus.[11] In 1929, Albeck and another of the first five Aarhus employees, the associate professor in German Christen Møller, cut the long history short and focused on the latest developments in a pamphlet, which also included clippings from the parliamentary debates. It was a story about a difficult beginning, which also involved the disappointment when the original dream of a new university with a faculty of medicine as its core had to be abandoned for financial and political reasons, as well as due to academic opposition from the faculty of medicine at the University of Copenhagen. The planned medicine faculty was replaced by much cheaper foundational and private courses in philosophy and modern languages. Albeck's and Møller's story was also one of local support and trust from the city council, the inhabitants of Aarhus and wealthy business people, and it described how difficulties and skepticism were overcome.[12]

Albeck died a few months before the inauguration of the first university building in September 1933, but others were ready to continue the history-writing and to ensure that his and their contributions were not forgotten. This inner circle of authors included Albeck's comrade in arms, the Copenhagen-based professor of medicine Knud Faber (1862 – 1956), local politician and member of the Danish Parliament for the Social-Democratic Party Axel Sneum (1879 – 1958), and, behind the scenes, another Copenhagen-based professor, historian Erik Arup (1876 – 1951), as well as Erling Stensgård (1876 – 1966), head librarian at Aarhus State Library.

---

10 Hendriksen, Georg: Arbejdet for Oprettelse af et Universitet i Jylland indtil Kommissionens Nedsættelse, in Betænkning afgiven af Udvalget om Oprettelse af et Universitet i Jylland. København 1925. pp. 189 – 198.

11 Albeck, Victor: Arbejdet for Oprettelse af et Universitet i Jylland inden Kommissionens Nedsættelse. s.l. 1925.

12 Albeck, Victor and Chresten Møller: Arbejdet for Oprettelsen af et Universitet i Aarhus. Aarhus 1929.

As was mentioned by the Social-Democratic major of the city of Aarhus, Svend Unmack-Larsen (1893–1965) in his speech at the inauguration of the main building in September 1946, several historical narratives about the coming-into-being of Aarhus University had recently been published. The authors were the very members of the above-mentioned inner circle. Three publications stood out in Unmack-Larsen's speech. Among them were two memoirs: The memoirs of Knud Faber from 1946 were entitled *Opbygningen af Aarhus Universitet* [The creation of Aarhus University]. And the memoirs of Axel Sneum, published in 1946, bore the title *Da vi started Aarhus Universitet* [When we started Aarhus University].[13] The two men had been positioned very differently in the creation process. Faber was located in Copenhagen with close ties to the faculty of medicine, the government and the ministry of education. Sneum was a Social Democratic member of Parliament and had close connections to the city council. It is hardly surprising that their versions of the founding story differed. While Knud Faber had written from an elitist academic perspective about the negotiations at the University of Copenhagen and at the ministry of education, Axel Sneum had taken a popular approach, stressing the good will of the city council and the inhabitants of Aarhus. In contrast to Faber's description of the importance of patience, caution and networking, Sneum accentuated the shrewdness of the local decision makers when it short-circuited and sped up the approval process through various methods like paying a summer visit to the King at his summer residence, which was located outside Aarhus.[14] In a third publication also from 1946 and with the title *Danmarks nye Universitet. Et overskue* [Denmarks new university. An overview], the future rector Peter Skautrup presented an institutional approach, based on the university yearbooks and legal documents.[15]

One issue which touched two related questions caused strong disagreement around 1946, though: namely the question who had, in 1927, managed to steer the ship through the treacherous waves caused by a financial crisis, a change of government and by skepticism, if not direct resistance, from the faculty of medicine at Copenhagen? And which had been the decisive argument for the ultimate success, that is the founding of Aarhus university? This dispute went back to 1931, when the head librarian of the State Library in Aarhus, Erling Stensgård, had been invited to write his biographical entry to *Kraks Blaa Bog* [Who is Who in Denmark] and later repeated his version of the founding story in *Acta Jutland-*

---

13 Faber, Knud: Opbygningen af Aarhus Universitet. København 1946; Sneum, Axel: Da vi startede Aarhus Universitet. København 1946.

14 Sneum, Aarhus Universitet (cf. note 13). p. 87.

15 Skautrup, Peter: Danmarks nye Universitet. Et overskue. Aarhus 1946.

ica, the Aarhus University Yearbook in 1933. At both occasions, Stensgård presented himself as the man, who had come up with a proposal, which had led straight to the establishment of Aarhus University. According to this narrative, Stensgård had publicly aired his idea at a dinner party in June 1927 which had marked the 25-year anniversary of Aarhus State Library.[16]

Stensgård's description contrasted with how Albeck and Møller had depicted the events in their 1929 version of the early history of Aarhus University. In their contribution, they claimed that it was professor Erik Arup, who had cherished considerable sympathy for the idea of a second university in Aarhus, and who ultimately had managed to transform the various loose ideas suggested by, among others, the head librarian in the preceding years, into a serious and coherent plan. The idea was to give up the plan for a medical school and begin with private university tuition in modern languages and philosophy and then gradually gain state approval and funding.[17]

Erling Stensgård's claim to fame, though, was partially supported by Axel Sneum and Peter Skautrup in 1946. To Sneum, the decisive argument had been a wish to relieve the University in Copenhagen from an overload of new students through the creation of elementary teaching in philosophy, Danish and modern languages in Aarhus upon the proposal by Stensgård and later picked up in the press by Arup. Skautrup seemed to agree with this chronology.[18] Head librarian Stensgård took this as an acknowledgement of his key role and sent his anonymous review of Skautrup's 1946 book for a local newspaper to Erik Arup.[19] Arup's reply letter shows that the discussion on who had pioneered the idea that got the ball rolling towards the future state approval of the university in 1931 also mattered to him. In his reply, Arup did not dispute that Stensgård had come up with the idea of introductory courses in modern languages, thereby accepting that establishing a faculty of medicine in Aarhus was not a possibility at that moment. However, Arup stressed in his response to Stensgård, that Stensgård had not mentioned establishing a one-year philosophy course. Instead, he himself, Erik Arup, had done so, and this had been the *real* game changer.[20] Because, the approval of this course by the state authorities meant

---

16 Acta Jutlandica (1933), p. VIII; see also Erling Stensgård levnedsberetning [autobiography] 4.2.1939, Ordenskapitlet.

17 Albeck/Møller, Arbejdet (cf. note 12), pp. 29–30.

18 Skautrup, Danmarks nye Universitet (cf. note 15), p. 9.

19 The Royal Library, Copenhagen, Erik Arup's archive, Aarhus Venstreblad 13.9.1946; the letter from Stensgård to Arup has not been preserved in Arup's archive, only the newspaper clip, sent to Arup from Steensgaard.

20 The Royal Library, Copenhagen, Erik Arup's archive: Arup to Stensgård, 25.9.1946.

an approval of university teaching in Aarhus, as the introductory course in philosophy [*filosofikum*] was a precondition for university studies at all faculties. The importance of the matter led Arup to send copies of his reply to Stensgård to Knud Faber and to Peter Skautrup – as well as to the chair of the board of Aarhus University, Carl Holst-Knudsen (1886–1956). The latter had, also in 1946, published a text on the collaboration between city and university in the early years of Aarhus University.[21] Arup's decision to circulate copies of his correspondence with Stensgård might have prompted Faber to inform Arup in late September 1946 that he had sought to set the record straight in his own version of the story. Faber's opinion was that Erling Stensgård had not played a role of any importance in the founding of the university "regardless what he thinks."[22] Faber had expressed this view already in 1932 in a booklet about Aarhus University's past and present.[23]

In 1953, Andreas Blinkenberg in his 25-year anniversary history would share the honor between Arup and Stensgård without delving into whether the courses in modern languages or the philosophy course had been more important.[24] With this, it could have been expected that that the dispute was settled and would attract no further attention. But quite the opposite was the case.

In 1978, Gustav Albeck (1906–1995), professor in Danish language and literature at Aarhus University, decided to set the record straight. In a new history of Aarhus University, marking its 50th anniversary, Gustav Albeck based his version of the story on his father's private archive: on the correspondence of the late Victor Albeck, the obstetrician in Aarhus who had in the 1920s actively lobbied for a medical school. In a letter from January 1927, about five months before the above-mentioned dinner party for the jubilee of Aarhus State Library, Knud Faber recommended Victor Albeck to abandon the idea of a medical school, replace it with public lectures within the humanities, and push the city council to build a small auditorium to host the lectures. Faber considered that there was a whole series of Copenhagen emeriti professors who gladly would travel to Aarhus to teach such public lectures. In case Victor Albeck was interested, he

<hr>

21 Holst-Knudsen, Carl: Nogle Bemærkninger om Forholdet imellem Aarhus kommune og Aarhus Universitet. In: Acta Jutlandica 18:1 (1946). pp. 3–14; Letters from Arup to Skautrup, Faber and Holst-Knudsen in Erik Arup's archive.
22 The Royal Library, Copenhagen, Erik Arup's archive: Faber to Arup, 29.9.1946.
23 Faber, Knud: Aarhus Universitet. Dets fortid og nutid. København 1932. p. 18.
24 Blinkenberg, Aarhus Universitet (cf. note 5), p. 20.

might as well approach Erik Arup to whom Knud Faber had spoken and who would be happy to assist in further developing the idea.[25]

From another letter from July 1927, it became clear, that Erik Arup was not only eager to see a second Danish university, but also eager to find a position for the philosopher Kort K. Kortsen (1882–1939). Kortsen was by that time holding a temporary position as a lecturer in Danish language at the University of Reykjavik. His term was nearing its end and because of his health, a renewal was not an option. As a member of the Danish-Islandic foundation overseeing Danish language and culture teaching in Reykjavik, Arup felt obliged to help Kortsten to get a new job. He therefore recommended Victor Albeck to hire Kortsen to teach philosophy courses in Aarhus. Albeck followed the advice. The board of university teaching in Jutland invited Kortsen for an interview and succeeded to persuade him to apply, although there was no pension and the position would – again – be temporary.[26]

Gustav Albeck's reference in 1978 to the private correspondence between his father Victor Albeck and Knud Faber thus supported a narrative which had been created years before by the inner circle of protagonists: It held that the university had had a difficult birth and that only a mixture of local funding, shrewdness plus a good instinct for the political game, intense networking and a handful of persistent advocates had made the start happen. However, even the letters between Albeck and Faber did not really solve the question of who had developed the decisive idea, and it is probably fair to say that Aarhus University had several committed fathers. And it is also fair to state that this was not a completely untold or unknown history, since Stensgård had claimed at several occasions that he had been the man with the bright idea. What had been untold, at least publicly, were the reactions by Erik Arup and Knud Faber. This testifies to the affective part of the story. To be remembered by history mattered to all of them, regardless of whether they made a public claim or not. Nevertheless, it was the 11th of September 1928 which stood out as the date of foundation in all the above-mentioned publications, even if the festive inauguration of the main building on the 11th of September 1946 would become a reference for Aarhus University's later history.

---

25 Letter from Faber to Albeck, 16.1.1927. In: Albeck, Gustav: Bidrag til det jyske universitets forhistorie, Universitetsforlaget i Aarhus, 1978. p. 135.
26 Letter from Arup to Albeck, 6.7.1927. In: Albeck, Bidrag (cf. note 25), pp. 138–139; regarding the decisions at the board meeting see Forhandlingsprotokol for Universitetsundervisningen i Jylland 14.4.1928–17.4.1939, Aarhus Universitets arkiv, Rigsarkivet, meeting 5.5.1928.

Twisted and Entangled Academic Lives

On this September day of 1928, 68 students, four lecturers and one professor attended the inauguration of *Universitetsundervisningen i Jylland* [university teaching in Jutland] together with the minister of education, the local initiators, and representatives from the University of Copenhagen and the Aarhus City Council. When the year was over, the number of students, who took classes on a weekly basis at the top floor at the Technical School, had risen to 78.[27] While the 1928 inauguration did not make headlines in national newspapers, is was, as Knud Faber claimed in 1932, the day of birth of the university, "even if it was still far from fully developed"; the birth of its ties with the city of Aarhus, and the start for its new employees. As a greeting to the new institution and as a statement of its local importance, the city authorities had decorated the streets with flags.[28]

Before granting its acceptance of the new higher learning institution in Aarhus that would ultimately lead to the inauguration in September 1928, the Danish ministry of education had demanded, that the Copenhagen faculty of philosophy approved the plans. This was not as easy as it might have seemed, and the members of the faculty went through highly emotional discussions before they accepted the proposal to set up elementary university teaching at Aarhus with a 32:30 vote. The critics warned against an undermining of academic standards, if research assistants were assigned to do the teaching job instead of university professors with a substantial academic record. But the majority thought it a foreseeable risk, due to the private and local support of the courses, with no prospect of state funding (yet). And the risk should further be reduced by establishing the condition that the candidates for the teaching positions in Aarhus should undergo an academic selection process.[29]

As a result, a selection committee was set up comprising three Copenhagen professors for each of the five open teaching positions in Aarhus. The position for English language teaching stood out, since two of the five applicants for this position were women. Behind the scenes, Victor Albeck shared his opinion with Knud Faber. He found that the two female applicants Grethe Hjort (1903–

---

27 Skautrup, Danmarks nye Universitet (cf. note 15), p. 11.
28 Faber, Aarhus Universitet (cf. note 23), p. 20; see also Skautrup, Danmarks nye Universitet (cf. note 15), p. 11.
29 Blinkenberg, Aarhus Universitet (cf. note 5), pp. 21–22.

1967) and Johanne Stockholm[30] were "presumably the best qualified" for the position, as they were also recommended by the renowned linguist Otto Jespersen, professor at the University of Copenhagen.[31] One week later, a letter from history professor Erik Arup to Victor Albeck mentioned two other applicants, both were men. The first was Torsten Dahl (1897–1968), an assistant professor at the Copenhagen English department. The second was an Englishman named O. T. Pryce/Price[32], who in Arup's opinion had put himself in an impossible position by swapping his British citizenship for a German, despite his anti-German writings. Arup also knew that one of the professors from the English department in Copenhagen had voted for Torsten Dahl and that one of the others might have voted for Grethe Hjort, who, like Dahl, held a temporary position at the University of Copenhagen. A third faculty member had voted for "the Englishman".[33] In a draft for an update to Knud Faber, who was on vacation in France, Erik Arup wrote: "Please find some news from the battlefield". In the letter, Arup repeated his opinion that the British professor was non-eligible. It therefore would be "better to pick Torsten Dahl."[34]

The selection committee handed in its recommendation at the end of August 1928. By then, the number of applicants for the English teaching position had risen to five. All three committee members agreed that the four Danes were talented scholars with sound teaching experience, good language skills and thus could be considered as "academic prospects." However, since none of them had written anything of a character enabling the members to properly assess their academic prowess, the committee felt forced to conclude that any selection on these grounds would be unfair and arbitrary. Given the temporary nature of the position, the committee's majority, which consisted of the professors Brusendorff and Bøgholm, opted for Pryce. They argued that Pryce would bring something to Aarhus that had so far not existed in Copenhagen, namely teaching by a native speaker. This argument was contested by the committee's third mem-

30 The archive Bryn Mawr College holds no information about Stockholm's date of birth or death.
31 The Royal Library, Copenhagen, Knud Faber's archive: Victor Albeck to Knud Faber, 20.7. 1928.
32 According to the local newspaper *Aarhus Stifttidende*, Pryce had been employed at Kiel University, but fled to Denmark due to 'nationalist extremism' and then gave lectures at the University of Copenhagen. Pryce/Price was in his fifties and had written a series of books on English language and literature. The newspaper most likely (mis)spelled his name as P.P. Price, see: Anonym.: Engelsk Docent i Engelsk? [An Englishman teaching English?] Aarhus Stifttidende, 28.8. 1928.
33 Aarhus University archive, Victor Albeck's archive: Erik Arup to Victor Albeck, 1.8.1928.
34 The Royal Library, Copenhagen, Erik Arup's private archive: Arup to Faber, 21.8.1928 (draft).

ber, professor Bodelsen. His opinion was that academic positions in Denmark should be filled with Danes. And he feared that Pryce's lack of proficiency in Danish would cause problems when teaching elementary English. Once again stressing the temporary nature of the position, Bodelsen suggested to vote for Torsten Dahl because of his good exam results, language skills and his teaching experience.[35]

Postponing the decision until September was not acceptable to the board of "University Teaching in Jutland" in Aarhus, who had decided to start the courses by the beginning of September 1928. Something happened that must have over-ruled the committee's resolution right on time, because at the board meeting on the final day of August, Torsten Dahl was listed as the new lecturer in English. Dahl was granted the lowest salary of all the new employees, and in contrast to the other men on the list of employees, his first name was not added until later. This could be a coincidence or it could be due to the controversy surrounding the appointment and the fact that the decision was made at the last minute.[36]

Careers on the Move

Contrary to what Arup had told Faber, none of the two female applicants, Grethe Hjort and Johanne Stockholm, were taken into consideration by the members of the selection committee. The gold medal from the University of Copenhagen, which Grethe Hjort had received for her master's thesis at the age of 23, was obviously not enough to assess her academic skills. Shortly thereafter, both women left Denmark. Hjort travelled to the United Kingdom, where she earned a PhD from Newnham College for women before being appointed as Pfeiffer research fellow (1931–34) at Girton College for women in Cambridge (UK). In England, Grethe Hjort changed her name to Greta Hort and became a British citizen. Hjort/Hort then pursued an international career which took her to Australia as rector of the Women's College at the University of Melbourne and later to Prague, where she studied Old Testament texts and worked as a translator, collaborating with her life partner, the geographer Julie Moscheles (1892–1956). In 1939, Moscheles had escaped the Nazi occupation of Czechoslovakia to take up a position as professor at the University of Melbourne. The two women had met through their involvement in the Czechoslovak exile branch of the Red Cross So-

---

35 Københavns Universitet, Det humanistiske fakultet 1920–1975, journalsager 1920 IT-1940, kasse 21, journalsag IT-1 Universitetet i Jylland, læg: Ansøgninger 1928: Indstilling Aage Brusendorff and Niels Bøgholm, 20.8.1928; Indstilling Aage Bodelsen, 23.8.1928.
36 Forhandlingsprotokol (cf. note 26).

ciety which Greta Hort presided.[37] In 1957, after the death of Julie Moscheles, Hort returned to Denmark as Grethe Hjort. She took up a position as lecturer in English at Aarhus University and was appointed full professor in 1958. Torsten Dahl became her closest colleague until her death in 1967. Meanwhile, Johanne Stockholm had travelled to the United States, where she gained a PhD from Bryn Mawr College, a women's liberal arts college. She remained in the U.S. and taught for 28 years as an associate professor at Sweet Briar College in Virginia, a women-only college specializing in horse riding.

The trajectory of both women was similar to many of the first generations of female academics who left their country of birth to pursue their research interests abroad. An analysis of the students who attended Girton and Newnham women's colleges before 1939 shows that the majority of these female scholars, like Stockholm and Hjort, later took up positions within university and college teaching.[38] According to Torsten Dahl, who wrote an obituary for Grethe Hjort, she had left her home country because "she could not see an academic career for herself in Denmark."[39] Dahl honored Hjort's efforts to spread knowledge of Commonwealth literature in Denmark, her expertise in Shakespeare's plays and her research into English poetry from the Middle Ages. At the core of Dahl's obituary was a personal portrait of Hjort, where he underlined how her life reflected the conflicts between Anglo-Saxon and Danish academic cultures. Hjort had prioritized efficiency over academic freedom, he wrote; she had been a lone wolf, but also enjoyed the company of others; she had been self-centered, but at the same time curious and helpful. She had demanded a lot of both herself and others and sacrificed her sleep to find time to write. An important character trait was her willingness to fight for recognition of her academic competences "without being aggressive." Dahl here referred to Grethe Hjort's lifelong effort to establish herself within academia.[40] These efforts had sometimes led to disappointments that Hjort could not shake off with a smile. Dahl's text was eloquent and balanced without hiding some of the tensions in his friendship with Hjort.

---

37 For biographical information on Greta Hort see: http://adb.anu.edu.au/biography/hort-greta-10549 (14. 2. 2021); and: https://www.kvinfo.dk/side/170/bio/451/ (14. 2. 2021); on Julia Moscheles see: https://cs.wikipedia.org/wiki/Julie_Moschelesov%C3%A1 [in Czech, translated to Danish] (14. 2. 2021).

38 Goodman, Joyce et al.: Travelling careers. Overseas migration patterns in the professional lives of women attending Girton and Newnham before 1939. In: History of Education 40:2 (2011). pp. 179–196.

39 Grethe Hjort (1903–1967). https://auhist.au.dk/showroom/galleri/personer/grethehjort1903-1967/ (14. 2. 2021); see also the Torsten Dahl's obituary on Grethe Hjort. https://auhist.au.dk/showroom/galleri/personer/grethehjort1903-1967/nekrologovergrethehjort/ (15. 2. 2021).

40 Torsten Dahl (cf. note 39).

The memoirs of a former student at the department describe the sometimes strained relationship between the two English professors, by recounting how energetically Grethe Hjort, in contrast to Dahl, who had a tendency to fall asleep during classes, would teach her courses. After many years abroad, her English language skills were superior to Torsten Dahl's: "Dahl obviously had to swallow a few bitter pills after her arrival."[41]

In 1946, Dahl was decorated with the Order of the Dannebrog by the King of Denmark. As was custom, he had written an autobiographical statement for the occasion. In it, he recalled his childhood, wife and family life and his academic career, conceding that he had suffered from writer's block. "My academic publications could easily be overlooked, since they are so few," Dahl wrote, adding that he could have gained a name as an author if writing academic texts had come as easily to him as composing songs for festive occasions. Dahl admitted that he had been given the chance of a lifetime when appointed as a lecturer in Aarhus in 1928. And he stressed that all that had mattered to him ever since had been teaching and supervising his students.[42]

Dahl did not mention – and might not have known – that his initial appointment had not been a smooth ride. Nor did he mention that his promotion to full professor in 1934 had been contested by the Copenhagen faculty of philosophy because of his limited academic merits. By contrast, the selection committee had supported Dahl's candidature, pointing out that he had spent most of his time further developing the English courses and that this should be considered a merit in its own right. From a correspondence between Dahl and two members of the selection committee we learn that Dahl had an unfinished habilitation thesis in the drawer. When things were dragging on, he began to worry about his chances. The two professors, who were also his former teachers, went to great lengths in order to comfort him. One of them even broke his oath of confidentiality to inform Dahl about the discussion within the faculty.[43] Ultimately, the recommendation of his candidature was only accepted by the faculty of philosophy

41 Jørn Carlsens erindringer om Grethe Hjort. https://auhist.au.dk/showroom/galleri/personer/grethehjort1903-1967/joerncarlsenserindringeromgrethehjort/ (14.2.2021)
42 Dahl, Torsten: Levnedsberetning [autobiography] 1946. Unprinted manuscript in Ordenskapitlet [The Chapter of the Royal Orders of Chivalry].
43 Aarhus university archive, Torsten Dahl, private archive: Niels Bøgholm to Torsten Dahl, 30.8.1934; see also Aage Bodelsen to Torsten Dahl, 11.7.1934; see also the letter sent by the Konsistorium from 29.6.1934 to the Undervisningsministeriet on postponing the decision, and the minutes from 15.10.1934 regarding the concerns of the faculty members: Undervisningsministeriet, 2. departement, 1. kontor, Journalsager 1916–1962, box 820, journalsag 1625/34.

because there was a rush to ensure that seven professors were in place as a condition for the final state approval of the faculty of humanities in Aarhus.[44]

We do not know how Grethe Hjort viewed her life or academic trajectory, nor how she experienced her return to Aarhus in 1957. She left a private, but classified archive. According to the memoirs of her above cited former student and to Torsten Dahl's obituary, she seems to have had some difficult years. Maybe because she herself was a difficult person; maybe because the university was far from accustomed to female professors, as Hjort was only the second woman to be nominated for a full professorship. In 1965, Grethe Hjort finally seems to have received broader acknowledgement for her achievements as she was both awarded the prestigious Tagea Brandt scholarship and was decorated by the King.[45] Ironically, after all these years of fighting for recognition, the royal administration forgot to register her decoration and she never completed the customary autobiographical description which would depict her.

Lines of Thought

As was the case with the story about who had fathered the ultimate idea which eventually led to the creation of Aarhus University, the story about the twisted and entangled academic lives of Torsten Dahl and Grethe Hjort does not yield itself for a final conclusion. It is highly probable that there is more to say about why Dahl was preferred to Hjort and the other three applicants in 1928. And without a doubt, there is more to find out about the time Hjort spent in Australia, Czechoslovakia and later in Aarhus. The fragmented, incomplete or classified archives do not supply the answers (so far). But the dust-covered brown archival boxes with their aura of the past are able to engage the researcher's fantasy and imagination to fill the gaps and to literally "think outside of the box," as a Danish expression goes.[46]

I will therefore leave my protagonists aside and return to the choice Andreas Blinkenberg faced in the early 1950es after he had accepted to write the official

<hr>

44 Københavns Universitet, Det humanistiske fakultet 1920–1975, journalsager 1920 IT-1940, kasse 22, journalsag IT, læg Aarhus 1934: Indstilling af Torsten Dahl, 11.6.1934; Indstilling til konsistorium 26.9.1934.
45 For the decoration of Grethe Hjort see Jyllands-Posten 5.10.1965, p. 6; on the Tagea Brandt scholarship: Tagea Brandts Rejselegat. https://da.wikipedia.org/wiki/Tagea_Brandts_Re jselegat#1960'erne (21.2.2021).
46 Tamboukou, Maria: Archival research. Unravelling space/time/matter entanglements and fragments. In: Qualitative Research 14:5 (2014). pp. 617–633, p. 628.

history of the first 25 years of Aarhus University. Should he choose a personal or an institutional approach? Blinkenberg opted for the latter, which seemed to make good sense. Members from the 'pioneering generations' were still around and it might not have helped Aarhus University's branding, if Blinkenberg's history had unveiled the personal conflicts, ambitions and/or incompetence of the founding fathers and early staff. There was simply no reason to step on someone's toes at that moment. Blinkenberg had his agenda as had all the others who contributed to the narratives about Aarhus University. From the start, history was a tool and an argument for the creation of a university in Jutland, and it remained central for the justification of a new Danish university. At first, history was literally made by those who were present at the inauguration of the teaching courses in September 1928. By the time of the inauguration of the main university building in September 1946, the university's history had been abundantly written by members of the pioneering generation. It was finally given official approval with the publication of Blinkenberg's jubilee history in 1953. In 1978, when the university celebrated its 50 years anniversary, the publication of letters exchanged by Victor Albeck and Knud Faber added another layer to this, by now, official story about a difficult and even dramatic beginning. The approach that I use challenges some of the silences, gaps and opacities in these narratives with the help of an affective and gendered reading of institutional as well as private archives of some of the university's founding fathers. The overall purpose is to reflect on methods of how to connect institutional history with the history of everyday life in academia.

My chapter contains two examples of how personal lives and experiences were interwoven with the political and institutional structures. My first case shows how the writing of university history was imbued with personal interests and ambitions and how decisions were made behind closed doors to sanction one version and silence another. To the professors Knud Faber and Erik Arup, librarian Erling Stensgård's share in the story was at best minimal, since he had not understood the rules of the game.

My second case shows the gendered and affective juggling with academic expectations. The status of the new university hinged on the academic qualifications of its lecturers and professors, as they were defined and sanctioned by the members of the faculty of philosophy at Copenhagen University. The case shows that in 'real life', the doings of academia gave way for interpretations. In this process, networks and timing as well as gender, qualifications and life stories gained importance. A close reading of how the first lecturer and later the two professors at the English department where employed shows how academic lives could be twisted and entangled and how this resulted in different academic chronologies: Torsten Dahl earned his professorship in Denmark early in life, Grethe Hjort got hers late. Dahl drew on his network and developed strategies to compensate for his 'writers block', while Hjort made use of her international experiences when fighting for academic acknowledgement.

None of these stories were considered important to be included in the official university history. This is not surprising, since the decision on what becomes part of an official, institutional history and what does not enter it can be understood as a structural phenomenon built on power, politics and gender. By its very nature, the seemingly non-spectacular routine of selecting and employing the first staff for the incipient university had, as other controversies surrounding the early days in Aarhus, to be invisible and its discovery was and is left to the re-reading and creative imagination of later researchers. During this process, I have gradually come to understand university archives as a kind of holy grails loaded with emotions and affection, power and politics, the told and the untold stories. This is exactly why the stories they contain ring so familiar.[47]

My approach from a close reading and gender perspective has focused on those moments when the archival material became 'affectively involving' or even glowing and thereby related to my own academic experience.[48] Following the feminist theoretician Maria Tamboukou's neo-materialist readings of archival work, we should not expect the story to lay in the archive, just waiting to be told by the researcher. Rather, the story and thus university (jubilee) history is a becoming or potentiality, a product of the researcher's own involvement and spatio-temporal rhythms.[49]

Does a gendered and affective reading change the history of Aarhus University in a substantial way? The answer is both no and yes. It does not change the meta-narrative about a difficult beginning and a 'glorious' result. But it changes the way the story is told by moving the focus from the non-personal, institutional and political towards focusing on how universities are *done* in the course of their everyday routine and, thus, by demonstrating that individual views and passions, conflicts and emotions were central to the development of the second Danish university.

---

47 De Coninck-Smith, Gender (cf. note 1).
48 Timm Knudsen, Britta and Carsten Stage (eds.): Affective Methodologies. Developing Cultural Research Strategies for the Study of Affect. Basingstoke 2015. p. 7.
49 Tamboukou, Archival research (cf. note 46), p. 631; Tamboukou, Maria: Feeling narrative in the archive. the question of serendipity. In: Qualitative Research 16:2 (2016). pp. 151–166, p. 151, p. 152.

Rezente Jubiläumspraktiken | Recent Anniversary Practices

Juliane Mikoletzky

200 Jahre TU Wien: Vom Versuch, ein Jubiläum (fast) ohne Geschichte zu feiern

Abstract: The 200 Years Anniversary of TU Wien in 2015 happened in a difficult context: Like all Austrian Universities, TU Wien since 2004 had experienced a period of far reaching organizational reforms, challenging, among other things, the corporate identity of its members. In addition, it had to compete with two other Viennese universities (Vienna University and Vienna University of Veterinary Medicine), who also celebrated their anniversaries in 2015, for resources and public attention. The paper examines the strategies of TU Wien to gain a maximum of attention for its unique scientific competencies and at the same time strengthen internal corporate identity. Reviewing the celebrations of earlier anniversaries, this contribution shows which festive traditions were continued and which new ways of defining and presenting a corporate image of the university were developed. In addition, the strategies of TU Wien are compared with those of its two competitors in anniversary celebration, using commemorative publications and other media, to point out differences and similarities of the respective festive cultures.

Einleitung

Das 200-Jahr-Jubiläum der Technische Universität Wien (TU Wien) im Jahr 2015 fiel in eine Zeit, in der sich das österreichische Universitätssystem in einem grundlegenden Umbruch befand. Durch die Umsetzung des Universitätsgesetzes 2002 (UG 02) ab dem Jahr 2004 waren die österreichischen Hochschulen rechtlich aus dem unmittelbaren Zuständigkeitsbereich des damaligen Bundesministeriums für Wissenschaft und Forschung ausgegliedert und in eine weitgehende Autonomie als Körperschaften öffentlichen Rechts entlassen worden. Dadurch wurde eine Phase tiefgreifender Umstrukturierungen eingeleitet, die natürlich auch die TU Wien betraf.

Für sie kamen noch zwei weitere Zäsuren hinzu: Erstens hatte sich das Rektorat schon 2006 gegen eine komplette Verlegung der Universität an den Stadtrand von Wien und stattdessen für den Verbleib in der Stadt entschieden. Es folgte dabei dem Ergebnis einer umfangreichen Diskussion unter Beteiligung aller Angehörigen der TU Wien. Damit begann ein bauliches Restrukturierungsprojekt, das die räumliche Konzentration und Neugestaltung aller innerstädtischen

Standorte der TU Wien umfassen und – so der Plan – bis zum Jubiläumsjahr 2015 abgeschlossen sein sollte, weshalb es unter dem Motto „univercity2015" firmierte.[1] Zweitens fand 2011 ein Wechsel im Rektorat der TU Wien statt: Der bisherige Rektor Peter Skalicky, Professor für Angewandte Physik, wurde nach 20-jähriger Amtszeit durch die Werkstoffwissenschaftlerin und bisherige Vizerektorin für Forschung Sabine Seidler und damit erstmals durch eine Frau abgelöst.

Die TU Wien erlebte also um 2015 in kurzer Zeit gleich mehrere „Kulturbrüche". Für das anstehende Jubiläum bedeutete dies geradezu eine Einladung, sich über eine neuerliche Standortbestimmung Gedanken zu machen.[2] Ein solcher Prozess wird, implizit oder explizit, immer auch Bezug nehmen auf bereits bestehende lokale Traditionen des Gedenkens und Feierns. Daher sollen im ersten Teil meiner Darstellung frühere Jubiläen der TU Wien betrachtet und darauf hin analysiert werden, inwieweit sie die Gestaltung der 200-Jahr-Feier von 2015 beeinflusst haben. Interessieren wird hier, ob und welche Traditionen sich in den ersten 200 Jahren ihres Bestehens herausgebildet haben, welche davon 2015 aufgenommen und welche neuen Wege gesucht wurden.[3]

Ein weiterer Aspekt, der die Gestaltung der Jubiläumsfeierlichkeiten beeinflussen sollte, war der Umstand, dass im Jahr 2015 auch zwei weitere Wiener Universitäten große Jubiläen begingen. Die Universität Wien blickte auf ihr 650-jähriges Bestehen zurück und die Universität für Veterinärmedizin Wien feierte den 250. Jahrestag ihrer Gründung. Dieses zeitliche Zusammenfallen der drei Universitätsjubiläen regt zu einer vergleichenden Betrachtung an. Mögliche Fragestellungen betreffen die jeweilige Selbstinszenierung, die Abgrenzung zur ebenfalls jubilierenden „Konkurrenz" und das daraus ableitbare unterschiedliche Selbstverständnis. Ferner bieten sich Konfliktthemen und eventuelle gemeinsame Aktivitäten sowie Unterschiede und Gemeinsamkeiten im Umgang mit der Geschichte der jeweils eigenen Organisation an. Der zweite Teil, der sich mit dem 200-Jahr-Jubiläum der TU Wien befasst, wird auch diese Aspekte berücksichti-

---

1 Dieses Ziel wurde nicht erreicht, das Projekt ist bis dato nicht abgeschlossen, weshalb es nunmehr nur noch den Namen „univercity" führt. Siehe TU Wien: TU Univercity. https://www.tu wien.at/tu-wien/campus/tu-univercity (17.12.2020).

2 Zur Bedeutung von Jubiläen für die Identifikationsbildung und Selbstinszenierung von Universitäten vgl. unter anderem Müller, Winfried: Die inszenierte Universität. Historische und aktuelle Perspektiven von Universitätsjubiläen. In: Jubiläum. Literatur- und kulturwissenschaftliche Annäherungen. Hrsg. von Franz M. Eybl, Stephan Müller u. Annegret Pelz. Göttingen 2018 (Schriften der Wiener Germanistik 6). S. 77–97.

3 Vgl. dazu eine erste Übersicht von Mikoletzky, Juliane u. Paulus Ebner: Einleitung. In: Dies.: Die Geschichte der Technischen Hochschule in Wien 1914–1955. Teil 1: Verdeckter Aufschwung zwischen Krieg und Krise (1914–1937). Wien/Köln/Weimar 2016 (Technik für Menschen. 200 Jahre Technische Universität Wien 1). S. 8–14.

gen. Der Fokus liegt zwar auf den Jubiläumsfeierlichkeiten der TU Wien, doch sollen vergleichend verschiedene mediale Präsentationsformen wie die Jubiläums-Webseiten und sonstige Events der drei jubilierenden Universitäten herangezogen werden. Allerdings zeigte sich bei der Recherche, dass gerade elektronische Präsentationen, auch sehr aufwendig konzipierte, recht kurzlebig und heute meist nur noch schwer auffindbar sind. Als nachhaltiger erweisen sich die drei publizierten Festschriften. Sie sollen daher ausführlicher kommentiert werden, da sie mit ihren sehr unterschiedlichen Konzeptionen gute Einblicke in die jeweiligen Jubiläumskulturen und Auffassungen von „Universitätsgeschichte" erlauben. Zugleich reflektieren sie auch die Funktion der jeweiligen Universitätsarchive.

Traditionen des Feierns und der Erinnerung an der TU Wien: Frühere Bestandsjubiläen

Die Etablierung von Gedenktraditionen ging für die TU Wien und ihre Vorgängerinstitutionen, das Polytechnische Institut in Wien beziehungsweise die Technische Hochschule in Wien, nicht ohne Schwierigkeiten vonstatten. Die Konstellation mehrerer gleichzeitig stattfindender Hochschuljubiläen hat sie stets begleitet und dazu geführt, dass es in Jubiläumsjahren jedes Mal einen Wettbewerb um öffentliche Aufmerksamkeit und auch um Ressourcen gab. Vor allem die übermächtige Konkurrenz der Universität Wien erwies sich von Beginn an als Hypothek. Dies zeigte sich bereits beim ersten Anlauf zu einer für das Jahr 1865 geplanten Feier anlässlich des 50-jährigen Bestandsjubiläums des Wiener Polytechnischen Instituts. Damals befanden sich die Polytechnischen Institute der Habsburgermonarchie, ähnlich wie die österreichischen Universitäten um die Wende zum 21. Jahrhundert, in einem Reformprozess, der ihre Organisationsstruktur modernisieren und an die Erfordernisse der sich entwickelnden technischen Wissenschaften anpassen sollte. Für das Wiener Polytechnische Institut mündeten diese Bemühungen 1865 in ein neues Organisationsstatut, und sie könnten den Entschluss für eine Jubiläumsfeier durchaus mit initiiert haben.[4]

---

4 Zur Reform des Wiener Polytechnischen Instituts vgl. Mikoletzky, Juliane: Vom Polytechnischen Institut zur Technischen Hochschule. Die Reform des technischen Studiums in Wien, 1850 – 1875. In: Mitteilungen der Österreichischen Gesellschaft für Wissenschaftsgeschichte 15 (1995). S. 79 – 100.

Bereits 1861 nahm ein eigens gegründetes Komitee Vorarbeiten zu einem Festprogramm auf.[5] Das Professorenkollegium konnte sich bald auf den 6. November 1815, den Tag der erstmaligen Aufnahme von Vorlesungen am Institut, als Bezugstermin für die Jubiläumsfeierlichkeiten einigen. Die Programmplanung enthielt schon alle wesentlichen Elemente, die sich auch bei späteren Jubiläen finden sollten. Für den eigentlichen Festtag sah sie nach einem Gottesdienst für die katholischen Angehörigen des Instituts in der benachbarten Karlskirche einen Festempfang mit Festessen vor, eventuell eine sogenannte „Liedertafel". Außerdem sollte ein Porträt des ersten Direktors des Polytechnischen Instituts, Johann Joseph Prechtl, präsentiert werden. Vorgesehen waren weiterhin auch die Prägung einer Denkmünze, eine Reihe von materiellen Zuwendungen (Zubau eines kleinen Studien-Observatoriums, die Etablierung eines Reisestipendien-Fonds für Studenten) und eine Festschrift. Die Abfassung der Festschrift wurde bewusst keinem „Techniker", sondern dem Professor für Geschäftsstil, Zivilgesetzkunde und Handelsgeographie Anton Langner (1816–1879) übertragen. Ein erhaltenes Exposé zeigt, dass sich Langner in Vorbereitung seiner Aufgabe auch Inspirationen bei bereits erschienenen Festschriften vergleichbarer Institutionen gesucht hatte, so bei jenen der Polytechnischen Institute in Prag (1856) und Graz (1861) sowie bei der Gedenkschrift zum 25-jährigen Bestandsjubiläum der Polytechnischen Schule in Hannover (1856).[6] Das spricht dafür, dass es um die Mitte des 19. Jahrhunderts bereits Ansätze zu einer Identitätsbildung der als Typus ja noch jungen Polytechnischen Institute in der Monarchie beziehungsweise im deutschsprachigen Raum gab.

Trotz dieser bereits weit gediehenen Vorbereitungen sagte das Professorenkollegium des Instituts am 11. Mai 1864 sämtliche Feierlichkeiten ab. Zu diesem Zeitpunkt war absehbar geworden, dass es nicht gelingen würde, die notwendigen Budgetmittel für das geplante Programm aufzubringen. Mit einer bescheideneren Feier fürchtete man jedoch, wie es Anton Schrötter, Professor für Allgemeine Chemie und Generalsekretär der kaiserlichen Akademie der Wissenschaften, in einer Sitzung des Festkomitees vom 9. Mai 1864 formulierte, in der Öffentlichkeit keine hinreichende Aufmerksamkeit mehr zu finden, da zugleich die Universität Wien im August 1865 mit großem Aufwand ihr 500-Jahr-Jubiläum

---

5 Die Originalakten des Festkomitees haben sich im Archiv der TU Wien leider nicht erhalten, die folgende Darstellung stützt sich daher weitgehend auf Neuwirth, Joseph (Hrsg.): Die k.k. Technische Hochschule in Wien 1815–1915. Gedenkschrift. Wien 1915. S. 277–280.
6 Das Exposé befindet sich im Personalakt von Karl Langner, Archiv der TU Wien (AT TUWA), Personalakt Karl Langner. Das Manuskript der Festschrift, die 1864 bereits nahezu fertiggestellt gewesen sein soll, hat sich leider nicht erhalten; vgl. zur Jubiläumskultur von Polytechnika im 19. Jahrhundert den Beitrag von Anton F. Guhl in diesem Band.

begehen würde.[7] Diese Absage war also das Ergebnis einer langfristig-strategisch gedachten Entscheidung: Dem Anspruch des Wiener Polytechnischen Instituts auf Behauptung als größte höhere technische Bildungsanstalt der Monarchie und auf Gleichrangigkeit mit der Universität Wien sollte durch eine misslungene Selbstpräsentation kein Abbruch getan werden.

Erfolgreicher war die gleichzeitig gestartete Initiative einer studentischen „Gegen-Festschrift": 1861 begehrte der damals gerade 20-jährige Hörer am Wiener Polytechnischen Institut Wilhelm Exner vom Professorenkollegium Zugang zu den Institutsakten, um daraus eine kritische Geschichte der Einrichtung zu verfassen. Dies wurde ihm jedoch verwehrt, da die Professoren keine „offiziöse" Publikation neben der geplanten Festschrift wünschten. Exner veröffentlichte trotzdem eine Darstellung der bisherigen Geschichte des Instituts, und zwar noch im selben Jahr.[8] Dabei stützte er sich offenbar hauptsächlich auf gedruckte Quellen. Er griff auch den bereits seit Ende der 1840er Jahre geführten Diskurs um eine notwendige Reform des Technikstudiums auf (Exner war 1861 Mitglied einer Studentendeputation, die beim zuständigen Unterrichtsminister Schmerling Verbesserungen einforderte) und endete mit einer Reihe kritischer Fragen zum Zustand des Instituts, deren Beantwortung er wohlweislich seinen Lesern überlassen wollte. Inhaltlich unterschied sich seine Position nur wenig von jener, die auch das Professorenkollegium einnahm. Eine offizielle Reaktion auf die Schrift ist nicht bekannt, vielleicht auch, weil Exner inzwischen das Institut bereits verlassen hatte. In der 100-Jahr-Festschrift wird er jedenfalls lobend als „erster Geschichtsschreiber" der Hochschule erwähnt.[9]

Auch die folgenden Jubiläumstermine standen unter keinem guten Stern: Die großangelegten Vorbereitungen für eine 100-Jahr-Feier der nunmehrigen „k. k. Technischen Hochschule in Wien" im Jahr 1915 fielen weitestgehend dem

---

7 Vgl. dazu Neuwirth, Hochschule (wie Anm. 5), S. 279 f.; siehe auch AT TUWA, Protokolle der Sitzungen des Professorenkollegiums des Polytechnischen Instituts in Wien: Protokoll der Sitzung vom 11. Mai 1864, TOP X.

8 Exner, Wilhelm Franz: Das k.k. polytechnische Institut in Wien. Seine Gründung, seine Entwickelung und sein jetziger Zustand. Wien 1861; Exner (1882 – 1897) wurde 1868 Professor an der Forstakademie Mariabrunn, ab 1875 ordentlicher Professor der allgemeinen mechanischen Technologie und des forstlichen Bau- und Maschineningenieurswesens an der neu gegründeten Wiener Hochschule für Bodenkultur. Als liberaler Reichstagsabgeordneter und seit 1905 Sektionschef im Handelsministerium machte er sich besonders um die Etablierung des Technischen Versuchswesens in Österreich verdient. Auch an der Gründung des heutigen Technischen Museums in Wien war er maßgeblich beteiligt.

9 Neuwirth, Hochschule (wie Anm. 5), S. 280.

Ersten Weltkrieg zum Opfer – tatsächlich realisiert wurde nur eine Festschrift.[10] Der repräsentative Band im Quartformat umfasst 700 Seiten, einem Teil der Auflage sind 18 Lichtdrucke beziehungsweise Heliogravüren mit Porträts von Professoren beigegeben. Die Ausstattung war unmittelbar durch die Kriegsereignisse beeinträchtigt: Ursprünglich sollte der Entwurf des Einbandes durch einen Wettbewerb unter den Hörern der Bauschule ermittelt werden – zum Zeitpunkt der Entscheidung waren jedoch die vier aussichtsreichsten Bewerber bereits zum Kriegsdienst eingezogen. Daher übernahm der Architekt und Professor an der TH Wien, Max Fabiani, die Einbandgestaltung. Wohl aus Kostengründen wurde nur ein sehr kleiner Teil der Auflage als „Prachtausgabe" mit Lederrücken beziehungsweise mit hochwertigem Leineneinband hergestellt. Diese Exemplare waren überwiegend als Geschenk für Mitglieder des Kaiserhauses, Minister und andere hochrangige Würdenträger sowie für die Rektoren befreundeter Hochschulen vorgesehen. Der bei weitem größte Teil der 800 gedruckten Exemplare erhielt einen einfachen Leineneinband oder wurde überhaupt nur in Broschur gebunden. Damit sollte auch Studierenden ein Erwerb der Festschrift ermöglicht werden. Inhaltlich behandelte ihr Herausgeber, der positivistisch geschulte Kunsthistoriker Joseph Neuwirth, in einem historischen Teil ausführlich und sehr quellennah die Gründungsgeschichte und weitere organisatorische Entwicklung der Hochschule bis zur Jahrhundertwende. Das schloss eine Geschichte der Studierenden sowie weiterer Einrichtungen und einen umfangreichen statistischen Anhang ein. Die Geschichte der Lehrkanzeln (Institute gab es damals noch nicht) wurde, geordnet nach den Fachschulen, von den jeweiligen Lehrkanzelvorständen in ähnlicher Form dargestellt. Strukturell ähnelte diese Festschrift durchaus dem Entwurf, den Langner seinerzeit für 1865 vorgelegt hatte. Verstärkt wurde eine Gedenktradition, die stark auf die Gründungsphase und die frühe Geschichte zu Beginn des 19. Jahrhunderts fokussierte, als das Polytechnische Institut tatsächlich für einige Jahrzehnte eine europaweite Modellfunktion als moderne technische Lehranstalt hatte.

Die Feier des 125-Jahr-Jubiläums 1940 stand im Schatten des Zweiten Weltkriegs, war aber zugleich auch Gegenstand nachdrücklicher Interventionen verschiedener politischer Stellen. Im Herbst 1939 waren entsprechende Vorbereitungen aufgrund des Kriegsbeginns zunächst abgesagt worden.[11] Im März 1940 nahm die Hochschule jedoch Planungen für eine Feier in bescheidenem Rahmen wieder auf. Das für die Bewilligung zuständige Reichsministerium für Wissen-

---

10 Neuwirth, Hochschule (wie Anm. 5); zum Folgenden siehe AT TUWA, Sonderlegung 100-Jahr-Jubiläum.

11 Vgl. für das Folgende AT TUWA, Sonderlegung 125-Jahr-Jubiläum; siehe dazu auch den Beitrag von Martin Göllnitz und Paula Rilling in diesem Band.

schaft, Erziehung und Volksbildung (REM) genehmigte nicht nur zusätzliche Mittel, sondern es verlangte auch eine wesentlich aufwendigere Gestaltung, insbesondere was die Einladung von hochrangigen politischen Gästen betraf. Die angeblich besondere Bedeutung der TH Wien für den „Südosten" Europas sollte als Vorwand für die Propagierung der „Südost-Politik" des Reiches dienen. Das lag auch im Interesse des Wiener Gauleiters und Reichsstatthalters Baldur von Schirach, der ebenfalls seine Unterstützung zusagte. Daher musste die Hochschule ab September 1940 eiligst mit den Planungen beginnen, wobei bis in den eigentlichen Festakt hinein ständig Wünsche und Anordnungen sowohl von Seiten des REM als auch von lokalen militärischen und Parteistellen geäußert wurden. Das Programm für die drei Tage vom 6. bis 8. November umfasste schließlich einen Festakt in Anwesenheit von Unterrichtsminister Bernhard Rust, der Minister Todt, Dorpmüller und Schwerin von Krosigk, des Reichsstatthalters von Schirach sowie allerlei lokaler NS-Prominenz, eine Reihe von „Ehrenvorträgen" prominenter Techniker, einige Empfänge sowie ein kleines touristisches Programm mit einem Abend in der Wiener Staatsoper als Abschluss. Außerdem erschien, allerdings mit zweijähriger Verspätung, eine sehr schmale, eher chronikalisch angelegte Festschrift, verfasst von dem seit langem schon an der Geschichte der Hochschule interessierten Professor für Mechanik Alfred Lechner.[12] Ehrendoktorate konnten keine vergeben werden, da die Vorschläge dafür an das REM zur Genehmigung angeblich zu spät eingelangt waren. Entsprechend nüchtern klingen die Abschlussberichte der Mitglieder des Festkomitees, die einen gewissen Unmut über die doch weitgehende Fremdbestimmung der Jubiläumsfeierlichkeiten erkennen lassen.

Umso mehr sollte 1965 das 150-Jahr-Jubiläum mit allem gebührenden Aufwand begangen werden, wozu wiederum die Erarbeitung einer, nunmehr dreibändigen, Festschrift gehörte. Die Konkurrenz durch die parallel stattfindenden Jubiläumsfeiern der Universität Wien (600 Jahre) und der Veterinärmedizinischen Hochschule (200 Jahre) versuchte man zunächst über Kooperationsangebote zu neutralisieren. Eine im Vorfeld 1959 in der Österreichischen Rektorenkonferenz diskutierte gemeinsame Feier der drei Jubel-Hochschulen im Rahmen einer „Akademischen Woche"[13] erwies sich jedoch letztlich als nicht mehrheitsfähig. So feierte weiterhin jede Institution für sich.

---

12 Lechner, Alfred: Geschichte der Technischen Hochschule in Wien (1815–1940). Hrsg. von der Technischen Hochschule in Wien. Wien 1942.
13 Vgl. AT TUWA, Rektoratsakten, RZl. 1570/1959, Österreichische Rektorenkonferenz: Protokoll der Sitzung vom 20. Juni 1959, TOP 2.

Diese erste „richtige", weil endlich ohne äußere Einschränkungen und nach eigenen Vorstellungen gestaltete Jubiläumsfeier der TH in Wien setzte Maßstäbe, mit denen sich später auch die Organisator*innen der 200-Jahr-Feiern 2015 auseinandersetzten mussten.[14] Die Motive des Vorbereitungsausschusses zum Jubiläum 1965 lassen sich dem Dokumentationsband der Festschrift entnehmen. Die Intention war, zu zeigen, „wie umfassend und harmonisch Wissenschaft und Technik von heute sind", und damit die Positionierung der angewandten Natur- und Ingenieurwissenschaften als „gleichwertig" mit den übrigen Wissenschaften (und damit natürlich auch die Gleichwertigkeit ihrer Trägerinstitutionen, der Technischen Hochschulen, mit den klassischen Universitäten) zu behaupten: „Längst sind die – einst künstlich errichteten – Schranken zwischen den an den Universitäten und an den technischen Hochschulen gepflegten Wissenschaften gefallen."[15] Damit wurde Bezug genommen auf eine vor allem in Deutschland seit dem späten 19. Jahrhundert geführte Diskussion um die Rangordnung der tertiären Bildungsinstitutionen, in der Technische Hochschulen, Ingenieure und Techniker die Gleichstellung mit den klassischen Universitäten und ihren Absolventen einforderten. Allerdings war diese Kluft in der Habsburger Monarchie und in der Republik Österreich bei weitem nicht so scharf ausgeprägt wie im Deutschen Reich – was wohl nicht zuletzt dem Gründer des Wiener Polytechnischen Instituts, Johann Joseph Prechtl, und dem von ihm energisch vertretenen Konzept der Gleichrangigkeit des Instituts als einer „universitas scientiarum technicarum" zu verdanken war. Es sei hier daran erinnert, dass ähnliche Überlegungen bereits bei den Vorbereitungen zum geplanten Jubiläum 1865 im Hintergrund standen.

1965 ging es also um ein Statement der Selbstbehauptung der „Technik" (als Institution und als Wissenschaftsfeld) und ihrer Fachvertreter, dies auch vor dem Hintergrund des Kalten Krieges und dem von ihm ausgelösten Wettlauf in der Technikentwicklung. Im selben Kontext begann etwa zeitgleich – nicht nur in Österreich – die Diskussion um eine Hochschulreform und einen deutlichen Ausbau der natur- und technikwissenschaftlichen Fächer, in Österreich auch um eine Verbesserung und Ausweitung der staatlichen Forschungsförderung.[16] In der

---

14 Vgl. für das gesamte Festprogramm die ausführliche Dokumentation in Sequenz, Heinrich (Hrsg.): 150 Jahre Technische Hochschule in Wien, 1815–1965. Bd 3.: Verlauf der Hundertfünfzigjahrfeier. Wien 1967.

15 Kresser, Werner, Geleitwort. In: Sequenz, 150 Jahre (wie Anm. 14), S. 5f.

16 In Österreich führte sie mit dem Universitätsorganisationsgesetz (UOG) 1975 zu einer völligen, rechtlichen und sprachlichen Gleichstellung der nunmehr in „Technische Universitäten" umbenannten Hochschulen technischer Richtung mit den klassischen Universitäten. Zur For-

Gestaltung der Jubiläumsfeierlichkeiten der TH Wien schlugen sich diese Intentionen in mehrfacher Hinsicht nieder: Neben den „klassischen" Elementen des Feierns, wie Festakten und sonstigen gesellschaftlichen Ereignissen (Empfänge, Festaufführungen in der Staatsoper und im Burgtheater), der Verleihung akademischer Ehrungen und letztlich auch der Erstellung einer Festschrift umfasste das Programm auch Elemente einer „Leistungsschau" der (österreichischen) Technik in Form von Ausstellungen und einer Serie wissenschaftlicher Fachvorträge. Nicht zuletzt gehörte dazu auch eine detaillierte Liste der anlässlich des Jubiläums eingegangenen Subventionszusagen staatlicher Stellen und von Spenden vorwiegend industrieller Gönner. Dazu kamen mediale Selbstpräsentationen der TH Wien, etwa in Sondernummern der Österreichischen Hochschulzeitung und in der Zeitschrift des Österreichischen Ingenieur- und Architektenvereins (ÖIAV) oder durch einen Fotowettbewerb. Die Enthüllung von Gedenktafeln und Büsten namhafter Techniker und Hochschulangehöriger in der Aula des Hauptgebäudes ist hier ebenso zu nennen wie die Schaffung neuer Talare für die akademischen Funktionäre, die dann während der Feierlichkeiten ausgiebig zum Einsatz kamen.

Die erwünschte „Gravitas" wurde hergestellt durch Bezugnahmen auf die Geschichte der Hochschule, insbesondere auf die Gründungsperiode des Polytechnischen Instituts, und durch die Aktivierung von weiteren Traditionselementen, wie sie bereits für 1865 geplant gewesen waren. Dazu gehörte die Kranzniederlegung am Grab des Institutsgründers und ersten Direktors Prechtl auf dem Wiener Zentralfriedhof am 8. November ebenso wie der (katholische) Festgottesdienst in der Karlskirche. In der Festschrift, die von ihrer Konzeption her die umfangreiche Darstellung aus 1915 ergänzen sollte, widmete sich einer der beiden inhaltlichen Bände der „Geschichte und Ausstrahlung" der TH Wien und den Biographien prominenter Angehöriger, der zweite umfasste Beiträge zur Baugeschichte sowie zur Geschichte der einzelnen Institute und ihrer bisherigen wie aktuellen Leistungen. Eigene Kapitel waren der Hochschulbibliothek und der Österreichischen Hochschülerschaft als Studierendenvertretung gewidmet. Der dritte Band diente der Dokumentation des Festgeschehens. Zusätzlich erstellte die Hochschülerschaft eine eigene Jubiläumspublikation, in der sie die Geschichte der Studierenden nachzeichnete – diesmal nicht in Konkurrenz, sondern durchaus als erwünschte Ergänzung zur Festschrift.[17] Diese Einbeziehung der Studierenden ist charakteristisch für das traditionell eher konsensorientierte Klima an der Hochschule, das die Hörer (erst ab 1919 auch Hörerinnen) schon frühzeitig als

---

schungsförderung vgl. Pichler, Rupert, Michael Stampfer u. Reinhold Hofer: Forschung, Geld und Politik. Die staatliche Forschungsförderung in Österreich 1945–2005. Innsbruck 2007.

17 Österreichischen Hochschülerschaft an der technischen Hochschule Wien (Hrsg.): 150 Jahre Technische Hochschule Wien. Eine Geschichte ihrer Studenten. Wien [1965].

Gesprächspartner einbezog. Dass es sich bei der Gestaltung des Festprogramms in überraschend geringem Maße um eine auf die TH zugeschnittene Programmierung handelte, sondern vielmehr um die Realisierung eines zeittypischen Musters, zeigt ein Vergleich mit den nur wenige Monate früher angesetzten Jubiläumsfeierlichkeiten der Universität Wien, die bis ins Detail hinein zahlreiche Übereinstimmungen aufwiesen.[18]

Zu den aus heutiger Sicht problematischen Elementen der Feiern gehörte der Umgang mit der jüngeren Vergangenheit der Hochschule: Die Organisation des Festprogramms war ausgerechnet in die Hände des letzten NS-Rektors der TH Wien, Heinrich Sequenz (1895–1987), gelegt worden. Nach Kriegsende entlassen, seit 1954 als Professor wieder voll reaktiviert, brachte dieser eine Reihe von sehr traditionellen Elementen in die Feiern ein, so einen studentischen Fackelzug am Vorabend des Gründungstages und die Enthüllung eines Denkmals für die im Zweiten Weltkrieg gefallenen Angehörigen der Hochschule in der Aula des Hauptgebäudes, gegenüber der Gedenktafel für die Gefallenen des Ersten Weltkriegs. Zwar wurden in dem zugehörigen „Ehrenbuch" neben den Namen der Gefallenen auch jene (wenigen) der „Opfer des Bombenkrieges und des Widerstandes" verzeichnet. Auf die während der NS-Zeit vertriebenen und ermordeten Angehörigen der TH Wien wurde jedoch mit keiner Silbe Bezug genommen. Auch in den Beiträgen zur Festschrift wurde die Rolle der TH Wien zwischen 1938 und 1945 kaum berücksichtigt, allenfalls Bombenschäden an einzelnen Gebäuden wurden erwähnt, die politischen Verhältnisse und das Schicksal der verfolgten Angehörigen fanden jedoch kaum, und wenn, dann in verharmlosenden und beschönigenden Worten Berücksichtigung.

In dieser Hinsicht war die TH Wien freilich kein Einzelfall, denn auch die Festprogramme und Festschriften anderer österreichischer Hochschulen aus dieser Zeit sparten die NS-Zeit weitestgehend aus. Das änderte sich erst langsam mit der Errichtung eines Instituts für Zeitgeschichte an der Universität Wien 1966 und insbesondere im Zuge der „Waldheim-Debatte" 1986 und des „Gedenkjahrs" 1988, als sich die österreichischen Universitäten erstmals intensiver professionell mit ihrer eigenen NS-Vergangenheit zu beschäftigen begannen.[19] An der TU Wien schlug sich dies allerdings bei der Gestaltung des 175-Jahr-Jubiläums 1990 noch nicht nieder. Eine Festschrift gab es damals nicht, wohl aber historisch orientierte

---

18 Vgl. dazu die Beschreibung der Feierlichkeiten an der Universität Wien bei Schmidt-Lauber, Brigitta: Die (sich) feiernde Universität. In: Eybl/Müller/Pelz, Jubiläum (wie Anm. 2), S. 99–114, hier S. 102–106.

19 Vgl. dazu als eine der frühesten Publikationen Heiß, Gernot [u. a.] (Hrsg.): Willfährige Wissenschaft. Die Universität Wien 1938–1945. Wien 1989.

Tagungen und Publikationen, die Person und Werk des Gründers Johann Joseph Prechtl betrafen und somit neuerlich stark auf den „Gründungsmythos" setzten.[20]

Signifikant für alle bis in die 1990er Jahre erarbeiteten Darstellungen zur Geschichte der TU Wien und ihrer Vorgängerinstitutionen ist, dass sie ausschließlich von Angehörigen des Hauses, und das heißt: von historisch interessierten, ausgebildeten Ingenieuren, Architekten, fallweise von Kunsthistoriker*innen verfasst wurden, nicht von professionellen Historiker*innen. Das liegt einerseits daran, dass es an der TU Wien wie an allen österreichischen Hochschulen technischer Richtung, anders als an ihren deutschen Schwesterinstitutionen, weitgehend an der entsprechenden fachhistorischen Kompetenz mangelt, da dort bis heute die geistes- und sozialwissenschaftlichen Disziplinen einschließlich der Geschichtswissenschaft institutionell nicht verankert sind. Andererseits sind die Technikgeschichte und auch das Interesse an einer Geschichte der technischen Bildungsinstitutionen derzeit an den klassischen Universitäten in Österreich kaum vertreten. Dies wiegt umso schwerer, als auch wissenschaftlich betreute Universitätsarchive an diesen Hochschulen erst seit den letzten Jahrzehnten des 20. Jahrhunderts eingerichtet wurden.

An der TU Wien geschah dies Ende der 1970er Jahre. Bis 1991 wurde das Archiv von einem wissenschaftlichen Beamten und ausgebildeten Architekten aufgebaut und geleitet. Ab 1992 wurde mit der Verfasserin erstmals eine professionelle Historikerin angestellt, die Leitung übernahm jedoch wiederum ein Ingenieur, dem die Verfasserin 2001 nachfolgte. Erst seitdem verfügt das Archiv über zwei Stellen für ausgebildete Historiker*innen als Leiter*in und Mitarbeiter*in. Seit Anfang der 1990er Jahre hat sich das Archiv durch Ausstellungen, Publikationen und Forschungsprojekte zur Geschichte der TU Wien, auch für die Zeit des Nationalsozialismus, als Ansprechpartner für alle Fragen zur Geschichte der Universität positioniert. Dies war ein wesentlicher Ansatzpunkt für die Einbeziehung des Archivs in die Gestaltung der 200-Jahr-Feier 2015.

Die 200-Jahr-Feier der TU Wien 2015: Zwischen Tradition und Neuinszenierung

Die Ausganglage für die Planungen der Feier des 200-Jahr-Jubiläums der TU Wien war einerseits geprägt durch die absehbare Aufmerksamkeits-Konkurrenz durch die zeitgleichen Jubiläen der Universität Wien und der Veterinärmedizinischen

---

20 Vgl. Hantschk, Christian (Hrsg.): Johann Joseph Prechtl. Sichtweisen und Aktualität seines Werkes, anlässlich 175 Jahre Technische Universität Wien. Wien/Köln 1990.

Universität Wien, andererseits dadurch, dass alle drei Institutionen eine Phase tiefgreifender institutioneller Umgestaltung hinter sich hatten beziehungsweise sich weiterhin in einem Restrukturierungsprozess befanden. Unmittelbar relevant für die Durchführung der Jubiläumsfeiern war insbesondere der neue Finanzierungsmodus: Neben einer Basisabgeltung durch die öffentliche Hand aufgrund von Leistungsvereinbarungen waren die Universitäten nun für ihre weitere Ausgestaltung, wissenschaftliche Profilentwicklung und für sonstige Aktivitäten im Rahmen ihrer „Third Mission" auf das kompetitive Einwerben von externen Fördermitteln angewiesen.

Im universitären Alltag besonders spürbar waren die tiefgreifenden organisatorischen Umstrukturierungen, nachdem die interne Gliederung nicht mehr von den Unterrichtsbehörden vorgegeben wurde, sondern von den Hochschulen selbst gestaltet und entwickelt werden sollte. An der TU Wien wurden aus bisher fünf jetzt acht Fakultäten gebildet, Institute zu größeren Einheiten zusammengefasst, administrative Dienststellen nach unterschiedlichen Funktionskonzepten den Aufgabenbereichen des Rektors/der Rektorin oder der Vizerektor*innen zugewiesen. An der Universität Wien erfolgte unter anderem die Ausgliederung der mathematisch-naturwissenschaftlichen Fächer aus der Philosophischen Fakultät in eine Reihe eigener Fakultäten. Anstelle der ehemaligen Medizinischen Fakultät wurde eine eigenständige „Medizinische Universität Wien" geschaffen. Diese Umgestaltungsprozesse warfen nach innen Identifikationsfragen für die Universitätsangehörigen auf. Nach außen ergab sich daraus ein Bedarf nach Gestaltung eines neuen Selbstverständnisses der drei Wiener Universitäten als wissenschaftlicher Einrichtungen, nach neuen Formen der Selbstinszenierung und entsprechender Kommunikation. Wegen der Anforderungen an eine „leistungs-" oder „exzellenz-"orientierte Universitätsfinanzierung wurden gesellschaftliche Relevanzbehauptungen zu essenziellen Argumenten in diesem Diskurs. Es kam hinzu, dass zu dem Zeitpunkt, als die Universitäten mit ihren Jubiläums-Planungen beginnen mussten, die Nachwirkungen der Finanzkrise von 2008 noch deutlich zu spüren waren und allerseits (anders als 1965) zunächst wenig Begeisterung bestand, sich auf aufwändige Feierlichkeiten einzulassen.[21]

---

21 Da die Akten zum 200-Jahr-Jubiläum der TU Wien noch nicht zugänglich sind, konnte sich die folgende Darstellung nur auf die vorhandenen Publikationen stützen; dazu gehörten neben der einstigen Jubiläums-Webseite TU Wien: TU 200. 1815 – 2015. 200 Jahre Zukunft. http://www.tu200. at (17.12.2020) auch einige Ausgaben der Mitgliederzeitschrift „freihaus" der TU Wien, unter anderem die Nr. 36 mit einem Rückblick auf das Jubiläumsjahr: frei.haus. Online-Magazin für Mitarbeiter_innen der TU Wien: 200 Jahre TU Wien. Nachschau. https://freihaus.tuwien.ac.at/ 200-jahre-tu-wien-nachschau/ (17.12.2020), sowie auf die Erinnerungen der Verfasserin als Mitglied des Jubiläumskomitees.

Daher nahmen die drei Institutionen, insbesondere die TU Wien und die Universität Wien, im Vorfeld frühzeitig Gespräche auf, um Bereiche eventueller Ressourcenkonkurrenzen aufzuspüren und mögliche Synergieeffekte zu finden. Es kam jedoch auch diesmal kaum zu wirklichen Kooperationen: So erfolgte die Teilnahme aller drei Universitäten an übergreifenden Wissenschafts-Events, etwa am „Wiener Forschungsfest", mit jeweils eigenem Programm. Beim Neujahrskonzert im Wiener Musikverein des Jahres 2015 fand eine Art Aufteilung zwischen TU Wien und Universität Wien statt: Die Musikauswahl setzte vor allem auf die Strauss-Brüder, die beide das Polytechnische Institut besucht und seinen Hörern auch einige Kompositionen gewidmet hatten, während die Aufnahmen für die Pauseneinlage im Innenhof des Hauptgebäudes der Universität Wien gedreht worden waren.[22]

Von der TU Wien selbst wurde das Jubiläum im Wesentlichen als klar strukturiertes PR-Projekt geplant. Die erarbeiteten Strategien sollten einerseits ein Zusammengehörigkeitsgefühl von Mitarbeiter*innen und Studierenden und ihre aktive Identifikation nicht nur mit dem eigenen Institut oder der eigenen Fakultät, sondern auch mit der Gesamtuniversität unterstützen. Ziel war eine Stärkung der „Corporate Identity" nach innen. Daher wurden auch alle Gruppen der Universität in die Vorbereitung der Festlichkeiten und die entsprechenden Gremien und Jubiläumskomitees eingebunden. Nach außen sollte die TU Wien durch ein neues „Corporate Image" als hervorragende Forschungseinrichtung und als „Forschungsuniversität" positioniert werden. Dadurch sollte die Attraktivität der Universität einerseits für Studierende und hochqualifizierte Forscher*innen, andererseits für Kooperationen mit der Industrie und für ein entsprechendes Fundraising erhöht werden. Zukunftsorientierung war angesagt. Die Ausgangslage für entsprechende Argumentationen war inzwischen eine deutlich andere als 50 Jahre zuvor. Zentrale Anliegen der Selbstdarstellung der „Technik" aus der zweiten Hälfte des 20. Jahrhunderts waren kein Thema mehr. Die Position der Ingenieur- und Technikwissenschaften war inzwischen mehr als gefestigt, in der Defensive befanden sich eher die Geisteswissenschaften. Die verbreitete Technik-Skepsis, wie sie vor allem die 1980er und 1990er Jahre prägte, hatte ebenfalls an Bedeutung verloren. Vielmehr waren die Technikwissenschaften, insbesondere die aufstrebenden Informationswissenschaften, und die von ihnen erhoffte Innovationskraft in aller Munde.

---

22 Zum Programm siehe Austria-Forum: Neujahrskonzert der Wiener Philharmoniker 2015. https://austria-forum.org/af/AustriaWiki/Neujahrskonzert_der_Wiener_Philharmoniker_2015 (2.2.2021).

Damit war zugleich klar, dass die ungebrochene Fortführung früherer Festtraditionen und eine historische Selbstvergewisserung gerade nicht im Vordergrund der Feierlichkeiten stehen sollten. Die eigene Geschichte wurde nicht (mehr) als geeignete Vermarktungsressource wahrgenommen. Ausnahmen wie die Präsentation eines „virtuellen Fallschirmsprungs" durch die 200 Jahre der TU-Geschichte auf dem Wiener Forschungsfest bestätigen nur, dass „Geschichte" allenfalls als Illustrationsmaterial gesehen wurde, ohne einen Vermittlungs- oder Erkenntnisanspruch.[23] Das professionell entwickelte Jubiläums-Design (auch dies ein Merkmal der Jubiläen des Jahres 2015), das sämtliche Kommunikationskanäle von der Website über alle Drucksorten, Publikationen, Merchandising- und Werbeartikel bespielen sollte, war betont unkonventionell und modern, die verwendeten Slogans suggerierten Dynamik: „200 Jahre Zukunft"; „Wir gestalten die Zukunft der Technik" (wobei der Begriff „Technik" hier sowohl auf das wissenschaftliche und gesellschaftliche Handlungsfeld als auch auf eine gebräuchliche Kurzbezeichnung für die TU Wien anspielte). Auch aus budgetären Gründen erfolgte ein „Branding" all jener Veranstaltungen, die im Laufe des Jahres 2015 ohnehin stattfinden sollten, wie Tagungen, Kongresse, die jährlichen Fakultätentage und nicht zuletzt der TU Ball, als „Jubiläumsveranstaltungen". Damit wurde eine Ausdehnung der Jubiläumsfeierlichkeiten auf das ganze Jahr 2015 erreicht. Die Universität Wien verfolgte eine ähnliche Strategie.[24] Spezielle Jubiläumsevents waren vor allem darauf ausgelegt, die Zukunftsfähigkeit der Technik zu demonstrieren: so etwa die Diskursreihe „TU Vision 2025+"[25], die Ausstellung der „Wiener Wunderkammer", die ein Zusammenwirken von Kunst und Technik präsentierte[26], oder der „Galaabend Technik", ein großes Fundraising-Dinner, das von einer wissenschaftlichen „Leistungsschau" der TU Wien begleitet war.

---

23 Vgl. dazu Aigner, Florian: Fliegen durch Raum und Zeit. TU Wien entwickelt virtuellen Skydive. https://www.tuwien.at/tu-wien/aktuelles/news/news/fliegen-durch-raum-und-zeit-tu-wien-entwickelt-virtuellen-skydive/ (17.12.2020).

24 Schmidt-Lauber, Universität (wie Anm. 18), S. 106–110; zu den Jubiläumsplanungen der Universität Wien vgl. auch: Ash, Mitchell G.: Die Universitätsgeschichtsschreibung an der Universität Wien im Jubiläumsjahr 2015 – zwischen historischer Reflexion und Eventkultur. In: Universitätsgeschichte schreiben. Inhalte – Methoden – Fallbeispiele. Hrsg. von Livia Prüll, Christian George u. Frank Hüther. Mainz 2019 (Beiträge zur Geschichte der Universität Mainz Neue Folge 14). S. 221–239.

25 Siehe TU Vision 2025+. Ein strategisches Projekt der TU Wien. https://vision2025.tuwien.ac.at/home_about/ (17.12.2020).

26 Vgl. dazu Schwinghammer, Susanne: Sehen und Staunen lernen. Die Wiener Wunderkammer 2015. https://www.tuwien.at/tu-wien/aktuelles/news/news/sehen-und-staunen-lernen-die-wiener-wunderkammer-2015/ (17.12.2020); zum Konzept vgl. auch den Beitrag des Initiators der „Wunderkammer": Überhuber, Christoph: Kunst, Wissenschaft und Technik. In: Die Technik und

Traditionelle Fest-Konventionen wurden nicht gänzlich ausgelassen, waren aber eher nach „innen" gerichtet und schienen in der öffentlichen Jubiläumsberichterstattung der TU Wien kaum auf. So hielt die Universitätsleitung an der Kranzniederlegung am Grab Prechtls ebenso fest wie an der Jubiläumsmesse in der Karlskirche, der Herausgabe einer Denkmünze und einer Sonderbriefmarke, während ein Gedenken an die Opfer der beiden Weltkriege schon mangels eines geeigneten Ortes ausfiel – die beiden Denkmäler waren im Zuge der Neugestaltung der Aula des Hauptgebäudes ersatzlos entfernt worden. Der eigentliche Festakt war in seiner Gestaltung ebenfalls eher traditionell geprägt. Auch die Entscheidung für die Herausgabe einer Festschrift gehörte zu diesen konventionelleren Jubiläums-Elementen. Damit stellte sich implizit doch die Frage nach einer historischen Reflexion. Es war jedoch der ausdrückliche Wunsch des Rektorats, entsprechend dem zukunftsbezogenen Gesamtkonzept des Jubiläumsjahrs möglichst keine umfassenden historischen Darstellungen der Geschichte der TU Wien vorzulegen und auch die bisher bei solchen Gelegenheiten üblichen Referenzen auf den „Gründungsmythos" der TU Wien zu vermeiden. Das Archiv als einzige Einrichtung der TU Wien, die sich auch bisher schon mit der Geschichte der Universität professionell beschäftigt hatte, war dabei von Beginn an in die Überlegungen zu diesem Projekt einbezogen. Die Verfasserin als damalige Leiterin des Archivs war Mitglied des Jubiläumskomitees und wurde letztlich auch mit der Gesamtkoordination und Redaktion der Festschrift beauftragt. Unter Berücksichtigung der Vorgaben des Rektorats, der bereits vorhandenen älteren Festschriften sowie der verfügbaren personellen Ressourcen schlug die Verfasserin ein Konzept vor, das den Fokus auf die Betrachtung der seit dem letzten Jubiläum vergangenen 50 Jahre, die organisatorische Entwicklung der Universität, ihrer Einrichtungen und vor allem der dort betriebenen Forschung legen sollte. Wie bei den früheren Festschriften sollte die Darstellung durch Angehörige des Hauses erfolgen, unter inhaltlicher Verantwortung der jeweiligen Fakultäten. Dies schien wegen der starken Orientierung auf die Präsentation der Forschungsleitungen sachlich geboten, sollte aber auch einen gewissen Anreiz zur aktiven Einbindung der Fakultäten in ein gemeinsames Vorhaben bieten und damit zur Stärkung der Corporate Identity nach innen beitragen. Das Archiv bot seine Unterstützung bei der Beschaffung von historischen Unterlagen, Informationen und Bildmaterial an.

---

die Musen. Kunst und Kultur im Umfeld der Technischen Universität Wien. Hrsg. von Juliane Mikoletzky. Wien 2016 (Technik für Menschen. 200 Jahre Technische Universität Wien 14). S. 11–26.

Die Beiträge sollten sich an eine allgemeine Leserschaft richten. Aus Gründen größerer Flexibilität bei der Fertigstellung wurde die Veröffentlichung nicht in einem oder mehreren umfangreichen Sammelbänden geplant, sondern es erfolgte eine Aufteilung auf eine größere Anzahl weniger voluminöser Einzelbände, die auch separat zu erwerben sein sollten. Aus der Arbeitsgruppe zur Erarbeitung der Festschrift im Rahmen des Jubiläumskomitees kam außerdem die Anregung, die Beiträge zweisprachig (deutsch und englisch) zu publizieren, um die Rezeption in einem internationalen Umfeld zu optimieren. Dem wurde gefolgt, was allerdings große Ansprüche sowohl an die Präzision der Darstellung als auch an die organisatorische Abwicklung stellte. Eine gesonderte Finanzierung der Forschungsarbeiten war nicht vorgesehen, doch wurden sowohl die Druckkosten als auch die administrative Unterstützung bei der Abwicklung durch das Jubiläumsbüro und die Finanzierung der Übersetzung der Texte ins Englische von der TU Wien übernommen.

Das Gesamtwerk umfasste schließlich 15 Einzelbände[27], davon acht Bände, die den Fakultäten gewidmet waren und zwei Bände, die von der Universitätsbibliothek und der Hochschüler*innenschaft als weiteren wichtigen Stakeholdern gestaltet wurden. Zwei weitere Bände behandelten ergänzend kunst- und kulturgeschichtliche Themen: eine Geschichte der Rektorengalerie und Aspekte der Ausstrahlung der TU und ihrer Angehörigen in Kunst und Gesellschaft (Musik, Kunst, Fotografie, Kino, Erwachsenenbildung). Ein Band zur Baugeschichte war geplant, ließ sich aber nicht realisieren. Ein weiterer Band stellte die Organisationsgeschichte und Strukturentwicklung der TH/TU Wien der Jahre 1965 bis 2014 im Überblick dar, um so chronologisch den Anschluss an die 150-Jahr-Festschrift zu bieten. In einem umfangreichen, zweiteiligen Einleitungsband wurde schließlich von den wissenschaftlichen Mitarbeiter*innen des Archivs die Geschichte der TH Wien 1914–1955 behandelt, soweit sie sich aufgrund des derzeitigen Forschungsstandes darstellen lässt. Dieser Ausflug in die historische Ebene wurde vom Archiv vorgeschlagen und sollte bewusst als Ergänzung zu den beiden älteren großen Festschriften fungieren, die gerade diese Periode nicht einbeziehen konnten oder wollten. Damit fügte sich die 200-Jahr-Festschrift in das Gesamtkonzept der Jubiläumsfeierlichkeiten der TU Wien ein, das stark auf zukünftige Perspektiven und auf Kommunikation in die Gesellschaft hinein setzte. Der Umgang mit der eigenen Geschichte wurde von den Fakultäten sehr unterschiedlich gestaltet: Fallweise waren durchaus auch disziplingeschichtliche Ansätze vertreten, und insbesondere jene Fakultäten, die ihre Wurzeln bis in die

---

27 Seidler, Sabine (Hrsg.): Technik für Menschen. 200 Jahre Technische Universität Wien. 15 Bde. Wien 2015/2016.

Gründungszeit des Polytechnischen Instituts zurückführen konnten, weiteten ihre historischen Betrachtungen auch darauf aus. Ganz offensichtlich bestand doch ein Bedarf an solchen „klassischen" Rückblicken.[28] Auch die im offiziellen Jubiläumskonzept bewusst weitgehend ausgesparte Hervorhebung ausgezeichneter Angehöriger des Hauses wurde in einem separaten Online-Projekt des Alumni-Verbandes mit der wöchentlichen Vorstellung der Biographie eines bedeutenden Absolventen/einer Absolventin als „Hall of Fame" doch noch realisiert. Hier war das Archiv ebenfalls unterstützend bei der Informationsbeschaffung und -Kontrolle eingebunden.[29] Dagegen ließ sich eine historische Ausstellung, wie sie vom Archiv in früheren Jahren mehrfach und mit großer interner Resonanz durchgeführt worden war, 2015 aufgrund der räumlichen Situation – die TU Wien war wegen des „univercity"-Projekts faktisch eine Baustelle – und der knappen Personalressourcen nicht realisieren. Es ist auch fraglich, ob es dafür Unterstützung gegeben hätte.

Die „Jubiläumswebsite" der TU Wien selbst hatte dagegen vor allem eine administrative Funktion: Sie steuerte die Kommunikation über das Programm und enthielt die Ankündigung zukünftiger und Berichte über vergangene Jubiläumsevents, historische Aspekte blieben dabei weitgehend ausgespart.[30] Später wurde sie mit zusätzlichen Informationen zur TU Wien angereichert.

Das war an der Universität Wien ganz anders: Hier wurde – unter maßgeblicher Mitwirkung des Archivs der Universität Wien – eine umfassende Website zur Geschichte der Universität kreiert, die diese nach verschiedenen Themen, Personen, Aspekten und Zeiträumen an ein allgemeines Publikum vermitteln sollte. Die Geschichte der Institution erschien der Hochschule also durchaus als eine Ressource, die wissenschaftliche Qualität und ein entsprechendes Ansehen auch gegenüber der Öffentlichkeit beglaubigen kann.[31] Dies signalisieren auch die Jubiläums-Slogans („Offen seit 1365"; „Offen für Neues seit 1365"; „Weitblick. Seit 1365"). Das Begleitprogramm des Jubiläumsjahrs verzeichnete ebenfalls eine ganze Reihe unterschiedlicher Ausstellungen und sonstiger Veranstaltungen mit

---

28 Besonders augenfällig wird dies beim Institut für Fertigungstechnik, das 2016, ein Jahr nach dem Jubiläum der TU Wien, sein eigenes 200-Jahr-Jubiläum veranstaltet, unter anderem mit einem großen Kongress, siehe Aigner, Florian: 200 Jahre Fertigungstechnik an der TU Wien. https://frei haus.tuwien.ac.at/200-jahre-fertigungstechnik-an-der-tu-wien/ (17.12.2020).

29 Die Webseite wurde vom Alumni-Verband inzwischen fortgeschrieben und ist in der ursprünglichen Form nicht mehr abrufbar; vgl. TU Wien. Alumni Club: 100 Jahre Frauen an der TU Wien. https://www.tualumni.at/aktuelles/hall-of-fame/ (2.2.2021).

30 TU Wien: TU 200. 1815–2015. 200 Jahre Zukunft. http://www.tu200.at/ (2.2.2021).

31 Die, inzwischen überarbeitete und aktualisierte, Webseite 650 plus. Geschichte der Universität Wien. https://geschichte.univie.ac.at/de (17.12.2020).

historischer Ausrichtung, die sich nicht nur nach „innen", sondern auch nach „außen", an ein allgemeines Publikum, wandten.[32]

Die umfangreiche Festschrift der Universität Wien ist dagegen klar an ein Fachpublikum gerichtet. Auch sie verfolgt nicht das Ziel einer „klassischen" Festschrift, eine „traditionelle, vollständige oder repräsentative Institutionengeschichte" zu liefern. Vielmehr setzte das vom „Forum Zeitgeschichte" an der Universität Wien erarbeitete Konzept auf einen ambitionierten multiperspektivischen Ansatz, der von insgesamt mehr als 40 Fachhistoriker*innen umgesetzt wurde. Auch hier wurde der Betrachtungszeitraum eingegrenzt, und zwar auf die Zeit von der Mitte des 19. Jahrhunderts, als die Thun'schen Universitätsreformen begannen, bis zum Ende des 20. Jahrhunderts. Durch Anwendung von „forschungsorientierten und fächerübergreifenden Zugängen" sollte der Versuch einer Neuausrichtung der Universitätsgeschichte zu einer „erweiterten Kulturgeschichte des Wissens" unternommen werden.[33] Die vier Bände sind jeweils großen Themenkomplexen gewidmet, von der Herausbildung einer neuen Wissensgesellschaft bis zu „reflexiven Innensichten" (worunter sich dann doch eine Art „Fakultätenband" mit einer biografischen „Porträtgalerie" verbirgt – traditionelle Darstellungskonventionen wirkten also auch im Rahmen eines „reformorientierten" Konzepts nach).

Dagegen legte die – sehr viel kleinere – Universität für Veterinärmedizin Wien eine einbändige, inhaltlich eher konventionell gestaltete Festschrift vor, die sich neben historischen Rückblicken, die auch die NS-Zeit explizit thematisieren, bewusst gegenwartsbezogenen Fragestellungen etwa zur Bedeutung des Berufsstandes der Tiermediziner und ethischen Problemen widmet.[34] Das Jubiläum wurde hier außerdem zum Anlass genommen, schon ab 2014 ein dreijähriges Forschungsprojekt zur Geschichte der damaligen Tierärztlichen Hochschule in der Zeit des Nationalsozialismus zu beginnen.[35] Die „neuen Medien" wurden insofern genutzt, als eine „analog" veranstaltete Ausstellung zur Geschichte der

---

32 Vgl. dazu Ash, Universitätsgeschichtsschreibung (wie Anm. 24), S. 230 – 233.

33 Stadler, Friedrich (Hrsg.): 650 Jahre Universität Wien. Aufbruch ins neue Jahrhundert. 4 Bde. Göttingen 2015, Zitate Bd. 1, S. 19 und 298; vgl. auch Ash, Universitätsgeschichtsschreibung (wie Anm. 24).

34 Haarmann, Daniela (Hrsg.): 250 Jahre Veterinärmedizinische Universität Wien. 1765 – 2015: 250 Jahre Verantwortung für Tier und Mensch. Wien 2015; online-Ausstellung und Jubiläumswebseite, die auch einen Rückblick auf weitere Veranstaltungen des Jubiläumsjahrs bietet: 250 Jahre Veterinärmedizinische Universität Wien. https://www.vetmeduni.ac.at/de/universitaet/geschichte/250/ (17. 12. 2020).

35 Veterinärmedizinische Universität Wien: Aufarbeitung der NS-Zeit – FWF-Projekt. Die Tierärztliche Hochschule Wien im Nationalsozialismus. https://www.vetmeduni.ac.at/de/universitaet/geschichte/aufarbeitung/ (2. 2. 2021).

Universität für Veterinärmedizin parallel als Internetpräsentation gezeigt wurde. Außerdem wurde ein Informationsvideo gedreht. Auch in diesem Falle fungierte die Geschichte als eine Legitimationsbasis für die heutige Bedeutungszuschreibung der Universität.

Geschichte in Jubiläumszeiten – zwischen Werbe-Gag und institutioneller Selbstreflexion

Im Vergleich der Jubiläumsgestaltung der TU Wien und der 2015 ebenfalls jubilierenden Wiener Universitäten lassen sich hinsichtlich der Inszenierungen und Mediennutzungen einige Gemeinsamkeiten feststellen. Allen Jubiläumskonzepten ist anzumerken, dass die jeweilige öffentliche Selbstpräsentation auch unter dem Diktat der Ressourcenkonkurrenz stand, insbesondere hinsichtlich der Anwerbung von Förderungen und der Weckung von nationaler wie internationaler Aufmerksamkeit. Hier schlägt sich die nachhaltige Ökonomisierung der Universitäten spätestens seit den Reformen ab 2004 nieder. Mit Markus Drüding ist festzuhalten, dass es beim Faktor „Ökonomie" nicht nur um die Deckung der Kosten für den repräsentativen Konsum bei den Jubiläumsfeierlichkeiten geht (dieser Aspekt scheint bei früheren Jubiläumsfeiern stärker im Vordergrund gestanden zu haben), sondern mindestens genau so sehr darum, anlässlich des Jubiläums zusätzliche Mittel für den Ausbau der Universität einzuwerben. Feste kosten nicht nur Geld, sie können auch Geschenke einbringen.[36]

Alle drei Universitäten bedienten sich nicht nur der konventionellen analogen (Print-) Medien, sondern nutzten auf verschiedene Weise zusätzlich elektronische Kanäle, Social Media ebenso wie eigens eingerichtete Webseiten. Die eigene Geschichte war dabei in unterschiedlicher Form und Intensität präsent. Die jeweiligen Universitätsarchive waren dabei zumindest als „Inhaltslieferanten" eingebunden, ihre Einwirkungsmöglichkeiten auf Inhalt und Gestaltung erscheinen jedoch begrenzt.

Aber es gab auch unterschiedliche Akzentsetzungen, insbesondere, was die Nutzung der eigenen Geschichte als Ressource betrifft. Die radikalste „antihistorische" Position wurde dabei von der TU Wien bezogen, die das Jubiläum

---

36 Vgl. Drüding, Markus: Warum feiern Universitäten Geschichte? Funktionen und Formen deutscher Universitätsjubiläen im späten 19. und 20. Jahrhundert. In: Akademische Festkulturen vom Mittelalter bis zur Gegenwart. Hrsg. von Martin Kintzinger, Wolfgang Eric Wagner u. Marian Füssel. Basel 2019 (Veröffentlichungen der Gesellschaft für Universitäts- und Wissenschaftsgeschichte 15). S. 55–76, hier S. 63–65.

weitgehend unter das Thema „Zukunftsfähigkeit" stellte. Hier hatte sich die Universitätsleitung also, um die Kategorisierung von Mitchell Ash aufzunehmen, für öffentliche Darstellung und politische Positionierung und nicht für die institutionelle „Selbstreflexion" als Ziel des Jubiläums entschieden.[37] Die eigene Geschichte und das Nachdenken darüber sollte bewusst keine herausragende Rolle spielen. Dass sich dies doch nicht immer ganz vermeiden ließ, hat mit dem genuin historischen Anlass der Festlichkeiten zu tun. Außerdem gaben sich aus dem Kreis der Universitätsangehörigen, etwa auf Fakultäts- und Institutsebene, auch Bedürfnisse nach „konventionelleren" historischen Erzählungen zu erkennen, die zum Teil in den jeweiligen Beiträgen zur Festschrift realisiert wurden. Das Archiv hat in dieser Situation versucht, zumindest der jüngeren Geschichte des Hauses eine gewisse Präsenz zu sichern – wohl wissend, dass es dabei angesichts der weiterhin bestehenden Forschungslücken nur um eine vorläufige Bilanz gehen konnte.

In einer ähnlichen Position, was fachwissenschaftliche Vertretung und Personalausstattung des Archivs betrifft, befand sich die Universität für Veterinärmedizin, die sich jedoch für den konventionelleren Weg einer Festschrift unter Einbeziehung ihrer geschichtlichen Entwicklung von der Gründung bis zur Gegenwart entschied. Eine Ausstellung mit Online-Präsentation sollte wohl die Reichweite der Selbstpräsentation erweitern. Außerdem nützte sie die „Jubiläums-Konjunktur" für die Beantragung eines Forschungsprojekts zur NS-Geschichte. Das Archiv fungierte hier in erster Linie als „Content-Lieferant".

Dagegen versuchte sich die Universität Wien, ausgestattet mit umfangreicher fachhistorischer Expertise, in der Festschrift an einem methodologischen Neuzugang zur Universitätsgeschichtsschreibung, wobei die zeitliche Limitierung auf die Zeit seit der Mitte des 19. Jahrhunderts nicht unbedingt frei gewählt, sondern auf Wunsch des Rektorats erfolgt war. Darüber hinaus brachten Universitätsarchiv und Fachwissenschaftler*innen ihre historische Kompetenz auch bei zahlreichen weiteren Events und Präsentationsformen ein.

Gemeinsam ist allen drei Universitäten auch die Ausdehnung der Jubiläums-Feiern auf das ganze Jahr 2015. Ein langer Reigen verschiedenster Veranstaltungen und Events, sei es eigens für den Anlass entwickelt oder nur für das Jubiläum „gebrandet", zog sich durch das Jahr, wobei die Feier des jeweiligen Gründungstages mit dem eigentlichen akademischen Festakt als Höhepunkt fast ein wenig unterging. Eine festliche Differenz zum „Alltag"[38] war bei dieser zeitlichen Erstreckung kaum aufrecht zu erhalten. Diese machte es aber auch notwendig, die

---

37 Ash, Universitätsgeschichtsschreibung (wie Anm. 24), S. 222f.
38 Vgl. Drüding, Universitäten (wie Anm. 36), S. 58.

Organisation nicht mehr, wie es früher üblich gewesen war, allein ehrenamtlich von Universitätsangehörigen durchführen zu lassen, sondern sie einem professionellen Eventmanagement anzuvertrauen.

Typologisch zeigt sich bei den Wiener Jubiläumsfeiern des Jahres 2015 im Vergleich zu 1965 ein markanter Bruch im Auftreten der Universitäten gegenüber der Öffentlichkeit: Auch in Österreich wurde damals der „politische Systemwechsel" – und der gelungene Wiederaufbau – „mit der Konstruktion einer neuen historischen Tradition beantwortet".[39] Dabei griff man stark auf ältere Festgebräuche zurück – sinnfällig etwa daran, dass sich sowohl die Universität Wien als auch die damalige TH Wien für diesen Anlass neue Talare entwerfen und anfertigen ließen. Dagegen können die Feiern von 2015 dem von Sylvia Paletschek georteten „neuen Konsens" zugeordnet werden, der, nach einer Phase der Zurückhaltung in den 1970er und 1980er Jahren, wieder aufwändige Feierlichkeiten zuließ, diese aber nun deutlich bewusster als Instrumente der Eigen-PR nach außen und der Stärkung der „Corporate Identity" nach innen einsetzte.[40] Auch die verstärkte Aufarbeitung der eigenen NS-Vergangenheit kann unter diesem Aspekt gesehen werden, manches Projekt wäre ohne die „Jubiläums-Perspektive" so vielleicht nicht möglich gewesen.

---

39 So in Bezug auf die Situation im geteilten Deutschland Paletschek, Sylvia: Festkultur und Selbstinszenierung deutscher Universitäten. In: Mittendrin – Eine Universität macht Geschichte. Eine Ausstellung anlässlich des 200-jährigen Jubiläums der Humboldt-Universität zu Berlin. Hrsg. von Ilka Thom, Kirsten Weining u. Heinz-Elmar Tenorth. Berlin 2010. S. 88 – 95, hier S. 93; die Beobachtung lässt sich auch auf Österreich übertragen.
40 Paletschek, Festkultur (wie Anm. 39), S. 95.

Pieter Dhondt

Searching for a (New) Self-legitimation? How Three Belgian (State) Universities Celebrated Their Bicentenary in 2017

Abstract: In 2017, three universities in Belgium that had been established in 1817 by King William I of the United Kingdom of the Netherlands (in Ghent, Liège and Leuven), commemorated their bicentennial. The still existing Ghent University and University of Liège did so in a grandiose way. In Leuven, however, the celebration was limited to a modest workshop and its accompanying publication. By analysing the festivities at Ghent University in 2017 in a detailed way this contribution shows how the traditional elements of a university jubilee celebration gradually received a different interpretation. This introductory case study illustrates the aim of this contribution as a whole, namely to examine and discuss how the staging of university jubilees has changed under the pressure of social changes, how this was reflected in the use of 'celebratory mediality', and how these different acts of performing the jubilee interacted with a process of self-legitimation. By reviewing the diverse output realised as part of these different celebrations (in Ghent, Liège and to a lesser extent Leuven), the chapter proves how these anniversaries have been used as an opportunity to respond to current challenges that the university is facing as an institution. The two central messages of both celebrating universities – Ghent and Liège – are reflected in most, if not all, of the initiatives that were unfolded on the occasion of the festivities: defending and protecting the university by emphasising its possible social relevance, and creating a larger (university) community by investing into the natural partnership between city and university.

Introduction

Researching and writing its history has always been one of the tasks of the university. From the late Middle Ages, rectors and ordinary professors have delivered speeches on the occasion of anniversary celebrations in which they presented the glorious past of their own institution. Even so, the number of jubilee celebrations increased spectacularly in the second half of the nineteenth century.[1] Generally, this kind of celebrations consisted of four elements.[2] The central part was the academic ceremony where representatives from the political, religious and cultural elite were welcomed, where delegations from universities and scientific institutions from home and abroad delivered their often artfully presented congratulation addresses, and where honorary doctoral degrees were granted to distinguished members of the international scientific community. At most universities, the authorities seized the opportunity to reinforce relationships with their students, and with their city and its population. This resulted on the one hand in typical student activities such as a torchlight procession and drinking events, and on the other hand in events that were open to the general public, like a garden party, sporting occasions or an historic procession. Finally, the standard jubilee programme included the unveiling of statues, students' concerts, visits to the opera or other cultural activities.

Even though the character of the official anniversary ceremony shows a remarkable degree of continuity during the past one and a half century, nevertheless important gradual shifts with regard to the origin of the invitees can be noticed. The pursuit of a European orientation around the turn of the nineteenth to the twentieth century gave way in the interwar period to a return to a more national orientation.[3] After the Second World War, again more attention was paid to the international perspective, which has certainly not completely disappeared today, but is clearly overshadowed by a focus on the local elite.

This stronger emphasis on the universities' local embedding during the last two or three decades seems somewhat contradictory in a globalised world. However, at least two arguments can help to explain this paradox. Firstly, universities are increasingly profiling themselves as each other's competitors (both nationally and internationally), what makes it naturally less obvious to honour each other with a birthday visit. Secondly, the university as an institution feels threatened in its existence and increasingly experiences the need to defend itself. The enduring commodification of academic research, in combination with attacks on

---

1 Dhondt, Pieter: Nineteenth-century university jubilees as the driving force of increasing Nordic cooperation. In: National, Nordic or European? Nineteenth-Century University Jubilees and Nordic Cooperation. Ed. by Pieter Dhondt. Leiden/Boston 2011 (Scientific and Learned Cultures and Their Institutions 25,4). pp. 1–9, p. 2.

2 Becker, Thomas P.: Jubiläen als Orte universitärer Selbstdarstellung. Entwicklungslinien des Universitätsjubiläums von der Reformationszeit bis zur Weimarer Republik. In: Universität im öffentlichen Raum. Ed. by Rainer Christoph Schwinges. Basel 2008 (Veröffentlichungen der Gesellschaft für Universitäts- und Wissenschaftsgeschichte 10). pp. 92–93.

3 Dhondt, Pieter: Nineteenth-century university jubilees as (rheotrical) attempts at increasing Nordic cooperation. In: Dhondt, National (cf. note 1), pp. 313–318.

academic freedom – itself being one of the core characteristics of the university's identity – make the continued existence of the university no longer self-evident.[4] One way of fending this menace off is by displaying its social relevance and possible social impact.[5] In order to convey this message in a comprehensible and convincing way to the public (and to possible funders), it is much easier during such anniversary 'ceremonies' to 'show off' with concrete examples from the local and regional environment instead of aiming to demonstrate the, often more abstract, international relevance of the research realised by the celebrated university and her scholars.

This approach was clearly applied during the festivities at Ghent University in 2017 on the occasion of its bicentenary, as is shown in the analysis of these celebrations in the first section of this contribution. This introductory case study serves to illustrate the aim of this contribution as a whole, namely to examine and discuss how the staging of university jubilees has changed under the pressure of social changes, how this was reflected in the use of 'celebratory mediality', and how these different acts of performing the jubilee interacted with a process of self-legitimation. In the same year 2017, the two other universities in Belgium that had been established in 1817 by King William I of the United Kingdom of the Netherlands in Liège and Leuven, commemorated their bicentennial. By reviewing the diverse output realised as part of these different celebrations, the chapter proves how these anniversaries have been used as an opportunity to respond to the aforementioned current challenges. The second section focuses primarily on the official jubilee publications in Ghent and Liège, yet also pays attention to a book which commemorated the state university of Leuven. The third and final section deals with 21st-century medialities and assesses the attempts to interact with the larger public.

---

4 Literature is abundant with regard to this topic. Recent perspectives are offered by, among many others, Radder, Hans: From commodification to the common good: reconstructing science, technology, and society. Pittsburgh 2019 and Reichman, Henry: The future of academic freedom. Baltimore 2019.

5 See for instance Hoffman, Andrew J.: Academia's Emerging Crisis of Relevance and the Consequent Role of the Engaged Scholar. In: Journal of Change Management 16:2 (2016). pp. 77–96 and Gamoran, Adam: The Future of Higher Education Is Social Impact. https://ssir.org/articles/entry/the_future_of_higher_education_is_social_impact (18.5.2018).

Festivities in Ghent: The Social Relevance of the University at Stake

At the festive Sunday morning book presentation on the 8th of October 2017 – which kicked off 'Everyone UGent!', a free one-day city festival that served as the highlight of the bicentenary celebrations at Ghent University – the organisers strived for a middle way between emphasising the university's local and international relevance. The university jubilee publication that was presented then is titled *Uit de ivoren toren. 200 jaar Universiteit Gent* [Out of the ivory tower. 200 years Ghent University] and, in its own words, "shows how great the social involvement of scholars has always been and is".[6] The Sunday matinee served as the perfect moment to highlight this message to a larger public. Three thematic pillars were selected, each of them elaborated through a short historical introduction, followed by a current interpretation of the theme and a debate about it; and each of them interpreting a broad and topical social and/or educational question through a concrete, local perspective. One of the themes discussed was the societal resistance in Europe against genetically modified organisms. The aim to present some concrete results from the research centre on microbiology, founded already in the 1870s, was tackled by starting from a regionally (and even nationally) well-known and highly mediatised 'field liberation' action. This protest action had taken place in 2011 in the nearby commune of Wetteren. On a trial field that was coordinated by a consortium of research institutes, including the university's research centre, activists had swapped the genetically modified potatoes with organic varieties.[7] By referring to this controversy, the (local) public easily could identify with the topic under discussion.

On the same 8th of October 2017, more than 230 activities were organised at more than twenty locations spread out over the city of Ghent: street performances, children's workshops, interactive demonstrations, experiments, concerts, science shows, short lectures, guided tours, exhibitions, a book market, amongst else. The tentative list indicates how the third and fourth element of the traditional jubilee celebrations were now combined into a varied offer of all kinds of cultural events and activities intended for the general public, primarily com-

---

6 Uit de Ivoren Toren. 200 jaar Universiteit Gent. Boekvoorstelling 8 oktober in Vooruit. https://mailchi.mp/a6228ec60fe4/uit-de-ivoren-toren-uitnodiging-boekvoorstelling-8-oktober?e=6fcc4576d1 (8.10.2017).
7 See Maeseele, Pieter et al.: In Flanders Fields: De/politicization and Democratic Debate on a GM Potato Field Trial Controversy in News Media. In: Environmental Communication 11:2 (2017). pp. 166–183.

ing from Ghent. In many cases, the link with the history of the university was fairly difficult to find. The university's birthday was simply used as an excuse to organise a big folk festival.

The list of organisers of these activities was as diverse as the list of the events itself, going from professional festival organisers, over the university's own jubilee committee and public relations department, to faculties, research institutes, departments, professors and, obviously, students. However, one of the most visible shifts in the current implementation of the four elements of the typical jubilee celebration, as it took shape from the nineteenth century, is the lack of proper student activities. Of course, students are still involved in today's jubilees in many different ways, but they no longer use them as an opportunity to profile themselves as a separate group. As the author of this contribution has observed elsewhere, from the early modern period onwards, universities gradually became more established institutions, increasingly integrated into the territorial state. In result of that, students became alienated from their masters (professors) and developed a separate corporate identity, different from the university as a whole. They began to manifest this on the occasion of university jubilees by organising their own and typical student activities. Even in recent years, students feel encouraged to utter criticism towards current practices in society and towards state institutions, such as universities, and thus express the fight for common ideals and adherence to a different identity, yet now as belonging to a separate age group, rather than as being a constituent part of the celebrating 'uni'versity.[8]

In line with this development, students from Ghent University did not play any prominent role in the bicentenary celebrations, but still enthusiastically joined the 'Everyone UGent' city festival, also by organising events themselves, consistent with the general message of the commemoration and the university's jubilee publication: *Out of the Ivory Tower*.[9] This leitmotif nicely illustrates how also today anniversaries are still used as an opportunity to respond to a particular crisis and/or to current trends,[10] in this case being, firstly, the (perceived)

---

8 Dhondt, Pieter and Laura Kolbe: Student Identity and Radicalism. In: Student Revolt, City, and Society in Europe. From the Middle Ages to the Present. Ed. by Pieter Dhondt and Elizabethanne Boran. New York 2018 (Routledge Studies in Cultural History 52). pp. 115–119, p. 119.
9 Deneckere, Gita: Uit de ivoren toren. 200 jaar Universiteit Gent. Gent 2017.
10 See for instance Gerber, Stefan et al.: Einleitung. In: Traditionen – Brüche – Wandlungen. Die Universität Jena 1850–1995. Ed. by Senatskommission zur Aufarbeitung der Jenaer Universitätsgeschichte im 20. Jahrhundert. Köln 2009. pp. 1–22, p. 4; this theme is elaborated extensively in: University Jubilees and University History Writing. A Challenging Relationship. Ed. by Pieter Dhondt. Leiden/Boston 2015 (Scientific and Learned Cultures and Their Institutions 13).

need to defend the university by paying more attention to its possible social impact and relevance, and, secondly, the willingness to take care of good relationships between the university, its city and the surrounding region. In this way, the Ghent jubilee functions as another example of how, by looking into its own history, the university as an institution led by traditions frequently has tried to provide itself with "expertise concerning its future organisation in a period of change".[11] At the same time, this kind of master narrative for the volume as a whole successfully keeps the reader enthralled.

Immediately in the first chapter of *Out of the Ivory Tower*, which provides a broad overview of the university's two hundred years history, Gita Deneckere points to the original motto of the University of Ghent *Inter utrumque*, meaning 'between the two': "between the pursuit of wisdom through the practice of science and the service to prince and country".[12] Obviously, this common thread is not equally visible in all the book's thematic chapters, yet both the selection of the themes and the way in which many of them are elaborated have at least partly been decided by it. For instance, the chapter on 'Industry and valorisation' reveals how the university throughout its history strived to be an "enterprising university paying attention to the social and economic application of its research results".[13] Another chapter emphasises how several generations of professors at the medical faculty have taken up an exceptional degree of social involvement and commitment, resulting in a strong position of disciplines such as social medicine and psychiatry. And in the final chapter the worldwide leading role of the university in the fields of environmental technology and genetic engineering is dealt with and linked to the highly topical environmental issue.

---

11 Bruch, Rüdiger vom: Methoden und Schwerpunkte der neueren Universitätsgeschichtsforschung. In: Die Universität Greifswald und die deutsche Hochschullandschaft im 19. und 20. Jahrhundert. Ed. by Werner Bucholz. Stuttgart 2004 (Pallas Athene. Beiträge zur Universitäts- und Wissenschaftsgeschichte 10). pp. 9–26, p. 11. All translations of quotations have been made by the author.
12 Deneckere, Uit de ivoren toren (cf. note 9), p. 11.
13 Deneckere, Uit de ivoren toren (cf. note 9), p. 95.

Abb. 11: The title of the jubilee publication is nicely in line with the message of the bicentenary of Ghent University as a whole: Looking back into the university's history serves to prove the social relevance of the university today.

The Official Jubilee Publications of Ghent, Liège (and Leuven): Service to the Society and/or to the City

One important weakness concerning the research focus in Ghent on biotechnology was the lack of expertise at the university until the end of the 1990s to protect intellectual property in the form of patents, particularly in comparison to the KULeuven. The competition between the universities of Ghent and Leuven has a long-term historical background, having its origin to a large extent in their different inception. The old, medieval university in Leuven was abolished during the French revolutionary period, and only in 1817, when the Southern Netherlands (present-day Belgium) were part of the United Kingdom of the Netherlands, three state universities came in its place, in Ghent, Liège and Leuven. The latter one, at its turn, was abolished in 1835 in consequence of the coming into existence of two free universities during the year before: a Catholic University (that was founded in the small town of Malines, but moved to Leuven after the abolishment of the pre-existing state university), and its liberal counterpart, the free-thinking University of Brussels. From their foundation and actually even up to today, these ideologically opposed free universities did not only compete with each other, but also stood in large contrast to the state universities of Ghent and Liège. Since the state universities became autonomous in 1991, there is actually no longer a legal difference between free and state universities, but it has been a very conflict-ridden process to come this far, and the previously existing tensions definitely have not yet disappeared completely.

The last major conflict in this regard happened in the context of the so-called law on university expansion (1965), which determined the establishment of numerous new universities (free as well as state institutions, and the division of previously exclusively French-speaking institutions into separate Dutch and French-speaking ones). In a European perspective, this provincialisation of the university landscape in Belgium was much less unique than Deneckere suggests.[14] More interesting, however, is how she indeed confirms the criticism at the time, namely that the government sacrificed the state universities to the proliferation of the free universities as a result of this fragmentation. But Deneckere does so in a much more subtle and neutral way than her colleagues from the for-

---

14 See, for instance, Dhondt, Pieter and Arto Nevala: The typical dilemma between university expansion and rationalization: Belgium (and Finland) since the 1960s. In: Kasvatus & Aika, kasvatuksen historiallis-yhteiskunnallinen julkaisu 9:3 (2015). pp. 21–36.

mer state University of Liège in their bicentenary jubilee publication of 2017. In this publication, Philippe Raxhon and Veronica Granata compare the financial impact of the 1965 university expansion law on the state universities' budget with "the thrill of the ice scalpel cutting through the steel of the Titanic's hull".[15] This formulation seems to echo much of the earlier frustration about the relative loss of the state universities' former privileged status. To a certain extent, the authors prove how difficult it can be to maintain enough distance when writing the history of one's own institution, as occurs so often in the tradition of jubilee history writing.[16]

As a result of the ongoing communitarisation,[17] the common and futile protest of the universities of Ghent and Liège against this law was actually the end of their common history. Unfortunately, but not really surprisingly, this common history receives very little attention in both the Ghent and the Liège jubilee publications. Merely with regard to the foundation period between 1817 and 1830, when the Southern Netherlands were part of the United Kingdom of the Netherlands, do the publications pay some attention to the communalities between the three state universities. Both Deneckere and Raxhon and Granata bring forward, for instance, the stipulation from the 1816 regulations which ordered the city administrations to provide buildings for the universities, yet they give quite a different interpretation to it. On the one hand, Deneckere uses it as an opportunity to include one of the book's many quips, here referring to the general prejudice about the stingy Dutchman: "The Dutchman would not be the Dutchman if he did not calculate. And so it happened."[18]

For Raxhon and Granata, on the other hand, this specific clause allows them to emphasise the long-term partnership between 'town and gown' in Liège, which goes back to the university's foundation period. This tight link functions as (one of) the guiding and convincing master narrative(s) of their volume, even if they mistakenly claim that the advisory commission to William I recommended the creation of three state universities, whereas in reality the commission members were highly in favour of only one university, in Leuven or Brussels. This

---

15 "[Le] frisson du scalpel de glace entamant comme une caresse la découpe de l'acier de la coque du Titanic"; Raxhon, Philippe in collaboration with Veronica Granata: Université de Liège (1817–2017): Mémoire et prospective. Liège 2017. p. 143.

16 For instance Müller, Winfried: Erinnern an die Gründung. Universitätsjubiläen, Universitätsgeschichte und die Entstehung der Jubiläumskultur in der Frühen Neuzeit. In: Berichte zur Wissenschaftsgeschichte 21 (1998). pp. 79–102, p. 94.

17 In a Belgian context, communitarisation means the transfer of powers from the central administration to the Flemish, French and German-speaking communities.

18 Deneckere, Uit de ivoren toren (cf. note 9), p. 14.

lapsus at least suggests a much larger degree of support for the King's educational policy in the Southern Netherlands than actually existed. It is true that William I attempted to boost the upcoming industrial revolution and that in this regard "the Liège metropolis" was in fact "predisposed to benefit from the good
graces of the sovereign".[19] Yet it was far from evident up to just a few months
before the final decision on the future Liège university that this could happen
through the cooperation between industry and university, which is solemnised
in Raxhon's and Granata's portrayal.

At the same time, the authors prove in a very convincing way how the university, the industrial sector and its surrounding city and region have taken profit
from the synergy as it developed in the context of different waves of industrial-
isation and regional economic challenges up to the late 20th century. In 1989, for
instance, the university service *Interface* was established in order to enable the
implementation of specific expertise of academics in the business world. Its original idea was "first of all to focus on difficulties encountered by businesses in the
region".[20] In testimony of the successful cooperation between town and gown, a
group of historians from the University of Liège also published a new history of
the city on the occasion of the university's bicentenary.[21] The increased attention
was advantageous to both city and university in view of their public relations
during the jubilee year.

A crucial challenge that the jubilee researchers and authors from Liège had
to tackle when building up their core argumentation on the university-city-indus-
try trierarchy concerns the selection of disciplines and examples. Several other
university history committees have opted for a more fragmented kind of publication per faculty or per discipline and thought it a well-considered approach in
the current climate of multiversity.[22] And indeed is the integrated approach
that Raxhon and Granata are striving for at times stretched to its limits. While
there is no doubt about the expertise developed in Liège – also thanks to the university – in key industrial sectors such as electricity, chemistry and pharmacy in
the 1880s, what kind of industrial strength holders emerged at the university and
in regional technology during the twentieth century is unfortunately much less
clear, apart from astrophysics being one of them. The rather ephemeral listing

---

19 Raxhon, Université de Liège (cf. note 15), p. 28.
20 Raxhon, Université de Liège (cf. note 15), p. 168.
21 Demoulin, Bruno (ed.): Histoire de Liège. Une cité, une capitale, une métropole. Liège 2017.
22 Dhondt, Pieter: University History Writing: More than a History of Jubilees? In: Dhondt, University Jubilees (cf. note 10). pp. 1–20, p. 12.

Abb. 12: The simultaneous publication of the university's two hundred years history and a new historical overview of the city of Liège confirms the message of a smooth cooperation between 'town and gown'.

of research institutes, different degrees and research figures "that speak for themselves" risks to be at the fringe of promo-talk.[23]

---

23 Raxhon, Université de Liège (cf. note 15), pp. 15–18.

Even though the Ghent jubilee publication equally aims for an integrated approach, here the inevitable selection of disciplines results in a more balanced entity, as it is motivated by the willingness to focus on those subjects that were exceptionally well-developed at Ghent University and that enable to enforce the general argumentation of the aforementioned social involvement of Ghent scholars. However, two closely related problems occur in this regard. Firstly, there is the question whether the chosen story line has not determined the selection too much.[24] To make it more concrete: was there indeed a specifically strong tradition of international law among Ghent law professors that qualified and still qualifies them to engage in international peace projects and human rights issues?[25] Or is this claim mainly used to argue for the relevance of the chapter on 'War and peace'? Actually, such a dilemma could only have been addressed, secondly, by comparing the situation in Ghent with the one at other universities at home and abroad. Unfortunately, it is left up to the reader to assess the comparative degree of collaboration and resistance during the World Wars, or which role Ghent University played in the colonial adventure of the Belgian state (for instance, by offering a training in colonial agriculture from 1919 or by establishing of a medical campus from 1956, the so-called Ganda-Congo project).

All chapters close with a polemic question or a point of contention for the future, also the one dealing with 'Colonialism and development cooperation'. Here Deneckere criticises the lack of vision and the growing mutual competition regarding inter-university cooperation with the global South. By structuring her book like this, she deliberately contributes to the slogan of the festive year: 'A history full of a future'. Or, as she puts it herself: "The fact that the two Belgian state universities were founded precisely in the time of Wilhelm von Humboldt makes it all the more interesting to use the celebration for a look back with a view to the future."[26] In Deneckere's narrative, the Humboldtian *Bildungsideal* is opposed to the predominant profitability thinking, in which individual self-development and the development of critical citizenship are at risk of being sacri-

---

24 On this kind of challenges, see for instance Paul, Herman: Key issues in historical theory. London 2015. pp. 56 – 69.

25 For instance, the establishment of the Institute of International Law in 1873, that received the Nobel Peace Prize in 1904, the engagement of Ghent professors at the Paris Peace Conference after the First World War and at the International Court of Justice in The Hague during the interwar period.

26 Genin, Vincent and Michael Auwers: 200 jaar universiteiten van Gent en Luik. Interview met Gita Deneckere en Philippe Raxhon. In: Contemporanea 39:3 (2017). https://www.con temporanea.be/nl/article/2017-3-aan-het-woord-200-jaar-ugent-en-ulg (26. 2. 2021).

ficed.[27] Even though many readers can easily identify with her worries about the increasing commodification of the university, Humboldt and the ideals attributed to the so-called German model are referred to in an over-simplified way.[28]

Faithful to the Liège jubilee publication's subtitle *Mémoire et prospective* [Memory and prospective], the authors adopt a similar forward-looking perspective. Again, the reflection on the university's past is intended to give inspiration for the place and function of the university tomorrow. The perception that the contemporary university is threatened in its existence is countered by introducing the notion of "citizenship, the third beacon of university identity, in addition to teaching and research".[29] The authors also recall the speech of Liège's rector Albert Corhay on the occasion of the opening of the academic year in September 2016 where Corhay presented his so-called 'charter of values' and evoked the "necessity: never to break the link with the city and its challenges".[30] It is quite remarkable indeed, that the common third task of the university, service to society, in Liège is almost explicitly restricted to service to the city. The university is no longer an ivory tower, it is said here, yet a sentinel, protecting us against fake news and any kind of dogmatic thinking.

Just as topical, both in Ghent and Liège is the way in which the occasion of the bicentenary has been used to bring up another tricky point, namely the underrepresentation of women at the contemporary university. Even though at the end of the nineteenth century Belgian universities, except for the Catholic stronghold of Leuven, were less behind worldwide in terms of women's admission than Deneckere suggests, when jumping to today, it is definitely true that it remains extremely difficult for female researchers to break through the glass ceiling. Therefore, Deneckere plainly supports the plea of Anne De Paepe, the first female rector of her university (in 2013), for the introduction of quotas "as a temporary and necessary evil to change the old system from within".[31] Concerning Liège, a similar kind of message is elaborated in a separate book, albeit in a slightly more subtle way.[32] In this case the subject is broadened to the issue of gender studies. Through an extensive number of personal stories from (former)

---

27 See Nussbaum, Martha C.: Not for profit. Why democracy needs the humanities. Princeton 2016.

28 For instance Paletschek, Sylvia: Die Erfindung der Humboldtschen Universität. Die Konstruktion der deutschen Universitätsidee in der ersten Hälfte des 20. Jahrhunderts. In: Historische Anthropologie 10 (2002). pp. 183–205.

29 Raxhon, Université de Liège (cf. note 15), p. 187.

30 Raxhon, Université de Liège (cf. note 15), p. 188.

31 Deneckere, Uit de ivoren toren (cf. note 9), p. 263.

32 Dor, Juliette et al.: Où sont les femmes? La féministation à l'Université de Liège. Liège 2017.

students, researchers, professors and administrators, based on archival documents and an impressive series of interviews, the authors discuss the position and experiences of women at the University of Liège, from the acceptance of the first female student in 1881 up to today.

How will the Catholic University of Leuven commemorate its arrears with regard to the admission of female students, which took place almost half a century later than at the other Belgian universities, on the occasion of its upcoming 600th anniversary in 2025? For obvious reasons, female students and scholars were not a topic at the small workshop that was organised in October 2017 to celebrate the bicentenary of the state university that had existed in Leuven between 1817 and 1835. It is commendable that this small anniversary was not (entirely) forgotten. But the fact that the collective volume has only been published in the spring of 2021,[33] might indicate where current priorities lie.

Also because of the focus of the workshop's presentations on the common history of the three state universities and on the different jubilee traditions in Leuven, Ghent and Liège, the publication presents a notable deflection from the other jubilee books' narrative. As confirmed by Jo Tollebeek and Tom Verschaffel in their chapter in the volume, the 2017 workshop as a more humble celebration fits nicely into the tactics of self-representation as they were developed at the University of Leuven.[34] The anniversary of the Catholic university, founded in 1834, was celebrated in 1859, 1884 and 1909. From 1925 onwards, though, the foundation of the old, medieval university, founded in 1425 by Pope Martin V, was commemorated. The fact that the French revolutionaries had abolished the university of Leuven in 1797, and that between 1817 and 1835 the buildings were occupied by a state university was gradually 'forgotten'. Continuity and tradition are generally identified with quality, and the KULeuven is certainly no exception to this rule.[35] From the same reasoning, Raxhon and Granata even dare to claim that "the University of Liège is together with the University of Ghent the oldest university of Belgium".[36] Strictly speaking this is correct, because the currently existing university in Leuven only dates from 1834. It is highly probable,

---

33 Meirlaen, Matthias et al. (eds.): Een wereld van verschil? De universiteit in het Zuiden tijdens het Verenigd Koninkrijk der Nederlanden vanaf 1817. Brussels 2021 (Koninklijke Vlaamse Academie van België voor Wetenschappen en Kunsten 36).

34 Tollebeek, Jo and Tom Verschaffel: Over weerbaarheid en prestige. De jubileumvieringen van de Leuvense universiteit sinds 1834. In: Meirlaen et al., Een wereld van verschil? (cf. note 33), pp. 193–214.

35 Vandeweyer, Machteld: Leuven loven. De zelfperceptie van de Leuvense universiteit tussen 1884 en 2016. Unpublished master dissertation. Leuven 2019.

36 Raxhon, Université de Liège (cf. note 15), p. 139.

though, that in 2025 the public relations department at the KULeuven will completely ignore such a statement.

Getting the Message Through in Different Ways

The only reason to include this statement, which is somewhat confusing for the general public, for whom the Liège jubilee book is intended, is to use it as a quality label. Nevertheless, in most of the recent jubilee publications appears to be enough room for a critical approach. Deneckere does not shy away from such an approach to elaborate on the stormy rector elections that shook up Ghent University precisely in its anniversary year, and that were widely spread in the national press too. The media clearly liked the feuds and intrigues that seemed to indicate that the ancient tensions between Catholics and Freemasons still live on in the former state university, which had made pluralism its trademark since the 1960s. In her epilogue, Deneckere also formulates rather harshly, that there was a fundamental contradiction in the two hundred years history of Ghent University between being "capable of great things, but equally able to counteract that greatness on all levels".[37]

During the past decades, the opportunities for a critical and precise historical work on the universities' past have gradually increased, at least partly in consequence of the greater importance of the third and fourth element in jubilee celebrations, namely cultural activities open to the general public or, to put it negatively, due to the reduced importance that university authorities attach to historical publications in the jubilee context. Even from a budgetary perspective are the massive range of activities offered to the wider public nowadays far more crucial and can hardly be separated from the fields of marketing and propaganda. Of course, this kind of cultural events on the occasion of the jubilee have always been crucial for the university's propaganda, yet their scope has been extended drastically. Closely related to this have also the media that were mobilised to design and convey the celebrations, and the addressed or recruited publics changed fundamentally.[38] The partying company is no longer limited to 'masters' and students, but attempts are made to reach out to alumnae, city in-

---

37 Deneckere, Uit de ivoren toren (cf. note 9), p. 328.

38 Ash, Mitchell G.: Die Universitätsgeschichtsschreibung an der Universität Wien im Jubiläumsjahr 2015 – zwischen historischer Reflexion und Eventkultur. In: Universitätsgeschichte schreiben. Inhalte – Methoden – Fallbeispiele. Ed. by Livia Prüll, Christian George and Frank Hüther. Mainz 2019 (Beiträge zur Geschichte der Universität Mainz Neue Folge 14). pp. 221–239, p. 222.

habitants and all kinds of sympathisers by making use of new and different means of communication.

A decisive instrument in order to realise this ambition in the Ghent context was *UGentMemorie*, a website launched already in 2010 and further developed ever since.[39] Functioning as the virtual memory of the university, the platform was conceived by employees of the Institute for Public History and its common thread was and is "the interaction between university and city, science and society", according to the website authors. For the historian Liesbet Nys from KU-Leuven, one of the most valuable objectives of *UGentMemorie* is how it strives to involve the broad (university) community in the project. Not only does a great deal of student research, which otherwise might be immediately submerged, find its way to a wide audience via the platform. The broad public is also explicitly encouraged to participate: visitors to the website are fostered to add memories from their university life or to supplement biographical entries about the university's professors, based on their own experiences.[40]

In addition to this virtual exposition, a large number of exhibitions had been organised during the jubilee year 2017 in both cities. In Ghent, the major exhibition was displayed at the city museum. Under the title *'Stad en universiteit. Sinds 1817'* [City and university. Since 1817] the exhibits not only promised to offer a retrospective into the topical interaction between city and university "over the past two hundred years", but also to examine "opportunities for the future",[41] therefore perfectly in line with the university's general message on the occasion of the jubilee. The same applies to the situation in Liège where the primary exhibition was titled *'J'aurai 20 ans en 2030'* [I will be 20 years old in 2030] and aimed to "open up debate, tickle curiosity and shed light on more than 50 essential questions for thinking about the future".[42]

Another attempt in Ghent to involve the larger public consisted in a campaign to reconstruct the university's life story on the basis of 200 objects. These objects were assembled among the university's core and broader context,

---

39 Het virtuele geheugen van de UGent. ugentmemorie.be (26.2.2021).

40 Nys, Liesbet: UGentMemorie: universiteitsgeschiedenis op digitale leest. In: Contemporanea 39:3 (2017). https://www.contemporanea.be/nl/article/2017-3-geschiedenis-online-nys (26.2. 2021); see also Danniau, Fien, Ruben Mantels and Christophe Verbruggen: Towards a Renewed University History: UGentMemorie and the Merits of Public History, Academic Heritage and Digital History in Commemorating the University. In: Studium 5:3 (2012). pp. 179–192 and Danniau, Fien: Public History in a Digital Context. Back to the Future or Back to Basics? In: BMGN – Low Countries Historical Review 128:4 (2013). pp. 118–144.

41 Stad en universiteit. Sinds 1817. stamgent.be/nl_be/evenementen/stad-en-universiteit-sinds-1817 (26.2.2021).

42 Lecrenier, Philippe: J'aurai 20 ans en 2030. Question(s) d'avenir(s). Liège 2017.

"in particular students, staff members of the university and the city of Ghent, alumnae, owners of student housing", as well as "chip shop and pub owners, community police officers and Erasmus students".[43] The Liège counterpart was the exhibition *'Du poil de mammouth à l'oeil du cyclope. 200 bizarreries scientifiques universitaires'* [From mammoth hair to cyclops eye. 200 academic scientific quirks], organised at the initiative of various natural science museums and university departments. Giving an overview of the whole scope of activities in both cities would lead too far, ranging from a guided city walk over public debates to an international rowing regatta. However, from the perspective of university historians the website *UGentMemorialis* cannot be left unmentioned here.[44] It functions as the contemporary version of an ancient academic tradition of presenting the professorial corps in memorial books.

In the run-up to the 2017 jubilee, the opening of a new university museum in Ghent had been discussed, but it materialised only in October 2020, as another lasting memory of the bicentenary. The Ghent University Museum (GUM) presents itself as a 'Forum for science, doubt & art'.[45] It wants to challenge people to look at science and society in a new way. "We do not show the end result of science, we show the way to it," says Marjan Doom, director of the GUM.[46] The permanent exhibition works on seven themes: chaos, doubt, model, measurement, imagination, knowledge and network. Unlike most university museums, the focus is not on the history of the university or a discipline. Instead, GUM tries to bring together the entire Ghent academic heritage collection that represents a diversity of disciplines. The ambition is to emphasise the diversity and versatility of science by placing objects from different disciplines simply next to each other. The clash between these objects is used as a handle to represent the complex and often non-linear scientific process that precedes the results. So instead of trying to tell audiences what science is, the museum wants to encourage its public to enter into the minds of scholars, to explore science together and to stimulate the critical awareness of the visitors.[47] This approach thus corresponds to the strong Ghent tradition in the field of philosophy of science.

---

43 De Rynck, Patrick et al.: 200 jaar UGent in 200 objecten. Lichtervelde 2017.

44 Universiteit Gent: UGentMemorialis. ugentmemorialis.be (26.2.2021).

45 Gents Universiteits Museum: Forum voor wetenschap, twijfel & kunst. gum.gent (26.2.2021).

46 Anon.: Welkom in het hoofd van de wetenschapper. In: De Standaard (30.9.2020). pp. 1–7, p. 2.

47 See Doom, Marjan: The Museum of Doubt. A modest manifesto by a science curator. Ghent 2020.

Conclusion

Another and more recent Ghent tradition is the focus on public history. Although the Institute for Public History dates back to 2007, it is not a coincidence that Ghent University was in 2016–2017 the first Belgian university to offer a programme in public history. Even if this launch was not a direct output of the university jubilee, it was at least largely indebted to the expertise built up in the run-up to the bicentenary. The programme consists of a cluster of courses including two internships which are coordinated by Fien Danniau who was one of the key drivers behind *UGentMemorie* and Gita Deneckere, among others. That the official jubilee publication is a book that really wants to be read and not only serves to decorate coffee tables and bookcases, can therefore also be seen as the result of a progressive public-historical insight, as it was claimed at the Institute's tenth anniversary.[48] The ambition to make the past relevant for today and the inclusion of a clear master narrative with which one can identify as a reader are crucial public-historical characteristics of the book.

However, not only in Deneckere's book, but actually in most, if not all, of the above-mentioned initiatives, the two central messages of both celebrating universities – Ghent and Liège – are reflected: defending and protecting the university by emphasising its possible social relevance, and creating a larger (university) community by investing into the natural partnership between city and university. Is history used, or even misused in this way in order to convey a certain message? To a certain extent definitely yes. However, insinuating that any of the scholars or event organisers involved explicitly intend to press the past for answers to contemporary questions or seek for any kind of self-confirmation, is probably going a bit too far. Instead, these jubilee stakeholders want to be interrogated by perspectives from the past. And after all, particularly the authors of the jubilee publications actually only practice themselves what they call for at the level of the university: to give history a social relevance and to make their findings and insights available to the wider public. Isn't that what all of us as historians have to do today?

---

48 Cachet, Tamer: 10 jaar Instituut voor Publieksgeschiedenis. https://www.ipg.ugent.be/nl/blog/10-jaar-instituut-voor-publieksgeschiedenis (2.5.2018).

Abbildungsverzeichnis | List of Figures

Literaturverzeichnis | Bibliography

500 Jahre Eberhard-Karls-Universität Tübingen 1477–1977. Programm. Festwoche 7. bis
15. Oktober 1977. Tübingen 1977.

500 Jahre Eberhard-Karls-Universität Tübingen 1477–1977. Reden zum Jubiläum. Hrsg. im
Auftrag des Universitätspräsidenten. Tübingen 1977 (Tübinger Universitätsreden 29).

Adam, Dietrich Uwe: Die Universität Tübingen im Dritten Reich. In: Decker-Hauff, Hansmartin,
Gerhard Fichtner u. Klaus Schreiner (Hrsg.): Beiträge zur Geschichte der Universität
Tübingen 1477–1977. Hrsg. im Auftrag des Universitätspräsidenten und des Senats der
Eberhard-Karls-Universität Tübingen. Tübingen 1977 (500 Jahre Eberhard-Karls-Universität
Tübingen 1). S. 193–248.

Aichner, Christof u. Brigitte Mazohl (Hrsg.): Die Thun-Hohenstein'schen Universitätsreformen
1849–1860. Konzeption – Umsetzung – Nachwirkungen. Wien/Köln/Weimar 2017
(Veröffentlichungen der Kommission für Neuere Geschichte Österreichs 114).

Aichner, Christof: Die Universität Innsbruck in der Ära der Thun-Hohenstein'schen Reformen
1848–1860. Aufbruch in eine neue Zeit. Wien/Köln/Weimar 2018 (Veröffentlichungen der
Kommission für Neuere Geschichte Österreichs, Bd. 117).

Aichner, Christof: Die Verbindung von Lehre und Forschung – auf dem Weg zur modernen
Universität im 19. Jahrhundert. In: Geschichte der Universität Innsbruck 1669–2019.
Bd. I: Phasen der Universitätsgeschichte. Teilbd. 1: Von der Gründung bis zum Ende des
Ersten Weltkriegs. Hrsg. von Margret Friedrich u. Dirk Rupnow. Innsbruck 2019.
S. 295–470.

Akademischer Senat (Hrsg.): Die Leopold-Franzens-Universität zu Innsbruck in den Jahren
1848–1898. Festschrift aus Anlass des 50-jährigen Regierungsjubiläums Sr. Majestät des
Kaisers Franz Joseph I. Innsbruck 1899.

Albeck, Gustav: Bidrag til det jyske universitets forhistorie. Aarhus 1978.

Albeck, Victor: Arbejdet for Oprettelse af et Universitet i Jylland inden Kommissionens
Nedsættelse. o.O. 1925.

Albeck, Victor u. Chresten Møller: Arbejdet for Oprettelsen af et Universitet i Aarhus. Aarhus
1929.

Alber, Wolfgang, Utz Jeggle u. Susanne Renftle: An den Haltestellen der Geschichte – Alle
100 Jahre wieder: Tübinger Universitäts-Jubiläen. In: Wem gehört die Universität?
Untersuchungen zum Zusammenhang von Wissenschaft und Herrschaft anläßlich des
500jährigen Bestehens der Universität Tübingen. Hrsg. von Martin Doehlemann.
Lahn-Gießen 1977. S. 9–36.

Albrecht, Helmuth: Die Bergakademie Freiberg. Eine Hochschulgeschichte im Spiegel ihrer
Jubiläen 1765 bis 2015. Freiberg 2016.

Alfaric, Prosper [u.a.] [Ouvrage collectif]: De l'université aux camps de concentration:
Témoignages strasbourgeois. 4. Aufl. Strasbourg 1996.

Alfaric, Prosper: Vorwort. In: ders. [u.a.] [Ouvrage collectif]: De l'université aux camps de
concentration: Témoignages strasbourgeois. 4. Aufl. Strasbourg 1996. S. IX–XI.

Allgemeine Geschichtsforschende Gesellschaft der Schweiz (AGGS) (Hrsg.): Die Schweiz
1798–1998: Staat – Gesellschaft – Politik. Zürich 1998.

Allgemeiner Studentenausschuss der Philipps-Universität Marburg (Hrsg.): 450 Jahre Philipps-Universität: Hierarchische oder demokratische Öffentlichkeit [= marburger blätter 5/6]. Marburg, Lahn 1977.

Anderson, Benedict: Imagined Communities. Reflections on the Origin and Spread of Nationalism. London 1983.

Anheim, Étienne: Le rêve de l'histoire totale. In: Une autre histoire. Jacques Le Goff (1924–2014). Hrsg. von Jacques Revel u. Jean-Claude Schmitt. Paris 2016. S. 79–85.

Arbeitskreis Universitätsgeschichte 1945–1965 [der Johannes Gutenberg-Universität Mainz] (Hrsg.): Elemente einer anderen Universitätsgeschichte. Mainz 1991.

Asche, Matthias u. Stefan Gerber: Neuzeitliche Universitätsgeschichte in Deutschland. Entwicklungen und Forschungsfelder. In: Archiv für Kulturgeschichte 90 (2008). S. 159–201.

Ash, Mitchell G.: Die österreichischen Hochschulen in den politischen Umbrüchen der ersten Hälfte des 20. Jahrhunderts. In: „Säuberungen" an österreichischen Hochschulen 1934–1945. Hrsg. von Johannes Koll. Wien/Köln/Weimar 2017. S. 29–72.

Ash, Mitchell G.: Die Universitätsgeschichtsschreibung an der Universität Wien im Jubiläumsjahr 2015 – zwischen historischer Reflexion und Eventkultur. In: Universitätsgeschichte schreiben. Inhalte – Methoden – Fallbeispiele. Hrsg. von Livia Prüll, Christian George u. Frank Hüther. Göttingen 2019 (Beiträge zur Geschichte der Universität Mainz Neue Folge 14). S. 221–239.

Assmann, Aleida: Der lange Schatten der Vergangenheit. Erinnerungskultur und Geschichtspolitik. Bonn 2006.

Assmann, Jan: Der zweidimensionale Mensch. Das Fest als Medium des kollektiven Gedächtnisses. In: Das Fest und das Heilige. Kontrapunkte des Alltags. Hrsg. von dems. u. Theo Sundermeier. Gütersloh 1991 (Studien zum Verstehen fremder Religionen 1). S. 13–30.

Assmann, Jan: Das kulturelle Gedächtnis. Schrift, Erinnerung und politische Identität in frühen Hochkulturen. München 1992.

AStA der Johann Wolfgang Goethe-Universität Frankfurt (Hrsg.): Die braune Machtergreifung. Universität Frankfurt 1930–1945. Frankfurt 1989.

AStA der Universität Hamburg (Hrsg.): Das permanente Kolonialinstitut. 50 Jahre Hamburger Universität. Hamburg 1969.

Auge, Oliver: Die CAU feiert: Ein Gang durch 350 Jahre akademischer Festgeschichte. In: Christian-Albrechts-Universität zu Kiel. 350 Jahre Wirken in Stadt, Land und Welt. Hrsg. von Oliver Auge. Kiel 2015. S. 216–259.

Axt, Heinz-Jürgen: Der „Radikalenerlaß" und seine Folgen an der Philipps-Universität Marburg. In: Universität und demokratische Bewegung. Ein Lesebuch zur 450-Jahrfeier der Philipps-Universität Marburg. Hrsg. von Dieter Kramer u. Christina Vanja. Marburg 1977 (Schriftenreihe für Sozialgeschichte und Arbeiterbewegung 5). S. 331–354.

Bader, Wilhelm: Die Elektrotechnik an der Technischen Hochschule. In: Festschrift zum 150jährigen Bestehen der Universität Stuttgart. Beiträge zur Geschichte der Universität. Hrsg. von Johannes Voigt. Stuttgart 1979 (Die Universität Stuttgart 2). S. 330–355.

Baechler, Christian, François Igersheim u. Pierre Racine (Hrsg): Les Reichsuniversitäten de Strasbourg et de Poznan et les résistances universitaires 1941–1944. Strasbourg 2005.

Balz, Hanno: Von Terroristen, Sympathisanten und dem starken Staat. Die öffentliche Debatte über die RAF in den 70er Jahren. Frankfurt 2008.

Barth, Ferdinand: „… der wird auch Wege finden …". 50 Jahre gemeindepädagogische Ausbildung in Darmstadt. In: Bildung und Diakonie. Festschrift für Ernst-Ludwig Spitzner zum 60. Geburtstag. Hrsg. von Ferdinand Barth u. Gottfried Buttler. Darmstadt 2000. S. 165–177.

Barth, Ferdinand (Hrsg.): Impulse zur Gestaltung des sozialen Lebens. Festschrift zum 75. Geburtstag von Waldtraut Krützfeldt-Eckhard. Darmstadt 1988 (Schritte 1988:3).

Barth, Ferdinand (Hrsg.): Zurück in die Zukunft? 60 Jahre kirchliche Ausbildung für soziale Berufe in Darmstadt. Dokumentation des Studientages am 8. Dezember 1987. Darmstadt 1988 (Schritte 1988:2).

Bauer, Franz J.: Geschichte des Deutschen Hochschulverbandes. München 2000.

Baumgärtner, Ulrich: Reden als historische Quellen. Anmerkungen zu neueren Publikationen zur politischen Rede und zum historiographischen Umgang mit rhetorischen Texten. In: Historisches Jahrbuch 122 (2002). S. 559–596.

Beck, Johannes (Hrsg.): Zehn Jahre Universität Bremen – keine Festschrift. Bremen 1982 (diskurs – Bremer Beiträge zu Wissenschaft und Gesellschaft 7).

Becker, Heinrich, Hans-Joachim Dahms u. Cornelia Wegeler (Hrsg.): Die Universität Göttingen unter dem Nationalsozialismus. Das verdrängte Kapitel ihrer 250jährigen Geschichte. München/London/New York 1987.

Becker, Josef: Von der Bauakademie zur Technischen Universität. 150 Jahre Technisches Unterrichtswesen in Berlin. Berlin 1949.

Becker, Norbert u. Franz Quarthal (Hrsg.): Die Universität Stuttgart nach 1945. Geschichte, Entwicklungen, Persönlichkeiten. Ostfildern 2004.

Becker, Rieke: „Kein Grund zum Feiern". Die Jubiläen der Universität Hamburg 1969 und 1994 im Zeichen politischer Konflikte. München/Hamburg 2021 (Hamburger Zeitspuren 14).

Becker, Thomas P.: Jubiläen als Orte universitärer Selbstdarstellung. Entwicklungslinien des Universitätsjubiläums von der Reformationszeit bis zur Weimarer Republik . In: Universität im öffentlichen Raum. Hrsg. von Rainer Christoph Schwinges. Basel 2008 (Veröffentlichungen der Gesellschaft für Universitäts- und Wissenschaftsgeschichte 10). S. 77–107.

Becker, Thomas u. Philip Rosin (Hrsg.): Die Buchwissenschaften. Göttingen 2018 (Geschichte der Universität Bonn 3).

Becker, Thomas u. Philip Rosin (Hrsg.): Die Natur- und Lebenswissenschaften. Göttingen 2018 (Geschichte der Universität Bonn 4).

Benz, Stefan: Das Personale Jubiläum. Zur Vorgeschichte des institutionellen Jubiläums. In: Blätter für deutsche Landesgeschichte 152 (2016). S. 187–219.

Berger, Peter L. u. Thomas Luckmann: Die gesellschaftliche Konstruktion der Wirklichkeit. Eine Theorie der Wissenssoziologie. 27. Aufl. Frankfurt am Main 2018.

Bierich, Jürgen [u. a.] (Hrsg.): 500 Jahre Universität Tübingen. Die Kehrseite der Medaille: Universität heute. Schwarzbuch zur Ausstellung. Tübingen 1977.

Bischoff, Georges u. Richard Kleinschmager: L'université de Strasbourg: cinq siècles d'enseignement et de recherche. Strasbourg 2010.

Blaschke, Hanns: Eröffnungsansprache. In: Ehrenvorträge zur Feier des 125jährigen Bestandes der Technischen Hochschule in Wien am 7. November 1940. Hrsg. von Alfred Lechner. Wien 1941. S. 7–9.

Blaschke, Wolfgang [u. a.] (Hrsg.): Nachhilfe zur Erinnerung. 600 Jahre Universität zu Köln. Köln 1988.

Blaschke, Wolfgang u. Karin Kieseyer: Zwischen „Verantwortung für den Frieden" und Grundlagenforschung für die Gen-Technologie. Ein Gespräch mit Prof. Starlinger und Prof. Kneser. In: Nachhilfe zur Erinnerung. 600 Jahre Universität zu Köln. Hrsg. von Wolfgang Blaschke. Köln 1988. S. 271–282.

Blaschke, Wolfgang u. Olaf Hensel: „Der aufrechte Gang geht zuweilen durch Glastüren." 1968 in Köln – ein Gespräch mit Kurt Holl, Rainer Kippe, Klaus Laepple und Steffen Lehndorf. In: Nachhilfe zur Erinnerung. 600 Jahre Universität zu Köln. Hrsg. von Wolfgang Blaschke. Köln 1988. S. 219–233.

Blaschke, Wolfgang u. Peter Liebermann: Auf der „anderen Seite der Barrikade". Ein Gespräch mit Prof. Ulrich Klug über die Studentenrevolte 1968. In: Nachhilfe zur Erinnerung. 600 Jahre Universität zu Köln. Hrsg. von Wolfgang Blaschke. Köln 1988. S. 211–218.

Blauert, Ingeborg, Peter Reinicke u. Dieter Peter Weber (Hrsg.): 80 Jahre kirchliche Sozialarbeiterausbildung. Ein Beitrag zur Geschichte der Wohlfahrtspflege. Festschrift Evangelische Fachhochschule Berlin. Berlin/Bonn 1984.

Blecher, Jens u. Gerald Wiemers (Hrsg.): Universitäten und Jubiläen. Vom Nutzen historischer Archive. Leipzig 2004 (Veröffentlichungen des Universitätsarchivs Leipzig 4).

Blinkenberg, Andreas: Aarhus Universitet 1928–1953. København 1953.

Blume, Thomas: Institutionalität und Repräsentation. In: Dauer durch Wandel. Institutionelle Ordnungen zwischen Verstetigung und Transformation. Hrsg. von Stephan Müller, Gary S. Schaal u. Claudia Tiersch. Köln 2002. S. 73–87.

Bock, Sabine: Die künstlerische Gestaltung der Heidelberger Universitätsjubiläen. Heidelberg 1993 (Veröffentlichungen zur Heidelberger Altstadt 28).

Boehm, Laetitia: Der „actus publicus" im akademischen Leben. Historische Streiflichter zum Selbstverständnis und zur gesellschaftlichen Kommunikation der Universitäten. In: Geschichtsdenken, Bildungsgeschichte, Wissenschaftsorganisation. Ausgewählte Aufsätze von Laetita Boehm anläßlich ihres 65. Geburtstages. Hrsg. von Gert Melville, Rainer A. Müller u. Winfried Müller. Berlin 1995 (Historische Forschungen 56). S. 675–693.

Bösch, Frank: Im Bann der Jahrestage. In: Aus Politik und Zeitgeschichte 70:33,34 (2020) [Jahrestage, Gedenktage, Jubiläen]. S. 29–39.

Bonah, Christian: De Strasbourg à Clermont-Ferrand. Regard depuis la Faculté de médecine de Strasbourg. In: Au défi de l'occupation ennemie. Résistance, résilience et protection. Hrsg. von Florence Faberon. Clermont-Ferrand 2020. S. 73–88.

Booß, Rutger: Der NS-Studentenbund. In: 150 Jahre Klassenuniversität. Reaktionäre Herrschaft und demokratischer Widerstand am Beispiel der Universität Bonn. Hrsg. von Studentengewerkschaft Bonn. Bonn [1968]. S. 100–112.

Borggräfe, Henning: Die lange Nachgeschichte der NS-Zwangsarbeit. Akteure, Deutungen und Ergebnisse im Streit um Entschädigung 1945–2000. In: Die Entschädigung von NS-Zwangsarbeit am Anfang des 21. Jahrhunderts. Hrsg. von Constantin Goschler. Göttingen 2012. S. 62–147.

Borst, Otto: Schule des Schwabenlandes. Geschichte der Universität Stuttgart. Stuttgart 1979 (Die Universität Stuttgart 1).

Bourdieu, Pierre: Die biographische Illusion. In: BIOS. Zeitschrift für Biographieforschung und Oral History 3:1 (1990). S. 75–81.

Brandes, Holger: Universität im Umbruch. Studienreform zwischen materieller Restriktion und staatlichem Formierungskonzept. In: 200 Jahre zwischen Dom und Schloß. Ein Lesebuch zur Vergangenheit und Gegenwart der Westfälischen Wilhelms-Universität Münster. Hrsg. von Lothar Kurz. Münster 1980. S. 139 – 151.

Brandl, Ludwig: Ausbau großer Ströme in Europa und Asien. In: Ehrenvorträge zur Feier des 125jährigen Bestandes der Technischen Hochschule in Wien am 7. November 1940. Hrsg. von Alfred Lechner. Wien 1941. S. 37 – 47.

Brandt, Peter: Wiederaufbau und Reform. Die Technische Universität Berlin 1945 – 1950. In: Wissenschaft und Gesellschaft. Beiträge zur Geschichte der Technischen Universität Berlin 1879 – 1979. Festschrift zum hundertjährigen Gründungsjubiläum der Technischen Universität Berlin. Bd. 1. Hrsg. von Reinhard Rürup. Berlin/Heidelberg/New York 1979. S. 496 – 522.

Braubehrens, Burkhart, Michael Buselmeier, Dietrich Hildebrandt, Wolfgang Stather, Gerd Steffens, Guido Steffens u. Rolf Rendtorff: Sozialistische Avantgarde und antiautoritärer Massenprotest. Studentenbewegung in Heidelberg. In: Auch eine Geschichte der Universität Heidelberg. 2. Aufl. Hrsg. von Karin Buselmeier, Dietrich Harth u. Christian Jansen. Mannheim 1986. S. 411 – 190.

Braun, Lucien (Hrsg.): 1939 – 1943 Strasbourg – Clermont-Ferrand – Strasbourg 1979 – 1983: se souvenir. Strasbourg 1988.

Bredow, Wilfried Frhr. von: …ut discipuli sub praeceptoribus sint… Probleme des Verhältnisses von Professoren und Studenten gestern und heute. In: 450 Jahre Philipps-Universität Marburg. Das Gründungsjubiläum 1977. Hrsg. von dems. Marburg 1979.

Bredow, Wilfried Frhr. von: Vorbereitung und Verlauf des 450. Gründungsjubiläums. Ein Bericht. In: 450 Jahre Philipps-Universität Marburg. Das Gründungsjubiläum 1977. Hrsg. von dems. Marburg 1979. S. 1 – 24.

Briel, Cornelia: Beschlagnahmt, erpresst, erbeutet. NS-Raubgut, Reichstauschstelle und Preußische Staatsbibliothek zwischen 1933 und 1945. Berlin 2013.

Brinckmann, Hans: Profil und Perspektive. 25 Jahre Universität Gesamthochschule Kassel. In: Profilbildung – Texte zu 25 Jahren Universität Gesamthochschule Kassel. Hrsg. von Annette Ulbricht-Hopf, Christoph Oehler u. Jürgen Nautz. Zürich 1996. S. 9 – 33.

Brönner, Wolfram: Aktuelle Aufgaben der fortschrittlichen Studenten. In: Lüddeke, Hans-Joachim (Red.): 500 Jahre Klassenuniversität München – 500 Jahre Kampf gegen die Reaktion. Eine Dokumentation des MSB-Spartakus zur 500-jährigen Geschichte der Ludwig-Maximilians-Universität München. Mit zahlreichen Faksimiles und Bildern. [München 1972.] S. 87 – 96.

Bruch, Rüdiger vom: Methoden und Schwerpunkte der neueren Universitätsgeschichtsforschung. In: Die Universität Greifswald und die deutsche Hochschullandschaft im 19. und 20. Jahrhundert. Hrsg. von Werner Bucholz. Stuttgart 2004 (Pallas Athene. Beiträge zur Universitäts- und Wissenschaftsgeschichte 10). S. 9 – 26.

Brumlik, Micha: Erziehungswissenschaftliche Dissertationen an der Universität Heidelberg. In: Auch eine Geschichte der Universität Heidelberg. Hrsg. von Karin Buselmeier, Dietrich Harth u. Christian Jansen. Mannheim 1985. S. 347 – 362.

Brünger, Sebastian: Schattenkapitel – NS-Unternehmensgeschichtsschreibung in der Bundesrepublik seit 1945 zwischen Öffentlichkeitsarbeit und Wissenschaft. In: Zeitschrift für Unternehmensgeschichte 63 (2017). S. 69 – 115.

Bund Freiheit der Wissenschaft (Hrsg.): Von Philipp dem Großmütigen zur Volksfront – oder: Warum das 450-jährige Bestehen der Universität Marburg kein Grund zum Feiern ist. Eine Dokumentation. Bonn 1976.

Buol, Heinrich von: Die Stellung der Technischen Hochschule im Fortschritt der Elektrotechnik. In: Ehrenvorträge zur Feier des 125jährigen Bestandes der Technischen Hochschule in Wien am 7. November 1940. Hrsg. von Alfred Lechner. Wien 1941. S. 10 – 17.

Buresch, Ernst Friedrich: XV. Die Feier des 25jährigen Bestehens der polytechnischen Schule, am 2. Mai 1856. In: Karmarsch, Karl: Die polytechnische Schule zu Hannover. 2., sehr erweiterte Aufl. Hannover 1856. S. 189 – 208.

Buselmeier, Karin, Dietrich Harth u. Christian Jansen (Hrsg.): Auch eine Geschichte der Universität Heidelberg. 2. Aufl. Mannheim 1986.

Buttler, Gottfried: Aus Anlaß des Rückblicks auf 50 Jahre kirchlich verantworteter Ausbildung für Soziale Arbeit in Darmstadt (1927 – 1977). In: Studium und Praxis. Beiträge aus der Arbeit der Evangelischen Fachhochschule Darmstadt 1 (1977).

Buttler, Gottfried: Vorwort. In: Studium und Praxis. Beiträge aus der Arbeit der Evangelischen Fachhochschule Darmstadt 1 (1977). S. 7 – 11.

Buttler, Gottfried u. Christa-Esther Serr (Hrsg.): Lernen helfen – helfen leben. 1929 – 1949 – 1979. Jubiläum an der Evangelischen Fachhochschule Darmstadt. Darmstadt 1979.

Carbonell, Charles-Olivier u. Georges Livet (Hrsg.): Au berceau des Annales: le milieu strasbourgeois: l'histoire en France au début du XXe siècle. Actes du Colloque de Strasbourg, 11–13 octobre 1979. Toulouse 1983.

Ceranski, Beate: Hochschule und Geschlecht. Kategoriale und metahistorische Reflexionen nicht nur zum Frauenstudium. In: Jahrbuch für Universitätsgeschichte 23 (2020) [im Druck].

Cerych, Ladislav, Aylâ Neusel, Ulrich Teichler u. Helmut Winkler (Hrsg.): Gesamthochschule. Erfahrungen, Hemmnisse, Zielwandel. Frankfurt/New York 1981.

Charle, Christophe u. Jacques Verger: Histoire des universités. Paris 2012.

CHE Centrum für Hochschulentwicklung (Hrsg.): 50 Jahre Hochschulen für angewandte Wissenschaften. Festschrift. Gütersloh 2019.

Conrads, Norbert: Wilhelm Zimmermann (1807 – 1878), ein Stuttgarter Historiker. In: Bauernkrieg und Revolution. Wilhelm Zimmermann. Ein Radikaler aus Stuttgart. Hrsg. von Roland Müller u. Anton Schindling. Stuttgart/Leipzig 2008 (Veröffentlichungen des Archivs der Stadt Stuttgart 100). S. 17 – 36.

Danniau, Fien: Public History in a Digital Context. Back to the Future or Back to Basics? In: BMGN – Low Countries Historical Review 128:4 (2013). S. 118 – 144.

Danniau, Fien, Ruben Mantels u. Christophe Verbruggen: Towards a Renewed University History: UGentMemorie and the Merits of Public History, Academic Heritage and Digital History in Commemorating the University. In: Studium 5:3 (2012). S. 179 – 192.

De Coninck-Smith, Ning: Gender encounters university – university encounters gender: affective archives Aarhus University, Denmark 1928 – 1953. In: Women's History Review 29:3 (2020). S. 413 – 428.

De Rynk, Patrick, Ann-Sofie Dekeyser, Agnes Goyvaerts, Petra Gunst, Ruben Mantels, Pascal Verbeken: Ghent University. 200 Years in 200 Objects. Lichtervelde 2017.

Decker-Hauff, Hansmartin: Einführung. Wie sie feierten – Streiflichter statt einer Festbeleuchtung. In: Beiträge zur Geschichte der Universität Tübingen 1477 – 1977. Hrsg.

im Auftrag des Universitätspräsidenten und des Senats der Eberhard-Karls-Universität Tübingen von Hansmartin Decker-Hauff, Gerhard Fichtner u. Klaus Schreiner. Tübingen 1977 (500 Jahre Eberhard-Karls-Universität Tübingen 1). S. XI – XXIV.

Decker-Hauff, Hansmartin, Gerhard Fichtner u. Klaus Schreiner (Hrsg.): Beiträge zur Geschichte der Universität Tübingen 1477 – 1977. Hrsg. im Auftrag des Universitätspräsidenten und des Senats der Eberhard-Karls-Universität Tübingen. Tübingen 1977 (500 Jahre Eberhard-Karls-Universität Tübingen 1).

Deile, Lars: Feste – eine Definition. In: Das Fest. Beiträge zu einer Theorie und Systematik. Hrsg. von Michael Maurer. Wien/Köln/Weimar 2004. S. 1 – 17.

Deinert, Juliane: Dr. Josef Becker – eine bibliothekarische Karriere im Dritten Reich. In: Bibliothek. Forschung für die Praxis. Festschrift für Konrad Umlauf zum 65. Geburtstag. Hrsg. von Petra Hauke, Andrea Kaufmann u. Vivien Petras. Berlin/Boston 2017. S. 571 – 578.

Demantowsky, Marko: Vom Jubiläum zur Jubiläumitis. In: Public History Weekly 2 (2014) 11.

Demoulin, Bruno: Histoire de Liège. Une cité, une capitale, une métropole. Liège 2017.

Deneckere, Gita: Uit de ivoren toren. 200 jaar Universiteit Gent. Gent 2017.

Deutsches Zentralinstitut für soziale Fragen (Hrsg.): 100 Jahre Ausbildung zur Sozialen Arbeit in Hamburg. Soziale Arbeit 56:5/6 (2017).

Dhondt, Pieter: Nineteenth-century university jubilees as the driving force of increasing Nordic cooperation. In: National, Nordic or European? Nineteenth-Century University Jubilees and Nordic Cooperation. Hrsg. von dems. Leiden/Boston 2011 (Scientific and Learned Cultures and Their Institutions 25,4). S. 1 – 9.

Dhondt, Pieter: Nineteenth-century university jubilees as (rheotrical) attempts at increasing Nordic cooperation. In: National, Nordic or European? Nineteenth-Century University Jubilees and Nordic Cooperation. Hrsg. von dems. Leiden/Boston 2011 (Scientific and Learned Cultures and Their Institutions 25,4). S. 313 – 318.

Dhondt, Pieter: University History Writing: More than a History of Jubilees? In: University Jubilees and University History Writing. A Challenging Relationship. Hrsg. von dems. Leiden/Boston 2015 (Scientific and Learned Cultures and Their Institutions 13). S. 1 – 17.

Dhondt, Pieter (Hrsg.): National, Nordic or European? Nineteenth-Century University Jubilees and Nordic Cooperation. Leiden 2011 (Scientific and Learned Cultures and Their Institutions 25,4).

Dhondt, Pieter (Hrsg.): University Jubilees and University History Writing. A Challenging Relationship. Leiden 2015 (Scientific and Learned Cultures and their Institutions 13).

Dhondt, Pieter u. Arto Nevala: The typical dilemma between university expansion and rationalization: Belgium (and Finland) since the 1960s. In: Kasvatus & Aika, kasvatuksen historiallis-yhteiskunnallinen julkaisu 9:3 (2015). S. 21 – 36.

Dhondt, Pieter u. Laura Kolbe: Student Identity and Radicalism. In: Student Revolt, City, and Society in Europe. From the Middle Ages to the Present. Hrsg. von Pieter Dhondt u. Elizabethanne Boran. New York 2018 (Routledge Studies in Cultural History 52). S. 115 – 119.

Dicke, Klaus: Akademische Erinnerungskultur. In: Ambivalente Orte der Erinnerung an deutschen Hochschulen. Hrsg. von Joachim Bauer, Stefan Gerber, Jürgen John und Gottfried Meinhold. Stuttgart 2016. S. 21 – 32.

Dienel, Hans-Liudger u. Helmut Hilz (Hrsg.): Bayerns Weg in das technische Zeitalter – 125 Jahre Technische Universität München 1868 – 1993. München 1993.

Diepers, Hermann-Josef: Bemerkungen zum Thema „Rüstungsforschung an der RWTH?“. In: „… von aller Politik denkbar weit entfernt…“. Die RWTH – Ein Lesebuch. Hrsg. von Oase e.V. Aachen 1995. S. 239–244.

Dietz, Burkhard, Michael Fessner u. Helmut Maier: Der „Kulturwert der Technik“ als Argument der Technischen Intelligenz für sozialen Aufstieg und Anerkennung. In: Technische Intelligenz und „Kulturfaktor Technik“. Kulturvorstellungen von Technikern und Ingenieuren zwischen Kaiserreich und früher Bundesrepublik Deutschland. Hrsg. von dens. Münster/New York 1996 (Cottbuser Studien zur Geschichte von Technik, Arbeit und Umwelt 2). S. 1–32.

Dietze, Hans-Helmut: Von der 275-Jahrfeier der Universität Kiel. In: Kieler Blätter (1941). S. 62–64.

Dipper, Christof, Manfred Efinger, Isabel Schmidt u. Dieter Schott (Hrsg. im Auftrag der Technischen Universität Darmstadt): Epochenschwelle in der Wissenschaft. Beiträge zu 140 Jahren TH/TU Darmstadt (1877–2017). Darmstadt 2017.

Dittberner, Jürgen: Schwierigkeiten mit dem Gedenken. Auseinandersetzungen mit der nationalsozialistischen Vergangenheit. Opladen 1999.

Doehlemann, Martin (Hrsg.): Wem gehört die Universität? Untersuchungen zum Zusammenhang von Wissenschaft und Herrschaft anläßlich des 500jährigen Bestehens der Universität Tübingen. Gießen 1977.

Doering-Manteuffel, Anselm u. Lutz Raphael: Nach dem Boom. Perspektiven auf die Zeitgeschichte seit 1970. 3. Aufl. Göttingen 2012.

Dohms, Peter: Studentenbewegung und nordrhein-westfälische Landespolitik in den 60er und 70er Jahren. In: Geschichte im Westen 12 (1997). S. 175–201.

Döllinger, Ignaz von: Die Bedeutung der großen Zeitereignisse für die deutschen Hochschulen. In: ders.: Akademische Vorträge. Bd. 3. München 1891. S. 11–38.

Döllinger, Ignaz von: Festrede zur 400jährigen Stiftungsfeier. München 1872.

Doom, Marjan: The Museum of Doubt. A modest manifesto by a science curator. Ghent 2020.

Dor, Juliette, Claire Gavray, Marie-Élisabeth Henneau and Martine Jaminon (Hrsg.): Où sont les femmes? La féministation à l'Université de Liège. Liège 2017.

Drüding, Markus: Akademische Jubelfeiern. Eine geschichtskulturelle Analyse der Universitätsjubiläen in Göttingen, Leipzig, Münster und Rostock (1919–1969). Berlin 2014 (Geschichtskultur und historisches Lernen 13).

Drüding, Markus: Jubiläumsfieber und Jubiläumitis? Fragen zur Jubiläumsbegeisterung deutscher Universitäten. In: Die Hochschule. Journal für Wissenschaft und Bildung 27 (2018). S. 23–34.

Drüding, Markus: Warum feiern Universitäten Geschichte? Funktionen und Formen deutscher Universitätsjubiläen im späten 19. und 20. Jahrhundert. In: Akademische Festkulturen vom Mittelalter bis zur Gegenwart. Zwischen Inaugurationsfeier und Fachschaftsparty. Hrsg. von Martin Kintzinger, Wolfgang Eric Wagner u. Marian Füssel. Basel 2019 (Veröffentlichungen der Gesellschaft für Universitäts- und Wissenschaftsgeschichte 15). S. 55–76.

Drygalski, Erich: Zeitfragen der Universität. Rede zum 450jährigen Jubiläum der Ludwig-Maximilians-Universität München. München 1922.

Dücker, Burckhard: Fackelzüge als akademische Rituale. In: Zeitschrift für Literaturwissenschaft und Linguistik 36 (2006). S. 105–128.

Ebert, Hans: Die Technische Hochschule Berlin und der Nationalsozialismus: Politische „Gleichschaltung" und rassistische „Säuberungen". In: Wissenschaft und Gesellschaft. Beiträge zur Geschichte der Technischen Universität Berlin 1879–1979. Festschrift zum hundertjährigen Gründungsjubiläum der Technischen Universität Berlin. Bd. 1. Hrsg. von Reinhard Rürup. Berlin/Heidelberg/New York 1979. S. 455–468.

Ebert, Hans u. Hermann-Josef Rupieper: Technische Wissenschaft und nationalsozialistische Rüstungspolitik: Die Wehrtechnische Fakultät der Technischen Hochschule Berlin 1933–1945. In: Wissenschaft und Gesellschaft. Beiträge zur Geschichte der Technischen Universität Berlin 1879–1979. Festschrift zum hundertjährigen Gründungsjubiläum der Technischen Universität Berlin. Bd. 1. Hrsg. von Reinhard Rürup. Berlin/Heidelberg/New York 1979. S. 469–491.

Ebert, Hans u. Karin Hausen: Georg Schlesinger und die Rationalisierungsbewegung in Deutschland. In: Wissenschaft und Gesellschaft. Beiträge zur Geschichte der Technischen Universität Berlin 1879–1979. Festschrift zum hundertjährigen Gründungsjubiläum der Technischen Universität Berlin. Bd. 1. Hrsg. von Reinhard Rürup. Berlin/Heidelberg/New York 1979. S. 315–334.

Eckardt, Hans Wilhelm: Akademische Feiern als Selbstdarstellung der Hamburger Universität im „Dritten Reich". In: Hochschulalltag im „Dritten Reich". Die Hamburger Universität 1933–1945. 3 Teile. Hrsg. von Eckart Krause, Holger Fischer u. Ludwig Huber. Berlin/Hamburg 1991 (Hamburger Beiträge zur Wissenschaftsgeschichte 3). S. 179–200.

Effenberger, Franz: Lothar Späths Forschungsförderung und Technologiepolitik am Beispiel der Universität Stuttgart. Stuttgart 2020.

Élias, Tania: La cérémonie inaugurale de la Reichsuniversität de Strasbourg (1941). L'expression du nazisme triomphant en Alsace annexée. In: Revue d'Allemagne et des pays de langue allemande 43 (2011). S. 341–361.

Engehausen, Frank u. Werner Moritz (Hrsg.): Die Jubiläen der Universität Heidelberg 1587–1986. Begleitband zur Ausstellung im Universitätsmuseum Heidelberg 19. Oktober 2010–19. März 2011. Unter Mitarbeit von Gabriel Meyer. Heidelberg [u. a.] 2010 (Archiv und Museum der Universität Heidelberg 18).

Evangelische Fachhochschule Darmstadt: Die Evangelische Fachhochschule Darmstadt. Äußerungen zu ihrer Begründung, ihrer Zielsetzung und ihren Problemen in den Jahren 1970 bis 1979. Zum 60. Geburtstag des Kirchenpräsidenten. Hrsg. von Evangelische Fachhochschule Darmstadt. Darmstadt 1981.

Ewald, Klaus: Räumliche und finanzielle Probleme der Philipps-Universität oder Bredow. In: 450 Jahre Philipps-Universität Marburg. Das Gründungsjubiläum 1977. Hrsg. von Wilfried Frhr. von Bredow. Marburg 1979.

Exner, Wilhelm Franz: Das k.k. polytechnische Institut in Wien. Seine Gründung, seine Entwickelung und sein jetziger Zustand. Wien 1861.

Faber, Knud: Aarhus Universitet. Dets fortid og nutid. København 1932.

Faber, Knud: Opbygningen af Aarhus Universitet. København 1946.

Faberon, Florence (Hrsg.): Au défi de l'occupation ennemie. Résistance, résilience et protection. Clermont-Ferrand 2020.

Faberon, Florence u. Philippe Destable (Hrsg.): Résistance et résilience: à l'occasion de la commémoration du 75e anniversaire de la rafle du 25 novembre 1943. Clermont-Ferrand 2019.

Fachhochschule Frankfurt am Main. Fachbereich Soziale Arbeit und Gesundheit (Hrsg.): „Warum nur Frauen?". 100 Jahre Ausbildung für soziale Berufe. Frankfurt am Main 2014.

Fachschaft Germanistik und Fachschaft Philosophie der Heinrich-Heine-Universität Düsseldorf (Hrsg.): „Land der Rätsel und der Schmerzen". Broschüre der Studierenden der Heinrich-Heine-Universität zum fünften Jahrestag der Benennung der Universität Düsseldorf nach Heinrich Heine. Düsseldorf 1994.

Faculté de Théologie Catholique, Université de Strasbourg: Mémorial du cinquantenaire 1919– 1969. Strasbourg 1969.

Faulstich, Peter u. Hartmut Wegener: Gesamthochschule: Zukunftsmodell oder Reformruine. Beispiel Gesamthochschule Kassel. Bad Honnef 1981.

Feustel, Adriane u. Gerd Koch (Hrsg.): 100 Jahre soziales Lehren und Lernen. Von der Sozialen Frauenschule zur Alice Salomon Hochschule Berlin. Berlin 2008.

Fisch, Stefan: „Polytechnische Schulen" im 19. Jahrhundert. Der bayerische Weg von praxisorientierter Handwerksförderung zu wissenschaftlicher Hochschulbildung. In: Die Technische Universität München. Annäherungen an ihre Geschichte. Hrsg. von Ulrich Wengenroth. München 1993. S. 1–38.

Föcking, Friederike: Fürsorge im Wirtschaftsboom. Die Entstehung des Bundessozialhilfegesetzes von 1961. Berlin 2009 (Studien zur Zeitgeschichte 73).

Forum Anniversaries [mit Jörg Arnold (Nottingham), Thomas A. Brady (Berkeley), Fearghal McGarry (Queen's University, Belfast), Tim Grady (Chester) u. Dan Healy (St Anthony's College, Oxford)]. In: German History 32:1 (2014). S. 79–100.

Füssel, Marian: Akademische Solennitäten. Universitäre Festkulturen im Vergleich. In: Festkulturen im Vergleich. Inszenierungen des Religiösen und Politischen. Hrsg. von Michael Maurer. Köln/Weimar/Wien 2010. S. 43–60.

Füssel, Marian: Universität und Festkultur. Praktiken – Räume – Medien. In: Akademische Festkulturen vom Mittelalter bis zur Gegenwart. Zwischen Inaugurationsfeier und Fachschaftsparty. Hrsg. von Martin Kintzinger, Wolfgang Eric Wagner u. Marian Füssel. Basel 2019 (Veröffentlichungen der Gesellschaft für Universitäts- und Wissenschaftsgeschichte 15). S. 1–24.

Füssel, Marian: Wie schreibt man Universitätsgeschichte? In: NTM. Zeitschrift für Geschichte der Wissenschaften, Technik und Medizin 22:4 (2014). S. 287–293.

Garbe, Detlef: Der Marburger Militärjurist Prof. Erich Schwinge. Kommentator, Vollstrecker und Apologet nationalsozialistischen Kriegsrechtes. In: Deserteure, Wehrkraftzersetzer und ihre Richter. Marburger Zwischenbilanz zur NS-Militärjustiz vor und nach 1945. Hrsg. von Albrecht Kirschner im Auftrag der Geschichtswerkstatt Marburg e.V. Marburg 2010. S. 109–130.

Genin, Vincent u. Michael Auwers: 200 jaar universiteiten van Gent en Luik. Interview met Gita Deneckere en Philippe Raxhon. In: Contemporanea 39:3 (2017). https://www. contemporanea.be/nl/article/2017-3-aan-het-woord-200-jaar-ugent-en-ulg (26. 2. 2021).

Geppert, Dominik (Hrsg.): Forschung und Lehre im Westen Deutschlands. 1918–2018. Göttingen 2018 (Geschichte der Universität Bonn 2).

Geppert, Dominik (Hrsg.): Preußens Rhein-Universität. 1818–1918. Göttingen 2018 (Geschichte der Universität Bonn 1).

Gerber, Stefan: Universitäre Jubiläumsinszenierungen in Diktaturvergleich: Jena 1933 und 1958. In: Jena. Ein nationaler Erinnerungsort? Hrsg. von Jürgen John u. Justus H. Ulbricht. Köln/Weimar/Wien 2007. S. 299–323.

Gerber, Stefan: Wie schreibt man „zeitgemäße" Universitätsgeschichte. In: NTM. Zeitschrift für Geschichte der Wissenschaften, Technik und Medizin 22:4 (2014). S. 277–286.

Gerber, Stefan, Jürgen John, Tobias Kaiser, Christoph Matthes, Heinz Mestrup, Michael Ploenus u. Rüdiger Stutz: Einleitung. In: Traditionen – Brüche – Wandlungen. Die Universität Jena 1850–1995. Hrsg. von der Senatskommission zur Aufarbeitung der Jenaer Universitätsgeschichte im 20. Jahrhundert. Wien/Köln/Weimar 2009. S. 1–22.

Gerstner, Franz Joseph: Über die polytechnische Lehranstalt. In: Nachrichten von der beabsichtigten Verbesserung des öffentlichen Unterrichtswesens in den österreichischen Staaten mit authentischen Belegen. Hrsg. von Christian Ulrich Detlev Eggers. Tübingen 1808. S. 328–365.

Gidion, Niklas: …immer wieder… „Überfüllte Seminare!" – Zum „Eckwerte-Streit" vom Januar 1994. In: Der Forschung? Der Lehre? Der Bildung? – Wissen ist Macht! 75 Jahre Hamburger Universität. Studentische Gegenfestschrift zum Universitätsjubiläum 1994. Hrsg. von Stefan Micheler und Jakob Michelsen im Auftrag des Allgemeinen Studierendenausschusses der Universität Hamburg. Hamburg 1994. S. 268–270.

Giesebrecht, Wilhelm: Ueber den Einfluß der deutschen Hochschulen auf die nationale Entwickelung. München 1870.

Girost, Geoffrey u. Benoît Wirrmann (Hrsg.): Mai 68 en Alsace. Strasbourg 2018.

Gizewski, Christian: Zur Geschichte der Studentenschaft der Technischen Universität Berlin seit 1879. In: Wissenschaft und Gesellschaft. Beiträge zur Geschichte der Technischen Universität Berlin 1879–1979. Festschrift zum hundertjährigen Gründungsjubiläum der Technischen Universität Berlin. Bd. 1. Hrsg. von Reinhard Rürup. Berlin/Heidelberg/New York 1979. S. 115–154.

Gleich, Arnim von u. Heinz Weber: Strukturelle Determinanten der Entpolitisierung – Abriß zur politischen Sozialisation von Studenten in den 70er Jahren. In: Wem gehört die Universität? Untersuchungen zum Zusammenhang von Wissenschaft und Herrschaft anläßlich des 500jährigen Bestehens der Universität Tübingen. Hrsg. von Martin Doehlemann. Gießen 1977. S. 286–309.

Gleichstellungsbüro der Universität Tübingen (Hrsg.): 100 Jahre Frauenstudium an der Universität Tübingen 1904–2004. Historischer Überblick, Zeitzeuginnenberichte und Zeitdokumente. Tübingen 2007.

Glotz, Peter: Geleitwort des Senators für Wissenschaft und Forschung. In: Wissenschaft und Gesellschaft. Beiträge zur Geschichte der Technischen Universität Berlin 1879–1979. Festschrift zum hundertjährigen Gründungsjubiläum der Technischen Universität Berlin. Bd. 1. Hrsg. von Reinhard Rürup. Berlin/Heidelberg/New York 1979. S. X.

Goller, Peter: Innsbrucker Universitätsjubiläen. Inszenierungen 1877 – 1927 – 1952 – 1969. In: Wissenschafts- und Universitätsforschung am Archiv. Beiträge anlässlich des Österreichischen Universitätskolloquiums, 14. und 15. April 2015 zu den Fragen: Historische Wissenschaftsforschung, Universitäten im gesellschaftlichen Kontext, Internalistische Wissenschaftsgeschichte, Disziplinen- und Institutionengeschichte. Hrsg. von Alois Kernbauer. Graz 2016 (Publikationen aus dem Archiv der Universität Graz 45). S. 69–90.

Göllnitz, Martin: Der Ostseeraum als Konfliktzone eines wissenschaftlichen Geltungsstrebens. Die Deutschen Wissenschaftlichen Institute in Skandinavien (1941–1945). In: Konflikt und Kooperation. Die Ostsee als Handlungs- und Kulturraum. Hrsg. von Martin Göllnitz, Nils Abraham, Thomas Wegener Friis u. Helmut Müller Enbergs. Berlin 2019. S. 45–70.

Göllnitz, Martin: Der Student als Führer? Handlungsmöglichkeiten eines jungakademischen
Funktionärskorps am Beispiel der Universität Kiel (1927 – 1945). Ostfildern 2018 (Kieler
Historische Studien 44).

Göllnitz, Martin: „Hier schweigen die Musen" – Über die erfolgten Schließungen und
geplanten Aufhebungen der Christiana Albertina. In: Christian-Albrechts-Universität zu
Kiel. 350 Jahre Wirken in Stadt, Land und Welt. Hrsg. von Oliver Auge. Kiel 2015.
S. 260 – 276.

Göllnitz, Martin: Paul Ritterbusch. In: Handbuch der völkischen Wissenschaften. Bd. 1:
Biographien. Hrsg. von Michael Fahlbusch, Ingo Haar u. Alexander Pinwinkler. 2. Aufl.
Berlin/Boston 2017. S. 640 – 645.

Göllnitz, Martin u. Kim Krämer: Hochschule im öffentlichen Raum. Bemerkungen zu
Historiographie und Systematik. In: Hochschulen im öffentlichen Raum.
Historiographische und systematische Perspektiven auf ein Beziehungsgeflecht. Hrsg. von
Martin Göllnitz u. Kim Krämer. Göttingen 2020 (Beiträge zur Geschichte der Universität
Mainz Neue Folge 17). S. 7 – 26.

Goffmann, Erving: Asylums: Essays on the Condition of the Social Situation of Mental Patients
and Other Inmates. New York 1961.

González González, Enrique: Two Phases in the Historiography of the Royal University of
Mexico (1930 – 2007). In: History of Universities XXIV:1,2 (2009). S. 339 – 404.

Goodman, Joyce, Andrea Jacobs, Fiona Kisby u. Helen Loader: Travelling careers. Overseas
migration patterns in the professional lives of women attending Girton and Newnham
before 1939. In: History of Education 40:2 (2011). S. 179 – 196.

Götzelmann, Arnd (Hrsg.): Zweieinhalb Jubiläen. Der Fachbereich Sozial- und
Gesundheitswesen der Hochschule Ludwigshafen am Rhein und seine Vorgeschichte seit
1948. Norderstedt 2018.

Graf, Friedrich Wilhelm: Ignaz von Döllinger (1799 – 1890). In: Münchner Historiker zwischen
Politik und Wissenschaft. 150 Jahre Historisches Seminar der
Ludwigs-Maximilians-Universität. Hrsg. von Katharina Weigand. München 2010. S. 57 – 77.

Gräfing, Birte: Bildungspolitik in Bremen von 1945 bis zur Gründung der Universität 1971.
Münster 2006.

Gräfing, Birte: Tradition Reform. Die Universität Bremen 1971 – 2001. Bremen 2012.

Grimme, Gertrude u. Albrecht Müller-Schöll: Zur Entwicklung der Evangelischen
Fachhochschulen. Ergebnisse der Beratung einer vom Rat der EKiD eingesetzten
Kommission für Fachhochschulplanung. In: Sozialpädagogik. Zeitschrift für Mitarbeiter 14
(1972). S. 97 – 149.

Grobe, Frank: Die technischen Burschenschaften. In: „Deutschland immer gedient zu haben ist
unser höchstes Lob" – Zweihundert Jahre Deutsche Burschenschaften. Hrsg. von Harald
Lönnecker. Heidelberg 2015 (Darstellungen und Quellen zur Geschichte der deutschen
Einheitsbewegung im neunzehnten und zwanzigsten Jahrhundert 21). S. 701 – 780.

Grunewald, Raimund: Wilhelm Bader. Eine Biographie. Dissertation. Stuttgart 2019. http://nbn-
resolving.de/urn:nbn:de:bsz:93-opus-ds-106865, DOI 10.18419/opus-10669.

Grüttner, Michael: Die deutschen Universitäten unter dem Hakenkreuz. In: Zwischen
Autonomie und Anpassung. Universitäten in den Diktaturen des 20. Jahrhunderts. Hrsg.
von John Connelly u. Michael Grüttner. Paderborn 2003. S. 67 – 100.

Gugerli, David, Patrick Kupper u. Daniel Speich: Die Zukunftsmaschine. Konjunkturen der ETH
Zürich 1855 – 2005. Zürich 2005.

Guhl, Anton F.: Kurskorrekturen eines Technokraten. Die politische Rechtswendung des Nachrichtentechnikers und Zukunftsforschers Karl Steinbuch nach 1970. In: Technikgeschichte 87:4 (2020). S. 315–334.

Guhl, Anton F.: Perspektiven einer integrierten Hochschulgeschichte. In: Jahrbuch für Universitätsgeschichte 23 (2020) [im Druck].

Guhl, Anton F.: Sammelbesprechung. In: NTM. Zeitschrift für Geschichte der Wissenschaften, Technik und Medizin 27:3 (2019). S. 395–400.

Guhl, Anton F.: Technik als blinder Fleck der Universitätsgeschichte? Die Debatte um die Gründung von Polytechnika Anfang des 19. Jahrhunderts und ihre Ausblendung durch die Universitätsgeschichte. In: Hochschulen im öffentlichen Raum. Historiographische und systematische Perspektiven auf ein Beziehungsgeflecht. Hrsg. von Martin Göllnitz u. Kim Krämer. Göttingen 2020 (Beiträge zur Geschichte der Universität Mainz Neue Folge 17). S. 81–99.

Guhl, Anton F., Malte Habscheidt u. Alexandra Jaeger: Über den wissenschaftlichen Wert flüchtiger Quellen: Das Flugblattarchiv der Hamburger Bibliothek für Universitätsgeschichte. Eine Würdigung des Sammelns. In: Gelebte Universitätsgeschichte. Erträge jüngster Forschung. Eckart Krause zum 70. Geburtstag. Hrsg. von dens. Berlin/Hamburg 2013 (Hamburger Beiträge für Wissenschaftsgeschichte Sonderbd.). S. 207–225.

Günter, Johann: Das niederösterreichische Pressewesen von 1848–1918 mit Ausnahme Wiens. Wien 1973.

Guyot, Paul Daniel: Jubiläumsbericht des Hess. Diakonie-Vereins aus Anlaß seines 25jährigen Bestehens. 13. Juni 1906 bis 13. Juni 1931. 25 Jahre Hessischer Diakonieverein. In: 25 Jahre Hessischer Diakonieverein. 1906/1931. Hrsg. von dems. Darmstadt 1931. S. 1–12.

Guyot, Paul Daniel: Neue Wege in der Diakonie. Fünfzig Jahre Hessischer Diakonieverein e.V. 1906–1956. Ein Bericht. Darmstadt 1956.

Guyot, Paul Daniel (Hrsg.): 25 Jahre Hessischer Diakonieverein. 1906/1931. Darmstadt 1931.

Haarmann, Daniela (Hrsg.): 250 Jahre Veterinärmedizinische Universität Wien. 1765–2015: 250 Jahre Verantwortung für Tier und Mensch. Wien 2015.

Haas, Fritz: Die Festrede. In: Die Technische Hochschule in Wien zur Feier des 125jährigen Bestandes am 7. November 1940. Wien 1940. S. 5–16.

Habscheidt, Malte: „Die Herrschaft der Ordinarien wird abgeschafft!" Zum Einfluss der Studentenbewegung auf das Hamburger Universitätsgesetz von 1969. In: 100 Jahre Universität Hamburg: Studien zur Hamburger Universitäts- und Wissenschaftsgeschichte in vier Bänden. Bd. 1: Allgemeine Aspekte und Entwicklungen. Hrsg. von Rainer Nicolaysen, Eckart Krause u. Gunnar B. Zimmermann. Göttingen 2020. S. 142–162.

Hachtmann, Rüdiger: Reinhard Rürup als Wissenschaftshistoriker. In: Zeitschrift für Geschichtswissenschaft 7 (2019). S. 453–463.

Hachtmann, Rüdiger: Unter rassistischen und bellizistischen Vorzeichen – die Wissenschaften 1933–1945. In: Die Technische Hochschule München im Nationalsozialismus. Hrsg. von Wolfgang A. Herrmann u. Winfried Nerdinger. München 2018. S. 12–33.

Hagedorn, Jürgen (Hrsg.): Historie und Heute. Festschrift zum 25jährigen Bestehen der Fachhochschule Gießen-Friedberg. Gießen 1996.

Hahn, Alois: Jubiläum und Gedenken im Spannungsfeld zwischen Erinnern und Vergessen. In: Jubiläum. Literatur- und kulturwissenschaftliche Annäherungen. Hrsg. von Franz M. Eybl,

Stephan Müller u. Annegret Pelz. Göttingen 2018 (Schriften der Wiener Germanistik 6). S. 11–25.

Halle, Antje: Universitäre Festkultur. In: Traditionen – Brüche – Wandlungen. Die Universität Jena 1850–1995. Hrsg. von der Senatskommission zur Aufarbeitung der Jenaer Universitätsgeschichte im 20. Jahrhundert. Wien/Köln/Weimar 2009. S. 254–269.

Halle, Antje: Vom Forum für Ersatzpolitik zur Werbeveranstaltung. Die Jenaer Universitätsjubiläen 1858 und 1908. In: Jena. Ein nationaler Erinnerungsort? Hrsg. von Jürgen John u. Justus H. Ulbricht. Köln/Weimar/Wien 2007. S. 283–295.

Hammerstein, Notker: Alltagsarbeit. Anmerkungen zu neueren Universitätsgeschichten. In: Historische Zeitschrift 297:1 (2013). S. 102–125.

Hammerstein, Notker: Jubiläumsschrift und Alltagsarbeit. Tendenzen bildungsgeschichtlicher Literatur. In: Historische Zeitschrift 236:3 (1983). S. 601–633.

Hantschk, Christian (Hrsg.): Johann Joseph Prechtl. Sichtweisen und Aktualität seines Werkes, anlässlich 175 Jahre Technische Universität Wien. Wien/Köln 1990.

Haunschild, Meike: „Elend im Wunderland". Armutsvorstellungen und soziale Arbeit in der Bundesrepublik 1955–1975. Baden-Baden 2018.

Haupt, Selma: Angetreten, um die Universität zu vertreten. Deutsche Rektoratsantrittsreden 1871–1918. In: Der rhetorische Auftritt. Redekultur an der Ludwig-Maximilians-Universität München. Rektorats- und Universitätsreden 1826–1968. Hrsg. von Claudius Stein. München 2016. S. 49–59.

Haushofer, Karl von: Rückblicke auf die Entwicklung der Königlichen bayerischen technischen Hochschule in den ersten 25 Jahren ihres Bestehens. Festrede gehalten zur Eröffnungs-Feier des Studienjahres am 18. November 1893. München 1894.

Hausmann, Frank-Rutger: „Deutsche Geisteswissenschaft" im Zweiten Weltkrieg. Die „Aktion Ritterbusch" (1940–1945). 3. Aufl. Heidelberg 2007 (Studien zur Wissenschafts- und Universitätsgeschichte 12).

Hawicks, Heike u. Ingo Runde (Hrsg.): Universitätsmatrikeln im deutschen Südwesten. Bestände, Erschließung und digitale Präsentation. Heidelberg 2020 (Heidelberger Schriften zur Universitätsgeschichte 9).

Hechler, Daniel u. Peer Pasternack: Traditionsbildung, Forschung und Arbeit am Image. Die ostdeutschen Hochschulen im Umgang mit ihrer Zeitgeschichte. Leipzig 2013. S. 406–453.

Heer, Hannes: 150 Jahre Klassenuniversität – 1 Jahr Widerstand. In: 150 Jahre Klassenuniversität. Reaktionäre Herrschaft und demokratischer Widerstand am Beispiel der Universität Bonn. Hrsg. von Studentengewerkschaft Bonn. Bonn [1968]. S. 125–142.

Heigel, Karl Theodor: Die Verlegung der Ludwigs-Maximilians-Universität nach München. München 1897.

Heiler, Kurt: Julius Dorpmüller – er diente nur der Technik. In: „…von aller Politik denkbar weit entfernt…". Die RWTH – Ein Lesebuch. Hrsg. von Oase e.V. Aachen 1995. S. 223–232.

Heinemann, Manfred (Hrsg.): Hochschuloffiziere und Wiederaufbau des Hochschulwesens in Westdeutschland 1945–1952. Bd. 1: Die Britische Zone. Hildesheim 1990 (Geschichte von Bildung und Wissenschaft. Reihe B, Sammelwerke).

Heintl, Carl: Mittheilungen aus den Universitäts-Acten (vom 12. März 1848 bis 22. Juli 1848). Wien 1848. S. 10–11.

Heiß, Gernot, Siegfried Mattl, Sebastian Meissl, Edith Saurer u. Karl Stuhlpfarrer (Hrsg.): Willfährige Wissenschaft. Die Universität Wien 1938–1945. Wien 1989.

Hentschel, Klaus (Hrsg.): Historischer Campusführer der Universität Stuttgart. Bd. 2: Vahingen-Nord. Diepholz/Stuttgart 2014.

Herrmann, Wolfgang A. u. Winfried Nerdinger (Hrsg.): Die Technische Hochschule München im Nationalsozialismus. München 2018.

Hochschulverband in Zusammenarbeit mit Harder, Hans-Bernd u. Ekkehard Kaufmann (Hrsg.): Bilanz einer Reform. Denkschrift zum 450jährigen Bestehen der Philipps-Universität zu Marburg. Bonn-Bad Godesberg 1977.

Hodenberg, Christina von: Das andere Achtundsechzig. Gesellschaftsgeschichte einer Revolte. München 2018.

Hoffman, Andrew J.: Academia's Emerging Crisis of Relevance and the Consequent Role of the Engaged Scholar. In: Journal of Change Management 16:2 (2016). S. 77–96.

Hoffmann, Dieter: Carl Ramsauer, die Deutsche Physikalische Gesellschaft und die Selbstmobilisierung der Physikerschaft im „Dritten Reich". In: Rüstungsforschung im Nationalsozialismus. Organisation, Mobilisierung und Entgrenzung der Technikwissenschaften. Hrsg. von Helmut Maier. Göttingen 2002. S. 273–304.

Hoffmann, Dieter: Die Ramsauer-Ära und die Selbstmobilisierung der Deutschen Physikalischen Gesellschaft. In: Physiker zwischen Autonomie und Anpassung. Hrsg. von dems. u. Mark Walker. Weinheim 2007. S. 173–215.

Holst-Knudsen, Carl: Nogle Bemærkninger om Forholdet imellem Aarhus kommune og Aarhus Universitet. In: Acta Jutlandica 18:1 (1946). S. 3–14.

Hömberg, Eckhard u. Eberhard Löschke: Bevormundung statt Aufklärung. Berufsverbote an der WWU. In: 200 Jahre zwischen Dom und Schloß. Ein Lesebuch zur Vergangenheit und Gegenwart der Westfälischen Wilhelms-Universität Münster. Hrsg. von Lothar Kurz. Münster 1980. S. 227–239.

Horn, Klaus-Peter: Erziehungswissenschaft in Deutschland im 20. Jahrhundert. Zur Entwicklung der sozialen und fachlichen Struktur der Disziplin von der Erstinstitutionalisierung bis zur Expansion. Bad Heilbrunn 2003.

Horstkemper, Marianne: Zwischen Aufbruch und Beharrung. Vergangenheitspolitik an der TU Berlin nach 1945. Berlin 2020.

Hübner, Horst u. Martin Wilke: Aufstieg, Krise und Perspektiven linker Studentenpolitik der siebziger Jahre. In: 200 Jahre zwischen Dom und Schloß. Ein Lesebuch zur Vergangenheit und Gegenwart der Westfälischen Wilhelms-Universität Münster. Hrsg. von Lothar Kurz. Münster 1980. S. 173–194.

Hülsse, Julius Ambrosius: Die Königliche Polytechnische Schule (Technische Bildungsanstalt) zu Dresden während der ersten 25 Jahre ihres Wirkens. Dresden 1853.

Hunken, Karl-Heinz: Vorwort. In: Festschrift zum 150jährigen Bestehen der Universität Stuttgart. Beiträge zur Geschichte der Universität. Hrsg. von Johannes Voigt. Stuttgart 1979 (Die Universität Stuttgart 2). S. 7–9.

Huxford, Grace u. Richard Wallace: Voices of the university: anniversary culture and oral histories of higher education. In: Oral History 45:1 (2017). S. 79–90.

Ihsen, Susanne u. Evi Thelen: Zur Geschichte der Frauenbeauftragten. In: „…von aller Politik denkbar weit entfernt…". Die RWTH – Ein Lesebuch. Hrsg. von Oase e.V. Aachen 1995. S. 71–76.

Innerhofer, Josef: Gedenkblätter an die zweihundertjährige Jubelfeier der k. k. Universität Innsbruck. Seinen Collegen gewidmet. Innsbruck 1877.

Irle, Katja: Eine Hochschule bleibt sich treu. In: 40 Jahre Universität Kassel. Hrsg. von Präsidium der Universität Kassel. Kassel 2011. S. 213.

Jaeger, Alexandra: „Fachbereiche im Fieberzustand"? Konflikte an der Universität Hamburg im „roten Jahrzehnt" (1967 – 1977). In: Gelebte Universitätsgeschichte. Erträge jüngster Forschung Eckart Krause zum 70. Geburtstag. Hrsg. von Anton F. Guhl, Malte Habscheidt u. Alexandra Jaeger. Berlin/Hamburg 2013 (Hamburger Beiträge zur Wissenschaftsgeschichte Sonderbd.). S. 41 – 59.

Jelinek, Carl: Das ständisch-polytechnische Institut zu Prag. Programm zur fünfzigjährigen Erinnerungs-Feier an die Eröffnung des Institutes. 10. November 1856. Prag 1856

Kaiser, Jochen-Christoph: Das Universitätsjubiläum von 1927. In: Die Philipps-Universität Marburg zwischen Kaiserreich und Nationalsozialismus. Hrsg. von Günter Hollenberg und Aloys Schwersmann. Kassel 2006. S. 293 – 311.

Kalkmann, Ulrich: Die Technische Hochschule Aachen im Dritten Reich (1933 – 1945). Aachen 2003.

Karmarsch, Karl: Die höhere Gewerbeschule in Hannover. Erläuterungen über Zweck, Einrichtung und Nutzen derselben. Hannover 1831.

Karmarsch, Karl: Die höhere Gewerbeschule in Hannover. 2. sehr erweiterte Aufl. Hannover 1844.

Karmarsch, Karl: Die Polytechnische Schule zu Hannover. Hannover 1848.

Karmarsch, Karl: Die polytechnische Schule zu Hannover. 2., sehr erweiterte Aufl. Hannover 1856.

Karmarsch, Karl: Ein Lebensbild, gezeichnet nach dessen hinterlassenen „Erinnerungen aus meinem Leben". Mit Ergänzungen von Egb. Hoyer. Hannover 1880.

Kasseler Hochschulbund e.V. u. Wissenschaftliches Zentrum für Berufs- und Hochschulforschung Gesamthochschule Kassel (Hrsg.): Der Beitrag der Gesamthochschule zur Hochschulreform 22. und 23. Oktober 1981. Kassel 1982.

Kehlbreier, Dietmar: Öffentliche Diakonie. Wandlungen im kirchlich-diakonischen Selbstverständnis in der Bundesrepublik der 1960er- und 1970er-Jahre. Leipzig 2009 (Öffentliche Theologie 23).

Kintzinger, Martin, Wolfgang Eric Wagner u. Marian Füssel (Hrsg.): Akademische Festkulturen vom Mittelalter bis zur Gegenwart. Zwischen Inaugurationsfeier und Fachschaftsparty. Basel 2019 (Veröffentlichungen der Gesellschaft für Universitäts- und Wissenschaftsgeschichte 15).

Kirchensynode der EKHN (Hrsg.): Verhandlungen der Kirchensynode der Evangelischen Kirche in Hessen und Nassau. Vierte Kirchensynode. 8. Tagung 1970. Darmstadt 1970.

Kirwan, Richard: Ephemeral No More. University Festival, Print and the pull of Prosperity. In: Akademische Festkulturen vom Mittelalter bis zur Gegenwart. Zwischen Inaugurationsfeier und Fachschaftsparty. Hrsg. von Martin Kintzinger, Wolfgang Eric Wagner u. Marian Füssel. Basel 2019 (Veröffentlichungen der Gesellschaft für Universitäts- und Wissenschaftsgeschichte 15). S. 179 – 194.

Klausnitzer, Ralf: Blaue Blume unterm Hakenkreuz. Die Rezeption der deutschen literarischen Romantik im Dritten Reich. Paderborn 1999.

Klieber, Rupert: Jüdische, christliche, muslimische Lebenswelten der Donaumonarchie 1848 – 1918. Wien 2010. S. 131.

Klingemann, Carsten: Kölner Soziologie im Nationalsozialismus. In: Nachhilfe zur Erinnerung. 600 Jahre Universität zu Köln. Hrsg. von Wolfgang Blaschke. Köln 1988. S. 76 – 97.

Klockner, Clemens: Die Gründerzeit ist schon Geschichte. Eine exemplarische Betrachtung der Vorgeschichte und der Anfangsjahre der Fachhochschule Wiesbaden. Wiesbaden 2012 (Veröffentlichungen aus Lehre, angewandter Forschung und Weiterbildung 53).

Kluckhohn, August: Ueber das technische Unterrichtswesen in Bayern bis zur Gründung der polytechnischen Centralschule in München (1827). Antrittsrede gehalten am 22. Dezember 1877 von dem derzeitigen Director der technischen Hochschule. München 1878.

Kluckhohn, August: Ueber die Gründung und bisherige Entwicklung der k. technischen Hochschule zu München. Rede gehalten von dem derzeitigen Director am 26. Juli 1879. München 1879.

Kluge, Norbert [u.a.]: Zehn Jahre Gesamthochschule Kassel in der Retrospektive. In: Gesamthochschule Kassel 1971–81. Rückblick auf das erste Jahrzehnt. Hrsg. von dens. Kassel 1981. S. 7–13.

Kluge, Norbert [u. a.] (Hrsg.): Gesamthochschule Kassel 1971–81. Rückblick auf das erste Jahrzehnt. Kassel 1981.

Knauss, Erwin: 10 Jahre Fachhochschule Gießen-Friedberg. Geschichte und Gegenwart. Festschrift zum 10jährigen Jubiläum. Gießen 1981.

Knobloch, Eberhard (Hrsg.): Wegbereiter der Wissenschaft. 125 Jahre Technische Universität Berlin. Berlin/Heidelberg 2004.

Köhler, Heinrich Gottlieb: Über die zweckmäßige Einrichtung der Gewerbsschulen und der polytechnischen Institute. Göttingen 1830.

Koischwitz, Svea: Der Bund Freiheit der Wissenschaft in den Jahren 1970–1976. Ein Interessenverband zwischen Studentenbewegung und Hochschulreform. Köln 2017 (Kölner Historische Abhandlungen 52).

Kokkelink, Günther: Polytechnische Lehranstalt im Königreich Hannover – von den Anfängen bis in die zwanziger Jahre. In: Die Universität Hannover. Ihre Bauten, ihre Gärten, ihre Planungsgeschichte. Hrsg. von Sid Auffarth u. Wolfgang Pietsch. Petersberg 2003. S. 65–93.

Kollmann, Catrin B.: Historische Jubiläen als kollektive Identitätskonstruktion. Ein Planungs- und Analyseraster. Überprüft am Beispiel der historischen Jubiläen zur Schlacht bei Höchstädt vom 13. August 1704. Stuttgart 2014.

König, Wolfgang: Spezialisierung und Bildungsanspruch. Zur Geschichte der Technischen Hochschulen im 19. und 20. Jahrhundert. In: Berichte zur Wissenschaftsgeschichte 11 (1988). S. 219–225.

König, Wolfgang: Stand und Aufgaben der Forschung zur Geschichte der deutschen Polytechnischen Schulen und Technischen Hochschulen im 19. Jahrhundert. In: Technikgeschichte 48:1 (1981). S. 47–67.

König, Wolfgang: Zwischen Verwaltungsstaat und Industriegesellschaft. Die Gründung höherer technischer Bildungsstätten in Deutschland in den ersten Jahrzehnten des 19. Jahrhunderts. In: Berichte zur Wissenschaftsgeschichte 21 (1998). S. 115–122.

Kořistka, Carl: Der höhere polytechnische Unterricht in Deutschland, in der Schweiz, in Frankreich, Belgien und England. Gotha 1863.

Körner, Hans-Michael: Münchner Rektorats- und Universitätsreden 1848–1871. In: Der rhetorische Auftritt. Redekultur an der Ludwig-Maximilians-Universität München. Rektorats- und Universitätsreden 1826–1968. Hrsg. von Claudius Stein. München 2016. S. 95–104.

Koschnick, Hans: Grußwort. In: Universität Bremen. 40 Jahre in Bewegung. Hrsg. von Peter Meier-Hüsing. Bremen 2011. S. 8.

Kramer, Dieter u. Christina Vanja (Hrsg.): Universität und demokratische Bewegung. Ein Lesebuch zur 450-Jahrfeier der Philipps-Universität Marburg. Marburg 1977 (Schriftenreihe für Sozialgeschichte und Arbeiterbewegung 5).

Kraus, Hans-Christoph: Kultur, Bildung und Wissenschaft im 19. Jahrhundert. München 2008 (Enzyklopädie deutscher Geschichte 82).

Krause, Eckart, Ludwig Huber u. Holger Fischer (Hrsg.): Hochschulalltag im „Dritten Reich". Die Hamburger Universität 1933–1945. Teil 3. Berlin/Hamburg 1991 (Hamburger Beiträge zur Wissenschaftsgeschichte 3).

Kraushaar, Wolfgang: 1968 und die Massenmedien. In: Archiv für Sozialgeschichte 41 (2001). S. 317–347.

Kreis, Georg: Tradition, Variation und Innovation. Die Basler Universitätsjubiläen im Lauf der Zeit, 1660–1960. In: Schweizerische Zeitschrift für Geschichte 60 (2010). S. 437–474.

Krohn, Maren: Die Bewegung gegen die Notstandsgesetze in Marburg. In: Universität und demokratische Bewegung. Ein Lesebuch zur 450-Jahrfeier der Philipps-Universität Marburg. Hrsg. von Dieter Kramer u. Christina Vanja. Marburg 1977 (Schriftenreihe für Sozialgeschichte und Arbeiterbewegung 5). S. 315–330.

Krüger, Eike u. Lüdtke, Helga: Die Hierarchie als Alltagserfahrung – Zur Lage der nichtwissenschaftlichen Bediensteten. In: Wem gehört die Universität? Untersuchungen zum Zusammenhang von Wissenschaft und Herrschaft anläßlich des 500jährigen Bestehens der Universität Tübingen. Hrsg. von Martin Doehlemann. Gießen 1977. S. 329–344.

Krützfeldt-Eckhard, Waldtraut: Vierzig Jahre in der sozialen Ausbildung. In: Lernen helfen – helfen leben. 1929 – 1949 – 1979. Jubiläum an der Evangelischen Fachhochschule Darmstadt. Hrsg. von Gottfried Buttler u. Christa-Esther Serr. Darmstadt 1979. S. 14–16.

Kuhn, Axel: Die Technische Hochschule Stuttgart im Kaiserreich. In: Festschrift zum 150jährigen Bestehen der Universität Stuttgart. Beiträge zur Geschichte der Universität. Hrsg. von Johannes Voigt. Stuttgart 1979 (Die Universität Stuttgart 2). S. 139–188.

Kunter, Katharina: Neuaufbruch im Zeichen der Bildungsexpansion. Die Gründung der evangelischen Fachhochschulen. In: Abschied von der konfessionellen Identität? Diakonie und Caritas in der Modernisierung des deutschen Sozialstaats seit den sechziger Jahren. Hrsg. von Andreas Henkelmann Uwe Kaminsky, Katharina Kunter u. Traugott Jähnichen. Stuttgart 2012 (Theologie 2013). S. 106–127.

Kunz, Anette u. Ulrich Mergner: Auf dem Weg zur Disziplin. Hundert Jahre öffentlich getragene Ausbildung für die Soziale Arbeit in Köln 1914–2014. Köln 2016.

Kupsch, Joachim: Die Gesellschaft von Freunden und Förderern der Universität Bonn. In: 150 Jahre Klassenuniversität. Reaktionäre Herrschaft und demokratischer Widerstand am Beispiel der Universität Bonn. Hrsg. von Studentengewerkschaft Bonn. Bonn [1968]. S. 65–83.

Kurz, Lothar (Hrsg.): 200 Jahre zwischen Dom und Schloß. Ein Lesebuch zur Vergangenheit und Gegenwart der Westfälischen Wilhelms-Universität Münster. Münster 1980.

Kutzler, Kurt: Grußwort des Präsidenten der Technischen Universität Berlin. In: The shoulders on which we stand. Wegbereiter der Wissenschaft. 125 Jahre Technische Universität Berlin. Hrsg. von Eberhard Knobloch. Berlin/Heidelberg 2004. S. XIf.

Landwehr, Achim: Magie der Null. Zum Jubiläumsfetisch. In: Aus Politik und Zeitgeschichte
70:33,34 (2020) [Jahrestage, Gedenktage, Jubiläen]. S. 4 – 9.

Langewiesche, Dieter: Die „Humboldtsche Universität" als nationaler Mythos. Zum Selbstbild
der deutschen Universitäten im Kaiserreich und in der Weimarer Republik. In: Historische
Zeitschrift 290 (2010). S. 53 – 91.

Langewiesche, Dieter: Die Rektoratsreden an den Universitäten im deutschen Sprachraum. In:
Der rhetorische Auftritt. Redekultur an der Ludwig-Maximilians-Universität München.
Rektorats- und Universitätsreden 1826 – 1968. Hrsg. von Claudius Stein. München 2016.
S. 21 – 36.

Langewiesche, Dieter: Humboldt als Leitbild? Die deutsche Universität in den Berliner
Rektoratsreden seit dem 19. Jahrhundert. In: Jahrbuch für Universitätsgeschichte 14
(2011). S. 15 – 37.

Langewiesche, Dieter: Selbstbilder der deutschen Universität in Rektoratsreden. Jena – spätes
19. Jahrhundert bis 1948. In: Jena. Ein nationaler Erinnerungsort? Hrsg. von Jürgen John u.
Justus H. Ulbricht. Köln 2007. S. 219 – 243.

Langewiesche, Dieter: Zum Selbstbild der Universität. Leipziger Rektoratsreden im Kaiserreich
und in der Weimarer Republik. In: Reden zur feierlichen Übergabe der Leipziger
Rektoratsreden 1871 – 1933. Hrsg. von Universität Leipzig. Leipzig 2009 (Leipziger
Universitätsreden Neue Folge 108). S. 15 – 26.

Latour, Bruno: Visualisation and Cognition. Drawing Things Together. In: Representation in
Scientific Practice. Hrsg. von Michael Lynch u. Steve Woolgar. Cambridge (MA) 1990.
S. 19 – 68.

Lechner, Alfred: Geschichte der Technischen Hochschule in Wien (1815 – 1940). Hrsg. von
Technische Hochschule Wien. Wien 1942.

Lechner, Alfred: Technische Hochschule Wien. In: Die deutschen Technischen Hochschulen.
Ihre Gründung und geschichtliche Entwicklung. München 1941 (Die Bücher der Deutschen
Technik).

Lecrenier, Philippe: J'aurai 20 ans en 2030. Question(s) d'avenir(s). Liège 2017.

Leibfried, Stephan (Hrsg.): Lichtspuren. Ein Photoalbum zu 40 Jahren Universität Bremen.
3., erw. korrigierte Aufl. Bremen 2011.

Liebermann, Peter: „Die Minderwertigen müssen ausgemerzt werden.". Die medizinische
Fakultät 1933 – 1946. In: Nachhilfe zur Erinnerung. 600 Jahre Universität zu Köln. Hrsg.
von Wolfgang Blaschke. Köln 1988. S. 110 – 120.

Livet, Georges: 50 années à l'université de Strasbourg. Strasbourg 1998.

Logge, Thorsten: Geschichtssorten als Gegenstand einer forschungsorientierten Public History.
In: Public History Weekly 6:24 (2018).

Logge, Thorsten: Hochschulgeschichte als Gegenstand der Public History. Das Karlsruher
Hochschuljubiläum 1950 als performative Historiographie? In: Jahrbuch für
Universitätsgeschichte 23 (2020) [im Druck].

Logge, Thorsten: Zur medialen Konstruktion des Nationalen. Die Schillerfeiern 1859 in Europa
und Nordamerika. Göttingen 2014.

Losemann, Volker: Darstellungsformen der Universitäts- und Wissenschaftsgeschichte. Zum
Ertrag des Jubiläumsjahres 1977 in Tübingen, Mainz und Marburg. In: Hessisches
Jahrbuch für Landesgeschichte 29. Marburg 1979. S. 162 – 208.

Lotto, Miriam, Jana Preuß, Sebastian Weise-Kusche u. Sebastian Böttger (Hrsg.): Studentische Hochschulpolitik für die Universität Kassel. 40 Jahre Bildungsprotest und Verteidigung der politischen Selbstverwaltung. Kassel 2012.

Lotto, Miriam u. Oliver Schmolinski: Ein Ausblick der Studierendenschaft. In: 40 Jahre Universität Kassel. Hrsg. vom Präsidium der Universität Kassel. Kassel 2011. S. 39.

Lüddeke, Hans-Joachim: Die Rolle der Münchner Studenten in der Revolution 1848/49. In: ders. (Red.): 500 Jahre Klassenuniversität München – 500 Jahre Kampf gegen die Reaktion. Eine Dokumentation des MSB-Spartakus zur 500-jährigen Geschichte der Ludwig-Maximilians-Universität München. Mit zahlreichen Faksimiles und Bildern. München 1972. S. 7–14.

Lüddeke, Hans-Joachim: Links = rechts? Bemerkungen zur Totalitarismustheorie. In: ders. (Red.): 500 Jahre Klassenuniversität München – 500 Jahre Kampf gegen die Reaktion. Eine Dokumentation des MSB-Spartakus zur 500jährigen Geschichte der Ludwig-Maximilians-Universität München. Mit zahlreichen Faksimiles und Bildern. München 1972. S. 83–86.

Lüddeke, Hans-Joachim: Wirtschaft und Universität. In: ders. (Red.): 500 Jahre Klassenuniversität München–500 Jahre Kampf gegen die Reaktion. Eine Dokumentation des MSB-Spartakus zur 500-jährigen Geschichte der Ludwig-Maximilians-Universität München. Mit zahlreichen Faksimiles und Bildern. München 1972. S. 57–62.

Lüddeke, Hans-Joachim (Red.): 500 Jahre Klassenuniversität München – 500 Jahre Kampf gegen die Reaktion. Eine Dokumentation des MSB-Spartakus zur 500-jährigen Geschichte der Ludwig-Maximilians-Universität München. Mit zahlreichen Faksimiles und Bildern. München 1972.

Lüddeke, Hans-Joachim u. Dr. Jahnke: Die letzten Demokraten in der brauen Universität. Antifaschistischer Widerstand an der LMU. In: Lüddeke, Hans-Joachim (Red.): 500 Jahre Klassenuniversität München – 500 Jahre Kampf gegen die Reaktion. Eine Dokumentation des MSB-Spartakus zur 500-jährigen Geschichte der Ludwig-Maximilians-Universität München. Mit zahlreichen Faksimiles und Bildern. München 1972. S. 33–47.

Lüdtke, Alf: Die „Braune Uni": Eine studentische Arbeitsgruppe zur „Selbstgleichschaltung" der Tübinger Universität im Nationalsozialismus. In: Die Universität Tübingen im Nationalsozialismus. Hrsg. von Urban Wiesing, Klaus-Rainer Brintzinger, Bernd Grün, Horst Junginger u. Susanne Michl. Stuttgart 2010 (Contubernium. Tübinger Beiträge zur Universitäts- und Wissenschaftsgeschichte 73). S. 1063–1068.

Lutz, Hubert (Hrsg.): 40e anniversaire du repli de l'Université de Strasbourg à Clermont-Ferrand: journée du souvenir, 23 novembre 1979. Clermont-Ferrand 1980.

Luxbacher, Günther: Durchleuchten und Durchschalten. Geschichte der Deutschen Gesellschaft für Zerstörungsfreie Prüfung von 1933 bis 2018. München 2018.

Maase, Kaspar: Eine neue Qualität in der Studentenbewegung. In: Lüddeke, Hans-Joachim (Red.): 500 Jahre Klassenuniversität München – 500 Jahre Kampf gegen die Reaktion. Eine Dokumentation des MSB-Spartakus zur 500-jährigen Geschichte der Ludwig-Maximilians-Universität München. Mit zahlreichen Faksimiles und Bildern. [München 1972.] S. 78–82.

Maeseele, Pieter, Daniëlle Raeijmaekers, Laurens Van der Steen, Robin Reul u. Steve Paulussen: In Flanders Fields: De/politicization and Democratic Debate on a GM Potato Field Trial Controversy in News Media. In: Environmental Communication 11:2 (2017). S. 166–183.

Maier, Helmut: Autarkie- und Rüstungsforschung und die Technischen Hochschulen im „Dritten
Reich". In: Die Technische Hochschule München im Nationalsozialismus. Hrsg. von
Wolfgang A. Herrmann u. Winfried Nerdinger. München 2018. S. 34 – 49.

Maier, Helmut: Forschung als Waffe. Rüstungsforschung in der Kaiser-Wilhelm-Gesellschaft
und das Kaiser-Wilhelm-Institut für Metallforschung 1900 – 1945/48. 2 Bde. Göttingen
2007.

Manegold, Karl-Heinz: Geschichte der Technischen Hochschulen. In: Technik und Bildung.
Hrsg. von Laetitia Boehm u. Charlotte Schönbeck. Düsseldorf 1989 (Technik und Kultur 5).
S. 204 – 234.

Manegold, Karl-Heinz: Universität, Technische Hochschule und Industrie. Ein Beitrag zur
Emanzipation der Technik im 19. Jahrhundert unter besonderer Berücksichtigung der
Bestrebungen Felix Kleins. Berlin 1970 (Schriften zur Wirtschafts- und Sozialgeschichte
16).

Manns, Haide: Frauen für den Nationalsozialismus. Nationalsozialistische Studentinnen und
Akademikerinnen in der Weimarer Republik und im Dritten Reich. Opladen 1997.

März, Michael: Linker Protest nach dem Deutschen Herbst. Eine Geschichte des linken
Spektrums im Schatten des „starken Staates", 1977 – 1979. Bielefeld 2012.

Marzahn, Christian (Hrsg.): 20 Jahre Universität Bremen: 1971 – 1991. Zwischenbilanz:
Rückblick und Perspektiven. Bremen 1992.

Matt, Peter von: Die Kunst der gerechten Erinnerung. In: Itinera 23 (1999): Geschichte(n) für
die Zukunft: Vom Umgang mit Geschichte(n) im Jubiläumsjahr 1998. Hrsg. von Albert
Tanner. S. 12 – 17.

Maurer, Catherine: „Notre proposition de repli avait été fixée à Clermont-Ferrand". Universités
et universitaires strasbourgeois et clermontois entre 1939 et 1942. In: Au défi de
l'occupation ennemie. Résistance, résilience et protection. Hrsg. von Florence Faberon.
Clermont-Ferrand 2020. S. 35–50.

Maurer, Catherine (Hrsg.): Une université nazie sur le sol français. Nouvelles recherches sur la
Reichsuniversität de Strasbourg. Sammelband. In: Revue d'Allemagne et des pays de
langue allemande 43 (2011).

Maurer, Trude: Engagement, Distanz und Selbstbehauptung. Die Feier der patriotischen
Jubiläen 1913 an den deutschen Universitäten. In: Jahrbuch für Universitätsgeschichte 14
(2011). S. 149 – 164.

Mayer, Marlies: Entwicklung der Frauenbewegung – Vorwärts zur menschlichen Emanzipation
oder zurück zum Geschlechterkampf? In: Wem gehört die Universität? Untersuchungen
zum Zusammenhang von Wissenschaft und Herrschaft anläßlich des 500jährigen
Bestehens der Universität Tübingen. Hrsg. von Martin Doehlemann. Gießen 1977.
S. 310 – 328.

Mayer, Werner: Bildungspotential für den wirtschaftlichen und sozialen Wandel. Die
Entstehung des Hochschultyps „Fachhochschule" in Nordrhein-Westfalen 1965 – 1971.
Essen 1997 (Düsseldorfer Schriften zur neueren Landesgeschichte und zur Geschichte
Nordrhein-Westfalens 48).

McClelland, Charles E.: Inszenierte Weltgeltung einer prima inter pares? Die Berliner
Universität und ihr Jubiläum 1910. In: Die Berliner Universität im Kontext der deutschen
Universitätslandschaft nach 1800, um 1860 und um 1910. Hrsg. von Rüdiger vom Bruch,
München 2010 (Schriften des Historischen Kollegs, Kolloquien 76). S. 245 – 253.

Mehrtens, Herbert: Die Naturwissenschaften im Nationalsozialismus. In: Wissenschaft und Gesellschaft. Beiträge zur Geschichte der Technischen Universität Berlin 1879–1979. Festschrift zum hundertjährigen Gründungsjubiläum der Technischen Universität Berlin. Bd. 1. Hrsg. von Reinhard Rürup. Berlin/Heidelberg/New York 1979. S. 427–443.

Meier-Hüsing, Peter: Universität Bremen. 40 Jahre in Bewegung. Bremen 2011.

Meirlaen, Matthias, Eddy Put, Jo Tollebeck u. Tom Verschaffel (Hrsg.): Een wereld van verschil? De zuidelijke rijksuniversiteiten in het Verenigd Koninkrijk der Nederlanden. Brussels 2021 (Verhandelingen van de KVAB voor Wetenschappen en Kunsten. Nieuwe reeks 36).

Melville, Gert: Institutionen als geschichtswissenschaftliches Thema. Eine Einleitung. In: Institutionen und Geschichte. Theoretische Aspekte und mittelalterliche Befunde. Hrsg. von Gert Melville. Köln 1992. S. 1–24.

Meyer, Alfred G.: Die Hundertjahrfeier der Koeniglichen Technischen Hochschule zu Berlin. 18–21. October 1899. Berlin 1900.

Meyer, Alfred G.: Die Technische Hochschule von 1884 bis 1899. In: Chronik der Königlichen Technischen Hochschule zu Berlin, 1799–1899. Hrsg. von Eduard Dobbert. Berlin 1899.

Micheler, Stefan u. Jakob Michelsen (Hrsg. im Auftrag des Allgemeinen Studierendenausschusses der Universität Hamburg): Der Forschung? Der Lehre? Der Bildung? – Wissen ist Macht! 75 Jahre Hamburger Universität. Studentische Gegenfestschrift zum Universitätsjubiläum 1994. Hamburg 1994.

Michelsen, Jakob: Streiflichter zum Thema: 75 Jahre Schwule an der Uni. In: Der Forschung? Der Lehre? Der Bildung? – Wissen ist Macht! 75 Jahre Hamburger Universität. Studentische Gegenfestschrift zum Universitätsjubiläum 1994. Hrsg. von Stefan Micheler und Jakob Michelsen im Auftrag des Allgemeinen Studierendenausschusses der Universität Hamburg. Hamburg 1994. S. 286–303.

Mikoletzky, Juliane: Die TH in Wien im Nationalsozialismus – Hochschulalltag und Hochschulpolitik / The TH in Vienna in the National Socialist Period – Routines and Politics at the TH. In: dies. und Paulus Ebner: Die Geschichte der Technischen Hochschule in Wien 1914–1955. Teil 2: Nationalsozialismus – Krieg – Rekonstruktion (1938–1955) / The Technische Hochschule in Vienna 1914–1955. Part 2: National Socialism – War – Reconstruction (1938–1955). Wien/Köln/Weimar 2016 (Technik für Menschen. 200 Jahre Technische Universität Wien 1). S. 89–111.

Mikoletzky, Juliane: Vom Polytechnischen Institut zur Technischen Hochschule. Die Reform des technischen Studiums in Wien, 1850–1875. In: Mitteilungen der Österreichischen Gesellschaft für Wissenschaftsgeschichte 15 (1995). S. 79–100.

Mikoletzky, Juliane u. Paulus Ebner: Einleitung. In: dies.: Die Geschichte der Technischen Hochschule in Wien 1914–1955. Teil 1: Verdeckter Aufschwung zwischen Krieg und Krise (1914–1937). Wien/Köln/Weimar 2016 (Technik für Menschen. 200 Jahre Technische Universität Wien 1). S. 8–14.

Mischner, Sabine: Zeitregime des Krieges: Zeitpraktiken im Ersten Weltkrieg. In: Die Zukunft des 20. Jahrhunderts. Dimensionen einer historischen Zukunftsforschung. Hrsg. von Lucian Hölscher. Frankfurt am Main 2017. S. 75–100.

Möhler, Rainer: Die Reichsuniversität Straßburg 1940–1944. Eine nationalsozialistische Musteruniversität zwischen Wissenschaft, Volkstumspolitik und Verbrechen. Stuttgart 2020.

Moraw, Peter: Gesammelte Beiträge zur deutschen und europäischen Universitätsgeschichte. Strukturen, Personen, Entwicklungen. Leiden 2008.

Morthorst, Agnes u. Karina Hömberg: Ohne uns läuft hier nichts! Zur Situation der
Nichtwissenschaftlichen Mitarbeiter an der Universität. In: 200 Jahre zwischen Dom und
Schloß. Ein Lesebuch zur Vergangenheit und Gegenwart der Westfälischen
Wilhelms-Universität Münster. Hrsg. von Lothar Kurz. Münster 1980. S. 209 – 218.

Muhl, Claudia u. Dörte Münch: Ausgrabungen im Frauenraum. In: „…von aller Politik denkbar
weit entfernt…". Die RWTH – Ein Lesebuch. Hrsg. von Oase e.V. Aachen 1995. S. 165 – 182.

Müller, Karl Alexander von: Die deutsche Erhebung vor hundert Jahren und heute. In:
Süddeutsche Monatshefte 21 (1923/24). S. 131 – 145.

Müller, Winfried: Das historische Jubiläum. Zur Geschichtlichkeit einer Zeitkonstruktion. In:
Das historische Jubiläum. Genese, Ordnungsleistung und Inszenierungsgeschichte eines
institutionellen Mechanismus. Hrsg. von dems. Münster 2004 (Geschichte Forschung und
Wissenschaft 3). S. 1 – 75.

Müller, Winfried: Das Historische Jubiläum. Zur Karriere einer Zeitkonstruktion. In: Aus Politik
und Zeitgeschichte 70:33,34 (2020) [Jahrestage, Gedenktage, Jubiläen]. S. 10 – 16.

Müller, Winfried: Das historische Jubiläum als Motor der Public History. In: Westfälische
Forschungen 69 (2019). S. 53 – 67.

Müller, Winfried: Die inszenierte Universität. Historische und aktuelle Perspektiven von
Universitätsjubiläen. In: Jubiläum. Literatur- und kulturwissenschaftliche Annäherungen.
Hrsg. von Franz M. Eybl, Stephan Müller u. Annegret Pelz. Unter Mitarbeit von Thomas
Assinger und Dennis Wegener. Göttingen 2018 (Schriften der Wiener Germanistik 6).
S. 77 – 97.

Müller, Winfried: Erinnern an die Gründung. Universitätsjubiläen, Universitätsgeschichte und
die Entstehung der Jubiläumskultur in der frühen Neuzeit. In: Berichte zur
Wissenschaftsgeschichte 21:2,3 (1998). S. 79 – 102.

Müller, Winfried: Inszenierte Erinnerung an welche Tradition? Universitätsjubiläen im
19. Jahrhundert. In: Die Berliner Universität im Kontext der deutschen
Universitätslandschaft nach 1800, um 1860 und um 1910. Hrsg. von Rüdiger vom Bruch.
Unter Mitarbeit von Elisabeth Müller-Luckner. München 2010 (Schriften des Historischen
Kollegs, Kolloquien 76). S. 73 – 92.

Müller, Winfried: Vom „papistischen Jubeljahr" zum historischen Jubiläum. In: Jubiläum,
Jubiläum … Zur Geschichte öffentlicher und privater Erinnerung. Hrsg. von Paul Münch.
Essen 2005. S. 29 – 44.

Müller, Wilfried: Grußwort. In: Universität Bremen. 40 Jahre in Bewegung. Hrsg. von Peter
Meier-Hüsing. Bremen 2011. S. 9.

Mundhenke, Herbert: Die Matrikel der Höheren Gewerbeschule, der Polytechnischen Schule
und der Technischen Hochschule zu Hannover. Hildesheim 1988.

Nagel, Anne Christine: Einleitung. In: Die Philipps-Universität Marburg im Nationalsozialismus.
Dokumente zu ihrer Geschichte. Hrsg. von ders. Stuttgart 2000 (Pallas Athene. Beiträge
zur Universitäts- und Wissenschaftsgeschichte 1). S. 1 – 72.

Neidhardt, Friedhelm: Randgruppen der Universität. Zur Soziologie der Studenten. In:
Wissenschaft an der Universität heute. Hrsg. von Johannes Neumann im Auftrag des
Universitätspräsidenten und des Senats der Eberhard-Karl-Universität Tübingen. Tübingen
1977 (500 Jahre Eberhard-Karls-Universität Tübingen 2). S. 335 – 364.

Neumann, Franz: Wissenschaft in demokratischer Verantwortung. Zehn Jahre
Gesamthochschule Kassel. In: Der Beitrag der Gesamthochschule zur Hochschulreform
22. und 23. Oktober 1981. Hrsg. vom Kasseler Hochschulbund e.V. u. Wissenschaftlichen

Zentrum für Berufs- und Hochschulforschung Gesamthochschule Kassel. Kassel 1982. S. 181–192.

Neumann, Johannes (Hrsg. im Auftrag des Universitätspräsidenten und des Senats der Eberhard-Karl-Universität Tübingen): Wissenschaft an der Universität heute. Tübingen 1977 (500 Jahre Eberhard-Karls-Universität Tübingen 2).

Neuwirth, Joseph (Hrsg.): Die K.K. Technische Hochschule in Wien 1815–1915. Gedenkschrift. Wien 1915.

Nicolaysen, Rainer, Eckart Krause u. Gunnar B. Zimmermann: Einleitung. In: 100 Jahre Universität Hamburg. Studien zur Hamburger Universitäts- und Wissenschaftsgeschichte in vier Bänden. Bd. 1: Allgemeine Aspekte und Entwicklungen. Hrsg. von dens. Göttingen 2020. S. 9–30.

Nießer, Jaqueline u. Juliane Tomann: Geschichte in der Öffentlichkeit analysieren. Jubiläen als Gegenstand von Public History und Angewandter Geschichte. In: Aus Politik und Zeitgeschichte 70:33,34 (2020) [Jahrestage, Gedenktage, Jubiläen]. S. 17–22.

Nippert, Klaus: Wie entstand die Technische Hochschule? Zum Einfluss der Polytechnischen Schule Karlsruhe auf die Entwicklung eines Hochschultyps. In: Fridericiana 68 (2013). S. 9–16.

Nolterieke, Gertrud: Lernort sozialpädagogische Fachhochschule. Chancen für berufliche Identitätsentwicklung von Studentinnen? In: Impulse zur Gestaltung des sozialen Lebens. Festschrift zum 75. Geburtstag von Waldtraut Krützfeldt-Eckhard. Hrsg. von Ferdinand Barth. Darmstadt 1988 (Schritte 1988:3). S. 7–36.

Nussbaum, Martha C.: Not for profit. Why democracy needs the humanities. Princeton 2016.

Nützenadel, Alexander: Stunde der Ökonomen. Wissenschaft, Politik und Expertenkultur in der Bundesrepublik 1949–1974. Göttingen 2005.

Nys, Liesbet: UGentMemorie: universiteitsgeschiedenis op digitale leest. In: Contemporanea 39:3 (2017). https://www.contemporanea.be/nl/article/2017-3-geschiedenis-online-nys (26.2.2021).

O.V.: 125 Jahre Technische Hochschule Wien. In: Zentralblatt der Bauverwaltung vereinigt mit „Zeitschrift für Bauwesen" 60:45 (1940). S. 727–728.

O.V.: 150 Jahre Technische Hochschule Wien. Bd. 3. Hrsg. im Auftrag des Professorenkollegiums von Heinrich Sequenz. Wien 1965.

O.V.: 1958–1972. Hochschul„Reform" im Zeichen der fortschrittlichen Studenten. In: Zentralverband der Roten Zellen: Forschung und Ausbildung im Dienst der herrschenden Klasse. 500 Jahre Ludwig-Maximilians-Universität. „Festschrift" der Studenten. München 1972. S. 17–34.

O.V.: 450e anniversaire de la fondation du Gymnase Jean Sturm et de l'Université de Strasbourg. Strasbourg 1988.

O.V.: Begrüßungsansprache des AStA-Vorsitzenden Rolf Steinhilber. In: Akademische Festreden zum Jubiläum 1980. Zusammengestellt und bearbeitet von Professor Dr. Heinz Dollinger. Münster 1980 (Schriftenreihe der Westfälischen Wilhelms-Universität Münster 1). S. 23–26.

O.V.: Betænkning afgiven af Udvalget om Oprettelse af et Universitet i Jylland. København 1925.

O.V.: „Brüder, zur Sonne, zur Freiheit". Frankfurter Rote Studenten und Studentinnen berichten. In: Die braune Machtergreifung. Universität Frankfurt 1930–1945. Hrsg. vom AStA der Johann Wolfgang Goethe-Universität. Frankfurt 1989. S. 63–111.

O.V.: Cérémonies du cinquantenaire: Strasbourg – Clermont-Ferrand, 1943 –1993: textes des interventions [à] Clermont-Ferrand, 24 novembre 1993 [et à] Strasbourg, 26 novembre 1993. Strasbourg 1994.

O.V.: Das Frankfurter Institut für Erbbiologie und Rassenhygiene. In: Die braune Machtergreifung. Universität Frankfurt 1930–1945. Hrsg. von AStA der Johann Wolfgang Goethe-Universität. Frankfurt 1989. S. 161–203.

O.V.: Der Fall Schneider/RWTH. In: „...von aller Politik denkbar weit entfernt...“. Die RWTH – Ein Lesebuch. Hrsg. von Oase e.V. Aachen 1995. S. 207–214.

O.V.: Die Realisierungsversuche der reaktionär-bürokratischen Hochschulreform. In: Zentralverband der Roten Zellen: Forschung und Ausbildung im Dienst der herrschenden Klasse. 500 Jahre Ludwig-Maximilians-Universität. „Festschrift“ der Studenten. München 1972. S. 29–34.

O.V.: „Die scharren ja nur, weil er Jude ist“. Das Schicksal jüdischer Studenten und Studentinnen an der Johann Wolfgang Goethe-Universität. In: Die braune Machtergreifung. Universität Frankfurt 1930–1945. Hrsg. vom AStA der Johann Wolfgang Goethe-Universität. Frankfurt 1989. S. 31–62.

O.V.: Die Schatten der Vergangenheit. In: Neugier und Nutzen. 50 Jahre Technische Universität Berlin. Begleitband zur gleichnamigen Ausstellung im Lichthof der TU Berlin, 15. April bis 12. Mai 1996. Hrsg. von Dieter Schumann. Berlin 1996, S. 61f.

O.V.: Die Verstaatlichung der Universität. Das Hamburger Universitätsgesetz als maßgeschneiderte juristische Fassung des ökonomischen Abhängigkeitsverhältnisses von Forschung und Lehre. In: Das permanente Kolonialinstitut. 50 Jahre Hamburger Universität. Hrsg. vom AStA der Universität Hamburg. Hamburg 1969. S. 93–102.

O.V.: Ein Jahr Widerstand – Dokumentation Bonner Flugblätter. In: 150 Jahre Klassenuniversität. Reaktionäre Herrschaft und demokratischer Widerstand am Beispiel der Universität Bonn. Hrsg. von Studentengewerkschaft Bonn. Bonn [1968]. S. 143–164.

O.V.: Einladungsschrift der Königl. polytechnischen Schule in Stuttgart zu der Feier des Geburts-Festes Seiner Majestät des Königs Wilhelm von Württemberg, den 27. September 1849. Mit einer Abhandlung von J. M. Mauch. Stuttgart [1849].

O.V.: Frauenstudium – geduldet, nicht geschätzt. In: Die braune Machtergreifung. Universität Frankfurt 1930–1945. Hrsg. vom AStA der Johann Wolfgang Goethe-Universität. Frankfurt 1989. S. 141–152.

O.V.: Frontabschnitt Hochschule. Die Gießener Universität im Nationalsozialismus. Gießen 1982.

O.V.: Gedanken zur Einleitung. In: Der Forschung? Der Lehre? Der Bildung? – Wissen ist Macht! 75 Jahre Hamburger Universität. Studentische Gegenfestschrift zum Universitätsjubiläum 1994. Hrsg. von Stefan Micheler und Jakob Michelsen im Auftrag des Allgemeinen Studierendenausschusses der Universität Hamburg. Hamburg 1994. S. 5–7.

O.V.: Geschichte der verfassten Studierendenschaft und des politischen Mandats. In: Zentralverband der Roten Zellen: Forschung und Ausbildung im Dienst der herrschenden Klasse. 500 Jahre Ludwig-Maximilians-Universität. „Festschrift“ der Studenten. München 1972. S. 76–116.

O.V.: Hamburger Universität und Wirtschaft. Forschung und Lehre im Griff des Kapitals. In: Das permanente Kolonialinstitut. 50 Jahre Hamburger Universität. Hrsg. vom AStA der Universität Hamburg. Hamburg 1969. S. 40–92.

O.V.: HochschulAntifa: Ein Beispiel eines gescheiterten Versuchs der „Neuen Rechten". In: Der Forschung? Der Lehre? Der Bildung? – Wissen ist Macht! 75 Jahre Hamburger Universität. Studentische Gegenfestschrift zum Universitätsjubiläum 1994. Hrsg. von Stefan Micheler und Jakob Michelsen im Auftrag des Allgemeinen Studierendenausschusses der Universität Hamburg. Hamburg 1994. S. 274–277.

O.V.: Les morts de la faculté des lettres de Strasbourg de 1939–1945. In: Mémorial des années 1939–1945. Paris 1947 (Publications de la faculté des lettres de l'université de Strasbourg 103). S. 57–252.

O.V.: Nationalsozialistische Studentenbewegung und Widerstand im Dritten Reich an der Hamburger Universität. In: Das permanente Kolonialinstitut. 50 Jahre Hamburger Universität. Hrsg. vom AStA der Universität Hamburg. Hamburg 1969. S. 139–153.

O.V.: Rede des Gauleiters und Oberpräsidenten Hinrich Lohse, gehalten anläßlich der 275-Jahrfeier der Christian-Albrechts-Universität zu Kiel. In: Kieler Blätter (1941). S. 1–4.

O.V.: Sozialmedizin – Medizin für die Werktätigen? In: Zentralverband der Roten Zellen: Forschung und Ausbildung im Dienst der herrschenden Klasse. 500 Jahre Ludwig-Maximilians-Universität. „Festschrift" der Studenten. München 1972. S. 45–50.

O.V.: Strasbourg – Clermont-Ferrand, 50 ans après (allocutions et documents). Strasbourg 1993.

O.V.: Universaler Anspruch. In: Neugier und Nutzen. 50 Jahre Technische Universität Berlin. Begleitband zur gleichnamigen Ausstellung im Lichthof der TU Berlin, 15. April bis 12. Mai 1996. Hrsg. von Dieter Schumann. Berlin 1996. S. 58f.

O.V.: Versuch einer politischen Analyse. In: Zentralverband der Roten Zellen: Forschung und Ausbildung im Dienst der herrschenden Klasse. 500 Jahre Ludwig-Maximilians-Universität. „Festschrift" der Studenten. München 1972. S. 25–28.

O.V.: Vingtième anniversaire des arrestations des membres des universités de Clermont-Ferrand et de Strasbourg: La journée du 23 novembre 1963 à Clermont-Ferrand. Strasbourg 1964.

O.V.: Vorbemerkungen. In: Universität und demokratische Bewegung. Ein Lesebuch zur 450-Jahrfeier der Philipps-Universität Marburg. Hrsg. von Dieter Kramer u. Christina Vanja. Marburg 1977 (Schriftenreihe für Sozialgeschichte und Arbeiterbewegung 5). S. 9–11.

O.V.: Vorwort. In: „…von aller Politik denkbar weit entfernt…". Die RWTH – Ein Lesebuch. Hrsg. von Oase e.V. Aachen 1995. S. 7–8.

O.V.: Vorwort. In: 200 Jahre zwischen Dom und Schloß. Ein Lesebuch zur Vergangenheit und Gegenwart der Westfälischen Wilhelms-Universität Münster. Hrsg. von Lothar Kurz. Münster 1980. S. 7.

O.V.: Vorwort. In: Auch eine Geschichte der Universität Heidelberg. 2. Aufl. Hrsg. von Karin Buselmeier, Dietrich Harth u. Christian Jansen. Mannheim 1986. o.S.

O.V.: Vorwort. In: Die Universität Göttingen unter dem Nationalsozialismus. Das verdrängte Kapitel ihrer 250jährigen Geschichte. Hrsg. von Heinrich Becker, Hans-Joachim Dahms u. Cornelia Wegeler München [u. a.] 1987. S. 5–9.

O.V.: Vorwort. In: O.V.: Frontabschnitt Hochschule. Die Gießener Universität im Nationalsozialismus. Gießen 1982. S. 4–6.

O.V.: Vorwort. In: Wem gehört die Universität? Untersuchungen zum Zusammenhang von Wissenschaft und Herrschaft anläßlich des 500jährigen Bestehens der Universität Tübingen. Hrsg. von Martin Doehlemann. Gießen 1977. S. 5.

O.V.: Wirtschaftswissenschaft – Verwissenschaftlichung der Ausbeutungsmethoden. In: Zentralverband der Roten Zellen: Forschung und Ausbildung im Dienst der herrschenden Klasse. 500 Jahre Ludwig-Maximilians-Universität. „Festschrift" der Studenten. München 1972. S. 57–63.

O.V.: Zur altnazistischen Fraktion der Hamburger Professoren. Dargestellt an P. R. Hofstätter. In: Das permanente Kolonialinstitut. 50 Jahre Hamburger Universität. Hrsg. vom AStA der Universität Hamburg. Hamburg 1969. S. 119–138.

O.V.: Zur Entstehung einer sozialistischen Studentenopposition an der Hamburger Universität. In: Das permanente Kolonialinstitut. 50 Jahre Hamburger Universität. Hrsg. vom AStA der Universität Hamburg. Hamburg 1969. S. 154–232.

Oase e.V. (Hrsg.): „...von aller Politik denkbar weit entfernt...". Die RWTH – Ein Lesebuch. Aachen 1995.

Oberkofler, Gerhard: Die Petition der drei weltlichen Fakultäten um Aufhebung der Jesuitenfakultät vom Jahr 1873. Ein Beitrag zur Geschichte des Kampfes zwischen kirchlichem und freiem Denken an der Universität Innsbruck. In: Tiroler Heimat 36 (1973). S. 77–91.

Österreichische Hochschülerschaft an der technischen Hochschule Wien (Hrsg.): 150 Jahre Technische Hochschule Wien. Eine Geschichte ihrer Studenten. Wien 1965.

Pagenstecher, Cord: Das GBI-Lager 75/76 in Schöneweide. Zur Geschichte des letzten erhaltenen Berliner Zwangsarbeiterlagers. In: Das Dokumentationszentrum NS-Zwangsarbeit Berlin Schöneweide. Hrsg. von Andreas Nachama, Christine Glauning u. Katharina Sophie Rürup. Berlin 2006. S. 11–18.

Paletschek, Sylvia: Die Erfindung der Humboldtschen Universität. Die Konstruktion der deutschen Universitätsidee in der ersten Hälfte des 20. Jahrhunderts. In: Historische Anthropologie 10 (2002). S. 183–205.

Paletschek, Sylvia: Die permanente Erfindung einer Tradition. Die Universität Tübingen im Kaiserreich und in der Weimarer Republik. Stuttgart 2001 (Contubernium. Tübinger Beiträge zur Universitäts- und Wissenschaftsgeschichte 53).

Paletschek, Sylvia: Festkultur und Selbstinszenierung deutscher Universitäten. In: Mittendrin – Eine Universität macht Geschichte. Eine Ausstellung anlässlich des 200-jährigen Jubiläums der Humboldt-Universität zu Berlin. Hrsg. von Ilka Thom, Kirsten Weining u. Heinz-Elmar Tenorth. Berlin 2010. S. 88–95.

Paletschek, Sylvia: Stand und Perspektiven der neueren Universitätsgeschichte. In: NTM. Zeitschrift für Geschichte der Wissenschaften, Technik und Medizin 19:2 (2011). S. 169–189.

Paletschek, Sylvia: The Writing of University History and University Jubilees. In: studium. Tädschrift voor Wetenschapen Universiteitsgeschiedenis 5:3 (2012). S. 142–155.

Paletschek, Sylvia: Verbreitete sich ein „Humboldtsches Modell" an den deutschen Universitäten im 19. Jahrhundert? In: Humboldt international. Der Export des deutschen Universitätsmodells im 19. und 20. Jahrhundert. Hrsg. von Rainer Christoph Schwinges. Basel 2001. S. 75–104.

Paul, Herman: Key issues in historical theory. London 2015.

Pauly, Bernd: Zwei – drei – viele Jablonowski. In: 150 Jahre Klassenuniversität. Reaktionäre Herrschaft und demokratischer Widerstand am Beispiel der Universität Bonn. Hrsg. von Studentengewerkschaft Bonn. Bonn [1968]. S. 113–124.

Peschken, Goerd: Zur Baugeschichte der Technischen Universität. Repräsentation und Funktion. In: Wissenschaft und Gesellschaft. Beiträge zur Geschichte der Technischen Universität Berlin 1879 – 1979. Festschrift zum hundertjährigen Gründungsjubiläum der Technischen Universität Berlin. Bd. 1. Hrsg. von Reinhard Rürup. Berlin/Heidelberg/New York 1979. S. 171 – 186.

Picard, Emmanuelle: L'histoire de l'enseignement supérieur français: pour une approche globale. In: Histoire de l'éducation 122 (2009). S. 11 – 33.

Picard, Emmanuelle: Recovering the History of the French University. In: Revue d'Histoire des Sciences et des Universités 5:3 (2012). S. 156–169.

Pichler, Rupert, Michael Stampfer u. Reinhold Hofer: Forschung, Geld und Politik. Die staatliche Forschungsförderung in Österreich 1945 – 2005. Innsbruck 2007.

Pingel, Henner: 100 Jahre TH Darmstadt. Wissenschaft und Technik für wen? Ein Beitrag zur Entwicklung von Hochschule und Studentenschaft. Darmstadt 1977.

Plumpe, Werner: Unternehmensgeschichte im 19. und 20. Jahrhundert. Berlin/Boston 2018.

Pöls, Werner: Begrüßungsansprache auf dem Akademischen Festakt der Professoren am 25. Juni 1977 in Marburg. In: Bilanz einer Reform. Akademischer Festakt am 25. Juni 1977 in Marburg. Hrsg. von Hans Adolf Krebs, Werner Pöls u. Karl Steinbuch. Bonn 1977 (Forum des Hochschulverbandes 14). S. 5 – 8.

Pommerin, Reiner: Geschichte der TU Dresden 1828 – 2009. Köln/Weimar/Wien 2003.

Pösch, Heinz: Grußwort des Vorsitzenden der Gesellschaft von Freunden der Technischen Universität Berlin. In: 100 Jahre Technische Universität Berlin. 1879 – 1979. Katalog zur Ausstellung. Hrsg. von Karl Schwarz. Berlin 1979. S. 11f.

Postlep, Rolf-Dieter: Optimistisch ins fünfte Jahrzehnt. In: 40 Jahre Universität Kassel. Hrsg. vom Präsidium der Universität Kassel. Kassel 2011. S. 8 – 12.

Präsident der Technischen Universität Berlin (Hrsg.): 50 Jahre Technische Universität Berlin. Technische Universitäten zwischen Spezialistentum und gesellschaftlicher Verantwortung. Dokumentation der Wissenschaftlichen Konferenz zum fünfzigjährigen Bestehen der Technischen Universität Berlin. Berlin 1996.

Präsidium der Universität Kassel (Hrsg.): 40 Jahre Universität Kassel. Kassel 2011.

Prechtl, Johann Joseph (Hrsg.): Jahrbücher des Kaiserlichen Königlichen Polytechnischen Institutes in Wien. Wien 1819 – 1839.

Probst, Jacob: Geschichte der Universität Innsbruck seit ihrer Entstehung bis zum Jahre 1860. Innsbruck 1869.

Prüll, Livia: Die Universitätsgeschichte und ihr Verhältnis zur Wissenschaftsgeschichte. Problemstellung und Arbeitsansätze. In: Universitätsgeschichte schreiben. Inhalte – Methoden – Fallbeispiele. Hrsg. von Livia Prüll, Christian George u. Frank Hüther. Göttingen 2019 (Beiträge zur Geschichte der Universität Mainz Neue Folge 14). S. 199 – 218.

Prüll, Livia: „Universitätsgeschichte schreiben" –Eine Einführung, in: Universitätsgeschichte schreiben. Inhalte –Methoden –Fallbeispiele. Hrsg. von Livia Prüll, Christian George u. Frank Hüther. Göttingen 2019 (Beiträge zur Geschichte der Universität Mainz Neue Folge 14). S. 7 – 21.

Prüll, Livia, Christian George u. Frank Hüther (Hrsg.): Universitätsgeschichte schreiben. Inhalte – Methoden – Fallbeispiele. Göttingen 2019 (Beiträge zur Geschichte der Universität Mainz Neue Folge 14).

Putz, Hannelore: Münchner Rektorats- und Universitätsreden 1826 – 1848. In: Der rhetorische
Auftritt. Redekultur an der Ludwig-Maximilians-Universität München. Rektorats- und
Universitätsreden 1826 – 1968. Hrsg. von Claudius Stein. München 2016. S. 79 – 93.

Radder, Hans: From commodification to the common good: reconstructing science, technology,
and society. Pittsburgh 2019.

Raxhon, Philippe in collaboration with Veronica Granata: Université de Liège (1817 – 2017):
Mémoire et prospective. Liège 2017.

Reichman, Henry: The future of academic freedom. Baltimore 2019.

Reinicke, Peter: Die Ausbildungsstätten der sozialen Arbeit in Deutschland 1899 – 1945.
Freiburg im Breisgau 2012 (Deutscher Verein für Öffentliche und Private Fürsorge 51).

Reinicke, Peter (Hrsg.): Von der Ausbildung der Töchter besitzender Stände zum Studium an
der Hochschule. 100 Jahre Evangelische Fachhochschule Berlin. Freiburg im Breisgau
2004.

Rilling, Rainer u. Richard Sorg: Hochschule und Gewerkschaften – Ansätze einer
Zusammenarbeit am Beispiel der Philipps-Universität. In: Universität und demokratische
Bewegung. Ein Lesebuch zur 450-Jahrfeier der Philipps-Universität Marburg. Hrsg. von
Dieter Kramer u. Christina Vanja. Marburg 1977 (Schriftenreihe für Sozialgeschichte und
Arbeiterbewegung 5). S. 355 – 384.

Ritterbusch, Paul: Die Entwicklung der Universität Kiel seit 1933. In: Kieler Blätter (1941).
S. 5 – 23.

Ritterbusch, Paul, Hanns Löhr, Otto Scheel u. Gottfried Ernst Hoffmann: Vorwort. In: Festschrift
zum 275-jährigen Bestehen der Christian-Albrechts-Universität Kiel. Hrsg. von Paul
Ritterbusch, Hanns Löhr, Otto Scheel, Gottfried Ernst Hoffmann. Leipzig 1940. S. Vf.

Rohstock, Anne: Von der „Ordinarienuniversität" zur „Revolutionszentrale"? Hochschulreform
und Hochschulrevolte in Bayern und Hessen 1957 – 1976. München 2010 (Quellen und
Darstellungen zur Zeitgeschichte 78).

Romberg, Johann Andreas: Entwurf zur polytechnischen Schule in Hamburg. Hamburg 1835.

Rommel, Ernst: Festgruß zum fünfundzwanzigjährigen Jubiläum der polytechnischen Schule zu
Hannover, am 2. Mai 1856. In: Karmarsch, Karl: Die polytechnische Schule zu Hannover.
2., sehr erweiterte Aufl. Hannover 1856. S. 189 – 208.

Rosenthal, Joel T.: All Hail the Alma Mater: Writing College Histories in the U.S. In: History of
Universities XXVII:2 (2013). S. 190 – 222.

Rudloff, Wilfried: Die Gründerjahre des bundesdeutschen Hochschulwesens. Leitbilder neuer
Hochschulen zwischen Wissenschaftspolitik, Studienreform und Gesellschaftspolitik. In:
Zwischen Idee und Zweckorientierung. Vorbilder und Motive von Hochschulreformen seit
1945. Hrsg. von Andreas Franzmann. Berlin 2007 (Wissenskultur und gesellschaftlicher
Wandel 21). S. 77 – 101.

Rürup, Reinhard: Einleitung. In: Wissenschaft und Gesellschaft. Beiträge zur Geschichte der
Technischen Universität Berlin 1879 – 1979. Festschrift zum hundertjährigen
Gründungsjubiläum der Technischen Universität Berlin. Bd. 1. Hrsg. von Reinhard Rürup.
Berlin/Heidelberg/New York 1979. S. 3 – 47.

Rürup, Reinhard: Frank Dingel. 17. August 1945 bis 30. Mai 2005 – eine Gedenkrede. In:
Internationale wissenschaftliche Korrespondenz zur Geschichte der deutschen
Arbeiterbewegung (IWK) 40 (2004). S. 510 – 517.

Rürup, Reinhard: Vorwort des Herausgebers. In: Wissenschaft und Gesellschaft. Beiträge zur
Geschichte der Technischen Universität Berlin 1879 – 1979. Festschrift zum

hundertjährigen Gründungsjubiläum der Technischen Universität Berlin. Bd. 1. Hrsg. von Reinhard Rürup. Berlin/Heidelberg/New York 1979. S. XIII–XV.

Rüsen, Jörn: Historik. Theorie der Geschichtswissenschaft. Köln/Weimar/Wien 2013.

Sabrow, Martin: Zeitgeschichte als Jubiläumsreigen. In: Münchner Merkur 789 (2015). S. 43–54.

Salewski, Christian, Georg Spöttl u. Rainer Bremer: Das Institut Technik und Bildung der Universität Bremen: Entstehung und Entwicklung 1979–2005. Bremen 2011.

Samida, Stefanie, Sarah Willner u. Georg Koch: Doing History – Geschichte als Praxis. Programmatische Annäherung. In: Doing History. Performative Praktiken in der Geschichtskultur. Hrsg. von dens. Münster/New York 2016. S. 1–25.

Schaal, Katharina: Das nicht gefeierte Jubiläum der Universität Marburg von 1853. In: Zeitschrift des Vereins für Hessische Geschichte und Landeskunde 108 (2003). S. 149–158.

Schade, Ingrid: Um- und Neubauplanung der Technischen Hochschule im Faschismus. In: 100 Jahre Technische Universität Berlin. 1879–1979. Katalog zur Ausstellung. Hrsg. von Karl Schwarz. Berlin 1979. S. 233–239.

Schieffer, Rudolf: Wilhelm von Giesebrecht (1814–1889). In: Münchner Historiker zwischen Politik und Wissenschaft. 150 Jahre Historisches Seminar der Ludwigs-Maximilians-Universität. Hrsg. von Katharina Weigand. München 2010. S. 119–136.

Schimpf, Elke u. Birgit Bender-Junker: Von der Volkspflegerin zur Weltanschauungswissenschaftlerin und „idealen Dozentin" für Sozialschulen. Bildungsbiografische und fachliche Verortungen der Gründungsrektorin der Evangelischen Hochschule Darmstadt vor und nach 1945. In: Von der paternalistischen Fürsorge zu Partizipation und Agency. Der gesellschaftliche Wandel im Spiegel der Sozialen Arbeit und der Sozialpädagogik. Hrsg. von Susanne Businger u. Martin Biebricher. Zürich 2020. S. 17–31.

Schmidt-Lauber, Brigitta: Die (sich) feiernde Universität. Bedeutungsstiftung durch Jubiläen. In: Doing University. Reflexionen universitärer Alltagspraxis. Hrsg. von Brigitta Schmidt-Lauber. Wien 2016 (Veröffentlichungen des Instituts für Europäische Ethnologie der Universität Wien Band 40). S. 55–77.

Schmidt-Lauber, Brigitta: Die (sich) feiernde Universität. Bedeutungsstiftung durch Jubiläen. In: Jubiläum. Literatur- und kulturwissenschaftliche Annäherungen. Hrsg. von Franz M. Eybl, Stephan Müller u. Annegret Pelz unter Mitarbeit von Thomas Assinger und Dennis Wegener. Göttingen 2018 (Schriften der Wiener Germanistik 6). S. 99–114.

Schoedler, Friedrich: Die höheren technischen Schulen nach ihrer Idee und Bedeutung dargestellt und erläutert durch die Beschreibung der höheren technischen Lehranstalten zu Augsburg, Braunschweig, Carlsruhe, Cassel, Darmstadt, Dresden, München, Prag, Stuttgart und Wien. Braunschweig 1847.

Schottlaender, Rudolf: Antisemitische Hochschulpolitik: Zur Lage an der Technische Hochschule Berlin 1933/34. In: Wissenschaft und Gesellschaft. Beiträge zur Geschichte der Technischen Universität Berlin 1879–1979. Festschrift zum hundertjährigen Gründungsjubiläum der Technischen Universität Berlin. Bd. 1. Hrsg. von Reinhard Rürup. Berlin/Heidelberg/New York 1979. S. 445–453.

Schreiber, Maximilian: Die Ludwig-Maximilians-Universität und ihre Jubiläumsfeiern in der ersten Hälfte des 20. Jahrhunderts. In: Die Universität München im Dritten Reich.

Aufsätze. Teil I. Hrsg. von Elisabeth Kraus. München 2006 (Beiträge zur Geschichte der Ludwig-Maximilians-Universität München 1). S. 479–504.

Schröder, Ralf: Fragmente zur Geschichte und Gegenwart Aachener Studentenverbindungen. In: „...von aller Politik denkbar weit entfernt...". Die RWTH – Ein Lesebuch. Hrsg. von Oase e.V. Aachen 1995. S. 17–46.

Schruba, Baldur (Hrsg.): Vom Jugendwohlfahrtspfleger zum Sozialmanager. 50 Jahre Sozialarbeitsausbildung in Dortmund. Essen 2000 (Dortmunder Schriften zur sozialen Arbeit 1).

Schumann, Dieter: Die Technische Universität Berlin – im Umbruch. In: In: Neugier und Nutzen. 50 Jahre Technische Universität Berlin. Begleitband zur gleichnamigen Ausstellung im Lichthof der TU Berlin, 15. April bis 12. Mai 1996. Hrsg. von Dieter Schumann. Berlin 1996. S. 19–54.

Schwarz, Karl: Die Ausstellung – Die Räume und ihre Themen. In: 1799–1999. Von der Bauakademie zur Technischen Universität Berlin. Geschichte und Zukunft. Eine Ausstellung der Technischen Universität Berlin aus Anlaß des 200. Gründungstages der Bauakademie und des Jubiläums 100 Jahre Promotionsrecht der Technischen Hochschulen. Aufsätze. Hrsg. von dems. Berlin 2000. S. 572–577.

Schwarz, Karl (Hrsg.): 100 Jahre Technische Universität Berlin. 1879–1979. Katalog zur Ausstellung. Berlin 1979.

Schwinges, Rainer Christoph: Universitätsgeschichte: Bemerkungen zu Stand und Tendenzen der Forschung (vornehmlich im deutschsprachigen Raum). In: Universitätsgeschichte schreiben. Inhalte – Methoden – Fallbeispiele. Hrsg. von Livia Prüll, Christian George u. Frank Hüther. Göttingen 2019 (Beiträge zur Geschichte der Universität Mainz Neue Folge 14). S. 25–45.

Schwulenreferat Aachen: Die Schwulenbewegung in Deutschland und das Aachener Schwulenreferat. In: „...von aller Politik denkbar weit entfernt...". Die RWTH – Ein Lesebuch. Hrsg. von Oase e.V. Aachen 1995. S. 123–132.

Seidler, Sabine (Hrsg.): Technik für Menschen. 200 Jahre Technische Universität Wien. 15 Bde. Wien 2015/2016.

Sequenz, Heinrich (Hrsg.): 150 Jahre technische Hochschule in Wien, 1815–1965. Bd 3.: Verlauf der Hundertfünfzigjahrfeier. Wien 1967.

Shapin, Steven u. Simon Schaffer: Leviathan and the Air-Pump. Hobbes, Boyle, and the Experimental Life. Princeton 1985.

Simon, Gerd: Normenbücher oder neue Filterinstrumente zur Regelung des Hochschulzuganges. In: Wem gehört die Universität? Untersuchungen zum Zusammenhang von Wissenschaft und Herrschaft anläßlich des 500jährigen Bestehens der Universität Tübingen. Hrsg. von Martin Doehlemann. Gießen 1977. S. 255–266.

Skautrup, Peter: Danmarks nye Universitet. Et Overskue. Aarhus 1946.

Smiatacz, Carmen: Ein gesetzlicher „Schlußstrich"? Der juristische Umgang mit der nationalsozialistischen Vergangenheit in Hamburg und Schleswig-Holstein 1945–1960. Berlin 2015.

Sneum, Axel: Da vi startede Aarhus Universitet. København 1946.

Stadlbaur, Max: Ueber die Stiftung und älteste Verfassung der Universität Ingolstadt. München 1849.

Stadler, Friedrich (Hrsg.): 650 Jahre Universität Wien. Aufbruch ins neue Jahrhundert. 4 Bde. Göttingen 2015.

Stark, Franz (Red.): Die k.k. deutsche technische Hochschule in Prag 1806 – 1906. Festschrift zur Hundertjahrfeier. Prag 1906.

Starnick, Jürgen: Vorwort. In: 100 Jahre Technische Universität Berlin. 1879 – 1979. Katalog zur Ausstellung. Hrsg. von Karl Schwarz. Berlin 1979. S. 5 – 7.

Steffen, Nils u. Benjamin Roers (Hrsg.): Uni für Alle? Zur Gründungsgeschichte der Universität Hamburg. Hamburg 2019.

Steffens, Gerd: Collegium Academicum 1945 – 1978. Zur Lebensgeschichte eines ungeliebten Kindes der Alma mater Heidelbergensis. In: Auch eine Geschichte der Universität Heidelberg. 2. Aufl. Hrsg. von Karin Buselmeier, Dietrich Harth u. Christian Jansen. Mannheim 1986. S. 381 – 410.

Stein, Claudius: Onlinepräsentation des LMU-Reden-Korpus. In: Der rhetorische Auftritt. Redekultur an der Ludwig-Maximilians-Universität München. Rektorats- und Universitätsreden 1826 – 1968. Hrsg. von dems. München 2016. S. 37 – 45.

Steinle, Meike: Das Universitätsjubiläum 1957. Die wiedergefundene Identität. In: Von der badischen Landesuniversität zur Hochschule des 21. Jahrhunderts. Hrsg. von Bernd Martin. Freiburg/München 2007. S. 609 – 622.

Studentengewerkschaft Bonn (Hrsg.): 150 Jahre Klassenuniversität. Reaktionäre Herrschaft und demokratischer Widerstand am Beispiel der Universität Bonn. Bonn [1968].

Suin de Boutemard, Bernhard: Anfänge. Gesellschaftliche Modernisierung und praktisches Christentum. 85 Jahre Hessischer Diakonieverein. Lindenfels 1991 (Schriftenreihe des Hessisches Diakonievereins e.V, Darmstadt).

Suin de Boutemard, Bernhard (Hrsg.): Zehn Jahre nach der Gründung der Evangelischen Fachhochschule Darmstadt. Jahresbericht des Rektors 1981/82. Darmstadt 1982.

Tamboukou, Maria: Archival research. Unravelling space/time/matter entanglements and fragments. In: Qualitative Research 14:5 (2014). S. 617 – 633.

Tamboukou, Maria: Feeling narrative in the archive. the question of serendipity. In: Qualitative Research 16:2 (2016). S. 151 – 166.

Te Heesen, Anke: Der Zeitungsausschnitt. Ein Papierobjekt der Moderne. Frankfurt 2006.

Teichler, Ulrich: Gesamthochschule. Mehr als ein früherer Name. In: 40 Jahre Universität Kassel. Hrsg. von Präsidium der Universität Kassel. Kassel 2011. S. 13 f.

Teichler, Ulrich: Zwischen Exotik und Notwendigkeit. Internationalität und internationale Beziehungen der GhK. In: Profilbildung – Texte zu 25 Jahren Universität Gesamthochschule Kassel. Hrsg. von Annette Ulbricht-Hopf, Christoph Oehler u. Jürgen Nautz. Zürich 1996. S. 299 – 311.

Thompson, E.P. (Hrsg.): Warwick University Ltd: Industry, Management and the Universities. Harmondsworth 1971.

Tilitzki, Christian: Die deutsche Universitätsphilosophie in der Weimarer Republik und im Dritten Reich. Berlin 2002.

Timm, Jürgen u. Christian Marzahn: Vorwort. In: 20 Jahre Universität Bremen: 1971 – 1991. Zwischenbilanz: Rückblick und Perspektiven. Hrsg. von Christian Marzahn. Bremen 1992.

Timm Knudsen, Britta, u. Carsten Stage (Hrsg.): Affective Methodologies. Developing Cultural Research Strategies for the Study of Affect. Basingstoke 2015.

Tollebeek, Jo u. Tom Verschaffel: Over weerbaarheid en prestige. De jubileumvieringen van de Leuvense universiteit sinds 1834. In: Een wereld van verschil? De zuidelijke rijksuniversiteiten in het Verenigd Koninkrijk der Nederlanden. Hrsg. von Matthias

Meirlaen,Eddy Put, Jo Tollebeek u. Tom Verschaffel. Brussels 2021 (Verhandelingen van de KVAB voor Wetenschappen en Kunsten. Nieuwe reeks 36). S. 193–214.

Trautwein, Norbert: Universität – Arbeitnehmer – Gewerkschaften. In: 200 Jahre zwischen Dom und Schloß. Ein Lesebuch zur Vergangenheit und Gegenwart der Westfälischen Wilhelms-Universität Münster. Hrsg. von Lothar Kurz. Münster 1980. S. 240–246.

Treue, Wilhelm: Zur Frühgeschichte der technischen Lehr- und Forschungsanstalten bis zu ihrer Beteiligung an der Revolution von 1848/49. In: Geschichte als Aufgabe. Festschrift für Otto Büsch zu seinem 60. Geburtstag. Hrsg. von dems. Berlin 1988. S. 267–297.

Überhuber, Christoph: Kunst, Wissenschaft und Technik. In: Die Technik und die Musen. Kunst und Kultur im Umfeld der Technischen Universität Wien. Hrsg. von Juliane Mikoletzky. Wien 2016 (Technik für Menschen. 200 Jahre Technische Universität Wien 14). S. 11–26.

Ulbricht-Hopf, Annette, Christoph Oehler u. Jürgen Nautz (Hrsg.): Profilbildung – Texte zu 25 Jahren Universität Gesamthochschule Kassel. Zürich 1996.

Ullmann, Emanuel: Der deutsche Seehandel und das Seekriegs- und Neutralitätsrecht. München 1900.

Université de Strasbourg: fêtes d'inauguration, 21, 22, 23 Novembre 1919. Strasbourg 1920.

Vandeweyer, Machteld: Leuven loven. De zelfperceptie van de Leuvense universiteit tussen 1884 en 2016. Leuven 2019.

Veeck, Otto: Vom Straßburger Universitäts-Jubiläum; Hommage des anciens étudiants à l'Université de Strasbourg pour son 25e anniversaire (1er mai 1897). o.O. 1897.

Veesenmeyer, Emil: Geschichte der Technischen Hochschule. In: 100 Jahre Technische Hochschule Stuttgart. Stuttgart 1929. S. 7–21.

Verger, Jacques (Hrsg.): Histoire des universités en France. Toulouse 1986.

Vetter, Heinz O.: Was erwarten die Gewerkschaften von den Hochschulen? In: 450 Jahre Philipps-Universität Marburg. Das Gründungsjubiläum 1977. Hrsg. von Wilfried Frhr. von Bredow. Marburg 1979. S. 62–73.

Vogel, Barbara: Die Universität und ihre Jubiläen. In: Universität im Herzen der Stadt. Eine Festschrift für Dr. Hannelore und Prof. Dr. Helmut Greve. Hrsg. von Jürgen Lüthje. Hamburg 2002. S. 136–145.

Voigt, Johannes: Einleitung. In: Festschrift zum 150jährigen Bestehen der Universität Stuttgart. Beiträge zur Geschichte der Universität. Hrsg. von dems. Stuttgart 1979 (Die Universität Stuttgart 2). S. 10–12.

Voigt, Johannes: Lehre zwischen Politik und Wirtschaft 1829–1864. In: Festschrift zum 150jährigen Bestehen der Universität Stuttgart. Beiträge zur Geschichte der Universität. Hrsg. von dems. Stuttgart 1979 (Die Universität Stuttgart 2). S. 3–138.

Voigt, Johannes (Hrsg.): Festschrift zum 150jährigen Bestehen der Universität Stuttgart. Beiträge zur Geschichte der Universität. Stuttgart 1979 (Die Universität Stuttgart 2).

Vorstand der losen Vereinigung ehem. Straßburger Dozenten und Studenten (Hrsg.): Alte Straßburger Universitätsreden zur Erinnerung an die am 1. Mai 1872 gegründete Kaiser-Wilhelms-Universität Straßburg. Frankfurt am Main 1932.

Vossler, Karl: Ansprache beim Festakt der Jahrhundertfeier am 27. November 1926. In: ders.: Politik und Geistesleben. Rede zur Reichsgründungsfeier 1927 und drei weitere Ansprachen. München 1927.

Wackernell, Joseph E.: Walther von der Vogelweide in Oesterreich. Innsbruck 1877.

Wagner, Wolfgang Eric: Die Erfindung des Universitätsjubiläums im späten Mittelalter. In: Akademische Festkulturen vom Mittelalter bis zur Gegenwart. Zwischen Inaugurationsfeier und Fachschaftsparty. Hrsg. von Martin Kintzinger, Wolfgang Eric Wagner u. Marian Füssel. Basel 2019 (Veröffentlichungen der (Veröffentlichungen der Gesellschaft für Universitäts- und Wissenschaftsgeschichte 15). S. 25–54.

Wahl, Alfred u. Jean-Claude Richez: La vie quotidienne en Alsace entre France et Allemagne. Paris 1993.

Wardenga, Ute u. Eugen Wirth: Geographische Festschriften. Institution, Ritual oder Theaterspielen. In: Geographische Zeitschrift 83 (1995). S. 1–20.

Wehrs, Nikolai: Protest der Professoren. Der „Bund Freiheit der Wissenschaft" in den 1970er Jahren. Göttingen 2014 (Geschichte der Gegenwart 9).

Weigand, Katharina: Münchner Rektorats- und Universitätsreden 1871–1918. In: Der rhetorische Auftritt. Redekultur an der Ludwig-Maximilians-Universität München. Rektorats- und Universitätsreden 1826–1968. Hrsg. von Claudius Stein. München 2016. S. 105–117.

Weingart, Peter: Ökonomisierung der Wissenschaft. In: NTM. Zeitschrift für Geschichte der Wissenschaften, Technik und Medizin 16 (2008). S. 477–484.

Weinlig, Christian: Die Rede des Herrn Königl. Commissars lautete. In: Julius Ambrosius Hülsse: Die Königliche Polytechnische Schule (Technische Bildungsanstalt) zu Dresden während der ersten 25 Jahre ihres Wirkens. Dresden 1853. S. 17–19.

Wenderholm, Iris u. Christina Posselt-Kuhli (Hrsg.): Kunstschätze und Wissensdinge. Eine Geschichte der Universität Hamburg in 100 Objekten. Petersberg 2019.

Wenzel, Kay: Befreiung oder Freiheit? Zur politischen Ausdeutung der deutschen Kriege gegen Napoleon von 1913 bis 1923. In: Griff nach der Deutungsmacht. Zur Geschichte der Geschichtspolitik in Deutschland. Hrsg. von Heinrich August Winkler. Göttingen 2004. S. 67–89.

Wiedwald, Maike: Alles Lüge! Die Situation von Frauen an der Uni Hamburg. Von Gleichheit keine Spur! In: Der Forschung? Der Lehre? Der Bildung? – Wissen ist Macht! 75 Jahre Hamburger Universität. Studentische Gegenfestschrift zum Universitätsjubiläum 1994. Hrsg. von Stefan Micheler und Jakob Michelsen im Auftrag des Allgemeinen Studierendenausschusses der Universität Hamburg. Hamburg 1994. S. 287–285.

Wieler, Joachim: Brücken zwischen gestern und morgen. In: Impulse zur Gestaltung des sozialen Lebens. Festschrift zum 75. Geburtstag von Waldtraut Krützfeldt-Eckhard. Hrsg. von Ferdinand Barth. Darmstadt 1988 (Schritte 1988:3). S. 196–205.

Wieler, Joachim: „Zwischen Berg und tiefem, tiefem Tal …". Stationen in Ausbildung und Praxis der sozialen Arbeit seit 1927. In: Zurück in die Zukunft? 60 Jahre kirchliche Ausbildung für soziale Berufe in Darmstadt. Dokumentation des Studientages am 8. Dezember 1987. Hrsg. von Ferdinand Barth. Darmstadt 1988 (Schritte 1988:2). S. 39–58.

Wilke, Manfred: Goetz Briefs und das Institut für Betriebssoziologie an der Technischen Hochschule Berlin. In: Wissenschaft und Gesellschaft. Beiträge zur Geschichte der Technischen Universität Berlin 1879–1979. Festschrift zum hundertjährigen Gründungsjubiläum der Technischen Universität Berlin. Bd. 1. Hrsg. von Reinhard Rürup. Berlin/Heidelberg/New York 1979. S. 335–351.

Winckler, Lutz: Literaturvermittlung in der gewerkschaftlichen Jugendbildung. In: Wem gehört die Universität? Untersuchungen zum Zusammenhang von Wissenschaft und Herrschaft anläßlich des 500jährigen Bestehens der Universität Tübingen. Hrsg. von Martin Doehlemann. Gießen 1977. S. 214–234.

Wolf Herman Freiherr von Arnim: Ein Interview mit dem Genossen Professor. In: 150 Jahre Klassenuniversität. Reaktionäre Herrschaft und demokratischer Widerstand am Beispiel der Universität Bonn. Hrsg. von Studentengewerkschaft Bonn. Bonn [1968]. S. 4–16.

Zeller, Susanne: Volksmütter – mit staatlicher Anerkennung. Frauen im Wohlfahrtswesen der zwanziger Jahre. Düsseldorf 1987 (Geschichtsdidaktik. Studien, Materialien 47 [= Reihe: Frauengeschichte]).

Zentralverband der Roten Zellen: Forschung und Ausbildung im Dienst der herrschenden Klasse. 500 Jahre Ludwig-Maximilians-Universität. „Festschrift" der Studenten. München 1972.

Zimmermann, Dieter: Begrüßung. In: Zurück in die Zukunft? 60 Jahre kirchliche Ausbildung für soziale Berufe in Darmstadt. Dokumentation des Studientages am 8. Dezember 1987. Hrsg. von Ferdinand Barth. Darmstadt 1988 (Schritte 1988:2). S. 7–13.

Zimmermann, Gunnar B.: Zwischen großdeutscher Sendung und basisdemokratischem Abwehrkampf. Ansätze zu einer Studierendengeschichte der Hamburger Universität von der Gründung 1919 bis 1994. In: 100 Jahre Universität Hamburg. Studien zur Hamburger Universitäts- und Wissenschaftsgeschichte in vier Bänden. Bd. 1: Allgemeine Aspekte und Entwicklungen. Hrsg. von Rainer Nicolaysen, Eckart Krause u. Gunnar B. Zimmermann. Göttingen 2020. S. 252–306.

Zingel, Rudolf: Die gegenwärtigen Belastungen der Universität. In: 450 Jahre Philipps-Universität Marburg. Das Gründungsjubiläum 1977. Hrsg. von Wilfried Frhr. von Bredow. Marburg 1979.

Zingel, Rudolf: Vorwort. In: 1527–1977. 450 Jahre Philipps-Universität Marburg. Universitätsjubiläum. Programm. Hrsg. vom Präsidenten der Philipps-Universität Marburg. Marburg 1977. S. 1.

Zondergeld, Gjalt R.: Das erste Leben eines TH-Rektors. In: „…von aller Politik denkbar weit entfernt…". Die RWTH – Ein Lesebuch. Hrsg. von Oase e.V. Aachen 1995. S. 157–164.

Online

50 Jahre Universität Bielefeld. Impressionen aus dem Jubiläumsjahr 2019. 16.12.2019. https://www.youtube.com/watch?v=L_gSJLaNW_s (5.3.2021).

250 Jahre Veterinärmedizinische Universität Wien. https://www.vetmeduni.ac.at/de/universitaet/geschichte/250/ (17.12.2020).

650 plus. Geschichte der Universität Wien. https://geschichte.univie.ac.at/de (17.12.2020).

Aigner, Florian: 200 Jahre Fertigungstechnik an der TU Wien. https://freihaus.tuwien.ac.at/200-jahre-fertigungstechnik-an-der-tu-wien/ (17.12.2020).

Aigner, Florian: Fliegen durch Raum und Zeit. TU Wien entwickelt virtuellen Skydive. https://www.tuwien.at/tu-wien/aktuelles/news/news/fliegen-durch-raum-und-zeit-tu-wien-entwickelt-virtuellen-skydive/ (17.12.2020).

Alumni interview series „KyotoU's Shin-kiten" launches (19.7.2019). https://125th.kyoto-u.ac.jp/en/people/01/ (2.3.2021).

Ausstellung zur Geschichte des FB Sozialwissenschaften. https://www.wiso.uni-hamburg.de/fachbereich-sowi/ueber-den-fachbereich/geschichte.html (22.1.2021).

Austria-Forum: Neujahrskonzert der Wiener Philharmoniker 2015. https://austria-forum.org/af/AustriaWiki/Neujahrskonzert_der_Wiener_Philharmoniker_2015 (2.2.2021).

Beretning om Jubilæums- og Promotionsfesten [Report on the jubilee festivities in the Aarhus University report for the academic year 1953/54, S. 19]. https://auhist.au.dk/fileadmin/www.auhist.au.dk/filer/Fest_-_Jubilaeums-_og_Promotionsfesten_1953.pdf (14.2.2021).

Cachet, Tamer: 10 jaar Instituut voor Publieksgeschiedenis. https://www.ipg.ugent.be/nl/blog/10-jaar-instituut-voor-publieksgeschiedenis (2.5.2018).

De Lapuente, Christian [u. a.] an Oberbürgermeister Dr. Christian Scharpf: Vorbereitung für die Feierlichkeiten anlässlich der 550-jährigen Gründung der ersten bayerischen Landesuniversität – SPD-Stadtratsantrag vom 1.10.2020. https://www.ingolstadt.de/sessionnet/getfile.php?id=163494&type=do (4.3.2021)

ETH Zürich: ETHistory 1855–2005. Zeitreisen durch 150 Jahre Hochschulgeschichte. Eine Web-Ausstellung des Instituts für Geschichte der ETH Zürich. http://www.ethistory.ethz.ch/ (2.3.2021).

Eucor. Le campus européen. https://www.eucor-uni.org/ (7.1.2021).

Evangelische Hochschule Darmstadt: Kindheitspädagogik (B.A.). https://www.eh-darmstadt.de/studiengaenge/kindheitspaedagogik/ (8.11.2020).

File: Strasbourg Hôpital civil plaque institut anatomie. https://commons.wikimedia.org/wiki/File:Strasbourg_H%C3%B4pital_civil_plaque_institut_anatomie.jpg (7.1.2021).

frei.haus. Online-Magazin für Mitarbeiter-innen der TU Wien: 200 Jahre TU Wien. Nachschau. https://freihaus.tuwien.ac.at/200-jahre-tu-wien-nachschau/ (17.12.2020).

Fotos fra Indvielses – og Promotionsfesten 1946 [Photos from the inauguration and promotion festivities 1946]. https://auhist.au.dk/showroom/galleri/begivenheder/indvielses-ogpromotionsfest11.september1946/fotosfraindvielses-ogpromotionsfesten1945/ (15.2.2021).

Gamoran, Adam: The Future of Higher Education Is Social Impact. In: Stanford Social Innovation Review. https://ssir.org/articles/entry/the_future_of_higher_education_is_social_impact (18.5.2018).

GeistSoz-Theater Karlsruhe: Das Gedicht „Festgruß". https://www.geschichte.kit.edu/2008.php (15.1.2021).

Gents Universiteits Museum: Forum voor wetenschap, twijfel & kunst. https://www.gum.gent/nl (26.2.2021).

Grethe Hjort (1903–1967). https://auhist.au.dk/showroom/galleri/personer/grethehjort1903-1967/ (14.2.2021).

Grethe Hjort (1903–1967). https://www.kvinfo.dk/side/170/bio/451/ (14.2.2021)

Guhl, Anton u. Gisela Hürlimann: Hochschuljubiläen zwischen Geschichte, Gegenwart und Zukunft | University Anniversaries between History, Present, and Future. https://www.hsozkult.de/event/id/event-91684 (7.1.2021).

Hort, Greta (1903–1967). https://adb.anu.edu.au/biography/hort-greta-10549 (14.2.2021).

Jørn Carlsens erindringer om Grethe Hjort. https://auhist.au.dk/showroom/galleri/personer/grethehjort1903-1967/joerncarlsenserindringeromgrethehjort/ (14.2.2021).

Jubillefesten og 25-års jubilæet i september 1953 [The jubilee party and the 25th anniversary in September 1953]. https://auhist.au.dk/showroom/galleri/begivenheder/jubillefestenseptember1953/ (15.2.2021).

Julia Moscheles. https://cs.wikipedia.org/wiki/Julie_Moschelesov%C3%A1 [in Czech, translated to Danish] (14.2.2021).

L'université de Strasbourg et le dialogue des disciplines. Des années 1920 aux pratiques contemporaines, 21. et 22. November 2019. https://arche.unistra.fr/actualites/actualite/luniversite-de-strasbourg-et-le-dialogue-des-disciplines-des-annees-1920-aux-pratiques-contemporaines (7.1.2021).

Ludwig-Maximilians-Universität München. Universitätsarchiv. Digitales Archiv. Rektorats- und Universitätsreden. https://www.universitaetsarchiv.uni-muenchen.de/digitalesarchiv/index.html (16.12.2020).

Milberg, Joachim: Festansprache 125 Jahre TU Berlin, gehalten am 4. Mai 2004. https://archiv.pressestelle.tu-berlin.de/125jahre/125-jahre_festrede_prof_milberg.pdf (27.1.2021).

Musical: „a night at the audimax". https://youtu.be/ABOhwcwl7VY (22.12.2020).

O.V.: Victimes de l'anatomiste nazi August Hirt: comment l'affaire a rebondi, à Strasbourg. In: DNA. Dernières Nouvelles d'Alsace, Dossier (20.7.2015). https://c.dna.fr/region/2015/07/20/victime-de-l-anatomiste-nazi-august-hirt-comment-l-affaire-a-rebondi-a-strasbourg (7.1.2021).

Perrin, Luc: Une institution originale. https://theocatho.unistra.fr/faculte/presentation/histoire/ (7.1.2021).

Philips-Universität Marburg: Universitätsarchiv. Arbeitskreis Universitätsgeschichte. https://www.uni-marburg.de/de/uniarchiv/arbeitskreis (4.3.2021).

Politik 100x100. Blog des Fachgebiets Politikwissenschaft an der Universität Hamburg. https://politik100x100.blogs.uni-hamburg.de/100x100/ (5.1.2021).

Rahn, Volker: „Pionierin und Impulsgeberin der Pädagogik". https://unsere.ekhn.de/detail-unsere-home/news/pionierin-und-impulsgeberin-der-paedagogik.html (5.7.2018).

RWTH Aachen University: 150 Jahre RWTH Aachen. https://www.rwth-aachen.de/go/id/ryee/ (5.3.2021).

Schwinghammer, Susanne: Sehen und Staunen lernen. Die Wiener Wunderkammer 2015. https://www.tuwien.at/tu-wien/aktuelles/news/news/sehen-und-staunen-lernen-die-wiener-wunderkammer-2015/ (17.12.2020).

SWR2 Forum: 150 Jahre deutsche Einheit – Was sollen wir feiern? https://www.swr.de/swr2/leben-und-gesellschaft/150-jahre-deutsche-einheit-was-sollen-wir-feiern-swr2-forum-2021-01-14-100.html (4.3.2021).

Tagea Brandts Rejselegat [Tagea Brandts Reisestipendium]. https://da.wikipedia.org/wiki/Tagea_Brandts_Rejselegat#1960'erne (21.2.2021).

Témoignage de François Amoudruz. https://www.unistra.fr/index.php?id=20217&fbclid=IwAR2XEr6SpJX4jqNJU2Ag2wBspG7tdP8XoFj_S1VJqLOcsKXjMPk9ein6sbo#c136750 (12.3.2021)

Témoignages strasbourgeois. De l'université aux camps de concentration. Strasbourg 1996. https://docnum.unistra.fr/digital/collection/coll17/id/1422 (7.1.2020).

The Queen's Green Canopy. The Platinum Jubilee 2022. https://queensgreencanopy.org/ (4.3.2021).

Torsten Dahl's obituary on Grethe Hjort (1903–1967). https://auhisl.au.dk/showroom/galleri/personer/grethehjort1903-1967/nekrologovergrethehjort/ (15.2.2021).

TU Vision 2025+. Ein strategisches Projekt der TU Wien. https://vision2025.tuwien.ac.at/home_about/ (17.12.2020).

TU Wien. Alumni Club: 100 Jahre Frauen an der TU Wien. https://www.tualumni.at/aktuelles/hall-of-fame/ (2.2.2021).

TU Wien: TU 200. 1815–2015. 200 Jahre Zukunft. http://www.tu200.at/ (2.2.2021).

TU Wien: TU Univercity. https://www.tuwien.at/tu-wien/campus/tu-univercity (17.12.2020).

Uit de Ivoren Toren. 200 jaar Universiteit Gent. Boekvoorstelling 8 oktober in Vooruit. https://
	mailchi.mp/a6228ec60fe4/uit-de-ivoren-toren-uitnodiging-boekvoorstelling-8-oktober?e=
	6fcc4576d1 (8.10.2017).
Une communauté universitaire résistante. https://www.unistra.fr/clermont1943 (7.1.2021).
Universität Innsbruck: 350 Jahre Universität Innsbruck. https://www.uibk.ac.at/350-jahre/
	(5.11.2020).
Universitätsarchiv Tübingen (UAT): Bestandsbeschreibung Zentrale Verwaltung,
	Universitätsjubiläum 1977. https://www.archivportal-d.de/item/Q3CSCK7HE
	S7IB37VTYUWDWYCCDUXYTHW?offset=0&rows=20&sort=time_asc&viewType=
	list&hitNumber=5 (14.1.2021).
Université de Strasbourg. Départmement d'histoire des sciences de la vie et de la santé:
	Médecine et nationalsocialisme. http://dhvs.unistra.fr/recherche/medecine-et-
	nationalsocialisme/ (7.1.2021).
Université de Strasbourg: Opératorio „Boulevard de Dordogne". https://evenements.unistra.fr/
	agenda-unistra/detail-evenement/16345-operatorio-boulevard-de-dordogne (12.3.2021).
Universiteit Gent: UGentMemorialis. www.ugentmemorialis.be (26.2.2021).
University of Westminster: 175th anniversary celebrations in Mumbai (24.6.2013). https://www.
	westminster.ac.uk/news/175th-anniversary-celebrations-in-mumbai (2.3.2021).
University Players: A Night at the Audimax. 5.6.2020. https://youtu.be/ABOhwcwl7VY
	(22.12.2020).
Veterinärmedizinische Universität Wien: Aufarbeitung der NS-Zeit – FWF-Projekt. Die
	Tierärztliche Hochschule Wien im Nationalsozialismus. https://www.vetmeduni.ac.at/de/
	universitaet/geschichte/aufarbeitung/ (2.2.2021).
Worsley, Lucy: How to build an Anniversary. Annual Conference Film (2.10.2015). https://www.
	history.org.uk/primary/module/8581/lucy-worsley-how-to-build-an-anniversary (1.3.2021).

Autorinnen und Autoren | The Authors

Christof Aichner studierte Geschichte an den Universitäten Innsbruck und Zürich und promovierte im Jahr 2015. Seither war er Mitarbeiter in mehreren Projekten zur österreichischen Universitäts- und Wissenschaftsgeschichte, unter anderem der digitalen Edition der Korrespondenz von Leo Thun-Hohenstein. Er ist Sekretär der Kommission für Neuere Geschichte Österreichs (Innsbruck/Wien).

Matthias Berg war seit 2007 wissenschaftlicher Mitarbeiter am Institut für Geschichtswissenschaften der Humboldt-Universität zu Berlin, wo er 2013 promoviert wurde. Seine Forschungsschwerpunkte liegen in der Historiographie- und Wissenschaftsgeschichte, er ist Mitverfasser von „Die versammelte Zunft. Historikerverband und Historikertage in Deutschland 1893 – 2000" (Göttingen 2018). Seit 2019 ist er wissenschaftlicher Mitarbeiter der Historischen Kommission bei der Bayerischen Akademie der Wissenschaften.

Beate Ceranski, Wissenschaftshistorikerin (Staatsexamen Physik und Mathematik Sek. II/I an der Universität Bonn, Promotion in Geschichte der Naturwissenschaften an der Universität Hamburg, Habilitation für Geschichte der Naturwissenschaften und Technik an der Universität Stuttgart), forscht und lehrt an der Abteilung für Geschichte der Naturwissenschaften und Technik am Historischen Institut der Universität Stuttgart. Sie arbeitet unter anderem zur Frauen- und Geschlechtergeschichte der Naturwissenschaften, zur Geschichte der Radioaktivitätsforschung, zur Hochschul- und Sammlungsgeschichte.

Ning de Coninck-Smith is professor of the history of education at Aarhus University. Before joining Aarhus University in 2002, she was employed at the University of Southern Denmark where she defended her habilitation in 2000. She has written extensively on the history of education and childhood and is currently chairing a research project on gendered and affective readings of the history of Aarhus University. Ning de Coninck-Smith is co-editor of a Cultural History of higher learning, to be published by Bloomsbury in 2024.

Pieter Dhondt is senior lecturer in General History and head of the Department of Geographical and Historical Studies at the University of Eastern Finland. He published extensively on the intercultural transfer of university ideas within Europe in the nineteenth century, the history of academic mobility, student revolts and university celebrations. His current research focuses primarily on the history of (dealing with) medical uncertainty in medical training.

Edith Glaser ist seit 2005 Professorin für Historische Bildungsforschung an der Universität Kassel. Sie wurde mit einer Arbeit über die Anfänge des Frauenstudiums an der Universität Tübingen promoviert. Die Habilitation erfolgte an der Universität Halle-Wittenberg mit einer professionsgeschichtlichen Arbeit über den Lehrerinnenberuf. Zu ihren Forschungsschwerpunkten gehören u. a. die pädagogisch-historische Geschlechterforschung, Analysen von Bildungsreformprozessen und die Disziplingeschichte der Erziehungswissenschaft.

Martin Göllnitz hat Geschichte und Germanistik an der Universität Kiel studiert. Von 2014 bis 2017 war er dort wissenschaftlicher Mitarbeiter und wurde mit einer Studie über jungakademische NS-Funktionäre promoviert. Im Anschluss forschte er an der Universität Odense und von 2017 bis 2019 am Arbeitsbereich Zeitgeschichte an der Universität Mainz. Seit März 2019 ist er als wissenschaftlicher Assistent an der Professur für Hessische Landesgeschichte der Universität Marburg tätig.

Anton F. Guhl, Studium in Hamburg und Galway, Berenberg-Preis für Wissenschaftssprache 2015, Promotion als Stipendiat der Studienstiftung 2017 an der Universität Hamburg zur Entnazifizierung der Universität (DGGMNT-Förderpreis 2017), 2017–2020 Akademischer Mitarbeiter am Department für Geschichte (ITZ) am KIT, seit 2021 Projektmitarbeiter im KIT-Archiv für die Konzeption und Realisierung der für 2025 geplanten Ausstellung „100 Objekte zur Geschichte des KIT".

Gisela Hürlimann wurde an der Universität Zürich promoviert und an der Universität Freiburg (Schweiz) habilitiert. Sie ist seit September 2021 Professorin für Technik- und Wirtschaftsgeschichte an der TU Dresden. Zu ihren Schwerpunkten zählen die Geschichte der Mobilität, öffentlicher Unternehmen, Infrastrukturen und Finanzen, von Rohstoffen und Mensch-Nutztierbeziehungen.

Alexander Kather studierte zwischen 2013 und 2019 Geschichtswissenschaft, Romanistik und Bildungswissenschaften an den Universitäten Kassel und Straßburg. Seit 2020 arbeitet er als wissenschaftlicher Mitarbeiter im Fachgebiet Historische Bildungsforschung an der Universität Kassel. Neben universitätsgeschichtlichen Themen gilt sein Interesse der Geschichte des Fremdsprachenunterrichts und der Fremdsprachendidaktik.

Sarah Kramer studierte Geschichtswissenschaften, Germanistik, Lateinische Philologie und Erziehungswissenschaften an der Philipps-Universität Marburg sowie dem University College Cork (Irland). Zurzeit promoviert sie als Stipendiatin des Marburger Arbeitskreises für Universitätsgeschichte zu Hochschulprotesten, Konfliktdynamiken und Bedrohungskommunikation an der Universität Marburg (1960 bis 1980) und arbeitet als Wissenschaftliche Hilfskraft am SFB/TRR 138 „Dynamiken der Sicherheit".

Verena Kümmel studierte Geschichte, Kunstgeschichte und Wirtschaftswissenschaften an der TU Darmstadt. Nach Stationen in Münster, Darmstadt und Mainz promovierte sie an der Universität Duisburg-Essen mit einer Arbeit über den Umgang mit den Leichen von Philippe Pétain und Benito Mussolini. Von 2018 bis 2020 hat sie das Forschungsprojekt zu Waldtraut Krützfeldt-Eckhard als erster Rektorin der Evangelischen Fachhochschule Darmstadt an der heutigen Evangelischen Hochschule geleitet. Der Abschlussbericht befindet sich in Vorbereitung.

Catherine Maurer ist Professorin für Geschichte des 19. und 20. Jahrhunderts mit Schwerpunkt auf Deutsche Geschichte an der Universität Straßburg. Ihre wichtigsten Publikationen sind: Der Caritasverband zwischen Kaiserreich und Weimarer Republik. Zur Sozial- und Mentalitätsgeschichte des caritativen Katholizismus in Deutschland (Freiburg im Breisgau, Lambertus, 2008), Une université nazie sur le sol français. Nouvelles recherches sur la Reichsuniversität de Strasbourg (Revue d'Allemagne, 2011) und: La ville charitable. Les œuvres sociales catholiques en France et en Allemagne (Paris, Éditions du Cerf, 2012).

Juliane Mikoletzky studierte Geschichte und Germanistik an der Ruhr-Universität Bochum und promovierte 1986. Daneben war sie in verschiedenen Projekten, als Universitätsassistentin und nach ihrer Übersiedlung nach Wien als Lektorin an der Universität Wien tätig. Seit 1992 arbeitet sie als wissenschaftliche Mitarbeiterin am Archiv der TU Wien, 2001–2015 als Leiterin, seither als freie Mitarbeiterin. Sie forscht zu Themen der Wirtschafts-, Sozial-, Technik- und Wissenschaftsgeschichte des 19. und 20. Jahrhunderts.

Paula Riling studiert European Cultures and Society an der Universität Flensburg. Im Rahmen ihres Studiums befasst sie sich vor allem mit dem Phänomen des „Othering" in der Europäischen Union und mit Kulturgeschichte.

Vivian Yurdakul studierte Deutsche Literatur und Geschichte an der Humboldt-Universität zu Berlin sowie Geschichte und Kultur der Wissenschaft und Technik an der Technischen Universität Berlin. Seine Forschungsschwerpunkte sind die Verflechtung von Wissenschaften und Recht im Nationalsozialismus sowie die Wissenschafts- und Verwaltungsgeschichte des „Dritten Reiches". Er ist Wissenschaftlicher Mitarbeiter an der Humboldt-Universität zu Berlin sowie an der Bergischen Universität Wuppertal.

Gunnar B. Zimmermann, bis 2020 Wissenschaftlicher Mitarbeiter der Arbeitsstelle für Universitätsgeschichte an der Universität Hamburg und Mitherausgeber einer mehrbändigen Universitätsgeschichte; Dissertation über „Bürgerliche Geschichtswelten im Nationalsozialismus. Der Verein für Hamburgische Geschichte zwischen Beharrung und Selbstmobilisierung" (2019); Forschungen zur Bildungs-, Universitäts- und Wissenschaftsgeschichte sowie zur Bürgertums- und Demokratiegeschichte.

www.ingramcontent.com/pod-product-compliance
Lightning Source LLC
LaVergne TN
LVHW011057200726
843510LV00003B/907